热带水果活性成分提取、纯化与分析

——总论及浆果篇

主编◎吕岱竹　刘春华　王明月

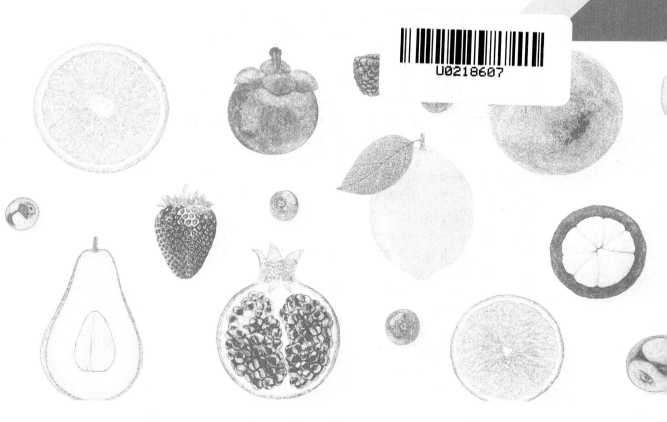

天津大学出版社
TIANJIN UNIVERSITY PRESS

图书在版编目（CIP）数据

热带水果活性成分提取、纯化与分析.总论及浆果篇 /
吕岱竹，刘春华，王明月主编. — 天津：天津大学出版
社，2022.8

ISBN 978-7-5618-7277-2

Ⅰ.①热… Ⅱ.①吕… ②刘… ③王… Ⅲ.①热带及
亚热带果—生物活性—化学成分—研究②浆果—生物活性
—化学成分—研究 Ⅳ.①S667②S663

中国版本图书馆CIP数据核字（2022）第139842号

REDAI SHUIGUO HUOXING CHENGFEN TIQU，CHUNHUA
YU FENXI—ZONGLUN JI JIANGGUO PIAN

出版发行	天津大学出版社
地　　址	天津市卫津路92号天津大学内（邮编：300072）
电　　话	发行部：022-27403647
网　　址	www.tjupress.com.cn
印　　刷	北京盛通商印快线网络科技有限公司
经　　销	全国各地新华书店
开　　本	787 mm×1092 mm　1/16
印　　张	18.75
字　　数	400千
版　　次	2022年8月第1版
印　　次	2022年8月第1次
定　　价	78.00元

热带水果活性成分提取、纯化与分析

EDITORIAL BOARD

总论及浆果篇
编委会

水果中的营养素对维持人体的正常生命活动有着无可替代的作用，而热带水果由于风味独特，深受消费者喜爱。热带水果种类繁多，仅在海南岛栽培和野生的果树就有 29 个科 53 个属 400 余个品种，主要品种有龙眼、荔枝、香蕉、桃金娘、锥栗、橄榄、杨梅、酸豆、杨桃等，从南洋群岛等地引进的品种有榴梿、人心果、腰果、牛油果（鳄梨）、番石榴、甜蒲桃、波罗蜜、杜果、山竹、柑橘、红毛丹等。香蕉、荔枝、龙眼、杜果、菠萝等热带水果在市场上较常见，这些品种的种植面积达到热带水果总种植面积的 60% 以上。还有一些品种的种植面积和产量较小，如莲雾、火龙果、波罗蜜、番木瓜、番石榴、黄皮等。我国作为热带水果生产大国，种植面积和产量都超过世界总量的四分之一，荔枝、龙眼等热带水果的种植面积和产量都位居世界前列。同时，我国也是热带水果进口大国，香蕉多年来占我国进口水果的第一位。

为了维持健康，人们需要从膳食中摄入碳水化合物、蛋白质、脂肪酸等主要营养成分，以及微量的特殊营养成分，如维生素 C、多酚、黄酮、矿物质元素、活性多糖和不饱和脂肪酸等活性成分。随着生活水平的不断提高，人们对食物的要求不仅包括色、香、味等，还包括保健功能，而食物的保健功能大多与植物中的活性成分有着密切的关系。因此，植物中的活性成分已成为营养学和作物育种领域的研究热点。热带水果生长于高温多雨、全年长夏无冬、水热资源丰富、植物生长繁茂的热带地区，特殊的气候与地理环境造就了一些特别的植物代谢产物，因此热带水果普遍具有生长周期短、活性成分种类繁多、营养价值高等特点。如香蕉除了富含碳水化合物、蛋白质、脂肪等营养物质外，还含有多种矿物质元素（如钾、磷、钙等），以及维生素 A、维生素 C，具有较高的营养价值和较好的保健作用。欧洲人认为它能缓解忧郁而称它为"快乐水果"，香蕉还是女性钟爱的减肥佳果。据中医典籍记载，杜果果实、叶、核等均可入药。例如：《本草纲目拾遗》记载杜果有止呕、治晕船等功效；《岭南采药录》记载食用杜果可益胃生津，止渴降逆；《食性本草》记载杜果具有主妇人经脉不通、丈夫营卫中血脉不行之功效；杜果叶作为中药记载于《中药大辞典》中。此外，《中国药植图鉴》《南宁市药物志》等药典记载杜果核具有消食滞、治疝痛、驱虫的作用，杜果皮可入药制成利尿峻下剂。现代医学也开始关注杜果中具有抗氧化、抗肿瘤、降血糖等作用的药学活性成分。

世界热带水果主要集中分布于东南亚、南美洲的亚马孙河流域、非洲的刚果河流域和几内亚湾沿岸等地。因受社会经济、历史条件影响，上述区域除少数地区发展商品性热带种植园经济外，绝大部分地区仍以传统农业为主,部分地区尚处于原始农业形态,因此对热带水果中活性成分的研究起步较晚,未成系统。我国热带水果资源十分丰富,有效、合理地利用天然资源,对其进行快速、有效的提取、纯化、检测和评价,是热带水果营养物质利用和改良的关键步骤之一。热带水果中功能性营养物质的改良对人体健康意义重大,热带水果活性成分研究对热带水果中功能性营养物质的改良具有重要的指导意义,研究热带水果中的活性成分并进行提纯、利用可以进一步发展热带水果传统加工技术,促进热带水果产业升级,有利于公众身体健康,还可以带动农业和农村经济发展。

本丛书的编写旨在为热带水果研究相关专业的本科生、研究生和相关的科技工作者提供有关热带水果活性成分的基本信息,帮助其了解热带水果活性成分提取、纯化、分析的基本途径、方法、步骤。本丛书共分为三册,分别介绍了热带浆果、热带核果、热带复果及其他类型的热带水果中活性成分的种类、提取方法、纯化方法、分析手段和步骤等。

本丛书在编写过程中参考并引用了一些专著中的相关内容,在此向这些专著的作者致以诚挚的谢意。本丛书的编写工作还获得了财政部和农业农村部国家现代农业产业技术体系(CARS-31)、中国热带农业科学院基本科研业务费(GJFP201701503)的资助和中国热带农业科学院大型仪器设备共享中心的支持,在此一并表示感谢。热带水果活性成分研究涉及众多学科的交叉领域,诸多的理论和观点尚在探讨之中,而本丛书的篇幅有限,可参考的文献资料较少,虽然本丛书力求反映本领域的研究进展,但限于编者的能力和水平,书中难免存在错漏之处,恳请各方专家不吝指正。

编者

2022 年 1 月

目 录
CONTENTS

第一章
植物活性成分的种类和理化性质

第一节　绪论 1
第二节　糖类和苷类化合物 1
第三节　醌类化合物 7
第四节　黄酮类化合物 12
第五节　萜类化合物和挥发油 16
第六节　三萜类化合物 20
第七节　甾体类化合物 28
第八节　生物碱类化合物 32
第九节　鞣质类化合物 35

第二章
活性成分分析方法概述

第一节　样品前处理新技术 39
第二节　活性成分色谱分析方法 48
第三节　微量元素分析方法 67
本章参考文献 70

第三章
热带浆果中活性成分的提取、纯化与分析

第一节　香蕉	82
本节参考文献	112
第二节　莲雾	116
本节参考文献	126
第三节　番石榴	127
本节参考文献	138
第四节　番木瓜	140
本节参考文献	153
第五节　西番莲	155
本节参考文献	170
第六节　椰枣	174
本节参考文献	185
第七节　火龙果	188
本节参考文献	203
第八节　猕猴桃	205
本节参考文献	217
第九节　杨桃	218
本节参考文献	233
第十节　神秘果	234
本节参考文献	252
第十一节　巴西莓	254
本节参考文献	266
第十二节　草莓	267
本节参考文献	279
第十三节　桃金娘	281
本节参考文献	291

第一章　植物活性成分的种类和理化性质

第一节　绪论

植物利用光合作用通过正常的生理代谢活动产生各种代谢产物,供植物正常生长、发育、繁殖后代和抵御环境胁迫所需。植物在自然界中起到生产者和环境调节者的作用,是人类正常生活必不可缺的能量来源。

植物代谢产物按其承担的功能可分为初生代谢产物和次生代谢产物两大类。初生代谢产物主要为核酸、蛋白质、脂肪和糖类等,在植物中承担基本的生理生化功能,也为人类提供主要营养。次生代谢产物主要包括萜类、酚类和含氮化合物等,次生代谢是植物长期进化的结果,具有重要的生物学和生态学意义,次生代谢产物在维护人类健康方面具有广泛的营养和药用价值。

人类将植物次生代谢产物用作药材、食品和化工原料具有悠久的历史。目前明确结构的植物次生代谢产物已超过 10 万种,主要是生物碱类化合物、萜类化合物、黄酮类化合物等,但是它们的含量往往很低,因此利用受到了一定的限制。次生代谢产物因化学结构复杂、代谢途径独特、代谢过程中参与的酶众多,很难通过现有的技术进行化学合成或者生物半合成。虽然目前已在体外合成一些次生代谢产物,如维生素 C、维生素 E(生育酚)等,但在进入人体后其生物学活性和利用率受到了影响,同时单一营养元素的大剂量补充干扰了人体的营养平衡。而植物成分因其合理的营养构成、广泛存在的生物学活性而备受消费者的青睐,市场上出现越来越多的天然功能性食品,这些食品可有效预防心血管疾病、癌症、肥胖症和糖尿病等慢性疾病。热带植物中的利血平等有效物质已应用于临床,但大部分植物代谢产物的结构和功能有待研究。

第二节　糖类和苷类化合物

一、糖类化合物

(一)概述

糖类(saccharide)是多羟基醛或多羟基酮及其衍生物、聚合物的总称,因多数具有 $C_x(H_2O)_y$ 的通式,故又称为碳水化合物(carbohydrate)。

糖类化合物是植物光合作用的初生产物,同时也是多数植物成分生物合成的初始原料。糖类化合物在自然界的分布十分广泛,无论在植物界还是在动物界,都有它们的存在。其分布于植物的根、茎、叶、花、果实、种子等各个部位,常常占植物干重的80%~90%。

(二)糖类化合物的结构与分类

糖类根据是否能水解和水解后生成单糖的数目分为单糖(monosaccharide)、寡糖(oligosaccharide)、多糖(polysaccharide)三类。单糖是组成糖类及其衍生物的基本单元,是不能再水解的最简单的糖,如葡萄糖、鼠李糖等。寡糖由2~9个单糖聚合而成,又称低聚糖,如蔗糖、棉籽糖等。多糖是一类由10个及以上单糖聚合而成的高分子化合物,通常由几百甚至几千个单糖组成,如淀粉、纤维素等。

1.单糖

已发现的天然单糖有200多种,从三碳糖到八碳糖,其中以五碳糖、六碳糖最多。植物中常见的单糖及其衍生物列举如下。

1)五碳醛糖

D-木糖(D-xylose, xyl)、L-阿拉伯糖(L-arabinose, ara)、D-核糖(D-ribose, rib)。

2)甲基五碳糖

L-岩藻糖(夫糖)(L-fucose, fuc)、D-鸡纳糖(D-quinovose, qui)、L-鼠李糖(L-rhamnose, rha)。

3)六碳醛糖

D-葡萄糖(D-glucose, glu 或 glc)、D-甘露糖(D-mannose, man)、D-半乳糖(D-galactose, gal)。

4)六碳酮糖

D-果糖(D-fructose, fru)。

5)糖醛酸

D-葡糖醛酸(D-glucuronic acid)、D-半乳糖醛酸(D-galacturonic acid)。

6)糖醇

单糖的醛基或酮基被还原成羟基后所得到的多元醇称为糖醇。糖醇在自然界分布广泛,多有甜味,如L-卫矛醇(L-dulcitol)、D-甘露醇(D-mannitol)、D-山梨醇(D-sorbitol)。

另外,自然界中还存在一些较为特殊的单糖及其衍生物。例如:2,6-二去氧糖,主要存在于强心苷等成分中;氨基糖,主要存在于动物和微生物中;有分支碳链的糖,如D-芹菜糖(D-apiose, api)等。

2.寡糖

寡糖又称低聚糖,其由2~9个单糖通过糖苷键聚合而成。天然存在的寡糖多由2~4个单糖组成,按水解后生成单糖的数目,寡糖可分为二糖、三糖、四糖等。

寡糖又可分为还原糖和非还原糖。具有游离醛基或酮基的糖称为还原糖,其由于结构中具有游离的半缩醛(酮)羟基,可部分转化为开链结构,如槐糖、芸香糖等。如果组成寡糖的单糖都以半缩醛羟基或半缩酮羟基脱水缩合,形成的寡糖就没有还原性,称为非还原糖,如蔗糖、棉籽糖等。

3.多糖

由 10 个及 10 个以上单糖通过苷键聚合而成的糖称为多糖,也称多聚糖。组成多糖的单糖通常有一百个以上,多的可达数千个。因分子量较大,多糖已失去单糖的性质,一般无甜味,也无还原性。多糖按其在生物体内的功能可分为两类:一类是动植物的支持组织,如植物中的纤维素、动物甲壳中的甲壳素等,这类成分不溶于水,分子呈直链型;另一类是动植物中贮存的营养物质,如淀粉、肝糖原等,这类成分可溶于热水形成胶体溶液,分子多数呈支链型。多糖按其组成又可分为均多糖(homosaccharide)和杂多糖(heterosaccharide),由同种单糖组成的为均多糖,由两种及两种以上单糖组成的为杂多糖。

1)纤维素

纤维素(cellulose)是由 3 000~5 000 分子的 D-葡萄糖通过 β1 → 4 苷键聚合而成的直链葡聚糖,分子呈直线状结构,不易被稀酸或碱水解,是植物细胞壁的主要组成成分。人类及食肉动物体内能水解 β-苷键的酶很少,故人类和食肉动物不能消化纤维素。

2)淀粉

淀粉(starch)广泛存在于植物体内,尤以果实、根、茎和种子中含量较高。淀粉通常为白色粉末,是葡萄糖的高聚物,由 27% 以下的直链淀粉(糖淀粉)和 73% 以上的支链淀粉(胶淀粉)组成。糖淀粉为 α1 → 4 连接的 D-葡聚糖,聚合度一般为 300~350,能溶于热水;胶淀粉中的葡聚糖除 α1 → 4 连接之外,还有 α1 → 6 支链,支链平均含 25 个单位的葡萄糖,胶淀粉聚合度为 3 000 左右,在热水中呈黏胶状。淀粉分子呈螺旋状结构,碘分子或离子可以进入螺旋通道中形成有色包结化合物,故淀粉遇碘显色。所显颜色与聚合度有关,糖淀粉遇碘显蓝色,胶淀粉遇碘显紫红色。淀粉在制剂中常用作赋形剂,在工业上常用作生产葡萄糖的原料。

3)黏液质

黏液质(mucilage)是植物种子、果实、根、茎中存在的一类多糖,在植物中主要起着保持水分的作用。在医药领域中,黏液质常用作润滑剂、混悬剂和辅助乳化剂。从化学结构上看,黏液质属于杂多糖类,如从昆布或海藻中提取的褐藻酸是由 L-古洛糖醛酸与 D-甘露糖醛酸聚合而成的多糖。黏液质可溶于热水,冷却后呈胶冻状。在用水作溶剂提取中药成分时,黏液质的存在会使水溶液极难过滤,可向水溶液中加入乙醇使黏液质沉淀,或加入石灰水使分子中的游离羧基形成钙盐沉淀,过滤除去。

4)树胶

树胶(gum)是植物在受到伤害或被毒菌类侵袭后分泌的物质,干后为半透明块状物,从化学结构上看属于杂多糖类,如中药没药内含 64% 的树胶。树胶是由 D-半乳糖、L-阿拉伯糖和 4-甲基-D-葡糖醛酸组成的酸性杂多糖。

（三）糖类化合物的理化性质

1.性状

单糖和分子量较小的寡糖一般为无色或白色结晶,有甜味;糖醇等多数也为无色或白色结晶,并有甜味;多糖常为无定形粉末,无甜味。

2.溶解性

单糖和寡糖易溶于水,尤其易溶于热水,可溶于稀醇,不溶于亲脂性有机溶剂。多糖多数难溶于水,不溶于有机溶剂,少数在水中可形成胶体溶液。糖的水溶液浓缩时不易析出结晶,常得到黏稠的糖浆。

3.旋光性

糖类均具有旋光性,天然存在的单糖多为右旋,因多数单糖的水溶液是环状及开链式结构共存的平衡体系,故单糖多具有变旋现象,如 β-D-葡萄糖的比旋光度是 +113°,α-D-葡萄糖的比旋光度是 +19°,在水溶液中两种构型通过开链式结构互相转变,达到平衡时,葡萄糖水溶液的比旋光度是 +52.5°,不再改变。

4.糖的显色反应及沉淀反应

糖分子中具有醛基、酮基、醇羟基、邻二醇羟基等官能团,可以发生氧化、醚化、酯化及硼酸络合等反应。

1)莫利施(Molish)反应

单糖在浓酸的作用下脱去三分子水生成具有呋喃环结构的糠醛及其衍生物,糠醛衍生物可以和许多芳胺、酚类缩合生成有色化合物。Molish 反应一般是取少量样品溶于水中,加 5% 的 α-萘酚乙醇溶液 2~3 滴,摇匀后沿试管壁慢慢加入浓硫酸 1 mL,若两液面间产生紫色环则为阳性。寡糖、多糖及苷类化合物在浓酸作用下首先水解出单糖,然后脱水生成相应的糠醛衍生物,进而完成上述反应。

2)菲林(Fehling)反应

还原糖具有游离的醛(酮)基,醛(酮)基可以被菲林试剂氧化成羧基,同时菲林试剂中的铜离子由二价还原成一价,生成砖红色氧化亚铜沉淀,这个过程称为菲林反应。

3)多伦(Tollen)反应

类似菲林反应,还原糖中的醛(酮)基被多伦试剂氧化成羧基,同时多伦试剂中的银离子被还原成金属银,生成银镜或黑褐色银沉淀,该过程称为多伦反应或银镜反应。

二、苷类化合物

（一）概述

苷类(glycoside)是糖或糖的衍生物与非糖物质通过糖的端基碳原子连接形成的一类化合物。苷类又称配糖体,苷类中的非糖部分称为苷元(genin)或配基(aglycone)。

在自然界中,各种类型的天然成分均可以作为苷元与糖结合成苷,因此,苷类化合物数量多、分布广,广泛存在于自然界中,尤以在高等植物中更为普遍。苷元的结构类型不同,所形成的苷类在植物中的分布情况也不一样,如黄酮苷在近200个科的植物中都有分布,强心苷主要分布于玄参科、夹竹桃科等10多个科。

苷类化合物存在于植物的各个部位中,但不同成分在不同植物中的分布情况也不同。例如:三七皂苷在三七的根和根茎中含量最高,黄花夹竹桃中的强心苷在种子中含量最高。很多中药的根和根茎往往是苷类分布的重要部位。

（二）苷类化合物的结构与分类

多数苷类化合物由糖的半缩醛羟基或半缩酮羟基与苷元中的羟基(—OH)脱水缩合而成,所以苷类多具有缩醛结构。苷中苷元与糖之间的化学键称为苷键,苷元中与糖连接的原子称为苷键原子,也称苷原子。苷原子通常是氧原子,也有硫原子、氮原子、碳原子。

单糖由于有 α 及 β 两种端基异构体,因此可与苷元形成两种构型的苷。在天然的苷类中,由 D 型糖衍生而成的苷多为 β-苷,由 L 型糖衍生而成的苷多为 α-苷。成苷的糖可以是单糖,也可以是寡糖。糖可以连接在苷元的一个位置上,即单链糖苷,也可以连接在苷元的多个位置上,形成多链糖苷。苷类结构中常见的单糖是 D-葡萄糖,也有 L-阿拉伯糖、D-木糖、L-鼠李糖、D-甘露糖、D-半乳糖、D-果糖、D-葡糖醛酸和 D-半乳糖醛酸等,此外还有一些比较少见的糖,如强心苷中常见的 2,6-二去氧糖,在伞形科植物所含的黄酮苷或香豆素苷中还可能见到有分支碳链的糖(如芹菜糖等)。

苷的分类方法有很多。按苷类在植物体内是原生的还是次生的,苷可分为原生苷和次生苷(从原生苷中脱掉一个以上单糖的苷称次生苷或次级苷);按苷元的结构类型可分为黄酮苷、蒽醌苷、香豆素苷等;按组成苷的糖的名称或种类可分为葡萄糖苷、去氧糖苷等;按苷中单糖基的个数可分为单糖苷、双糖苷等;按糖基与苷元的连接位置数可分为单链糖苷、双链糖苷等;按苷的理化性质及生理活性可分为皂苷、强心苷等;按植物来源可分为人参皂苷、柴胡皂苷等。

1.氧苷

苷元通过氧原子和糖连接形成的苷称为氧苷。氧苷是数量最多、最常见的苷类。根据形成苷键的苷元羟基的类型,氧苷又可分为醇苷、酚苷、酯苷和氰苷等,其中以醇苷和酚苷居多,酯苷较少见。

1)醇苷

苷元中的醇羟基与糖的半缩醛羟基脱水缩合而成的苷称为醇苷,如毛茛苷(ranunculin)、红景天苷(rhodioloside)等。

2)酚苷

苷元中的酚羟基与糖的半缩醛羟基脱水缩合而成的苷称为酚苷,如熊果苷(arbutin)、天麻苷(gastrodin)、丹皮苷(paeonoside)等。蒽醌苷、香豆素苷、黄酮苷、苯酚苷等多属酚苷。

3）酯苷

苷元中的羧基与糖的半缩醛羟基脱水缩合而成的苷称为酯苷,其苷键既有缩醛的性质又有酯的性质,易被稀酸和稀碱水解,如山慈菇苷 A(tuliposide A)和山慈菇苷 B(tuliposide B)被水解后,苷元立即环合生成山慈菇内酯 A(tulipalin A)和山慈菇内酯 B(tulipalin B)。酯苷在三萜皂苷中较为多见。

4）氰苷

氰苷主要指具有 α-羟基腈的苷,数目不多,但分布广泛。这种苷易水解,尤其在有稀酸和酶催化时水解更快,生成的苷元 α-羟基腈很不稳定,立即分解为醛或酮和氢氰酸。在浓酸作用下,苷元中的氰基易被氧化成羧基,并产生 NH_4^+。在碱性条件下虽不易水解,但可异构化为羧酸类化合物。

苦杏仁苷(amygdalin)存在于杏的种子中,具有 α-羟基腈结构,属于氰苷。小剂量口服时,在体内酶的作用下,苦杏仁苷会缓慢分解,释放少量氢氰酸(HCN),对呼吸中枢产生抑制作用而镇咳,大剂量口服则会引起中毒,严重者甚至导致死亡。

2.硫苷

苷元中的巯基与糖的半缩醛羟基脱水缩合而成的苷称为硫苷。这类苷数目不多,主要分布在十字花科植物中。例如萝卜中的萝卜苷(glucoraphenin)、黑芥子中的黑芥子苷(sinigrin)等。这类苷的苷元均不稳定,水解后易进一步分解,所以一般水解后得到的苷元不含巯基,而多为异硫氰酸酯类。

3.氮苷

氮苷可以看成苷元中的氨基与糖的半缩醛羟基脱水缩合而成的苷。氮苷在生物化学领域中是十分重要的物质,腺苷(adenosine)、鸟苷(guanosine)、胞苷(cytidine)、尿苷(uridine)等是核酸的重要组成部分。中药巴豆中的巴豆苷(crotonoside)也为氮苷,其结构与腺苷相似。

4.碳苷

碳苷可以看成苷元碳上的氢与糖的半缩醛羟基脱水缩合而成的苷。碳苷分子的糖多数连接在具有间二酚羟基或间三酚羟基的芳环上,由酚羟基邻位或对位的活泼氢与糖的半缩醛羟基脱水缩合而成。糖基的端基碳原子与苷元碳原子直接相连。碳苷具有难溶解、难水解的特性。

组成碳苷的苷元多为黄酮类、蒽醌类化合物等,其中以黄酮碳苷最为多见。如牡荆素(vitexin),是存在于马鞭草科和桑科植物中的黄酮碳苷类化合物,也是山楂的主要成分之一,近年在毛茛科金莲花属植物的花、茎、叶中也有发现。

（三）苷类化合物的理化性质

1.性状

苷类化合物一般为固体,其中含糖基少的苷可形成结晶,含糖基多的苷则为无定形粉末,常有吸湿性。苷类的颜色取决于苷元部分,花青素苷、黄酮苷、蒽醌苷等有色,其他多无色。苷类一般无味,但也有很苦或很甜的。有些苷对黏膜有刺激作用,如皂苷、强心苷等。

2.溶解性

苷类化合物的溶解度与苷元和糖的结构均有关系。一般说来,苷元呈亲脂性,因此苷分子中苷元的比例越大,亲脂性越强,在亲脂性有机溶剂中的溶解度越大;糖基的比例越大,亲水性越强,在水中的溶解度越大。

总的说来,多数苷类化合物为亲水性成分,在甲醇、乙醇、含水正丁醇等亲水性有机溶剂中有较大的溶解度,一般也能溶于水。但也有些大分子苷元(如甾醇、萜醇等)的单糖苷、去氧糖苷等表现出亲脂性。因此,在用不同极性的溶剂顺次提取中药时,除了石油醚等强亲脂性部分外,其余各部分中均有发现苷类的可能,但苷类主要存在于极性大的部分。碳苷的溶解行为特殊,在水及其他溶剂中的溶解度一般都比较小。

3.旋光性

苷类化合物均具有旋光性,多数为左旋,苷类水解后的混合物常呈右旋,因为水解产物之一糖多数为右旋。因此,在水解前后旋光性变化可作为提示苷类化合物存在的线索,当然,确认苷类化合物存在还必须在水解产物中找到苷元。

第三节　醌类化合物

一、概述

醌类化合物是天然产物中一类比较重要的活性成分,是分子内具有不饱和环二酮结构(醌式结构)或容易转变成这种结构的天然有机化合物,主要分为苯醌、萘醌、菲醌和蒽醌四种类型,其中蒽醌及其衍生物尤为重要。醌类化合物多具有颜色,常被用作天然染料。随着科学技术的发展,科学家发现醌类化合物具有许多药用价值而愈发重视它。近几年,国内醌类化合物的研究取得了一定的进展,特别是药理作用方面,这为醌类化合物的进一步研发积累了经验。

二、醌类化合物的结构与分类

（一）苯醌类

苯醌(benzoquinone)分为邻苯醌和对苯醌两大类。邻苯醌结构不稳定,故天然存在的苯醌类化合物大多数为对苯醌的衍生物。常见的取代基有羟基（—OH）、甲氧基（—OCH₃）、甲基（—CH₃）和其他烃基侧链。苯醌类天然化合物的结构如图 1.1 所示。

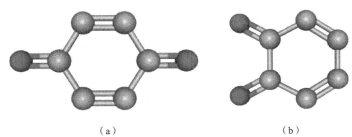

（a）   （b）

图 1.1   苯醌类天然化合物的结构

（a）对苯醌   （b）邻苯醌

（二）萘醌类

萘醌（naphthoquinone）分为 α（1，4）、β（1，2）、amphi（2，6）三种类型。天然存在的萘醌大多为 α-萘醌类衍生物，它们多为橙色或橙红色结晶，少数呈紫色。萘醌类天然化合物的结构如图 1.2 所示。

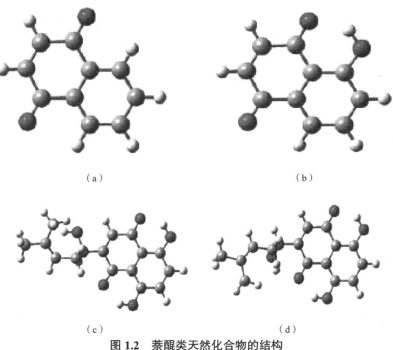

（a）   （b）

（c）   （d）

图 1.2   萘醌类天然化合物的结构

（a）α-萘醌   （b）胡桃醌   （c）洋紫草红   （d）紫草宁

（三）菲醌类

天然菲醌（phenanthraquinone）分为邻醌及对醌两种类型，例如从中药丹参根中得到的多种菲醌衍生物均属于邻菲醌类和对菲醌类化合物。1、4、5、8 位为 α 位；2、3、6、7 位为 β 位；9、10 位为 *meso* 位，又叫中位。菲醌类天然化合物的结构如图 1.3 所示。

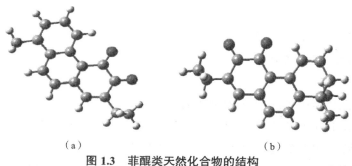

（a）　　　　　　　　　　　　　　　　　（b）

图 1.3　菲醌类天然化合物的结构

（a）迷尔特醌 I　（b）脱氧迷尔特醌

菲醌为橙红色针状结晶，熔点为 207 ℃，沸点为 360 ℃，可溶于乙醇、冰醋酸、苯和硫酸，不溶于水；菲醌能与亚硫酸氢钠生成可溶于水的加成物，可以利用这一性质进行菲醌的提纯。

（四）蒽醌类

按母核的结构，蒽醌可分为单蒽核和双蒽核两大类。蒽醌类天然化合物的结构如图 1.4 所示。

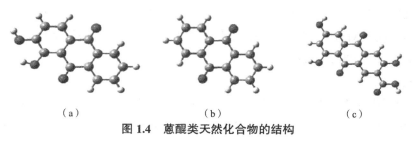

（a）　　　　　　　　　　　（b）　　　　　　　　　　　（c）

图 1.4　蒽醌类天然化合物的结构

（a）蒽醌　（b）茜草素　（c）紫胶酸 D

1.单蒽核类

1）蒽醌及其苷类

天然蒽醌以 9，10-蒽醌最为常见，因为整个分子形成一个共轭体系，C_9、C_{10} 又处于最高氧化水平，所以比较稳定。天然存在的蒽醌类化合物的蒽醌母核上常被羟基、羟甲基、甲基、甲氧基和羧基取代。蒽醌衍生物以游离形式或与糖结合成苷的形式存在于植物体内。蒽醌苷大多为氧苷,但有的为碳苷,如芦荟苷。根据羟基在蒽醌母核上的分布情况,可将羟基蒽醌衍生物分为以下两种类型。

（1）大黄素型

此类化合物中羟基分布在两侧的苯环上,多呈黄色,如大黄中的蒽醌成分多属于这一类型。

（2）茜草素型

此类化合物中羟基分布在一侧的苯环上,颜色较深,多为橙黄色至橙红色,如茜草中的茜草素等化合物即属此型。

2）蒽酮类

蒽醌在酸性环境中被还原,可生成蒽酚及其互变异构体——蒽酮。二蒽酮可以看成2分子蒽酮脱去1分子氢,通过碳碳键结合而成的化合物。其结合方式多为 C_{10}-$C_{10'}$,也有其他结合位置。如大黄及番泻叶中致泻的主要有效成分番泻苷 A、B、C、D 等皆为二蒽酮衍生物。番泻苷 A（sennoside A）的苷元 A 是 2 分子大黄酸蒽酮通过 C_{10}-$C_{10'}$ 结合形成的二蒽酮衍生物,其 C_{10}-$C_{10'}$ 为反式连接。

蒽酚（或蒽酮）类的羟基衍生物常以游离状态或结合状态与相应的羟基蒽醌共存于植物中。蒽酚（或蒽酮）类衍生物一般存在于新鲜植物中。该类成分可以慢慢被氧化成蒽醌类成分,如新鲜的大黄贮存两年以上则检识不到蒽酚。如果蒽酚类衍生物的 *meso* 位（中位）羟基与糖缩合形成苷,则性质比较稳定,这类物质只有经过水解除去糖才易于被氧化转变成蒽醌类衍生物。

2.双蒽核类

1）二蒽醌类

蒽醌类脱氢缩合或二蒽酮类氧化均可形成二蒽醌类。天然二蒽醌类化合物中的两个蒽醌环是相同且对称的,由于空间位阻导致相互排斥,两个蒽醌环呈反向排列,如天精（skyrin）、山扁豆双醌（cassiamine）。

2）去氢二蒽酮类

中位二蒽酮再脱去1分子氢即进一步氧化,两环之间以双键相连者称为去氢二蒽酮。此类化合物多呈暗紫红色,其羟基衍生物存在于自然界中,如金丝桃属植物。

3）日照蒽酮类

去氢二蒽酮进一步氧化,α 与 α′ 位相连组成 1 个新的六元环,其多羟基衍生物也存在于金丝桃属植物中。

4）中位萘骈二蒽酮类

这类化合物是天然蒽醌类衍生物中具有最高氧化水平的结构,也是天然化合物中高度稠合的多元环系统之一（含 8 个环）。例如,金丝桃素（hypericin）为萘骈二蒽酮衍生物,存在于金丝桃属的某些植物中,具有抑制中枢神经及抗病毒的作用。

三、醌类化合物的理化性质

（一）颜色

醌类化合物如果母核上没有酚羟基取代则基本无色，随着酚羟基等助色团的引入而呈现黄色、橙色、棕红色、紫红色等颜色，取代的助色团越多，颜色就越深。

（二）结晶性

苯醌和萘醌多以游离态存在，多为结晶。蒽醌一般与糖结合成苷存在于植物体中，因极性较大难以得到结晶。

（三）溶解性

游离的醌类化合物一般溶于甲醇、乙醇、丙酮、乙酸乙酯、三氯甲烷、乙醚、苯等有机溶剂，不溶或难溶于水。成苷后极性显著增大，易溶于甲醇、乙醇，可溶于热水，不溶于亲脂性有机溶剂。蒽醌的碳苷难溶于水和常见的亲脂性有机溶剂，易溶于吡啶。

（四）升华性

游离的醌类化合物一般具有升华性，升华温度一般随化合物极性的增大而升高。

（五）挥发性

小分子的苯醌类及萘醌类能随水蒸气蒸馏，具有挥发性，可以利用此性质进行提取分离。有些醌类成分不稳定，应注意避光储存。

（六）酸碱性

1.酸性

醌类化合物多具有一定的酸性，酸性强弱与分子内是否存在羧基以及酚羟基的数目和位置有关。

一般说来，含有羧基的醌类化合物的酸性较强。不含羧基的醌类化合物随酚羟基数目的增多而酸性增强，当酚羟基数目相同时，酚羟基的取代位置对酸性产生较大影响。由于受羰基吸电子作用的影响，β-羟基上氧原子的电子云密度降低，质子解离度升高，故 β-羟基醌类化合物的酸性强于 α-羟基醌类化合物。α-羟基醌类化合物因 α 位上的羟基与相邻的羰基形成分子内氢键，质子的解离程度降低，故酸性较弱。

根据醌类酸性强弱的差异，可采用 pH 值梯度萃取法进行分离。以游离的蒽醌类衍生物为例，酸性强弱按下列顺序排列：含羧基 > 含 2 个或 2 个以上 β-羟基 > 含 1 个 β-羟基 > 含 2 个或 2 个以上 α-羟基 > 含 1 个 α-羟基。故可从有机溶剂中依次用 5% 的碳酸氢钠、5% 的碳酸钠、1% 的氢氧化钠及 5% 的氢氧化钠水溶液进行梯度萃取,从而达到分离的目的。

2.碱性

由于羰基中存在氧原子,蒽醌类成分也具有微弱的碱性,能溶于浓硫酸成盐再转成碳正离子(阳碳离子),同时伴有颜色的显著改变。例如,大黄酚为暗黄色,溶于浓硫酸转为红色;大黄素溶于浓硫酸由橙红色变为红色;其他羟基蒽醌在浓硫酸中一般呈红色至红紫色。

第四节　黄酮类化合物

一、概述

黄酮类(flavonoid)化合物是一类存在于自然界中、具有 2-苯基色原酮结构(图 1.5)的化合物,其分子中有一个酮式羰基,1 位上的氧原子具碱性,能与强酸成盐,其羟基衍生物多为黄色,故又称黄碱素或黄酮。黄酮类化合物在植物体中通常与糖结合成苷类,小部分以游离态(苷元)的形式存在。

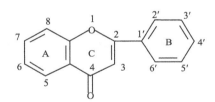

图 1.5　2-苯基色原酮结构

黄酮类化合物在植物界中分布很广,在植物体内大部分以与糖结合成苷类或碳糖基的形式存在,也有以游离形式存在的。绝大多数植物体内都含有黄酮类化合物,它在植物的生长、发育、开花、结果以及抗菌防病等方面起着重要的作用。黄酮类化合物属植物次生代谢产物。黄酮类化合物是以黄酮(2-苯基色原酮)为母核衍生的一类黄色色素,包括黄酮的同分异构体及氢化和还原产物,即以 C_6-C_3-C_6 为基本碳架的一系列化合物。

天然黄酮类化合物的母核上常含有羟基、甲氧基、烃氧基、异戊烯氧基等取代基,这些助色团的存在使该类化合物多显黄色,加上分子中 γ-吡喃酮环上的氧原子能与强酸成盐而表现出弱碱性,因此曾称为黄碱素类化合物。黄酮类化合物中有药用价值的化合物很多,这些化合物可用于防治心脑血管疾病,如能降低血管的脆性,改善血管的通透性,降低血脂和胆固醇,防治老年高血压、脑出血、冠心病、心绞痛,扩张冠状血管,增加冠脉流量。许多黄酮类成分具有止咳、祛痰、平喘及抗菌的作用,同时具有护肝,解肝毒,抗真菌,治疗急、慢性肝炎和肝硬化,抗自由基和抗氧化的作用。除此之外,黄酮类化合物还具有与植物雌激素相同的作用。在畜牧业动物生产中,应用黄酮类化合物能显著提高动物的生产性能,提高动物机体的抗病力,改善动物机体的免疫机能。

二、黄酮类化合物的结构与分类

根据三碳键(C_3)结构的氧化程度和 B 环的连接位置等,黄酮类化合物可分为黄酮和黄酮醇、黄烷酮(又称二氢黄酮)和黄烷酮醇(又称二氢黄酮醇)、异黄酮、异黄烷酮(又称二氢异黄酮)、查耳酮、二氢查耳酮、橙酮(又称澳咔)、黄烷和黄烷醇、黄烷二醇(3,4)(又称白花色苷元)等。

最早黄酮类化合物主要指母核为 2-苯基色原酮的一类化合物,如今泛指两个苯环(A环与 B 环)通过中央三碳连接而成的一系列化合物。根据中央三碳的氧化程度、是否成环、B 环的连接位点等,可将该类化合物分为多种结构类型,其基本母核结构见表 1.1。

表 1.1 黄酮类化合物的结构类型

类型	母核结构	代表化合物
黄酮类(flavone)		黄芩素(baicalein)、黄芩苷(baicalin)
黄酮醇类(flavonol)		槲皮素(quercetin)、芦丁(rutin)
二氢黄酮类(dihydroflavone)		橙皮素(hesperetin)、甘草苷(liquiritin)
二氢黄酮醇类(dihydroflavonol)		水飞蓟素(silybin)、异水飞蓟素(silydianin)
异黄酮类(isoflavone)		大豆素(daidzein)、葛根素(puerarin)
二氢异黄酮类(dihydroisoflavone)		鱼藤酮(rotenone)

类型	母核结构	代表化合物
查耳酮类（chalcone）		异甘草素（isoliquiritigenin）、补骨脂乙素（corylifolinin）
橙酮类（aurone）		金鱼草素（aureusidin）
黄烷类（flavane）		儿茶素（catechin）
花青素类（anthocyanidin）		飞燕草素（delphinidin）、矢车菊素（cyanidin）
双黄酮类（biflavone）		银杏素（ginkgetin）、异银杏素（isoginkgetin）

　　黄酮类化合物除少数游离外，大多与糖结合成苷。糖基多连在 C_8 或 C_6 位置上，连接的糖有单糖（葡萄糖、半乳糖、鼠李糖等）、二糖（槐糖、龙胆二糖、芸香糖等）、三糖（龙胆三糖、槐三糖等）与酰化糖（2-乙酰葡萄糖、吗啡酰葡萄糖等）。天然黄酮类化合物大多数为氧苷，还发现有碳苷（如葛根素）存在。

三、黄酮类化合物的理化性质

（一）结晶性

　　黄酮类化合物多数为晶体，少数（如黄酮苷、花青素等）为无定形粉末，且熔点较高。

（二）颜色

　　黄酮类化合物大多呈黄色，其颜色主要与分子中是否存在苯甲酰与桂皮酰交叉共轭体系有关，交叉共轭体系即两组双键互不共轭但分别与第三组双键共轭。此外，助色团（—OH、—OCH₃ 等）的种类、数目以及取代位置对颜色也有一定影响。如在黄酮结构中，色原酮部分本身无色，但 2 位取代苯环后即形成交叉共轭体系，经过电子转移、重排、共轭链延长,显示出颜色。当分子中 7 位或 4′ 位引入—OH、—OCH 等供电子基团时,因形成 p-π 共轭,促进了电子转移、重排,化合物的颜色加深,上述基团如引入其他位置则影响较小。

在可见光下,具有交叉共轭体系的黄酮、黄酮醇及其苷多显灰黄色至黄色;查耳酮显黄色至橙色;二氢黄酮、二氢黄酮醇及黄烷醇因 2 位和 3 位间的双键被氢化,不具有交叉共轭体系,几乎不显色;异黄酮因 B 环接在 3 位,共轭链较短,仅显微黄色;花青素的颜色与 pH 值有关,一般 pH<7 时显红色,pH=8.5 时显紫色,pH>8.5 时显蓝色。

在紫外光下,黄酮、黄酮醇及其苷的 3 位无取代时一般显绿色荧光;如 3 位被—OH取代,显亮黄色或黄绿色荧光;如 3 位—OH 甲基化或糖苷化,则显暗绿棕色荧光;查耳酮和橙酮显深黄绿色、亮黄色荧光;二氢黄酮、二氢黄酮醇和黄烷醇不显荧光。

（三）旋光性

1.游离黄酮类

二氢黄酮、二氢黄酮醇、二氢异黄酮和黄烷醇等因分子中含手性碳原子(2、3 或 4位),具有旋光性。该类其余化合物则无旋光性。

2.黄酮苷类

由于结构中含有糖基,该类化合物均具有旋光性,且多为左旋。

（四）溶解性

由于黄酮类化合物的结构类型及存在状态(如苷或苷元)不同,故表现出不同的溶解性。

1.游离黄酮类

该类化合物一般易溶于甲醇、乙醇、乙酸乙酯、三氯甲烷、乙醚等有机溶剂及稀碱水溶液中,难溶或不溶于水。其中黄酮、黄酮醇、查耳酮等为平面型分子,分子排列紧密,分子间作用力较大,故难溶于水。二氢黄酮及二氢黄酮醇等因 C 环近似呈半椅式结构,异黄酮因 B 环受吡喃环羰基的立体阻碍,均为非平面型分子,分子排列不紧密,分子间作用力较小,有利于水分子进入,故在水中溶解度稍大。花青素虽为平面型结构,但因以离子形式存在,具有盐的性质,故在水中溶解度较大。

黄酮类化合物分子中如引入的羟基增多,则亲水性增强,亲脂性减弱;如羟基甲基化,则亲脂性增强。例如川陈皮素(5,6,7,8,3′,4′-六甲氧基黄酮)可溶于石油醚,而多羟基黄酮类化合物一般不溶于石油醚。

2.黄酮苷类

黄酮类化合物的羟基如被糖苷化,则水溶性增强。黄酮苷一般易溶于水、甲醇、乙醇等强极性溶剂,难溶或不溶于苯、三氯甲烷、乙醚等亲脂性有机溶剂。黄酮苷类分子中糖基的数目和结合位置对溶解度有一定影响,一般多糖苷的水溶性强于单糖苷,3-羟基苷的水溶性强于相应的 7-羟基苷,如槲皮素-3-O-葡萄糖苷的水溶性强于槲皮素-7-O-葡萄糖苷,主要原因可能是 C_3-O-糖基与 C_4 羰基的立体障碍使分子平面性较差。

(五)酸碱性

1.酸性

大多数黄酮类化合物分子中具有酚羟基,因而显酸性,可溶于碱性水溶液以及吡啶、甲酰胺、二甲基甲酰胺等碱性有机溶剂。黄酮类化合物的酸性强弱与酚羟基的数目和位置有关,以黄酮为例,其酚羟基酸性由强至弱的顺序如下:

7,4′-二酚羟基 > 7-酚羟基或 4′-酚羟基 > 一般酚羟基 > 5-酚羟基

7 位和 4′位的 2 个酚羟基处于羰基的对位,受 p-π 共轭效应的影响,使黄酮类化合物酸性增强而溶于 5% 的碳酸氢钠水溶液;具有 7-酚羟基或 4′-酚羟基的黄酮类化合物,酸性次之,可溶于 5% 的碳酸钠水溶液;具有一般酚羟基的黄酮类化合物酸性较弱,可溶于0.2% 的氢氧化钠水溶液;具有 5-酚羟基的黄酮类化合物,因 5-酚羟基与 4-羰基形成分子内氢键,酸性最弱,只能溶于浓度稍高(如 4%)的氢氧化钠水溶液。此性质可用于黄酮类化合物的提取分离。

2.碱性

黄酮类化合物因分子中 γ-吡喃酮环上 1位的氧原子具有未共用电子对,显微弱的碱性,可与强无机酸如浓硫酸、盐酸等生成盐,但该盐极不稳定,加水后即分解。黄酮类化合物与浓硫酸生成的盐常显现出特殊的颜色,此性质可用于初步鉴别该类化合物。

第五节　萜类化合物和挥发油

一、萜类化合物

(一)概述

萜类(terpenoid)化合物在自然界中分布极为广泛,是骨架庞杂、种类繁多、具有广泛生物活性的一类重要的天然植物化学成分。根据近年来的研究,除了植物中大量存在萜类化合物外,从海洋生物体内也提取出了大量的萜类化合物,据统计,目前已知的萜类化合物总数超过了 22 000 种。很多萜类化合物具有重要的生理活性,是研究天然产物和开发新药的重要来源。在生命活动中,尤其在植物体内,萜类化合物具有重要的功能。例如:赤霉素、脱落酸和昆虫保幼素是重要的激素,类胡萝卜素和叶绿素是重要的光合色素,质体醌和泛醌为光合链和呼吸链中重要的电子递体,甾醇是生物膜的组成成分,

等等。

　　从化学结构上看,萜类化合物是以异戊二烯单元为基本结构单元的化合物及其衍生物,其骨架一般以 5 个碳为基本单位,也有少数例外。

　　萜类化合物常常根据分子结构中异戊二烯单位的数目进行分类,分子中含有 2 个异戊二烯单位的称为单萜,含有 3 个异戊二烯单位的称为倍半萜,含有 4 个异戊二烯单位的称为二萜,含有 5 个异戊二烯单位的称为二倍半萜,含有 6 个异戊二烯单位的称为三萜,依此类推。根据分子结构中碳环的数目,萜类化合物可分为无环萜、单环萜、双环萜、三环萜及四环萜等。萜类化合物多数是含氧衍生物,所以萜类化合物又可分为醇、醛、酮、羧酸、酯及苷等。含有氮原子的萜类化合物称为萜类生物碱,如乌头碱(aconitine)。

　　本节主要介绍单萜、倍半萜、二萜类化合物(表 1.2),三萜类化合物的介绍见本书第一章第六节。

表 1.2　萜类化合物的分类与分布

类别	碳原子数目	异戊二烯单位数	存在载体
单萜	10	2	挥发油
倍半萜	15	3	挥发油
二萜	20	4	树脂、叶绿素、植物醇

（二）萜类化合物的结构与分类

1.单萜

　　单萜是由 2 个异戊二烯单位组成,含有 10 个碳原子的化合物及其衍生物。单萜多半是植物挥发油中沸点较低的部分的主要成分,其含氧衍生物具有较强的生物活性及香气。

　　单萜类化合物可分为无环(开链)单萜、单环单萜、双环单萜和三环单萜,除三环单萜天然成分的数量较少外,其他三类均有许多天然成分存在。

2.倍半萜

　　倍半萜是由 3 个异戊二烯单位组成,含有 15 个碳原子的一类化合物。倍半萜多与单萜共存于植物挥发油中,是挥发油中高沸点(250~280 ℃)部分的主要成分,其含氧衍生物多有较强的生物活性及香气。

　　倍半萜类化合物可分为无环(开链)倍半萜、单环倍半萜、双环倍半萜、三环倍半萜及四环倍半萜,其碳环可为五、六、七甚至十二元的大环。

3.二萜

　　二萜是由 4 个异戊二烯单位组成,含有 20 个碳原子的一类化合物。二萜在自然界中分布广泛,如松柏科植物分泌的乳汁、树脂等均以二萜类衍生物为主。一些含氧二萜类衍生物,如穿心莲内酯、雷公藤内酯、银杏内酯、紫杉醇、甜菊苷等具有较强的生物活性。

二萜类化合物可分为无环(开链)二萜、单环二萜、双环二萜、三环二萜、四环二萜、五环二萜等,天然的无环及单环二萜较少,双环及三环二萜较多。

(三)萜类化合物的理化性质

1.性状

分子量较小的萜类化合物,如单萜和倍半萜多为有特殊气味的挥发性油状液体,其沸点随分子量的增大和双键数量的增加而升高;分子量较大的萜类化合物,如二萜、三萜多为固体结晶。

萜类化合物大多具有苦味,有的非常苦,但也有一些萜类化合物有极强的甜味。

2.旋光性

萜类化合物大多含有大量不对称的碳原子,因而具有旋光性,另外低分子量萜类化合物大多有很高的折射率。

3.溶解性

萜类化合物大多不溶于水而亲脂性很强,易溶于有机溶剂;萜类化合物成苷后水溶性提高,易溶于热水;含有内酯结构的萜类化合物易溶于碱水。

二、挥发油

(一)概述

挥发油(volatile oil)又称精油(essential oil),是具有芳香气味的油状液体的总称。其在常温下能挥发,与水不混溶,可随水蒸气蒸馏。

挥发油在植物界分布很广,如菊科(苍术、白术、佩兰等)、芸香科(橙皮、降香、柠檬等)、伞形科(川芎、小茴香、当归、柴胡等)、唇形科(薄荷、藿香、紫苏、荆芥等)、樟科(樟木、肉桂等)、木兰科(厚朴、八角茴香、辛夷等)、姜科(姜、姜黄、莪术、山奈等)等,有 56 科 136 属,约 300 种。

挥发油存在于植物的油管、油室、分泌细胞、树脂道中,多呈油滴状,有的与树脂、黏液质共存,少数以苷的形式存在。如松柏类的树脂通常溶于挥发油中,呈半流动性,这类树脂称为油树脂。松类树干被切伤时,油树脂作为有流动性的生松脂渗出,生松脂经水蒸气蒸馏可分得约 70% 的挥发油(松节油)与 25% 左右的松香(二萜类)。挥发油在植物体中存在的部位各不相同:很多植物的挥发油存在于花蕾中,如丁香、辛夷、野菊花、月季、蔷薇等;有的存在于果实中,如砂仁、吴茱萸、蛇床子、八角茴香等;有的存在于果皮中,如橙、橘等;有的存在于根中,如当归、独活、防风等;莪术、姜黄、川芎等的挥发油存在于根茎中;细辛、薄荷、佩兰、藿香、鱼腥草、艾、菊等全株植物中都含有挥发油;少数植物,如肉桂、厚朴等的挥发油主要存在于树皮中。挥发油含量一般在 1% 以下,也有少数植物含量在 10% 以上,如丁香中的丁香油含量高达 14%~21%。

挥发油是一类在许多方面都具有生物活性的成分,其在临床上具有止咳、平喘、祛痰、发汗、解表、祛风、镇痛、杀虫以及抗菌消炎等功效。如薄荷油有清凉、祛风、消炎、局麻作用;生姜油对中枢神经系统有镇静、催眠、解热、镇痛、抗惊厥、抗氧化作用;大蒜油可治疗肺结核、支气管炎、肺炎和霉菌感染;香柠檬油对淋球菌、葡萄球菌、大肠杆菌和白喉杆菌有抑制作用。挥发油不仅在医药方面具有重要的作用,在香料工业、食品工业及化学工业中也是重要原料。

(二)挥发油的组成与作用

挥发油是混合物,一种挥发油常常含有数十种乃至数百种成分,如从保加利亚玫瑰油中已发现 275 种化合物,茶叶挥发油中含有 150 多种成分。挥发油化学组成复杂,但其中一般以某种或某几种成分占比较高,如薄荷油中薄荷醇含量可达 80%,樟脑油中樟脑含量约占 50%。按化学结构分类,挥发油中的化学成分可分为萜类化合物、芳香族化合物、脂肪族化合物、含硫和含氮化合物,以及它们的含氧衍生物。

(三)挥发油的理化性质

1. 颜色

挥发油在常温下大多为无色或淡黄色油状液体,有些挥发油因含有萜类成分或溶有色素而显特殊颜色。如苦艾油显蓝绿色,洋甘菊油显蓝色,麝香草油显红色。

2. 形态

挥发油在常温下为透明液体,有的在冷却时其主要成分可能结晶析出,这种析出物习称"脑",如薄荷脑、樟脑、茴香脑等。滤除脑的挥发油称为"脱脑油",如薄荷油的脱脑油习称薄荷素油,但其中仍含有约 50% 的薄荷脑。

3. 气味

挥发油具有特殊的气味,大多数为香味或辛辣味,少数挥发油具有异味,如鱼腥草油有腥味,土荆芥油有臭味。挥发油的气味往往是其品质优劣的重要标志。

4. 挥发性

挥发油具有挥发性,在常温下可自行挥发而不留油迹,这是挥发油与脂肪油的本质区别。

5. 溶解性

挥发油为亲脂性成分,难溶于水,易溶于石油醚、乙醚、二硫化碳等有机溶剂,在高浓度的乙醇能全部溶解,而在低浓度的乙醇中只能部分溶解。挥发油中的含氧化合物能够极少量地溶解于水,使水溶液具有该挥发油的特有香气,可利用这一性质制备芳香水,如薄荷水。

6.物理常数

挥发油是混合物,无确定的物理常数,但挥发油中各组成成分基本稳定,因此其物理常数有一定的范围。

1)相对密度

挥发油多数比水轻,也有少数比水重,如丁香油、桂皮油等。挥发油的相对密度为0.850~1.065。

2)旋光性

挥发油几乎均有旋光性,比旋光度为 +97° ~ +117°。

3)折光性

挥发油具有强折光性,折光率为 1.43~1.61。

4)沸点

挥发油的沸点一般为 70~300 ℃。

7.稳定性

挥发油与空气、光线接触会逐渐氧化变质,相对密度增大,颜色变深,失去原有的香味,并形成树脂样物质,也不能再随水蒸气蒸馏,故挥发油应贮存于棕色瓶内并在低温处保存。

第六节　三萜类化合物

一、概述

三萜类化合物为一类由甲戊二羟酸衍生而成,基本碳架由 6 个异戊二烯单位组成,符合通式(C_5H_6)$_n$的化合物。根据经验异戊二烯法则,三萜类化合物多数具有 30 个碳原子,但有些三萜类化合物的碳原子数不是 30 个,只是由于其生源途径符合生源异戊二烯法则,也归属于三萜类化合物的范畴。三萜类化合物是重要的中药化学成分。

三萜类化合物广泛分布在自然界中,尤其以双子叶植物中分布最多。其在生物体内以游离形式或以与糖结合形成苷、酯的形式存在。三萜类化合物与糖形成的苷的水溶液振摇后能产生大量持久性肥皂样且不因加热而消失的泡沫,故被称为三萜皂苷。三萜皂苷因多数具有羧基,所以又被称为酸性皂苷。皂苷在植物界分布广泛,在单子叶植物和双子叶植物中均有分布,在蔷薇科、石竹科、无患子科、薯蓣科、远志科、天南星科、百合科、玄参科、豆科等的某些属中分布较多。例如,薯蓣、知母、人参、甘草、商陆、柴胡、远志、桔梗等植物中都含有多种皂苷。古班诺夫(Gubanov)等曾对产于中亚的 104 个科的 1 730 种植物进行调查,发现其中 79 个科的 860 种植物含有皂苷。

三萜皂苷由三萜苷元和糖组成。三萜苷元常为四环三萜和五环三萜。构成三萜皂苷的糖的种类比较多,常见的有葡萄糖、半乳糖、阿拉伯糖、鼠李糖、木糖及葡糖醛酸、半乳糖醛酸,还有核糖、脱氧核糖、岩藻糖(夫糖)、鸡纳糖、甘露糖、果糖、氨基糖、乙酰氨基糖等。皂苷分子中的糖多以寡糖的形式与苷元连接,多数糖为吡喃型糖,也有呋喃型糖。根据糖的数目,皂苷可分为单糖皂苷、二糖皂苷、三糖皂苷等;根据糖链的数目,皂苷可分为单糖链皂苷、二糖链皂苷、三糖链皂苷等;根据苷元成苷官能团,皂苷可分为醇苷和酯苷,前者为皂苷的主要存在形式,后者也称酯皂苷,有些皂苷同时具备醇苷和酯苷结构,如人参皂苷 Ro(ginsenoside Ro);以原生苷形式存在的皂苷被酸、碱或酶水解,若仅有部分糖被水解,未被水解的糖与苷元形成的苷称为次皂苷(次生皂苷)或原皂苷。

三萜类化合物因具有广泛的生理活性,如抗肿瘤、抗病毒、降血糖等作用,成为当今研究的热点。特别是近年来,随着色谱等现代分离手段的应用,其研究有了突破性进展,越来越多的新化合物被分离、鉴定,如人参皂苷新化合物不断被发现,部分人参皂苷的生理活性不断被阐明,为人参皂苷的新药开发及由人参组方的中药复方作用机制的研究奠定了基础。

二、三萜类化合物的结构与分类

三萜类化合物根据是否成环以及成环的数目,分为链状三萜、单环三萜、双环三萜、三环三萜、四环三萜、五环三萜等。其中四环三萜和五环三萜在自然界中分布较多,且多数以与糖形成皂苷的形式存在。

(一)链状三萜

链状三萜多见于海洋生物中,如在日本海兔(*Dolabella auricularia*)中发现氧化鲨烯类化合物 aurilol($C_{30}H_{53}BrO_7$),从红藻中分离出具有细胞毒活性的多醚鲨烯类化合物等,这些鲨烯类化合物属于链状三萜中常见的化合物。鲨烯类化合物中最常见的鲨烯(或称角鲨烯、菠菜烯,如图 1.6 所示)主要存在于鲨鱼肝油和其他鱼类肝油中的非皂化部分,在一些植物油,如橄榄油、茶籽油等的非皂化部分也有存在。

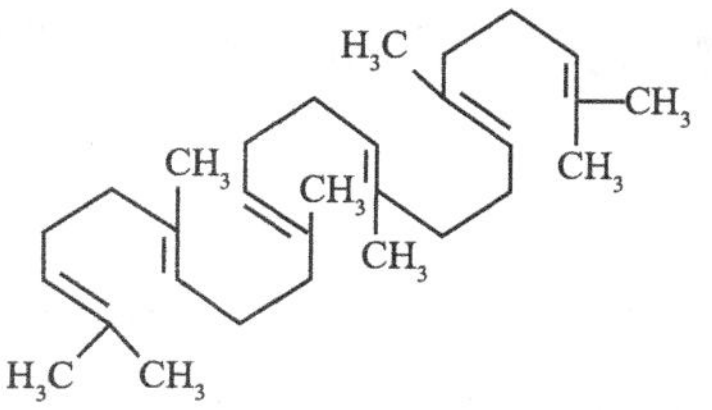

图 1.6　鲨烯

鲨烯可从鲨鱼肝中提取,也可以通过化学法和微生物发酵法合成。它是合成其他三萜类化合物的前体,即鲨烯在鲨烯环氧酶(有 NADPH(还原型烟酰胺腺嘌呤二核苷酸磷酸,还原型辅酶Ⅱ)参与)作用下生成 2,3-环氧鲨烯,进而在环化酶作用下合成三环、四环和五环三萜类化合物,因此 2,3-环氧鲨烯是其他三萜类化合物的生源中间体。

研究表明,鲨烯具有抗肿瘤和抗氧化等多种生理活性,由鲨烯制成的鲨烯复合剂具有延缓衰老的作用。在临床上,由鲨烯制成的角鲨烯胶丸用于各种缺氧性疾病、心脏病、肝炎和癌症的辅助治疗。

(二)单环三萜

对单环三萜类化合物的研究报道很少。第一个单环三萜类化合物薁醇 A(achilleol A)是在菊科植物 *Achillea odorata* 中发现的,该化合物也可从茶梅(*Camellia sasanqua* Thunb.)油的非皂化部分中分离得到。另外,从柴胡属植物 *Bupleurum spinosum* Gouan 中分离得到了薁醇 A 的酯。

(三)双环三萜

从海洋生物中可分离得到多种双环三萜类化合物。例如:从 *Asteropus* sp. 中分离出化合物 pouoside A~E,其中 pouoside A 具有细胞毒作用;从红色海绵 *Siphonochalina si-phonella* 中分离得到化合物 siphonellinol;从一种太平洋海绵中分离得到化合物 naurol A 和 naurol B;等等。双环三萜多从海洋生物中分离得到,也可从陆生生物中分离得到,如从蕨类植物(polypodiaceous 和 aspidiaceous)的新鲜叶子中分离得到 α-polypodatetraene 和 γ-polypodatetraene,这些化合物也属于双环三萜类。

(四)三环三萜

关于三环三萜的报道不多,报道中的三环三萜类化合物从生源上都与双环三萜类化合物有关。例如:从蕨类植物伏石蕨(*Lemmaphyllum microphyllum* Presl)的新鲜全草中分离出来的 13-β-*H*-malabaricatriene 和 13-α-*H*-malabaricatriene 在生源上可以看成是由 α-polypodatetraene 和 γ-polypodatetraene 环合而成的;从楝科植物 *Lansium domesticum* 的果皮中分离得到 lansioside A、lansioside B、lansioside C 等具有三环骨架的三萜苷类化合物,其中 lansioside A 是从植物中得到的罕见的乙酰氨基葡萄糖苷。

(五)四环三萜

四环三萜类化合物在自然界中分布广泛,是一类重要的中药化学成分,一般以游离形式或以与糖结合形成皂苷的形式存在于生物体内。如表 1.3 所示,根据母核上取代基的位置和构型,四环三萜可分为羊毛脂甾烷、环菠萝蜜烷、葫芦素烷、大戟烷、甘遂烷、楝烷、达玛烷、原萜烷等。达玛烷型四环三萜大部分具有环戊烷骈多氢菲的基本母核,17 位上有由 8 个碳原子组成的侧链。楝烷型四环三萜具有有 4 个碳的侧链,这类四环三萜也称为四降三萜或降四环三萜,一般母核有 5 个甲基,其中 C_4 有偕二甲基。

表 1.3　四环三萜类化合物不同母核结构的主要特征

类型	CH_3 取代	C_{17} 侧链取代	C_{20} 构型	代表化合物
羊毛脂甾烷	$10\beta,13\beta,14\alpha$	β 型,8 个碳	R	茯苓酸
环菠萝蜜烷	$10\text{-}CH_2\text{-}9,13\beta,14\alpha$	β 型,8 个碳	R	环黄芪醇
葫芦素烷	$9\beta,13\beta,14\alpha$	β 型,8 个碳	R	雪胆甲素
大戟烷	$10\beta,13\alpha,14\beta$	α 型,8 个碳	R	大戟醇
甘遂烷	$10\beta,13\alpha,14\beta$	α 型,8 个碳	S	flindissone
楝烷	$10\beta,13\alpha,8\beta$	α 型,4 个碳	S	川楝素
达玛烷	$10\beta,13\beta,14\alpha$	β 型,8 个碳	S 或 R	人参皂苷
原萜烷	$10\beta,13\alpha,14\beta$	β 型,8 个碳	S	泽泻萜醇

1.羊毛脂甾烷

羊毛脂甾烷也称羊毛脂烷、羊毛甾烷,其母核上有 3 个含碳的取代基,而且都是 β 结构,如 C_{10} 和 C_{13} 位的甲基及 C_{17} 位的侧链,这 3 个含碳取代基的位置与甾体母核含碳取代基的位置一样,所以冠名"甾"字,称为羊毛脂甾烷,但个别有甾体母核结构的羊毛脂烷母核的 C_4 和 C_{14} 位还分别由 α 构型的甲基和偕二甲基取代。其另一个结构特点是A/B 环、B/C 环和 C/D 环都是反式。C_3 位由羟基取代的羊毛脂甾烷称为羊毛脂甾烷醇或羊毛脂烷醇,如羊毛脂醇,其是羊毛脂的主要成分,也存在于大戟属植物凤仙大戟的乳液中。

2.环菠萝蜜烷

环菠萝蜜烷也称环阿屯烷或环阿尔廷烷,其基本结构与羊毛脂甾烷相似,只是 C_{10} 位上的甲基与 C_9 位脱氢形成三环。这类化合物虽然有 5 个碳环,但因生源与羊毛脂甾烷关系密切,所以仍列入四环三萜中介绍。

3.葫芦素烷

葫芦素烷也称葫芦烷,其基本结构与羊毛脂甾烷相似,只是葫芦素烷 C_9 位由 $\beta\text{-}CH_3$ 取代,而羊毛脂甾烷 C_{10} 位由 $\beta\text{-}CH_3$ 取代,其他取代基位置都一样,但葫芦素烷 A/B 环上的 C_5 和 C_8 位都是 β-H,C_{10} 位是 α-H。

4.大戟烷

大戟烷母核的基本结构与羊毛脂甾烷相似,只是 C_{13}、C_{14} 和 C_{17} 位上的取代基结构不同。许多大戟属植物乳液中含有大戟烷衍生物,如大戟二烯醇在中药甘遂、狼毒和千金子中均大量存在,并作为甘遂药材鉴别的对照品。属于大戟烷衍生物的还有中药乳香含有的乳香二烯酮酸和异乳香二烯酮酸、马尾树果实和叶中的大戟烷型三糖链皂苷马尾树苷A(rhoipteleside A)和马尾树苷 B(rhoipteleside B)及二糖链皂苷马尾树苷 E(rhoipteleside

E）等。

5.甘遂烷

甘遂烷在植物界中比较罕见，而且数量较少。藤橘属（*Paramignya monophylla* Wight）果实中含有 5 种甘遂烷型化合物，分别是 flindissone、3-oxotirucalla-7, 24-diene-23-ol、3-oxotirucalla-7, 24-diene-21, 23-diol、tirucalla-7, 24-diene-3β, 23-diol、tirucalla-7, 24-diene-3β, 21, 23-triol。

6.棟烷

棟烷的基本母核结构中共有 26 个碳，是一类特殊的四环三萜。其基本母核结构与甘遂烷相似，但 C_{14} 位没有甲基取代，C_8 位为 β-CH_3 取代，C_{17} 位有 4 个侧链取代，而且是 S 型。从母核结构判断，甘遂烷（C_{17} 位为 S 型）比大戟烷（C_{17} 位为 R 型）更接近棟烷，但对从印度棟 *Azadirachta indica* A. Juss. 的叶中提取的棟烷型化合物的研究发现，大戟烷能比甘遂烷更有效地转变成棟烷。

7.达玛烷

达玛烷的基本母核结构特点是 C_8 和 C_{10} 位分别有 1 个 β-CH_3，C_{17} 位的侧链为 β 构型，C_{20} 位为 R 或 S 构型，而羊毛脂甾烷基本母核结构的 C_8 位没有甲基取代，但 C_{13} 位有 1 个 β-CH_3，而且 C_{20} 位的碳为 R 型。

8.原萜烷

原萜烷的基本母核结构与达玛烷相似，差别只是 C_8 和 C_{14} 位的取代甲基构型不同，原萜烷分别为 α 和 β 构型，而达玛烷分别为 β 和 α 构型，原萜烷 C_{20} 位的碳为 S 构型。

（六）五环三萜

五环三萜在自然界中分布比较广泛，也是一类重要的中药化学成分，常在植物体内以游离形式或以与糖结合形成皂苷的形式存在。从生源看，五环三萜类化合物被认为是四环三萜类化合物 C_{17} 位的侧链环合的衍生物，常与四环三萜类化合物共同存在于同一植物体内。其结构特征也保留了四环三萜基本母核的结构特征，如五环三萜类化合物 C_4 位连接偕二甲基，C_8、C_{10} 和 C_{17} 位有 β 基团取代，A/B、B/C、C/D 环均为反式。但其基本母核为 5 个环，D/E 环为顺式，C_{28} 和 C_{24} 位可能为羧基取代，双键多在 C_{12} 或 C_{11} 位等。

根据 E 环和 C 环的大小以及母核上取代基的位置及构型，五环三萜可分为 E 环为六元环（如齐墩果烷、熊果烷和木栓烷）、E 环为五元环（如羽扇豆烷、羊齿烷、异羊齿烷、何帕烷和异何帕烷）、C 环为七元环（其他类型）等类型，如表 1.4 所示。

表 1.4　五环三萜类化合物不同母核结构的主要特征

类型	CH$_3$ 取代	C$_{17}$ 侧链取代	C$_{20}$ 构型
齐墩果烷	10β、8β、14α、17β	偕二甲基	偕二甲基
熊果烷	10β、8β、14α、17β	偕二甲基	20α 甲基
木栓烷	9β、14β、13α、17β	4β、5β 甲基	偕二甲基
羽扇豆烷	10β、8β、14α、17β	偕二甲基	—
羊齿烷	10β、13β、14β、17α	偕二甲基	—
异羊齿烷	10β、13β、14α、17β	偕二甲基	—
何帕烷	10β、8β、14α、17α	偕二甲基	—
异何帕烷	10β、8β、14α、18α	偕二甲基	—
其他类型	—	C 环为七元环	—

1.齐墩果烷

齐墩果烷又称 β-香树脂烷。其基本碳架为多氢蒎的五环母核,连接 2 个偕二甲基,共有 8 个甲基取代,形成 6 个季碳。一般 C$_3$ 位有羟基取代,多为 β 型,少数为 α 型,如 α-乳香酸(α-boswellic acid)。齐墩果烷的母核上常有羧基取代,因而表现出酸性,是酸性皂苷的主要结构类型。

该类化合物在植物界分布广泛,主要分布在豆科、五加科、桔梗科等一些植物中。

2.熊果烷

熊果烷又称 α-香树脂烷或乌苏(索)烷。其分子结构与齐墩果烷的不同之处是 E 环上 2 个甲基的位置不同,分别位于 C$_{19}$ 位和 C$_{20}$ 位。

熊果烷型化合物多为熊果酸的衍生物。熊果酸又称乌苏酸,是熊果烷的代表性化合物,它在植物界分布比较广泛,如熊果叶、栀子果实、女贞叶、车前草、白花蛇舌草、石榴的叶和果实等中均有熊果酸存在。熊果酸在体外能抑制革兰阳性菌和阴性菌及酵母菌的活性,能明显降低大鼠的体温,并有安定作用。

3.木栓烷

木栓烷从生源上可以看成是由齐墩果烯甲基移位形成的,即齐墩果烯 C$_4$ 位偕二甲基的 1 个甲基移位至 C$_5$ 位,C$_{10}$ 位甲基移位至 C$_9$ 位,C$_8$ 位甲基移位至 C$_{14}$ 位,C$_{14}$ 位甲基移位至 C$_{13}$ 位。木栓烷的基本母核中只有 C$_{20}$ 位有 1 个偕二甲基,共有 8 个甲基取代,形成 5 个季碳。

从卫矛科植物雷公藤(*Tripterygium wilfordii* Hook. f.)的去皮根中心分离出雷公藤酮(tripterygone),其基本母核结构为失去 C$_{25}$ 位甲基的木栓烷衍生物;卫矛科植物独子藤(*Celastrus monospermus* Roxb.)的茎中也含有多种木栓烷衍生物,如 29-羟基木栓酮、12β-羟基木烯酮、12β-羟基木栓酮、海棠果醛(canophyllal)、木栓酮(friedelin)和海棠果酸(canophyllic acid)等。

4.羽扇豆烷

羽扇豆烷与齐墩果烷的不同点是,羽扇豆烷的 E 环是由 C_{19} 和 C_{21} 连成的五元环,并且 E 环的 C_{19} 位由 α 构型的异丙基取代,A/B、B/C、C/D、D/E 环均为反式,并有 $\triangle^{20(29)}$ 双键。重要化合物有羽扇豆种皮中的羽扇醇(lupeol),酸枣仁、桦树皮、石榴树及叶、天门冬等植物中的白桦脂酸(betulinic acid),还有柿属植物 *Diospyros canaliculata* 中的白桦脂醛(betulinaldehyde)等。

5.羊齿烷和异羊齿烷

羊齿烷和异羊齿烷可以认为是羽扇豆烷的异构体,但取代基的位置和构型有差异。羊齿烷和异羊齿烷的异丙基取代位置为 E 环的 C_{22} 位,而不是 C_{19} 位,C_{13} 位有甲基取代,C_8 位没有甲基取代。羊齿烷和异羊齿烷除了 C_{10} 和 C_4 位的取代基种类和构型一样外,其他位置(如 C_{13}、C_{14}、C_{17} 和 C_{22} 位)取代基相同,但构型不同。例如:芦竹素(arundoin)和羊齿烯醇(fernenol)的基本母核结构属于羊齿烷;白茅素(cylindrin)的基本母核结构属于异羊齿烷。

6.何帕烷和异何帕烷

何帕烷和异何帕烷可以认为是羽扇豆烷的异构体,但取代基的位置和构型有差异。何帕烷和异何帕烷的异丙基(或异丙烯基)取代位置为 E 环的 C_{22} 位,而不是 C_{19} 位,C_{18} 位有甲基取代,C_{17} 位没有甲基取代。何帕烷和异何帕烷除了 E 环上的取代基不同外,其他取代基的类型和构型都一样,如里白烯(diploptene)和羟基何帕酮(hydroxyhopanone)。

7.其他类型

目前从自然界中分离出的基本母核结构不同于上述几种类型的五环三萜都归属于其他类型,已发现的有 C 环为七元环的三萜类化合物,如从石松中分离出的石松素(lycoclavanin)和石松醇(lycoclavanol)。

三、三萜类化合物的理化性质

（一）性状

游离的三萜类化合物多为白色或无色结晶。三萜皂苷分子较大,一般不易结晶,大多数为白色或乳白色粉末。少数短糖链皂苷为结晶,但皂苷元大多有完好的结晶。皂苷多具有苦而辛辣的味感,个别如甘草皂苷具有甜味,其粉末对人体各部位的黏膜均有强烈的刺激性,尤以鼻内黏膜最为敏感,吸入鼻内会引起打喷嚏,但也有少数皂苷不具有这样的性质。

（二）熔点

游离的三萜类化合物有固定的熔点。三萜皂苷往往熔点较高,且常在融熔前分解,因此大多数皂苷无明显的熔点，一般测得的为其分解点（多为 200~350 ℃）。三萜皂苷元的熔点也有类似的规律，如同时有羟基、酮基和羧基取代的三萜皂苷（如齐墩果酸、熊果酸）的熔点常常也很高。

（三）旋光性

游离的三萜类化合物及三萜皂苷均有旋光性。三萜皂苷的旋光度与其结构密切相关，双键、酮基等不饱和基团也会影响皂苷的旋光度。

（四）溶解性

游离的三萜类化合物极性较小，不溶于水，易溶于石油醚、苯、三氯甲烷（氯仿）、乙醚等极性小的溶剂，也可溶于甲醇、乙醇等。三萜皂苷极性大，通常不溶于乙醚、苯、氯仿等亲脂性有机溶剂，在冷乙醇中的溶解度也很小。皂苷一般可溶于水，易溶于热水、含水稀醇、热甲醇和热乙醇。皂苷在含水丁醇和戊醇中的溶解度较大。丁醇和戊醇都会与水分层，故常用它们从水溶液中萃取皂苷，以与亲水性强的糖、蛋白质等分离。皂苷水解成次级皂苷后，在水中的溶解度就减小，易溶于中等极性的醇、丙酮、乙酸乙酯等；完全水解失去糖链的苷元大多难溶于水，易溶于石油醚、苯、乙醚、氯仿等极性小的溶剂。

（五）发泡性

三萜皂苷大多兼有亲水性部位（糖链）和亲脂性部位（苷元及酯基等），因亲水性与亲脂性达到分子内平衡而表现出表面活性，具有降低水溶液的表面张力的作用。皂苷与水混合振荡能生成胶状溶液并产生持久泡沫，且此泡沫不因加热而消失。因此，皂苷有乳化剂的性质，其水溶液与油脂或树脂混合研磨时能产生乳化剂。但有些皂苷或因亲水性强于亲脂性，或因亲脂性强于亲水性，分子内部失去了平衡，其表面活性作用就不易表现出来，没有或微有产生泡沫的性质，如甘草酸的起泡性就很弱。

（六）溶血作用

低浓度的皂苷水溶液即可破坏红细胞而产生溶血作用，因此皂苷又称为皂毒素（sapotoxin）。这一作用可能由皂苷与胆甾醇结合生成分子复合物所致，故皂苷类药物一般不能用于静脉注射。肌肉注射皂苷水溶液易引起组织坏死，故一般不将皂苷水溶液做成注射剂。但口服皂苷无溶血作用，可能原因是皂苷在肠胃中不被吸收或被水解成无溶血作用的次生产物。皂苷的溶血作用可用溶血指数表示，溶血指数是在一定条件下能使血液中的红细胞完全溶解的最低皂苷浓度。例如，薯蓣皂苷的溶血指数为 1：400 000，甘草皂苷的溶血指数为 1：4 000。根据某一药材浸液及其纯皂苷溶液的溶血指数可以粗略推算出该药材的皂苷含量。用此法测得的皂苷含量虽不够精确，但有一定的参考价值。

并非所有皂苷都能破坏红细胞而产生溶血作用,例如 B 型和 C 型人参皂苷具有显著的溶血作用,而 A 型人参皂苷则有抗溶血作用,因而人参总皂苷(含 A、B、C 型人参皂苷)不表现出溶血现象。

(七)沉淀作用

大多数皂苷可以与一些较大分子的醇或酚结合成分子复合物。例如,许多皂苷能被胆甾醇从乙醇溶液中沉淀析出。用乙醚回流这类分子复合物时,分子复合物被破坏,胆甾醇转溶于乙醚,而皂苷不溶,从而达到分离的目的。

第七节　甾体类化合物

一、概述

甾体类化合物(steroidal compound)是广泛存在于自然界的一类结构中具有环戊烷骈多氢菲甾体母核的天然化学成分,它们通常以高级脂肪酸酯或游离甾醇的形式存在,多与油脂类共存于植物的种子和花粉中,亦可与糖结合成苷存在于植物的根、根茎等部位,对植物的生命活动起着重要的作用。甾体类化合物母核中 A、B、C、D 环的稠合方式见图 1.7。

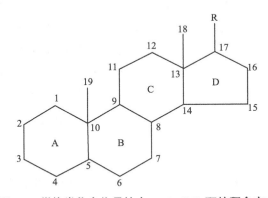

图 1.7　甾体类化合物母核中 A、B、C、D 环的稠合方式

这类化合物具有广泛的生物活性和药理作用,在抗肿瘤、强心、镇痛、抗炎、抗抑郁、抑菌、抗凝血和抗生育等方面有重要作用,同时也是合成甾体类激素的重要原料。常见的甾体类化合物有强心苷、蟾毒配基、甾体皂苷、C_{21} 甾体、植物甾醇、胆汁酸、昆虫变态激素、醉茄内酯、甾体生物碱等。

甾体类化合物的研究经历了 100 多年的历史。1903—1932 年,德国化学家温道斯

（Windaus）和威兰（Wieland）等对胆固醇及胆酸的研究首次阐明了甾体的碳架结构；1929年美国化学家布特南特（Butenandt）分离得到了第一种性激素化合物雌甾酚酮；1936年人们将这类化合物命名为"甾体化合物"；1939年首次在实验室中实现了马萘雌酮的全合成。20世纪后半叶，甾体化学得到了飞速发展，如20世纪50—60年代甾体口服避孕药的出现、20世纪60年代后期和70年代前期甾体蜕皮激素的发现、20世纪70年代维生素D活性代谢产物的发现、20世纪70年代末80年代初甾体新型植物生长调节剂的发现等。20世纪90年代后，从植物和海洋生物中相继发现了许多具有全新结构特点的甾体皂苷、双甾体和甾体多羟基硫酸酯等化合物，它们都具有独特的生理作用，特别是具有较强的抗癌活性，已引起许多化学、生物学和医学工作者极大的兴趣。

二、甾体类化合物的结构与分类

各类甾体成分在C_{17}位均有侧链，根据侧链结构，甾体类化合物可分为不同的种类，如表1.5所示。

表 1.5　甾体类化合物的种类及结构特点

名称	A/B	B/C	C/D	C_{17}取代基
强心苷	顺、反	反	顺	不饱和内酯环
蟾毒配基	顺、反	反	反	六元不饱和内酯环
甾体皂苷	顺、反	反	反	含氧螺杂环
C_{21}甾体	反	反	顺	—C_2H_5
植物甾醇	顺、反	反	反	8~10个碳的脂肪烃
胆汁酸	顺	反	反	戊酸
昆虫变态激素	顺	反	反	8~10个碳的脂肪烃
醉茄内酯	顺、反	反	反	内酯环
甾体生物碱	顺、反	反	反	5~10个碳的含氮杂环

甾体母核上有7个手性碳原子，应有128种光学异构体，但由于稠环引起的空间位阻，实际存在的异构体数目大大减少。存在于植物、微生物体内的甾体的A、B、C、D环都是椅式构象，其中A/B环为顺式或反式稠合，B/C环为反式稠合，C/D环为顺式或反式稠合。表1.5列举了甾体类化合物的环的稠合方式。A/B、B/C和C/D环都为反式稠合的甾体母核的构象如图1.8所示。

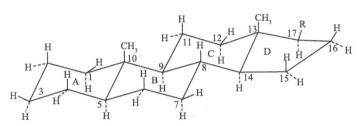

图 1.8　反式稠合的甾体母核

甾体的 C_{10} 和 C_{13} 位通常都存在角甲基，C_{17} 位有 1 个侧链。天然甾体的 C_{10} 和 C_{13} 位甲基以及 C_{17} 位侧链多为 β 型，以实线表示。甾体的 C_3 位多具有羟基，该羟基多为 β 型（以实线表示），也有 α 型、epi（表）型（以虚线表示）。C_3 位羟基可与糖结合形成甾体皂苷。甾体母核的其他位置上还可以有双键、羟基、羰基、环氧醚键等基团。

根据甾体 C_{17} 位侧链的不同，可将其分为以下几类。

（一）C_{21} 甾体

C_{21} 甾体主要分布于萝藦科、玄参科、夹竹桃科、毛茛科等科的植物中，这类化合物多具有重要的生理活性。对甾体成分的研究始于 20 世纪 60 年代，自 1960 年从 *Gomphocarpus* sp. 植物的根中分离得到孕甾烯醇酮（pregnenolone）及 1964 年从多花止泻木（*Holarrhena floribunda*）中分离得到孕酮（progesterone）后，甾体化合物的研究才开始受到重视。

C_{21} 甾体共有 21 个碳，具孕甾烷的基本骨架，但其 C_{17} 位侧链多为羰甲基单元。目前的研究表明：C_{21} 甾体多为以孕甾烷或其异构体为基本骨架的羟基衍生物，有时分子中还带有羟基等基团；C_{21} 甾体多以苷的形式存在，一般称为洋地黄醇苷（digitenol glycoside 或 digitenolide），其糖链部分常带有 2-羟基糖或 2-去氧糖；C_{21} 甾体的 A/B 环为反式稠合（或 C_5、C_6 位为双键），C/D 环为顺式稠合，而 B/C 环多为反式稠合。从萝藦科植物通关散（*Marsdenia tenacissima*）中分离得到的通光素（tenacissigenin）是首次发现的 B/C 环为顺式稠合的 C_{21} 甾体。

（二）强心苷

截至目前，已在十几个科的几百种植物中发现有强心苷分布。强心苷在玄参科、夹竹桃科及百合科等科的植物的果、叶和根中含量较高；在萝藦科、十字花科、卫矛科、豆科、桑科、毛茛科、梧桐科和大戟科等科的植物中也广泛分布。强心苷具有强心作用，某些已作为临床用药，如狄戈辛（又称地高辛、异羟基洋地黄毒苷，digoxin）、西地兰（去乙酰毛花苷 C，deslanoside）等。天然存在的强心苷甾核中 A/B 环为顺式或反式稠合，以顺式为多；B/C 环都是反式；C/D 环为顺式。强心苷的 C_3 位羟基多与糖结合成苷，最多可含有 4 个糖，除常见的葡萄糖、鼠李糖及黄夹糖外，多为 α-去氧糖；有时苷的 C_4 位也会有羟基取代；C_{10} 位上有角甲基存在，此甲基亦可能被氧化成羟甲基、醛基、羟基等；C_{13} 位存在甲基；

C_{17} 位侧链为五元或六元不饱和内酯环。带五元不饱和内酯环者称为甲型强心苷,天然强心苷多为这一类型;带六元不饱和内酯环者称为乙型强心苷,数目相对较少。至于两者的命名,甲型以强心甾(cardenolide)为母核命名;乙型以海葱甾(scillano-lide)或蟾酥甾(bufanolide)为母核命名。

强心苷母核 C_{10}、C_{13} 和 C_{17} 位的 3 个侧链均为 β 型;C_3 位羟基大多是 β 型,少数是 α型(命名时常冠以 epi(表),以便与相应的 β 型异构体相关联);C_{14} 位羟基均为 β 型。甾体母核的 1β、2α、3α、5β、11α、12β、15β 和 16β 等位置上也可能存在羟基,羟基可以与甲酸、乙酸和异戊酸等结合成酯;甾体母核还可能在 7β、8β、14β 位或 11β、12β 位形成环氧键;在 C_{11} 或 C_{12} 位存在酮基;而双键通常出现在 C_4/C_5、C_5/C_6、C_9/C_{11} 及 C_{16}/C_{17} 之间。

(三)植物甾醇

植物甾醇广泛分布于植物界,主要有谷甾醇(包括 α-谷甾醇、β-谷甾醇(图 1.9)和 γ-谷甾醇等)、豆甾醇(图 1.10)、菠甾醇(包括 α-菠甾醇和 β-菠甾醇等)等。此外,从真菌、藻类等生物中也分离得到多种植物甾醇,如麦角甾醇就广泛分布于真菌中。

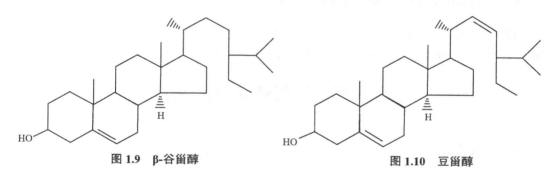

图 1.9 β-谷甾醇   图 1.10 豆甾醇

植物甾醇母核中的 A/B 环为顺式或反式稠合,B/C 及 C/D 环都为反式稠合。植物甾醇的 C_3 位通常有 β-羟基存在,此羟基可与糖结合成苷,还可与乙酸及苯甲酸等成酯;C_{10}和 C_{13} 位甲基以及 C_{17} 位侧链均为 β 型。植物甾醇分子中通常存在 1~2 个双键,可与溴加成生成相应的溴代衍生物。

三、甾体类化合物的颜色反应

甾体类化合物在无水条件下与浓酸或某些路易斯酸(Lewis 酸)作用能发生各种颜色反应,这类颜色反应的机制较复杂。甾体类化合物与酸作用,经脱水生成双键,再经双键位移、双分子缩合等反应生成共轭体系,并在酸的作用下生成多烯阳碳离子而显色,而放置后分子间相互缩合,颜色可逐渐退去。

（一）醋酐-浓硫酸反应（Liebermann-Burchard 反应）

将样品溶于醋酐,加硫酸-醋酐(1∶20),产生红→紫→蓝→绿→污绿等颜色变化,最后褪色。

（二）氯仿-浓硫酸反应（Salkowski 反应）

将样品溶于氯仿,加入硫酸,硫酸层显血红色或蓝色,氯仿层显绿色荧光。

（三）冰醋酸-乙酰氯反应（Tschugaev 反应）

将样品溶于冰醋酸,加几粒氯化锌和乙酰氯共热;或取样品溶于氯仿,加冰醋酸、乙酰氯、氯化锌煮沸,反应液颜色呈现紫红→蓝→绿的变化。

（四）三氯醋酸反应（Rosen-Heimer 反应）

将样品溶液滴在滤纸上,喷 25% 的三氯醋酸溶液,加热至 60 ℃呈红色至紫色。

（五）五氯化锑反应（Kahlenberg 反应）

将样品溶液点于滤纸上,喷 20% 的五氯化锑的氯仿溶液(不含乙醇和水),于 60~70 ℃下加热 3~5 min,样品斑点呈现灰蓝、蓝、灰紫等颜色。

第八节　生物碱类化合物

一、概述

生物碱(alkaloid)是天然的含氮碱性有机化合物,大多数具有复杂的环状结构,是植物中重要的有效成分之一,具有明显的生物活性。生物碱大多有苦味,难溶于水,可以与酸形成盐,呈无色结晶状,少数为液体,具有一定的旋光性和吸收光谱。生物碱有几千种,由不同的氨基酸或其直接衍生物合成得到,是次级代谢产物之一,对生物机体有毒性或强烈的生理作用。例如,1803 年从鸦片中分离得到的吗啡及其衍生物是临床缓解剧烈疼痛的主要药物,也是全世界使用量最大的强效镇痛剂,至今仍在临床医疗上发挥着重要作用。1930 年发现印度草药具有显著的降血压作用,经药物化学和药理学研究最终发现了活性成分利血平。我国于 20 世纪 50 年代初组织开展了萝芙木类资源的综合研究,在云南、广西等地找到了较为丰富的植物资源,并于 1958 年利用萝芙木总生物碱开发了治疗高血压的新药"降压灵",主要成分是利血平。后来又逐步开发了以利血平单体为原料药的各种制剂,如利血平片、复方降压片,它们在临床上得到了较为广泛的、长期持续的应用。在抗肿瘤活性方面,从长春花中分离得到的长春花碱(vinblastine)、长春新碱(vincristine）、10-羟基喜树碱（10-hydroxycamptothecine）已作为抗癌药物用于临床。已知的生物碱种类很多，约有 10 000 种，有一些生物碱的结构式还没有完全确定。

生物碱的种类很多，因而具有不同的结构式，但生物碱均为含氮的有机化合物，在其生物合成途径中，起始物是氨基酸，主要有鸟氨酸、赖氨酸、苯丙氨酸、组氨酸、色氨酸等，主要经历两种类型的反应——环合反应和碳氮键裂解，所以总有一些相似的性质。

二、生物碱类化合物的结构与分类

（一）有机胺类生物碱

这一类生物碱的氮原子不在苯环上，而在侧链上，但它们同样具有很强的生理功能，重要的类型有麻黄碱、秋水仙碱等。麻黄碱和伪麻黄碱属于芳烃仲胺类生物碱，其有些性质和生物碱类的通性不完全一样，游离时可溶于水，能与酸生成稳定的盐，有挥发性，不易与大多数生物碱沉淀试剂反应生成沉淀。秋水仙碱的氮在侧链上呈酰胺状态，呈碱性近中性，在临床上用以治疗急性痛风，并有抑制癌细胞生长的作用。

（二）吡咯烷类生物碱

吡咯烷类生物碱是由吡咯或四氢吡咯衍生的生物碱，其生物来源为鸟氨酸或赖氨酸，如古豆碱是从古柯中分离出的液体生物碱。莨菪烷（颠茄烷类）衍生物是由吡咯啶和哌啶骈合而成的杂环化合物。莨菪碱为左旋体，消旋化后成为阿托品，二者均有解痉、镇痛、散瞳、解磷中毒的作用。东莨菪碱与莨菪碱生物活性相似，常作为防晕和镇静药物应用。

（三）异喹啉类生物碱

异喹啉类生物碱是数量最多的一类生物碱，以异喹啉或四氢异喹啉为母核，在生源上来自苯丙氨酸或酪氨酸。根据连接基团，其可分为以下九类：简单异喹啉生物碱、苄基异喹啉生物碱、双苄基异喹啉生物碱、阿朴啡生物碱、原小檗碱生物碱、前托品生物碱、吐根碱生物碱、α-萘菲啶生物碱、吗啡生物碱。该类生物碱数量较多且结构复杂，如存在于黄连、黄柏、三颗针中具有抗菌作用的小檗碱。防己中的汉防己甲、乙素以及吗啡碱和可待因均属于此类生物碱。其中汉防己乙素、吗啡碱又是酚性生物碱。异喹啉类生物碱广泛分布于罂粟科（*Papaveraceae*）、毛茛科（*Ranunculaceae*）和防己科（*Menispermaceae*）等植物中。罂粟生物碱源自一种罂粟（*P. somniferum*）。吗啡、可卡因、小檗碱都是重要的异喹啉类生物碱。

（四）其他类生物碱

其他类生物碱包括：吡咯生物碱，如党参中的党参碱；吲哚生物碱，如麦角新碱、毒扁豆碱;喹啉生物碱,如喜树碱;萜类生物碱,如乌头中的乌头碱;甾体类生物碱,如贝母中的贝母碱。

三、生物碱类化合物的理化性质

（一）性状

生物碱多数为结晶状固体,少数为非晶粉末,个别为液体(如烟碱、毒芹碱、槟榔碱等)。少数液体生物碱和小分子固体生物碱(如麻黄碱、烟碱等)具挥发性,咖啡因等个别生物碱具有升华性。

生物碱一般呈无色或白色,少数具有高度共轭体系结构的生物碱显颜色,如一叶萩碱呈淡黄色,小檗碱、蛇根碱(serpentine)呈黄色,小檗红碱(berberrubine)呈红色等。

生物碱多具苦味,少数具辛辣味,成盐后苦味增强。

（二）溶解性

生物碱的溶解性是生物碱提取分离的主要依据,其与生物碱的存在状态有关。

1.游离生物碱

1）亲脂性生物碱

大多数叔胺碱和仲胺碱呈亲脂性,一般能溶于有机溶剂,易溶于亲脂性有机溶剂,如苯、乙醚、卤代烷,特别易溶于三氯甲烷。亲脂性生物碱可溶于酸性溶液,不溶或难溶于水和碱性溶液。

2）亲水性生物碱

亲水性生物碱主要指季铵碱和某些含 N → O 配位键的生物碱,这些生物碱可溶于水、甲醇、乙醇,难溶于亲脂性有机溶剂。某些生物碱既有一定程度的亲水性,可溶于水、醇类,也可溶于亲脂性有机溶剂,如麻黄碱、苦参碱、氧化苦参碱、东莨菪碱、烟碱等。这些生物碱的结构特点往往是分子较小,具有醚键、配位键,为液体等。

3）具特殊官能团的生物碱

具酚羟基或羧基的生物碱既可溶于酸性水溶液,也可溶于碱性水溶液,但在 pH 值为8~9 时溶解性最差,易产生沉淀,这样的生物碱称为两性生物碱,如吗啡、小檗胺(berbamine)、槟榔次碱等。其中具酚羟基者常称为酚性生物碱。还有一些具内酯或内酰胺结构的生物碱,在碱性水溶液中,其内酯或内酰胺结构可开环形成羧酸盐而溶于水中,加酸后又可环合析出。

有些生物碱的溶解性不符合上述规律,如石蒜碱难溶于有机溶剂而溶于水,喜树碱不溶于一般的有机溶剂而易溶于酸性三氯甲烷等。

2.生物碱盐

生物碱盐一般易溶于水,可溶于醇类,难溶于亲脂性有机溶剂。一般规律是生物碱的无机酸盐水溶性强于有机酸盐;在无机酸盐中,含氧酸盐的水溶性强于卤代酸盐;在卤代酸盐中,盐酸盐的水溶性最强,而氢碘酸盐的水溶性最弱;在有机酸盐中,小分子有机酸盐的水溶性强于大分子有机酸盐;多元酸盐的水溶性强于一元酸盐。但有些生物碱盐的溶解性比较特殊,如小檗碱盐酸盐、麻黄碱草酸盐等难溶于水,高石蒜碱(homolycorine)的盐酸盐难溶于水而易溶于三氯甲烷等。

第九节　鞣质类化合物

一、概述

鞣质又称单宁(tannin),是存在于植物体内的一类结构比较复杂的多元酚类化合物。鞣质能与蛋白质结合形成不溶于水的沉淀,故可用来鞣皮,即让兽皮与其中的蛋白质结合,成为致密、柔韧、难透水且不易腐败的革。

鞣质存在于多种树木(如橡树和漆树)的树皮和果实中,也是这些树木受昆虫侵袭而生成的虫瘿(gall)的主要成分,含量达50%~70%。鞣质为黄色或棕黄色的无定形松散粉末;在空气中颜色逐渐变深;有强吸湿性;不溶于乙醚、苯、氯仿,易溶于水、乙醇、丙酮;水溶液味涩;在210~215 ℃分解。

鞣质广泛存在于植物界,70%以上的生药中含有鞣质类化合物,尤以裸子植物及双子叶植物的杨柳科、山毛榉科、蓼科、蔷薇科、豆科、桃金娘科和茜草科中为多。鞣质存在于植物的皮、叶、根、果实等部位,在树皮中尤为常见,在某些虫瘿中含量特别多,如五倍子所含鞣质的量高达70%以上。在正常的细胞中,鞣质仅存在于液泡中,不与原生质接触,大多以游离状态存在,部分与其他物质(如生物碱类化合物)结合而存在。

二、鞣质类化合物的结构与分类

根据化学结构,鞣质可分为以下三类。

(一)可水解鞣质

可水解鞣质(hydrolysable tannin)是一类由酚酸及其衍生物与葡萄糖或多元醇通过苷键或酯键形成的化合物。因此,其可被酸、碱、酶(如鞣酸酶(tannase)、苦杏仁酶(emulsin))催化水解,依水解后所得酚酸的种类,其又可分为没食子酸鞣质(gallotannin)和逆没食子酸鞣质(ellagitannin)两类。含这类鞣质的生药有五味子、没食子、诃子、石榴皮、大黄、桉叶、丁香等。

（二）缩合鞣质

缩合鞣质（condensed tannin）是一类由儿茶素或其衍生物棓儿茶素（gallocatechin）等黄烷-3-醇（flavan-3-ol）化合物以碳碳键聚合形成的化合物，通常三聚体以上才具有鞣质的性质。缩合鞣质由于结构中无苷键与酯键，不能被酸、碱水解。缩合鞣质的水溶液在空气中久置能进一步缩合，形成不溶于水的红棕色沉淀，称为鞣红（phlobaphene），如切开的梨、苹果等久置后显现红棕色，茶水久置后形成红棕色沉淀。当与酸、碱共热时，鞣红的形成更为迅速。含缩合鞣质的生药更广泛，如儿茶、茶叶、虎杖、桂皮、四季青、桉叶、钩藤、金鸡纳皮等。

（三）复合鞣质

复合鞣质（complex tannin）是由构成缩合鞣质的单元——黄烷-3-醇与可水解鞣质通过碳碳键连接构成的一类化合物，此类鞣质首先从壳斗科植物中分离得到，现已发现其广泛存在于同时含有可水解鞣质和缩合鞣质的植物中。

三、鞣质类化合物的理化性质

（一）鞣质类化合物的通性

鞣质类化合物的结构特征决定了它们具有以下通性。

（1）鞣质的相对分子质量通常为 500~3 000，大多数为无定形粉末，只有少数能形成晶体。由于具有较多酚羟基，特别是邻位酚羟基，所以很容易被氧化。通常很难获得无色单体，多呈米黄色、棕色，甚至褐色。

（2）鞣质具有较强的极性，可溶于水、乙醇、丙酮等强极性溶剂，也可溶于乙酸乙酯，不溶于极性弱的有机溶剂，如乙醚、氯仿、苯等。微量水的存在可增大鞣质在有机溶剂中的溶解度。

（3）鞣质可与蛋白质结合形成不溶于水的沉淀。这种结合是由鞣质分子中的酚羟基与蛋白质分子中的酰胺基通过氢键形成的。需要有 2 个以上的交联点才能形成较稳定的结合，所以没食子酸和儿茶素均不具有鞣质的性质。但相对分子质量亦不能太大，因为相对分子质量过大会使其本身溶解度减小，或不能实现适当取向的交联等。

（4）鞣质可与唾液中的蛋白结合而使唾液失去润滑性，并能引起舌的上皮组织收敛而产生涩感。未成熟的果实因含鞣质而具涩感，果实成熟后涩感消失或减轻，原因之一是鞣质聚合成鞣红。

（5）鞣质与蛋白质的结合在一定条件下是可逆的，如用丙酮回流鞣质与蛋白质形成的沉淀，鞣质可溶于丙酮而与蛋白质分离，这一性质可用于分离鞣质与非鞣质成分。

（6）鞣质因具有邻位酚羟基而可与许多金属离子络合。如鞣质的水溶液遇高铁离子发生蓝色、绿色反应或产生沉淀,工业上利用该性质制造蓝黑墨水。鞣质的水溶液遇醋酸铅、醋酸铜、氯化亚锡或碱土金属氢氧化物(如氢氧化钙)可与金属离子络合而产生沉淀,在提取、分离鞣质或"除鞣"时均可利用该性质。

（7）鞣质有较多酚羟基,故其水溶液显弱酸性。弱酸性的鞣质能与生物碱类化合物结合形成不溶或难溶于水的沉淀,故鞣质可用作检出生物碱类化合物的沉淀试剂。

（8）鞣质极易被氧化,有强还原性,在碱性条件下氧化更快,故鞣质可用作抗氧剂。

（二）可水解鞣质与缩合鞣质的定性区别

在结构不明的情况下可用下面的方法对可水解鞣质与缩合鞣质进行初步判断。

1.与稀酸共沸

在此条件下,缩合鞣质可生成暗红色的鞣红沉淀,可水解鞣质则水解产生酚酸。

2.加溴水

在此条件下,缩合鞣质可产生橙红色或黄色沉淀(芳环被溴代);可水解鞣质无此反应,这是因为没食子酰基的吸电子效应和空间位阻等原因使可水解鞣质难以溴代。

3.加三氯化铁试剂

在此条件下,可水解鞣质显蓝色或蓝黑色,并常有沉淀产生;缩合鞣质显绿色或墨绿色。

4.加石灰水

在此条件下,可水解鞣质产生青灰色沉淀,缩合鞣质产生棕色或棕红色沉淀。

5.加醋酸铅试剂

在此条件下,两者均产生沉淀,但缩合鞣质产生的沉淀可溶于稀醋酸。

6.加盐酸和甲醛微热

在此条件下,缩合鞣质可发生曼尼希(Mannich)反应而进一步缩合产生鞣红沉淀。

上述区别鞣质类型的方法只是初步的,因为有不少植物同时含有可水解鞣质和缩合鞣质。另外,近年来不断发现一些结构复杂的鞣质,其分子结构中既含有可水解鞣质部分,又含有缩合鞣质部分,所以只有在分离得到单体并进行结构测定后方可正确地确定鞣质的类型。

由于鞣质的相对分子质量较大且不稳定,在应用质谱法研究其结构时,常需选用适当的离子源和将其制备成衍生物的方法。需要特别指出的是,负离子质谱比通常使用的正离子质谱更加适用于鞣质的测定,因为负离子质谱常能给出丰度大得多的分子、离子峰。可水解鞣质的质谱中主要发生酯基断裂,而缩合鞣质的质谱中主要发生黄烷醇C环的RDA裂解(Diels-Alder(第尔斯-阿尔德)裂解),如图1.11所示。

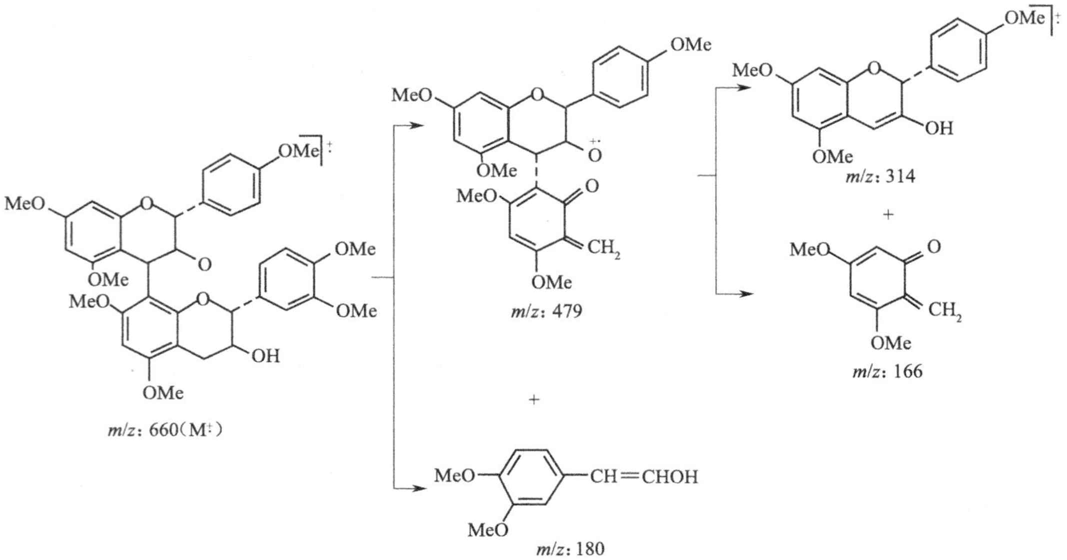

MeO
OMe
O
OMe
MeO
OMe
MeO
O
OMe
OH
OMe
m/z: 660(M+·)
MeO
O
OMe
OMe
MeO
O
CH2
OMe
m/z: 479
+
MeO
CH=CHOH
MeO
m/z: 180
MeO
O
OMe
OH
OMe
m/z: 314
+
MeO
O
CH2
OMe
m/z: 166

图 1.11 鞣质的裂解

第二章　活性成分分析方法概述

近十年来,植物来源的天然产物分析方法相关研究十分活跃,新方法和新技术层出不穷,特别是材料学科、超高效液相色谱、高分辨质谱技术的飞速发展,使植物成分分析呈现出选择性好、灵敏度高等特点,植物次生代谢产物、微量营养元素分析的相关技术和方法也日臻完善。本章分别针对植物来源的天然产物样品前处理新技术及色谱分析方法的原理及发展进行概述,概括色谱、光谱等方法在各类植物成分分析过程中的原理与应用,希望进一步推动相关学科的相互渗透和发展。

第一节　样品前处理新技术

热带水果成分复杂,有酰胺类化合物、鞣质类化合物、含硫的挥发性化合物(如硫氰酸酯、硫醇)、萜烯化合物和芳香族化合物,因此基质背景复杂,在分析时容易产生干扰。活性成分的萃取、净化技术是活性功能性成分分析的关键。据统计,样品前处理所花费的时间占整个分析过程的 61%。随着现代科学技术的迅速发展,分析仪器的自动化水平不断提高,特别是应用了各种高新技术的精密分析仪器以及现代电子技术、计算机技术的引入,极大地推动了分析化学的发展。现代的自动化分析仪器使分析工作趋于简单、快速,然而许多拥有现代化分析仪器的实验室却依然使用古老、烦琐的样品前处理方法。样品前处理已经成为现代分析中的瓶颈,严重阻碍了分析工作的进行。因此,要提高分析效率,必须解决好样品前处理的问题。

一个完整的样品分析过程大致可以分为 4 个步骤:样品采集、样品前处理、分析测定、数据处理与报告结果。其中,样品前处理所需的时间最长,约占整个分析时间的三分之二。通常分析一个样品只需几分钟至几十分钟,而分析前的样品处理却要几个小时。因此,样品前处理是分析过程中一个重要的步骤。样品前处理过程的先进与否直接关系到分析方法的优劣。由于样品前处理过程的重要性,样品前处理方法和技术的研究引起分析化学家的广泛关注。

传统的样品前处理方法包括蒸馏、离心、沉淀分离、索氏提取、液液萃取、离子交换萃取等。这些方法存在着一些缺点,如样品量大、有毒有机溶剂消耗量大、提取时间长、能耗高、有毒有机溶剂影响操作人员健康和污染周围环境、操作步骤多、误差较大、处理时间长等。样品前处理的发展趋势包括:减少甚至不用有毒有机溶剂;能适应处理复杂介质,痕量成分、特殊性质成分分析的要求;减少操作步骤;尽量集采样、萃取、净化、浓缩、预分离、进样于一体;等等。随着科学技术的发展,绿色化学潮流兴起,新型的样品前处理方法不断涌现并受到关注。液相萃取出现了超临界流体萃取、离子液体萃取、基质固相分散萃取、分散微固相萃取、磁性固相萃取、单滴微萃取、分散液液微萃取和中空纤维液相微萃取等;气相萃取有静态顶空萃取和吹扫捕集;固相萃取有固相萃取和固相微萃取,以及微波辅助萃取、膜萃取、流动注射等。

一、离子液体萃取技术

近几十年来,化学工业正向着绿色化学的方向发展,主要表现在两个方面:一是选择无溶剂的工艺路线;二是选择无污染的溶剂,如水、超临界流体、离子液体等。其中离子液体无毒,不易燃,不挥发,在 400 ℃以下能以稳定的液体形式存在,且对许多有机物具有较好的溶解能力。与传统有机溶剂相比,其在萃取有机物、无机离子、氨基酸、蛋白质和脱氮核糖核酸(DNA)等领域具有独特的优势,因而是一种理想的代替传统有机溶剂用于分析样品前处理的萃取分离的绿色溶剂。目前,离子液体萃取技术在仪器分析中主要应用于色谱分析;在多种光度法分析,如原子吸收法、电感耦合等离子质谱法、紫外分光光度法及流动注射分析法等的样品的前处理中,离子液体萃取技术也已经得到应用。其能满足萃取富集倍率较高、萃取剂及样品用量较少的要求。

(一)离子液体概述

离子液体(ionic liquid),是指在室温或低温下呈液态、完全由离子构成的物质,又称室温离子液体(room temperature ionic liquid)或室温熔融盐(room temperature molten salt)。离子液体在较低温度下(≤100 ℃)下呈液态,没有气味,不燃烧,在作为环境友好的溶剂方面有很大的潜力。

早在 19 世纪,科学家就开始研究离子液体,但当时离子液体并没有引起人们的广泛兴趣。20 世纪 70 年代初,美国空军学院的科学家威尔克斯开始研究离子液体,以尝试为导弹和空间探测器开发更好的电池,他发现了一种可用于制作电池的液体电解质。到了 20 世纪 90 年代末,兴起了离子液体理论和应用研究的热潮。如今室温离子液体被视为 21 世纪最有希望的绿色溶剂和催化剂之一,其已经应用到电化学、溶剂萃取、物质的分离和纯化、各种有机化学反应的催化剂和溶剂等多个领域。

(二)离子液体的类型和特性

离子液体由有机阳离子和无机阴离子组成。有机阳离子通常是烷基季铵离子、烷基季鏻离子、N-烷基吡啶离子和 N , N′-二烷基咪唑阳离子;无机阴离子常见的有卤素离子, $AlCl_4^-$,含氟、磷、硫的多种离子(如 BF_4^- 、 PF_6^- 、 $CF_3SO_3^-$ 、 CF_3COO^- 、 PO_4^{3-} 等)。离子液体的种类很多,分类方法也很多。根据有机阳离子的组成,离子液体大体可以分为咪唑类、吡啶类、吡唑类、吡咯啉类、季铵盐和季鏻盐等 6 类；根据无机阴离子的组成，大体可以分为 $AlCl_3$ 型、非 $AlCl_3$ 型和特殊型 3 类；此外，还可根据性能或结构分类，比如高电导率离子液体、低黏度离子液体、高分子离子液体等。

离子液体具有特别的、常规溶液所不能比拟的如下优点。①几乎无蒸气压，在使用、贮藏过程中不会蒸发散失，可循环使用，不污染环境。②有好的热稳定性和化学稳定性，在宽广的温度范围内处于液体状态。但 $AlCl_3$ 型离子液体热稳定性较差，且不可遇水和空气；而非 $AlCl_3$ 型离子液体如（ emim ）$N(CF_3SO_2)_2$ 在 400 ℃时仍为稳定的液体，遇水和空气仍稳定。许多离子液体在温度超过 300 ℃后仍保持稳定的液体状态。③无可燃性，无着火点。④离子电导率高，分解电压（ 也称电化学窗口 ）范围宽，高达 3~5 V。⑤热容量较大。因此，离子液体作为环境友好的清洁溶剂和新催化体系受到催化界和石化企业的广泛关注。

（三）离子液体的制备方法

目前离子液体的制备方法主要有一步合成法和两步合成法。

1.一步合成法

一步合成法是指通过酸碱中和反应或季铵化反应等一步合成离子液体的制备方法。一步合成法操作简便，没有副产物，产品易纯化。如利用酸碱中和法合成一系列不同阳离子的四氟硼酸盐离子液体。另外，通过季铵化反应也可以一步制备出多种离子液体，如卤化 1-烷基 -3-甲基咪唑盐、卤化吡啶盐等。

2.两步合成法

用一步合成法难以得到的离子液体必须采用两步合成法制备。多数离子液体的合成采用两步合成法，即先由叔胺与卤代烷合成季铵的卤化物盐，再将卤负离子交换为所需要的负离子。

第一步合成季铵的卤化物盐，如 mim+EtBr →（ emim ）Br，反应需有机溶剂、过量的卤代烷，加热回流数小时，反应结束后蒸发除去有机溶剂和剩余的卤代烷。有研究者将反应改在微波炉中进行，不用溶剂，反应物不过剩，仅 1 h 即可（ 第二步亦可 ）。

第二步为离子交换，将季铵的卤化物盐与 $AlCl_3$ 按要求的计量比混合反应即可生成 $AlCl_3$ 型离子液体。非 $AlCl_3$ 型离子液体的离子交换可采用银盐法（ AgCl ）、非银盐法（ LiCl、HCl ）及离子交换树脂法（ 限水溶性的 ）等。

（四）离子液体的应用

离子液体的溶解范围很广，可以溶解许多有机物、无机物、有机金属、高分子材料等，是许多化学反应的优良溶剂，且溶解度相对较大。离子液体的溶解性与其结构密切相关，不同结构的离子液体溶解性差异很大，这为选择合适的离子液体以适应不同的体系提供了可能。以离子液体为萃取相,选择与萃取相不相溶的离子液体,可用于不同性质化合物的提取和纯化。近年来离子液体越来越多地被应用于天然产物中活性物质的提取过程,主要有黄酮类、生物碱类、蒽醌类、木脂素、有机酸、挥发油、皂苷类等。

用离子液体萃取挥发性有机物时,因离子液体无蒸气压、热稳定性好,萃取完成后可通过蒸馏提取萃取相,且离子液体易于循环使用。刘婷婷等使用离子液体 1-丁基-3-甲基咪唑四氟硼酸盐采用微波辅助提取法提取了钩藤中的生物碱成分,使用的离子液体属于咪唑非卤代类,当离子液体的浓度为 0.54 mol/L、料液比为 1∶100、提取时间为 8 min 时,目标产物 4 种生物碱的质量分数达到 2.52 mg/g。邓永利等利用离子液体辅助超声萃取法研究了半边莲中的 6 种黄酮类化合物,离子液体应用的是 1-己基-3-甲基咪唑六氟磷酸盐,属于咪唑非卤代类,当料液比为 1∶80、提取时间为 30 min、离子液体的浓度为 0.6 mol/L 时,目标产物的提取率为 91.77%~102.53%。王志兵等利用硅胶固载离子液体基质固相分散法提取了蜂房中的黄酮类化合物,应用了氯化 1-己基-3-甲基咪唑,其属于咪唑非卤代类离子液体,在样品和分散剂比例为 1∶4、离子液体浓度为 10% 的条件下,目标提取产物的回收率为 83.73%~95.32%。冯纪南等利用离子液体微波辅助提取法提取了臭牡丹中的黄酮类化合物,应用的离子液体是溴化 1-丁基-3-甲基咪唑,该离子液体是咪唑非卤代类离子液体,当离子液体的浓度为 1.0 mol/L、料液比为 1∶30、微波功率为 500 W、提取时间为 6 min 时,黄酮类化合物的提取率为 4.32%。实验表明,离子液体作为新型萃取溶剂在很大程度上提高了黄酮类化合物的提取效率。

离子液体具有品种多、可设计、性能独特、应用领域广泛的特点,应用前景乐观。随着人们对离子液体认识的不断深入,相信离子液体绿色溶剂的大规模工业应用指日可待,并能给人类带来一个面貌全新的绿色化学高科技产业。离子液体的大规模工业应用应逐步解决以下问题:①大幅度降低成本,其解决办法是选用好的合成方法,选用低成本的离子液体,国内厂家应自己生产主要品种的离子液体及其原料;②离子液体的黏度较大,可以选用或研制黏度小的离子液体,或者稍微提高使用温度(离子液体的黏度随着温度升高下降得很快);③实验数据缺乏,要不断积累;④现在比较缺乏离子液体对环境的影响及毒性数据,要加强这方面的工作;⑤有关离子液体的研究,在品种和应用领域两方面都比较分散,应集中力量对前景好的少数项目,包括工程应用开展研究,以便取得突破。

二、分子印迹萃取技术

复杂基体如生物、医药和环境样品中痕量、超痕量物质的分析要依赖高效和高选择性的样品前处理技术。但相对于仪器分析技术,样品前处理技术的进展一直较缓慢。固相萃取(solid phase extraction, SPE)是 20 世纪 70 年代中期出现的技术。其萃取机制取决于分析物与固相(填充剂)表面的活性基团之间的分子间作用力。SPE 填充剂主要为键合材料,如 C_8、C_{18} 离子交换树脂等,其选择性不强,在富集分析物的同时,大量基体和干扰物质也被富集,导致洗脱液中仍含有基体和杂质,干扰最后的色谱分析。近来出现了一种利用抗体自身选择性的免疫吸附剂,其作为固相萃取材料具有选择性高的优点,但制备复杂、耗时久且可供选择的抗体种类少,机械强度和稳定性均较差。

固相微萃取(solid phase micro-extraction,SPME)技术基于分析物在流动相以及固定在熔融 SiO_2 纤维表面的高分子固定相之间两相分配的原理,实现对样品中的有机分子进行萃取和富集。然后可直接在联用仪器中解吸、进样及分析,使样品预处理过程大为简化,提高了分析速度及灵敏度。与传统的样品前处理技术如液液萃取、索氏提取、SPE 相比,SPME 克服了需使用大量溶剂和样品、处理时间长、操作烦琐、易产生二次污染及不易在线联用等缺点,在环境、食品、生物以及药物等领域得到了广泛应用。在 SPME 技术中,纤维涂层的材料是最关键的。但目前商品化的纤维涂层仅有几种,并且以非特异性吸附作用为主,选择性不够高,在样品前处理时仍有大量化学、物理性质相近的基体物质同时被富集,处理极性或碱性药物时会遇到较大的困难。虽然一些文献报道了新的 SPME涂层的研制工作,但主要用于测定挥发或半挥发性的有机环境污染物,急需研制出选择性更高的纤维涂层。

分子印迹技术(molecular imprinting technology)的发展有望解决以上问题。分子印迹技术将要分离的目标分子与功能单体通过共价或非共价作用进行预组装,与交联剂共聚制备得到聚合物。除去目标分子后,聚合物中形成与目标分子空间互补并具有预定的多重作用位点的"空穴",对目标分子的空间结构具有"记忆"效应,能够高选择性地识别复杂样品中的印迹分子。分子印迹聚合物(molecular imprinted polymer,MIP)制备简单,能够反复使用,机械强度较高,稳定性好。因此它非常适合用作 SPE 的填充剂或 SPME的涂层材料来分离、富集复杂样品中的分析物,以达到分离、净化和富集的目的。MIP 作为膜分离的材料可将膜的筛分作用与 MIP 的高选择性结合在一起,用于样品的富集、回收或去除杂质等。

(一)分子印迹技术的原理

MIP 是以某种化合物分子为模板合成的聚合物,对模板分子具有较强的特异性识别能力,类似于酶-底物的"钥匙-锁"相互作用原理。目前,根据印迹分子与功能单体在聚合过程中相互作用的机理,分子印迹技术可分为共价法与非共价法两种类型。目前文献中报道的 MIP 制备方法基本上是非共价法。在此方法中,印迹分子与功能单体通过分子间的非共价作用预先自组装排列,以非共价键形成多重作用位点,这种分子间的相互作用通过交联聚合保留下来。常用的非共价作用有氢键、静电引力、金属螯合作用、电荷转移、疏水作用以及范德华力等,其中以氢键的应用最为广泛。目前,文献中报道制备出的 MIP一般具有较好的物理和化学稳定性:机械强度较高;耐高温、高压;能抵抗酸、碱、高浓度离子及有机溶剂的作用;在很复杂的化学环境中能保持稳定。研究表明,MIP 反复使用

300 次之后印迹能力也未发生衰减；保存 8 个月之后其性能仍未发生改变。

（二）分子印迹固相萃取技术

　　MIP 具有从复杂样品中选择性吸附目标分子或结构与其相近的某一族类化合物的能力，非常适合用作固相萃取剂来分离、富集复杂样品中的痕量分析物，克服医药、生物及环境样品体系复杂、预处理烦琐等不利因素，达到样品分离纯化的目的。自 1994 年首次报道在 SPE 中使用 MIP 以来，分子印迹固相萃取（MI-SPE）技术在国外已被广泛研究和应用，国内期刊也有相关的文献报道。与常规 SPE 一样，MI-SPE 将微量 MIP（通常为 50~500 mg）填充至萃取柱中使用。整个萃取过程包括预处理、加样、除杂质和洗脱四个步骤的，均需用到相应（图 2.1）溶剂。MI-SPE 的每一个步骤均以溶剂为中心展开，在 MI-SPE 的实际应用中，各种溶剂的优化选择是最主要的工作。

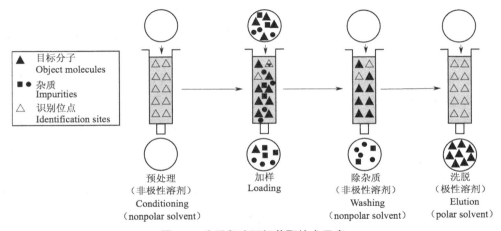

图 2.1　分子印迹固相萃取技术示意

　　在加样之前对 MI-SPE 柱进行预处理，可以创造一个与样品溶剂相容的环境。在 MI-SPE 柱反复使用时，淋洗液还用于除去洗脱步骤后柱中残留的极性洗脱液。常用样品溶剂或非极性溶剂对柱进行预处理，如果溶剂极性较大，加样时柱中保留的预处理溶剂将干扰 MIP 对底物的选择。加样时溶解样品的溶剂原则上应采用非极性或极性小的溶剂，以减弱其对 MIP 中识别位点与底物分子相互作用的干扰。但受样品本身溶解性的限制，有些样品本身极性较大或只溶于极性大的溶剂。随着样品溶剂极性的增大，保留在萃取柱中的底物量将会减少，从而造成 MI-SPE 的选择性萃取能力下降。另一方面，为避免 MIP 的溶胀现象，样品溶剂在能保证良好溶解性的情况下最好与制备 MIP 所用的溶剂一致，以防止 MIP 的刚性结构和孔穴受破坏，影响印迹效果。MIP 对底物的保留除了特异性吸附之外，不可避免地会存在较弱的非特异性吸附，通常采用单一溶剂过柱即可消除非特异性吸附；当非特异性吸附较强时，使用混合溶剂可以削弱 MIP 中非特异识别位点的作用，效果比使用单一溶剂好。

加样后,须使用清洗溶剂除去柱中残留的样品及被 MIP 吸附的基质和杂质。通常使用的溶剂与溶解样品的溶剂一致。然而,若样品中的物质(杂质)与 MIP 非特异识别位点之间的作用较强,则需要在不破坏底物在聚合物中特异性吸附的同时,增加溶剂的极性,以明确区分底物-特异识别位点的作用与杂质-非特异识别位点的作用,增强选择性。在选择性萃取后,需使用适当的洗脱剂把底物从萃取柱上洗脱出来,一般使用极性较强的洗脱剂如甲醇等。还可在溶剂中添加少量酸或碱,如三氟乙酸和三乙胺等试剂,洗脱时采取如微分脉冲洗脱等辅助的手段,以增强洗脱效果,缩短洗脱时间。

由于 MI-SPE 技术节省溶剂,洗脱液的体积较小(mL 级),浓度较高,基质和干扰物质少,纯度较高,故可以直接注入气相色谱、高效液相色谱等仪器进行样品分析。这样可以节省样品预处理后萃取液浓缩所耗费的时间,避免浓缩过程中产生二次干扰,而且能够降低检出限,提高分析的精度和准确性。为提高效率,还可将 MI-SPE 与 HPLC 等装置在线联用。

(三)分子印迹固相萃取技术的应用

水、土壤等环境样品中微量与痕量污染物及药物的检测,一般均包含分离与富集等前处理过程。据统计,将近 50% 的环境样品处理采用固相萃取,特别是水样。一些极性强的化合物在疏水性的 C_{18} 键合固定相上的留存很少,不能与极性干扰物分离。在这种情况下, C_{18} 键合固定相不适于用作固相提取,而 MIP 能够将干扰物质与待测物分开。因此,其具有很好的应用潜力。以 4-硝基酚为模板制备 MIP,对水样中 4-硝基酚进行固相萃取。结果表明, MI-SPE 与 HPLC 在线联用,可以选择性地将 4-硝基酚与样品中的其他物质分离,与传统的萃取材料相比, MI-SPE 的选择性高,可用于富集环境中的微量污染物质的检测。以 MIP、C_{18} 为萃取材料对三嗪类除草剂进行固相萃取,结果表明,用 C_{18} 作萃取材料,存在大量杂质,干扰后续色谱分析;而使用 MIP 后富集倍数能达到 100 倍,且几乎不存在杂质干扰。

在分子印迹技术应用领域中, MI-SPE 是已实现商业化的领域,有广泛的应用前景,但还有一些关键问题必须解决。模板分子渗漏是 MI-SPE 急需解决的问题。在合成 MIP 时需要加入相对大量的底物作为模板分子,但合成后清除 MIP 中的全部模板分子十分困难,通常有大约 5% 的模板分子残留。而 MI-SPE 用于测定的样品有时仅含 pg~ng 级的痕量或超痕量分析物,因此聚合物中若有 1% 的模板分子没有被清除并在萃取时渗漏,对测定会产生较大干扰。目前较好的解决方法是合成 MIP 时采用结构与分析物非常类似的物质为模板分子,这能有效解决模板分子的渗漏问题。但目前仅有少数分析物能找到合适的结构类似物,从根本上解决模板分子残留及渗漏的问题尚有待深入研究。

由于 MIP 识别位点的非均匀性,在样品处理时特异性和非特异性吸附同时存在。当 MI-SPE 和色谱仪器联用时,模板分子流出峰存在拖尾现象,甚至在少数实验中 MIP 会吸附结构与底物不相近的化合物。可能的原因是 MIP 中较多非特异性吸附位点的存在、结合位点的不均匀性以及不规则分子印迹聚合物的颗粒的存在。在色谱分析中采用梯度洗脱改善峰形；调整功能单体与模板分子的比例，适当降低功能单体用量，以减少非特异性吸附位点；采用悬浮聚合法、种子溶胀法、沉淀聚合法及表面印迹法合成表面、大小均一的球状 MIP，降低 MIP 结合位点及填充的不均匀性，通过这些方法有望使问题得到解决。

分子印迹技术仍存在一些问题有待进一步解决。①结合位点的作用机理、传质机理仍然不够清楚，从分子水平上更好地理解分子识别过程仍需开展大量工作。②由于目前 MIP 制备方法本身存在合成时须使用大量模板分子的问题，模板分子渗漏现象难以得到根本解决，限制了分子印迹技术在痕量分析中的实际应用。因此，有必要在 MIP 制备方法上做更多的探索性工作。③目前多数 MIP 中识别位点与模板分子之间的分子间作用力以氢键为主。当用于生物、环境样品等水相体系的前处理时，其识别过程会受到水等强极性溶剂干扰，在水溶液或极性溶剂中进行分子印迹和识别仍是一个难题。④由于合成 MIP 的功能单体、交联剂种类有限，对模板分子的选择有一定的限制，分子印迹技术难以满足实际应用的需求。

MIP 在水相体系中的应用及各种特殊功能单体、交联剂的开发合成有待开展大量的研究工作。MIP 在液相微萃取、微孔膜液液萃取、支持液膜萃取等前处理技术中的应用，与溶胶-凝胶技术等结合用于样品前处理，应用领域从小分子拓宽到大分子如蛋白质、核酸、多糖等，也是分子印迹样品预处理技术今后研究的主要方向。

三、固相萃取技术

（一）固相萃取基本原理

固相萃取是一种基于液固分离萃取原理的样品预处理技术，自 1978 年一次性商品化固相萃取柱（Sep-Pak cartridge）问世以来，已有 40 多年的历史，目前被广泛应用于临床、医药、食品、环境等领域。与液液萃取法（LLE）等传统分离富集方法相比，SPE 具有高回收率和富集倍数、有毒有机溶剂用量少、操作简便、易于实现自动化等优点。离线 SPE 包括 4 大步骤：①活化，除去填料上的杂质，并使疏水性填料溶剂化；②吸附，使分析物尽量吸附于吸附剂上；③洗涤，以除去吸附于吸附剂上的杂质；④洗脱，用合适的溶剂尽可能完全地将分析物洗脱下来。

（二）SPE的影响因素

由于环境样品多为水溶液，SPE 吸附剂多选用反相吸附材料。化合物极性由弱极性到强极性，酸碱性由酸性到碱性不一而同，要找到适合所有化合物的吸附剂几乎是不可能的，多组分化合物残留分析一般以最大程度吸附各种化合物作为选择吸附剂的标准。

应用于环境中化合物残留分析的 SPE 吸附剂主要有以下几种。

1.键合硅胶类吸附剂

键合硅胶类吸附剂是目前应用最为广泛的固相萃取固定相。键合硅胶的表面积一般为 50~500 m²/g,表面孔径大多为 5~50 nm。一般碳链长,固定相含碳量高,固定相极性小;碳链短,固定相极性大。含腈基、氨基、磺酸基的固定相极性较大,除作为正相吸附剂外,少数情况下用作反相吸附剂,用于极性较大的化合物的萃取。

C_{18} 键合硅胶是最常用的反相吸附剂,已被广泛应用于花色、有机氯、氨基甲酸酯及三嗪类的分析。用三甲基硅烷等硅烷化试剂与固定相上残留的硅醇基反应,以使残留硅醇基被封闭或惰性化的过程称为"封端"。"封端"可避免残留的硅醇基与醇类、胺类化合物以氢键键合的方式发生次级吸附。然而,烷基链上带羟基的未封端 C_{18} 键合硅胶(C_{18}/ OH)对于极性化合物的萃取效果优于封端后的硅胶,这是因为未封端的矽烷基与极性化合物间存在氢键等,从而使极性化合物的保留更好。研究结果表明,C_{18} 键合硅胶对于 $\log K_{w} > 2$ 的非极性和中等极性化合物有机物的富集是有效的。

2.有机聚合物吸附剂

近年来,随着有机聚合材料的发展,有机聚合物用于固相萃取的研究日益增多。有机聚合物吸附剂多为苯乙烯-二乙烯基苯共聚物(PS-DVB)、聚甲基丙烯酸甲酯(PA)、苯乙烯-二乙烯基苯-乙烯基乙苯共聚物(PS-DVB-EVB)、苯乙烯-二乙烯基苯-乙烯吡咯烷酮(PS-DVB-NVP)等。有机聚合物吸附剂具有比键合硅胶更大的表面积,一般为 300~1 200 m²/g。实验证明,有机聚合物吸附剂较键合硅胶类吸附剂性能稳定。

与键合硅胶类吸附剂类似,有机聚合物吸附剂也可通过傅氏反应引入功能基团达到吸附剂的功能化修饰。对于极性较小的化合物的萃取,引入非极性的叔丁基可使吸附剂的保留因子增大,获得较好的萃取效果;相反,对于极性较大的化合物,引入极性基团,如乙酰基、磺酸基、羧基、羧甲基等,萃取效果明显改善。通过化学反应在疏水性基体表面引进适当数量的亲水性基团,可达到表面亲水性修饰。研究表明,表面亲水性修饰后的吸附剂不需活化处理即能达到很好的萃取效果。

3.碳基吸附剂

碳基吸附剂种类繁多,比表面积大,对化合物类有机物,尤其是极性有机物具有良好的吸附萃取效果。常见的碳基吸附剂有活性炭、分子筛、多孔石墨炭(PGC)等。多孔石墨炭是一种基于疏水性作用和电子作用的新型碳基吸附剂,多重作用机理使其广泛适用于从非极性到极性的众多化合物,尤其对于具有平面分子结构且含极性基团和大 π 键、孤对电子的化合物分析物具有强的吸附能力。其他新型碳基吸附剂有 C_{60} 富勒烯、多壁碳纳米管等,但由于此类碳基吸附剂价格昂贵,目前应用受到一定的限制。

4. 洗脱溶剂

洗脱溶剂的选择与分析物的性质和吸附剂的特性密切相关。理想的洗脱溶剂应具备以下两个要求。①溶剂强度足够大，即使用该洗脱溶剂时分析物的保留因子 K_w 尽可能小。对大多数化合物而言，乙腈是比甲醇或二氯甲烷更好的洗脱溶剂。②溶剂应与后续的检测方法相适应。另外应考虑洗脱溶剂的纯度、黏度、反应性与检测器是否匹配，当二者不匹配时，可考虑置换溶剂。但置换溶剂操作烦琐，且过程中涉及的氮吹蒸发等操作可使有机磷化合物、芳香族苯氧丙酸等化合物分解，易引起分析物损失，因此洗脱溶剂应慎重选择以尽量避免置换溶剂步骤。若选用单一溶剂洗脱效果不理想时，可考虑使用混合溶剂进行洗脱。

C_{18} 键合硅胶对非极性、中等极性化合物分析物的洗脱，按四氢呋喃、乙酸乙酯、二氯甲烷、丙酮、乙腈、甲醇顺序依次减弱；而对于极性化合物而言，则按此顺序，洗脱能力依次增强。有机聚合物吸附剂也可使用上述有机溶剂进行洗脱，但由于此类吸附剂保留能力增强，洗脱时往往使用更多的溶剂，这就降低了富集倍数。对以上两种吸附剂效果良好的乙腈、甲醇等有机溶剂对于碳基吸附剂上分析物的洗脱效果往往不甚良好，采用二氯甲烷或四氢呋喃则可获得较好的洗脱效果。为了取得更好的洗脱效果，最好采用反冲法进行洗脱，因为此类吸附剂对分析物的保留能力很强，若采用正相洗脱法，则费时费力。

5. 固相萃取盘

除了上述的固相萃取柱外，固相萃取盘也可用于样品预处理。固相萃取盘由粒径很细的键合硅胶或树脂填料连同少量聚四氟乙烯或玻璃纤维丝压制而成，填料颗粒紧密嵌于盘片间，从而克服了固相萃取柱过滤时的沟流现象。固相萃取盘厚度仅 0.5~1 mm，面积增大为同质量固相萃取柱的 10 倍，允许样品以较高流量（20~80 mL/min，甚至可达 200 mL/min）通过，从而增加了萃取容量，提高了萃取效率。

第二节　活性成分色谱分析方法

从原理上划分，目前国际上用于化合物残留快速检测的方法主要分为生化测定法和色谱快速检测法两大类。生化检测法是利用生物体内提取出的某种生化物质进行生化反应来判断化合物残留是否存在以及化合物的污染情况，在测定时样本无须经过净化，或净化比较简单，检测速度快。生化检测法中又以酶抑制法和酶联免疫法应用最为广泛，但是其在化合物残留检测中的应用只限于有机磷和氨基甲酸酯类化合物，并且不能给出定性、定量检测结果，检测限普遍高于国际和国内规定的残留限量标准值，因此不能作为法律仲裁依据。色谱检测法即在样本提取后经过严格的净化，再用色谱或色谱与质谱联用等技术进行定性、定量测定。该方法最大的优点是能给出蔬菜和水果中化合物的定性、定量结果，提供法律仲裁依据。但为了保证较高的回收率和灵敏度，其前处理步骤较为复杂、费时。

一、色谱法简介

色谱法（chromatography）又称色谱分析、色谱分析法、层析法，是一种涉及物理和化学过程的分离分析方法，在生物、化学等领域有着非常广泛的应用。色谱法利用不同物质在不同相态的选择性分配，以流动相对固定相中的混合物进行洗脱，根据不同物质的流动速度不同而达到分离的效果。

色谱法起源于20世纪初，历史上曾经先后有两位化学家因为在色谱领域的突出贡献而获得诺贝尔化学奖，此外色谱法还在12项获得诺贝尔化学奖的研究工作中起到关键作用。1906年，俄国植物学家米哈伊尔·茨维特用碳酸钙填充竖立的玻璃管，以石油醚洗脱植物色素的提取液，植物色素在碳酸钙柱中实现分离，由一条色带分散为数条平行的色带。由于这一实验将混合的植物色素分离为不同的色带，因此茨维特将这种方法命名为Хроматография（意为"色谱法"），这也是现在色谱法名称的来源。茨维特并非著名科学家，之后第一次世界大战爆发又使得欧洲正常的学术交流被迫终止。这些因素使得色谱法问世十余年后不为学术界所知。直到1931年德国柏林威廉皇帝研究所的库恩将茨维特的方法应用于叶红素和叶黄素的研究，库恩的研究获得了广泛的承认，也让科学界接受了色谱法。此后的一段时间内，以氧化铝为固定相的色谱法在有色物质的分离中取得了广泛的应用，这就是今天的吸附色谱。

1938年，阿切尔·约翰·波特·马丁和理查德·劳伦斯·米林顿·辛格利用氨基酸在水和有机溶剂中的溶解度差异，将水吸附在固相的硅胶上，以氯仿冲洗，成功地分离了氨基酸，这就是现在常用的分配色谱。之后，马丁和辛格的方法被广泛应用于各种有机物的分离。1943年马丁和辛格又发明了在蒸汽饱和环境下进行的纸色谱法。

著名有机化学家保罗·卡勒（Paul Karrer）在1947年的IUPAC（国际纯粹与应用化学联合会）会议上说："没有其他的发现像茨维特的色谱法那样对广大有机化学家的研究领域产生过如此重大的影响。如果没有这种新的方法，维生素、激素、类胡萝卜素和众多其他天然化合物的研究就不可能得到如此迅速的发展，他使人们发现了许多自然界中的化合物。"

1948年，诺贝尔化学奖获得者瑞典生物化学家蒂塞利乌斯利用吸附色谱法，对血清蛋白质性质进行了精确分析，从而引发了许多药物分析和提取方法的改进。1950年之后色谱技术飞速发展，经过不断改进和研究，目前色谱技术发展出气相色谱、液相色谱、气相色谱-质谱联用、液相色谱-质谱联用四个分支，并发展出一个独立的三级学科——色谱学。色谱法在生命化学、有机化学、材料化学、环境化学、药物化学、地球化学等学科的发展中发挥了非常重要的作用。

二、气相色谱法

气相色谱法（gas chromatography，GC）是 20 世纪 50 年代发展起来的分离、分析技术，它最初被用于石油和化学工业中的分析和分离。后来随着方法本身的不断改进和现代科学技术的发展，气相色谱法已被用于许多领域，特别是食品安全、化学化工、环境保护、医药卫生等生产、科研和检验部门，目前其已成为一种简易、快速、高效和灵敏的现代分析方法。20 世纪 60 年代其被运用于化合物残留检测，特别是高灵敏度的选择性检测器和石英毛细管色谱柱的应用，使得化合物残留量的测定水平大大提高。

气相色谱法是一种用气体作为流动相的色谱法。这种分离方法基于物质溶解度、蒸气压、吸附能力、立体化学等物理化学性质的微小差异，使待分离物在流动相（mobile phase）和固定相（stationary phase）之间的分配系数有所不同，在两相间进行连续多次分配，达到彼此分离的目的。两相中的一相是表面积很大的固定相；另一相是携带被气化样品的流动相，即载气（carrier gas），根据检测器不同而采用 N_2、H_2、He、Ar 等。装载固定相的柱子，称为色谱柱。

气相色谱法由于以气体为流动相，在检测化合物时，被分离的化合物在色谱柱内运动时必须处于"气化"状态，而"气化"与化合物的性质和其所处的环境（主要指进样口的温度和压力、气体类型和进样方式等）有关。所以，被分离化合物无论是液体还是固体，是有机物还是无机物，只要这些化合物能在气相色谱仪所能达到的工作温度下"气化"，而且不发生分解，原则上都可以采用气相色谱法，气相色谱法的适用范围很广。化合物残留分析中气相色谱法的优点主要有以下几方面。

（1）只需少量样品。气相色谱分析进样溶剂量很少，体积一般为 1~2 μL。毛细管色谱柱承载的样品量一般在 ng 级水平。

（2）分离效率高。毛细管色谱柱理论塔板数大幅度提高，化合物多组分分离、化合物与干扰物质的分离更加简单。

（3）分析速度快。分析样品一般只需要几分钟，尤其在用毛细管柱替代填充柱以后，化合物组分多残留分析的速度大大提高，甚至几十秒就可以完成分离，几十种甚至上百种化合物在几十分钟内就可以很好地分离，大幅缩短了检测时间。

（4）灵敏度高。特异性检测器的开发和使用，使得气相色谱法可以分析痕量物质并且达到了很高的灵敏度，如：火焰光度检测器（flame photometric detector，FPD）是气相色谱中的一种对含磷、含硫化合物有高选择性、高灵敏度的检测器，它对含磷化合物的检出限可达 1×10^{-12} g/s；电子捕获检测器（electron capture detector，ECD）对卤素化合物等具有非常高的灵敏度；氮磷检测器（nitrogen phosphorus detector，NPD）对有机氮、有机磷有特异性响应；质谱检测器尤其是选择离子监测（selected ion monitoring，SIM）模式在提供定性信息的同时，降低了基质干扰物对待分析物的影响，从而也大大提高了检测方法的灵敏度。

（5）选择性好。气相色谱固定相对性质相似的组分具有较强的分辨能力。不同类型的检测器对某类化合物组分具有较高的响应度，如 ECD 对含有卤族元素的化合物，FPD 对含磷、硫化合物，NPD 对含氮、磷化合物等都分别有较高的响应，从而可以去除其他低响应化合物或杂质的干扰。质谱检测器的 SIM 模式在选择性方面提供了更多手段，甚至在色谱柱上不能分离的组分也可以通过选择合适的检测离子而避免两组分相互干扰，实现高选择性。

目前，质谱检测器与气相色谱的联用，在更大程度上扩展了气相色谱的应用，不仅具有高灵敏度、高选择性，也使得分离、定量或定性分析能够一次完成。但气相色谱法也有其局限性。目前，气相色谱仪的工作温度可高达 450 ℃，在该温度下，对蒸气压不低于 1 300 Pa、热稳定性好的化合物，沸点在 500 ℃ 以下、相对分子质量小于 400 的化合物，原则上都可以采用气相色谱法进行分离和分析，但对于那些相对分子质量大、发生热分解和难挥发的化合物则不能直接采用 GC 分析。这些化合物也可以通过衍生化后提高热稳定性或降低沸点，以满足 GC 分析的需要。

三、气相色谱-质谱联用分析技术

气相色谱具有极强的分离能力，但它对未知化合物的定性分析能力较差；质谱对未知化合物具有独特的鉴定能力，且灵敏度极高，但它要求被检测组分一般是纯化合物。气相色谱与质谱联用（ gas chromatography-mass spectrometry，GC-MS）技术是利用气相色谱对混合物的高效分离能力和质谱对纯物质的准确鉴定能力而发展成的一种技术，其仪器称为气相色谱-质谱联用仪。GC-MS 的发展经历半个多世纪，是非常成熟且应用广泛的分离、分析技术，在环保、医药等领域起着越来越重要的作用，是分离和检测复杂化合物最有力的工具之一。

（一）质谱法

质谱法（ mass spectrometry，MS）即用电场和磁场将运动的离子按它们的质荷比分离后进行检测的方法，即在高真空下，具有高能量的电子流等碰撞加热气化的样品分子时，分子中的一个电子（价电子或非价电子）被打出生成阳离子自由基（分子离子），这样的离子继续破碎会变成更多的碎片离子，把这些离子按照质量与电荷比值（ m/z，质荷比）的大小顺序分离并记录的分析方法。质谱分析所得的结果即为质谱图（也称质谱，mass spectrum）。

根据质谱图提供的信息，质谱法主要有以下用途。①鉴定化合物。通过比较用同一装置、同样操作条件测定的标准样品及未知样品的谱图来鉴定样品。②测定相对分子质量。通过分子离子峰的质量数，可测出精确到个位数的相对分子质量。③推测未知物的结构。根据离子碎片的碎裂情况及 IR（红外吸收光谱法）、NMR（核磁共振波谱法）以及 UV（紫外分光光谱法）的数据进行综合分析能得到未知物的结构。④测定分子中包含同位素原子的原子数。含量比较多的元素（Cl、Br 等），其峰的分布具有特征，可通过分子离子和碎片离子推算出这些原子的数目。

质谱仪是利用电磁学原理，使带电的样品离子按质荷比进行分离的装置。虽然质谱仪的种类、工作原理和应用范围有很大的不同。但所有类型的质谱仪都有把样品分子离子化的电离装置、把不同质荷比的离子分开的质量分析装置和可以得到样品质谱图的检测器。因此质谱仪的基本组成是相同的，包括进样系统、离子源、质量分析器、检测器和数据处理系统等，此外还包括电气系统和真空系统等辅助设备。不同类型的质谱仪的区别在于质量分析器部分，具有四极杆分析器、离子阱分析器和飞行时间质量分析器的质谱仪可以分别称为四极杆质谱仪、离子阱质谱仪和飞行时间质谱仪。常用质谱术语如下。

（1）奇电子离子（odd-electron ion，OE），含有一个未成对电子的离子，用"+·"表示。奇电子离子类似于游离基，一般比较活泼，较容易碎裂。碎裂可产生奇电子碎片离子（如重排离子）或偶电子碎片离子。在电子电离（EI）质谱中主要产生单电荷离子。

（2）偶电子离子（even-electron ion，EE），不含未成对电子（即电子全配对），用"+"表示。偶电子离子碎裂产生偶电子碎片离子是有利的，而产生奇电子碎片离子是不利的。

（3）分子离子（molecular ion），是化合物分子被电子轰击后失去一个电子而形成的。分子离子必然含有一个未成对电子，因此分子离子是一个游离基离子，即奇电子离子，分子离子的质荷比等于其相对分子质量，通常用"M+·"表示。

（4）碎片离子（fragmention），分子离子发生一级或多级裂解形成的产物离子。

（5）重排离子（re-arrangemention），由原子或基团重排或转位而生成的一种碎片离子。

（二）GC-MS分析步骤

1.气相色谱条件的选择

色谱条件包括色谱柱类型（填充柱或毛细管柱）、进样方式、不分流进样开启分流阀的时间、固定液种类、衬管类型、气化温度、载气流量、分流比、柱效的保持、温升程序等。这些影响色谱定量结果的因素同样会影响 GC-MS 的定量结果。如定量离子流的峰拖尾，首先要判断拖尾部分是否由色谱分离造成，是否有共流出物干扰。如果是共流出物干扰，可以考虑更换定量离子；如果是峰拖尾，只能通过改变色谱条件改善峰形。在实际测定过程中，随着进样次数的增加，有些化合物的响应值（峰高、峰面积）会明显降低，灵敏度也相应降低，为改善响应值必须更换衬管，如果没有预柱，连接进样口一端的柱头最好割掉 5~10 cm。而对于部分有机磷化合物，基质标样的响应值要明显高于溶剂标样的响应值，因此在测定时最好使用基质标样。

2.质谱条件的选择

质谱条件包括各参数的设定、调谐方式、仪器的稳定性、离子源、分析器清洁程度等。采样参数的设置要保证每个离子有足够的采样时间,同时每个色谱峰能够得到足够的数据点。一般来说,每个色谱峰需要有 10~20 个扫描数据点才能很好地进行定量分析。同时应尽量采用选择离子检测的方式进行定量。

3.全扫描标准样品

用质谱全扫描方式分析化合物标准样品,得到各样品的总离子流色谱峰及相对保留时间,确定每种化合物组分的特征离子。通常选择分子离子或具有特征、质量大、强度高的碎片离子作为特征离子,使其既能排除其他组分的干扰,又最大限度地降低检测限。其中定量离子多数情况下选择基峰或较强的峰,这样可以减少误差。每个化合物一般选 3~5 个特征离子,其中包括一个定量离子,其余几个离子作为定量离子的限定条件。

4.全扫描空白样品

用与化合物标准样品质谱全扫描完全相同的条件扫描不含待测化合物的空白样品,对比标准样品在每一个化合物组分出峰时间的质谱图和空白样品在该时间流出物的质谱图,来检测通过标准样品质谱图所选择的作为定性、定量用的各化合物的特征离子是否受到空白基质的干扰。

5.编辑SIM方法

根据全扫描方式检测下得到的标准样品中各化合物的相对保留时间,将整个色谱分析时间分成若干个组。分组的原则为相邻的前面一个峰的终点与后一个峰的起点时间差大于 65 ms 时可以分组,而且下一组的起始时间以两峰中间偏后的时间开始。每一个 SIM 方法一般允许最多定义 50 组,每组最多 30 个离子。

6.采用编制的SIM 方法对标准样品、空白样品和待测样品进行定量分析

GC-MS 和色谱一样,常用的定量分析方法有归一化法、外标法和内标法等。①当所有组分均能流出色谱柱,并都能在检测器上产生信号的样品,可用归一化法定量。②外标法,又称绝对法,由被测化合物的标准样品浓度对响应值绘制标准工作曲线,一般做 2~3 个数量级,找出仪器的灵敏度、检测限和线性范围。然后在相同的条件下进行实际样品分析,由校准曲线确定含量。该法简便,但此方法误差较大,实际应用较少。③内标法,又称相对法,是常用的定量方法。内标法可以补偿进样体积的微小变化和仪器灵敏度的波动引起的误差,因此准确度相对较高。内标物一般选择待测样品中不存在的化合物,而且其性质应尽可能和待测化合物相近,选择的标准可以参照气相色谱内标物的选择。对于 GC-MS 联用技术,可以选用待测化合物同位素标记物作为内标,其他色谱检测器无法使用,这是 GC-MS 联用的独到之处。

四、高效液相色谱法概述

（一）高效液相色谱法特点

高效液相色谱法（high performance liquid chromatography，HPLC）又称高压液相色谱、高速液相色谱、高分离度液相色谱、近代柱色谱等。高效液相色谱是色谱法的一个重要分支，以液体为流动相，采用高压输液系统，将具有不同极性的单一溶剂或不同比例的混合溶剂、缓冲液等流动相泵入装有固定相的色谱柱，柱内各成分被分离后，进入检测器进行检测，从而实现对试样的分析。

高效液相色谱法采用高压输液泵、微粒固定相、高灵敏度的检测器等，具有以下特点。

1.分离效能高

新型高效微粒固定相的使用使液相色谱填充柱的柱效可达 $1 \times 10^3 \sim 1 \times 10^4$ 块/m 理论塔板数，远远高于气相色谱填充柱 1×10^3 块/m 理论塔板数的柱效。

2.选择性高

高效液相色谱流动相可以控制和改善分离过程的选择性，这使 HPLC 不仅可以分析不同类型的有机化合物及其同分异构体，还可分析在性质上极为相似的旋光异构体。

3.灵敏度高

高效液相色谱法中使用的检测器大多数都具有较高的灵敏度。如被广泛使用的紫外吸收检测器，最小检出量可达 1×10^{-9} g；用于痕量分析的荧光检测器，最小检出量达到 1×10^{-12} g。

4.分析速度快

高压输液泵的使用使流动相在柱内的流速较经典色谱快得多，可达 1~10 mL/min，并且分析时间大大缩短，完成一个样品的分析时间仅需几分钟到几十分钟。

5.适应范围广

高效液相色谱法解决了气相色谱存在的不足，只要求试样能制成溶液，而不需要气化，因此不受试样挥发性的限制。沸点高、热稳定性差、相对分子质量大（大于 400）的有机物原则上都可应用高效液相色谱法来进行分离、分析。据统计，在已知化合物中，能用气相色谱分析的约占 20%，而能用液相色谱分析的占 70%~80%。

高效液相色谱仪中的检测器主要用于检测经色谱柱分离后的组分浓度的变化，并由记录仪绘出谱图来进行定性、定量分析，是三大关键部件（高压输液泵、色谱柱、检测器）之一。液相色谱检测器要求灵敏度高、噪声低（即对温度、流量等外界变化不敏感）、线性范围宽、重复性好和适用范围广。现简要介绍几种常用检测器的基本原理及特性。

（二）高效液相色谱检测器

1.紫外吸收检测器

紫外吸收检测器（ultraviolet absorption detector，UVD），简称紫外检测器（UV），基于溶质分子吸收紫外光的原理设计而成，是高效液相色谱仪中使用最广泛的一种检测器，分为固定波长、可变波长和光电二极管阵列检测器（photo-diode array detector，PDAD、PDA、PAD 或 DAD）三类。其检测波长一般为 190~400 nm，也可延伸至可见光范围（400~700 nm）。

1）固定波长紫外吸收检测器

固定波长紫外吸收检测器，顾名思义，是指光源发射不连续可调，只选择固定的单一光源波长作为检测波长的紫外吸收检测器。低压汞灯是最常见的固定波长式光源，低压汞灯发出的固定波长紫外光（如 254 nm）经入射石英棱镜准直，再经遮光板分为一对平行光束分别进入流通池的测量臂和参比臂。经流通池吸收后的出射光，经过遮光板、出射石英棱镜及紫外滤光片，只允许一定波长（如 254 nm）的紫外光被双光电池接收。双光电池检测的光强度经过数字放大器转化成吸光度后，经放大器输送至记录仪。为减少死体积，流通池的体积很小，为 5~10 μL，光路为 5~10 mm，结构有 Z 形和 H 形。

2）可变波长紫外吸收检测器

可变波长紫外吸收检测器的波长在 190~600 nm 的范围内是任意可调的。一般采用氘灯作光源，光源发出的光经聚光透镜聚焦，由可旋转组合滤光片滤去杂散光，再通过入口狭缝至平面反射镜 M_1，经反射到达光栅，光栅将光衍射色散成不同波长的单色光，当某一波长的单色光经平面反射镜 M_2 反射至光分束器时，透过光分束器的光通过样品流通池，最终到达检测样品的测量光电二极管，被光分束器反射的光到达检测基线波动的参比光电二极管，获得测量和参比光电二极管的信号，即为样品的检测信息。可变波长紫外吸收检测器，由于可选择的波长范围很大，具有较高的选择性，又因可选用组分的最灵敏吸收波长进行测定，具有较高的检测灵敏度。

3）光电二极管阵列检测器

光电二极管阵列检测器是近些年高效液相色谱技术的重要进步。由光源发出的紫外或可见光通过检测池，所得组分特征吸收的全部波长经光栅分光，聚焦到阵列上同时被检测，计算机快速采集数据，得到三维时间-色谱-光谱图和每一个峰的实时紫外光谱图。此光学系统称为反置光学系统，不同于一般紫外检测器上的光路，其中二极管阵列检测元件可由 1 024 或 512 个光电二极管组成，可同时检测 180~600 nm 的全部紫外光和可见光的波长范围内的信号。由 1 024 个光电二极管构成的阵列元件，可在 10 ms 内完成一次检测。三维时间-色谱-光谱图包含大量信息，不但可根据色谱保留规律和光谱特征吸收曲线进行定性分析，还可根据每个色谱峰的多点实时吸收光谱图进行纯度测定。

2.荧光检测器

荧光检测器(fluorescence detector，FLD)是高效液相色谱仪常用的一种检测器,具有高灵敏度和高选择性,灵敏度比紫外检测器高 100 倍。其利用某些溶质在受紫外光激发后,能发射可见光(荧光)的性质来进行检测。对不产生荧光的物质,可使其与荧光试剂进行柱前或柱后反应,制成可发生荧光的衍生物进行测定。

高效液相色谱仪直角型荧光检测器的激发光光路和荧光发射光路是相互垂直的。激发光光源常用氙灯,可发射 250~600 nm 连续波长的强激发光。光源发出的光经透镜、激发单色器后,分离出具有确定波长的激发光,聚焦在流通池上,流通池中的溶质受激发后产生荧光。只检测与激发光成 90° 方向的荧光,此荧光强度与被测溶质浓度成正比,这样就能避免激发光的干扰。此荧光通过透镜聚光,再经发射单色器,选择出所需要检测的波长,聚焦在光电倍增管上进行检测。

3.其他检测器

高效液相色谱中常用的检测器还有示差折光检测器、电化学检测器(电导检测器和安培检测器)、蒸发光散射检测器和质谱检测器等。示差折光检测器可用于检测在紫外光范围内吸光度不高的化合物,如聚合物、糖、有机酸和甘油三酸酯,能够对那些具有低噪声和位移特性的化合物进行检测,是一种通用型浓度检测器,但不能用于梯度洗脱;电导检测器是一种选择性检测器,用于检测阳离子或阴离子,主要用于离子色谱法,也不能用于梯度洗脱;安培检测器用于检测能氧化、还原的物质,灵敏度很高;蒸发光散射检测器是一种通用型质量检测器,对所有固体物质(检测时)均有几乎相等的响应,检测限低,可用于挥发性低于流动相的任何样品组分,也可用于梯度洗脱;高效液相色谱与质谱检测器联用(HPLC-MS)是复杂基质中痕量分析的首选方法,可用于定性和定量分析,应用已越来越广泛。

（三）高效液相色谱实验条件的选择

化合物的相对分子质量一般较小,在实际应用中可根据分析目的的要求,待测目标化合物的组成、极性、溶解度、分子结构和解离情况等特性对实验条件进行选择和优化。

1.色谱柱的选择

色谱分离系统是高效液相色谱的重要组成部分,因此选择色谱柱是实验成功与否的关键因素之一。柱长、孔径、比表面积、填料种类、键合基团、粒径、含碳量等均会对分析效果产生影响。

1)柱长

不同长度的色谱柱,塔板数、分离度、保留时间等参数也不同。色谱柱增长 2 倍,分离度可相应提高约 1.4 倍,但色谱柱增长可引起色谱柱压力增加、保留时间延长。根据分析目的要求(如进行常量分析还是残留分析、单个化合物分析还是多残留分析等)、基质干扰等因素可选取适当长度的色谱柱。

2）填料种类

HPLC 柱多数填料由硅胶颗粒制备。硅胶机械强度好、反压较低、柱寿命长等优良的物理性质能使填充柱有更高的柱效，但缺点是在高 pH 值下会溶解。充分水合的硅胶填料具有高浓度的双硅醇和缔合硅醇，由于其酸性很弱，有利于碱性化合物的分离。硅胶中的金属离子可与一些化合物螯合，引起拖尾峰或不对称峰，甚至目标物被保留其中，不能流出。因此在分离碱性或极性化合物时，应特别注意硅胶的纯度。多孔聚合物具有疏水性，不需表面涂层就能用于反相色谱，聚合物填料多为聚苯乙烯-二乙烯基苯或聚甲基丙烯酸酯等，在较高 pH 值时分离碱性物质，色谱峰良好。大孔的聚合物对蛋白质等样品的分离也很有效。现有的聚合物填料相对硅胶基质的填料色谱柱柱效较低，其他像石墨化炭、氧化铝和氧化锆等的无机填料，在 HPLC 中只限于特殊用途。如石墨化炭柱可用于分离某些几何异构体，由于在 HPLC 流动相中不会被溶解，这类柱可在较广的 pH 值与温度范围内使用。近年来，以免疫亲和型吸附剂、通道限制性填料以及分子印迹聚合物为代表的整体柱引起研究人员广泛的关注。

3）孔径和比表面积

HPLC 吸附介质是多孔的颗粒，分子进入孔内吸附和分离。孔径和比表面积相辅相成，孔径小，含孔率高，比表面积大。孔径大小需与分子大小相匹配，小分子使用 7~12 nm 的孔径，大分子的孔径通常要大于 15 nm，一般要求孔径直径至少是溶质的流体动力学直径的 4 倍，这样才不至于阻碍溶质的扩散。比表面积大，能增强样品与键合相之间的相互作用，增加保留、上样量和分离度；比表面积小，能使平衡时间加快，适合梯度分析。

4）键合基团

分析中常用的是 C_{18}（或标记为 ODS）柱，以正十八烷基作为键合相，其他键合碳链还有 C_8、C_4 等。极性键合基团一般为氰丙基和丙氨基。氰基柱是由氰丙基二甲基硅烷键合在硅胶上制成的色谱柱。氰基键合相为质子接受体，对碱性、酸性样品可获得对称的色谱峰，对含双键的异构体或双键环状化合物具有较好的分离能力。氰基柱正反相都可以用，是极性最强的反相柱。在正相模式中，氰基键合相可以替代硅胶，但比硅胶的保留值低。氨基柱是由丙氨基硅烷键合相填料制成的色谱柱。氨基键合相兼有质子接受和给予体的双重性能，极性强，对具有较强氢键作用力的目标物呈现大的 k 值，可用于极性化合物的正相、弱阴离子交换和反相色谱分离。苯基柱用于一般反相柱难分离的化合物，其具有二电子作用的苯基能增加带芳香环分析物的相对保留，可以替代 ODS 和 C_4 分析肽类物质和蛋白。

5）粒径

填料粒度能影响填充柱的柱效和背压。一般减小粒径会提高柱效，改善分离效果，但会引起背压增加。商品化的色谱填料粒径从 1 μm 到超过 30 μm 均有销售，目前分析分离常用 5 μm 填料柱,以兼顾柱效、背压和使用寿命。3 μm 填料填充柱的柱效比相同条件下的 5 μm 填料的柱效提高近 30%,然而背压却是 5 μm 的 2 倍,此情况下可采用低黏度的溶剂作流动相或适当增加色谱柱的使用温度来降低背压。

6)含碳量

含碳量指的是硅胶表面键合相的比例,与比表面积和键合覆盖度等有关。含碳量能影响色谱柱的选择性,高含碳量能提高柱容量、分辨率及分析时间,用于要求高分离度的样品;低含碳量分析时间短,用于快速分析简单样品及需要高含水流动相条件的样品。一般 ODS 柱的含碳量为 7%~19%。

2.流动相的优化

1)流动相类型

正相高效液相色谱的流动相以烷烃类溶剂为主,适当地加入极性溶剂能使分离度(R)增加。乙醇是一种很强的调节剂,三氯甲烷是中等强度的调节剂,异丙醇和四氢呋喃较弱。反相色谱最常用的流动相及其洗脱强度为:H_2O< 甲醇 < 乙腈 < 乙醇 < 丙醇 < 异丙醇 < 四氢呋喃。常用流动相组成是甲醇-H_2O 和乙腈-H_2O。

2)流动相 pH 值

流动相 pH 值能影响色谱柱的性能和目标化合物的保留情形。以硅胶为基质的 C_{18} 填料,一般的 pH 值范围为 2~8。流动相的 pH 值小于 2,会导致键合相的水解;pH 值大于 7,硅胶易溶解。聚苯乙烯二乙烯基苯或聚甲基丙烯酸酯等聚合物填料在 pH 值为 1~14 的范围内均可使用,无机填料色谱柱的 pH 值选择范围也较宽。反相色谱中一般在含水流动相中加入酸、碱或缓冲液,来控制流动相的 pH 值,抑制溶质的离子化,减少谱带拖尾,改善峰形,提高分离选择性。例如,在分析有机弱酸时,向流动相中加入适量甲酸(或乙酸、三氯乙酸、磷酸、硫酸),可获得对称色谱峰。对于弱碱样品,向流动相中加入三乙胺,也可达到同样的效果。实际试验过程中,pH 值可从 $pK_a \pm 2$ 开始优化,以每次不超过 0.5 为宜。

3)离子强度选择

反相色谱分析易离解的碱性有机物时,流动相 pH 值的增加能使键合相表面残存的硅羟基与碱的阴离子的亲和能力增加,会引起峰形拖尾并干扰分离,此时若向流动相中加入 0.1%~1% 的乙酸盐或硫酸盐、硼酸盐,就可减弱或消除残存硅羟基的干扰作用。磷酸盐或氯化物能引起硅烷化固定相的降解,因此应避免经常使用。加入盐能使流动相的表面张力发生变化,改善色谱系统的动力学因素,优化色谱系统。对于非离子型溶质,k 值增加;对于离子型化合物,则会使 k 值减小。在使用含盐流动相之前要用不含盐的流动相冲洗色谱柱至基线平稳。原则上,用于冲洗的流动相与分析时所用的流动相含水的比例相同(或含水更多),使用后也需同样处理。然后按色谱柱的使用要求,换大比例或全部有机溶剂冲洗,保存。

4）流动相流速

柱效是色谱柱中流动相线性流速的函数,不同的流速可得到不同的柱效。不同内径的色谱柱,经验最佳流速如表2.1所示。当选用最佳流速时,分析时间可能延长。此时可采用改变流动相洗涤强度的方法来缩短分析时间,如使用反相柱时,可适当增加甲醇或乙腈的含量。

表 2.1　色谱柱内径与流速关系

内径/mm	4.6	4.0	3.0	2.1
流速/（mL/min）	1.0	0.8	0.4	0.2

5）梯度洗脱

当分离组成复杂、由具有宽范围k值组成的混合物或样品含有晚流出干扰物时,需采用梯度洗脱技术。在使用梯度洗脱技术时应注意:①使用恒流泵来保证流速的稳定;②混合流动相各溶剂间应有较好的互溶性;③待测目标物应在每个梯度的溶剂中都能溶解;④每次分析结束后,所用梯度应返回起始流动相的组成,进行下次分析之前,色谱柱要用起始流动相进行平衡,然后再进行新的一次梯度洗脱;⑤样品在进行梯度洗脱前,需进行一次空白梯度,即不注入样品,仅按梯度洗脱程序运行,可向含水流动相中加入无吸收的无机盐或缓冲溶液来消除此时出现的基线漂移或杂质峰。

3.其他条件的选择

选择性随温度变化,使得温度可以成为实现更好分离的选择性调节手段。温度会影响离子化特性、流动相的 pH、非离子化合物的亲水性等。通常情况下,提高温度可以降低流动相的黏度及其反压。反压的降低,可以实现更高的线速度,使分析时间变得更短,温度每改变 1 ℃,保留时间会改变 1%~3%。对某些组成复杂的样品,若单一色谱柱不能分离,需使用二维色谱技术,利用两根选择性不同的色谱柱,对样本同时并行测定,使两根色谱柱在不同柱温下操作,以实现多组分的完全分离。此外,使用柱后冷却功能可以使热流动相在检测池中冷却,显著降低紫外检测器的噪声。

（四）衍生化技术

高效液相色谱是化合物分析中常用的分离分析手段,最常用的检测器是紫外检测器和荧光检测器。但一些药物的紫外或荧光检测效果不佳或不能检测,若将这些待测药物进行衍生化,可大大提高检测灵敏度和检测范围。即当检测物质不容易被检测时,可以将其进行处理,如加上生色团等,生成可被检测的物质。衍生化技术可分为柱前、柱中和柱后衍生三种,柱中衍生化法主要应用于手性药物对映体的分离,它基于衍生化试剂和药物对映体反应,形成非对映体的衍生化产物,在此只重点介绍柱前衍生化和柱后衍生化。

1.柱前衍生化

柱前衍生化即在色谱分析前,使待测物与衍生化试剂反应,待反应完成后,再向色谱系统进样。用于柱前衍生的样品有以下几种情况:①没有紫外或荧光吸收的物质,此类物质经衍生化后键合上的发色基团能被检测出来;②样品中某些组成与衍生化试剂发生选择性反应,使其与其他组分分开;③通过衍生化反应,改变样品中某些组分的性质,从而改变它们在色谱柱中的保留行为,以利于定性鉴定或分离。

柱前衍生化的优点是:样品的反应和纯化都可以以手工离线的方式实现,反应容易进行,可相对自由地选择反应条件;不存在反应动力学的限制;衍生化的副产物可进行预处理以降低或消除其干扰;容易允许多步反应的进行;有较多的衍生化试剂可选择;不需要复杂的仪器设备,该方法除增加检测灵敏度外,还可以改善整个分离方法的选择性和色谱分辨率。其缺点是可能产生多种衍生化产物,使色谱分离复杂化。在衍生化过程中,容易引入杂质或干扰峰,或使样品损失。

2.柱后衍生化

柱后衍生化即样品注入色谱柱并经过分离,在柱出口与衍生化试剂混合进入反应器后在短时间内完成衍生化反应,其衍生化产物再进入检测器检测。由于是在线衍生,要求选用快速的衍生化反应,否则短时间内反应不能进行完全。柱后出口与检测器间的反应器体积要非常小,否则会引起峰形扩展而影响分离效果。最简单的反应器是用玻璃、聚四氟乙烯或不锈钢等材料制成的管状反应器(tubular reactor),适应于滞留时间低的快速反应。另一种是由多孔玻璃珠填充玻璃或毛细管柱而成的柱床反应器(bed reactor),适用于滞留时间为1~5 min的中等速度的反应。对于滞留时间超过5 min的反应,则需要载流式反应器(carrier reactor),它是一种长而细的盘管,为减少峰扩张,在洗脱液与试剂混合时需不断地打入空气或不与流动相相溶的溶剂,使溶液在分割的情况下流动,这样可以使峰扩张小于10%。

柱后衍生法的优点有:形成副产物不重要,产物也不需要高的稳定性,只需要有好的重复性即可;被分析物可以在其原有的形式下进行分离,容易选用已有的分析方法。缺点是:需要额外的设备,对仪器要求比较高;反应器可造成峰展宽,降低分辨率;有过量的试剂会造成干扰。

(五)液相色谱其他技术

1.超高效液相色谱

超高效液相色谱(ultra performance liquid chromatography, UPLC)是分离科学中的一个全新类别, UPLC借助HPLC的理论及原理,涵盖了小颗粒填料、非常小的系统体积及快速检测手段等全新技术,增加了分析的通量、灵敏度及色谱峰容量。色谱柱中装填固定相粒度d_p越小,色谱柱的柱效也越高。因此,色谱柱中装填的固定相的粒度是对色谱柱性能产生影响的最重要因素。具有不同粒度固定相的色谱柱,都对应各自最佳的流动相的线速度。

在 20 世纪 80 年代末期的 HPLC 分析中,使用粒度(d_p)为 5~10 μm 的固定相,色谱柱长 10~25 cm,Δp 为 3~10 MPa,就可获得 $N \geqslant 3\,000$ 的柱效,可在 2~30 min 内,实现大多数不同组成的样品的分析要求。20 世纪 90 年代后,液相色谱使用了粒度为 3.5 μm 的固定相。2000 年报道了使用 d_p=2.5 μm 的固定相,由于高压输液泵提供压力的限制,实现了仅用色谱柱长为 3~5 m 的快速分析。2004 年超高效液相色谱使用 d_p 仅为 1.7 μm 的新型固定相,色谱仪提供的 Δp 达 140 MPa,可使在常规高效液相色谱需要 30 min 时间的样品分析在超高效液相色谱仅需 5 min,并呈现出色谱柱柱效达 20 万块/m 理论塔板数的超高柱效。

UPLC 的分析速度是传统 HPLC 的 5~9 倍,分离度相同时,检测灵敏度提高了 2 倍,其他条件都相同时,前者分离度是后者的 1.7 倍,UPLC 和 UPLC-MS 联用技术已在化合物分析尤其化合物残留分析领域获得非常广泛的应用。不过由于实验过程中仪器内部压力过大,也会产生相应的问题。例如,泵的使用寿命会相对降低,仪器的连接部位老化速度加快,包括单向阀等零件容易出现问题等。

2.手性液相色谱

手性(chirality)指化学分子的实物与其镜像不能重叠的现象。一对互成镜像的化合物具有"对映关系",被称为"对映体"。互为对映体的一对手性化合物的物理、化学性质基本相同,但旋转平面偏振光的方向相反。许多天然活性物质都是手性化合物,由于生物体中酶等受体的不对称性,手性化合物在生物体中的富集、转化及代谢过程均受到受体对映体选择性的影响。一般将手性化合物的外消旋体当作纯的单一化合物看待,并评价其药效、环境行为及生态效应。手性化合物不同的对映体对靶标生物具有不同的药效,药物对映体仅一般只有一个异构体具有药效活性,或者根本就没有药效作用,甚至对环境生态还有毒性。目前人们已经开始关注对靶标生物具有活性的对映异构体。在分析手性化合物时主要有高效液相色谱法及电泳法,其中高效液相色谱法测定速度快、适用范围广、分离能力强,为手性化合物分离的首选方法。

1)手性流动相添加法(CMPA)

CMPA 即将手性试剂加到液相色谱(LC)流动相中,与手性药物生成可逆的非对映体复合物,根据复合物的稳定性,在流动相中的溶解性和与固定相的键合力差异,于非手性固定相上分离对映体,其基本原理是在低极性的有机流动相中,对映体分子与手性离子对试剂之间产生静电、氢键或疏水性反应生成非对映体离子对时,其稳定性不同,且在有机相与固定相间的分配上也有差异,从而达到分离的目的。

CMPA 共有三种应用形式:配合交换、离子对色谱及包含色谱。配合交换是分离手性氨基酸、类似氨基酸药物的优良方法,但只能与过渡金属形成相应配合的药物才能分离,

常用的金属离子是 Cu^{2+}、Zn^{2+}、Ni^{2+} 等,配合剂有 L-脯氨酸、L-苯丙氨酸等氨基酸。离子对色谱是一类用于带电荷对映体分离的液相色谱。当药物和反离子具有光学活性时,即可形成光学异构体离子对,根据离子对的溶解性和键合力不同而将它们分离。包含色谱是指药物与环糊精形成非对映体的包含物。环糊精具有立体选择性的环形结构,其内腔是疏水性的,各类水溶性和不溶于水的药物均能与之形成非对映体包含物,常用的是 α、β、γ三种类型及其衍生物。

2)手性试剂衍生化法(CDR)

手性试剂衍生化法的原理是将光学活性药物与手性试剂于柱前衍生化,形成的共价结合非对映体对与固定相之间的键合力如偶极-偶极、电荷转移、氢键等,产生差速迁移而被分离。例如,胺基手性药物衍生化为酰胺、氨基甲酸酯、脲、硫脲和磺酰胺;氨基手性药物衍生化成酯、碳酸酯、氨基甲酸酯;羧基手性药物衍生化为酯和酰胺;环氧化物手性药物衍生化成异硫氰酸酯;烯类手性药物衍生化成水溶性铂复合物。它的优点是可使用已有的非手性固定相,花费较少,并且选用具有强烈发色团或荧光的手性试剂,提高了检测能力。但手性试剂需有高的光学纯度,所分析的药物也必须具有可衍生化的基团。

3)手性固定相法(CSP)

将手性试剂化学键合到固定相上与药物对映体反应形成非对映体对复合物,这种固定相称作手性固定相法。在 CSP 表面形成的非对映体对,可根据其稳定常数不同而获得分离。

手性拆分最初多集中在与人有关的药物上,近几年来由于人类对环境的关注,关于化合物手性拆分的报道也逐渐多起来。如在乙酸盐缓冲溶液中利用添加环糊精的 CZE(毛细管区带电泳)技术分离 7 种手性和非手性的苯氧酸类除草剂及其位置异构体,并采用该法成功地检测了实际样品中化合物的手性纯度。

(六)液相色谱-质谱联用(LC-MS)技术

色谱-质谱联用法是将高分离能力、使用范围极广的色谱分离技术与质谱技术相结合,成为一种对复杂样品进行定性、定量分析的有力工具。对于极性较大、热稳定性强、难挥发性的目标物,液相色谱-质谱联用技术相对气相色谱-质谱联用技术有着无可比拟的优势。

液质分析过程包括:样品经过液相色谱分离后,离子化变为气态离子混合物,目标物由于结构性质不同而被电离为各种不同质荷比的分子离子和碎片离子,并被加速进入质量分析器,不同的离子在质量分析器中被分离并按质荷比大小依次经过检测器,经记录得到按不同质荷比排列的离子质量谱。

高效液相色谱是以液体溶剂作为流动相的色谱分离技术,质谱能为结构定性提供较多的信息。液相色谱 - 质潜联用技术的研究始于 20 世纪 70 年代,但直到 20 世纪 90 年代解决液相色谱与质谱的接口问题后,才出现了被广泛接受的商品接口及成套仪器。质谱的工作真空度一般为 1×10^{-5} Pa,为与在常压下工作的液质接口相匹配并维持足够的真空度,现有商品仪器的 LC-MS 设计均增加了真空泵的抽速并采取了分段、多级抽真空的方式,形成真空梯度来满足接口和质谱正常工作的需求。大气压离子化(atmospheric pressure ionization,API)是目前商品化 HPLC-MS 仪中主要的接口技术,该技术有效地实现了样品分子在大气压条件下的离子化。

大气压离子化接口包括:①大气压区域,雾化 HPLC 流动相、去除溶剂和有机改性剂、形成待测物气态离子;②真空接口,将待测物离子从大气压区传输到高真空的质谱仪内部,再由质量分析器将待测物离子按质荷比不同逐一分离,由质谱检测器测定。电喷雾离子化(electrospray ionization,ESI)和大气压化学离子化(atmospheric pressure chemical ionization,APCI)是目前液-质联用仪常采用的离子化方法,相应的仪器部件分别称为 ESI 源和 APCI 源。其中,ESI 即样品先带电再喷雾,带电液滴在去溶剂化过程中形成样品离子,从而被检测。APCI 指样品先形成雾,然后电晕放电针对其放电,在高压电弧中,样品被电离,然后去溶剂化形成离子,最后进行检测。

与 LC 联用的质量分析器主要有:四极杆、离子阱、飞行时间质谱等。四极杆分析器、离子阱分析器、飞行时间分析器是三种各具特色且应用广泛的质量分析器。由于采用单重四极杆质谱分析存在较大的基体干扰及共流出等问题,实际应用中多使用多级质谱,如三重四极杆(TQ、QQQ)、四极杆-离子阱(QIT)及四极杆飞行时间质谱(Q-TOF)等。质量分析器的选择主要取决于分析的选择性、灵敏度和目的性。如对已知的目标化合物进行定量分析时,三重四极杆是最佳的选择,如果是对未知化合物进行定性分析时,液相色谱四极杆飞行时间质谱联用仪(LG-Q-TOF)可能是较好的选择。

液相色谱串联质谱技术将色谱的高分离性能和质谱的高选择性、高灵敏度、极强的专属性特点结合起来,组成了方便快捷的现代分析技术。随着科技水平的提高,液相色谱串联质谱技术取得了较大的发展,尤其近年来,LC-MS 联用在技术及应用方面取得了很大进展,在化合物的各研究领域特别是在化合物残留分析、环境分析等领域的应用非常广泛。

1.四极杆和离子阱

四极杆是四极杆质谱的核心,全称是四极杆质量分析器,它是由四根精密加工的电极杆以及分别施加于 x、y 方向的两组高压高频射频组成的电场分析器。四根电极可以是双曲面也可以是圆柱状的电极;高压高频信号提供了离子在分析器中运动的辅助能量,这一能量是选择性的——只有符合一定数学条件的离子才能够无限制地加速,从而安全地通过四极杆分析器。在特定的直流电压和射频电压条件下,仅一定质荷比的离子可以稳定地穿过四极场,到达检测器。改变直流电压和射频电压大小,但维持它们的比值恒定,可以实现质谱扫描。

四极杆分析器是色谱-质谱联用中使用最为广泛的质量分析器,它具有扫描速度快、对真空度要求低的特点,在化合物残留分析中我们经常采用扫描、选择离子监测等方式,单级四极杆分析器可以获得待测物的定性结果,因而广泛应用于未知物的监测,尤其是新药开发领域。

离子阱质量分析器具有结构简单和对真空度要求低等特点,因而成为制造小型质谱仪的首选。传统的离子阱质量分析器一般分为三维离子阱和线性离子阱两种,其电极采用双曲面或双曲柱面结构。加工这种离子阱需要很高的机械精度,因而其生产成本和技术难度都很高。近年来,各种简化结构的离子阱相继出现。如美国普渡大学的格雷厄姆·库克斯(Graham Cooks)等先后提出了圆柱形离子阱(CIT)以及矩形离子阱(RIT)等,大大简化了离子阱的结构,降低了加工和使用成本。离子阱在三维或二维空间中存储离子,因而可实现时间上两级以上质量分析的结合,即多级串联质谱分析。离子阱的主要缺点是低分辨率、不能进行前体离子扫描和中型丢失扫描、定量效果不如四极杆准确。离子阱分析器因造价低廉,又同时具有多级 MS 的功能而广泛应用于目标化合物的筛选、药物代谢研究以及蛋白质的定性分析。

2.三重四极杆

三重四极杆由两套高性能四极杆分析器和若干离子传输四极杆(或者多极杆)组成,其中一个四极杆用于质量分离,另一个四极杆用于质谱检测,两个四极杆之间设计为碰撞室。与单级四极杆相比,选择性和灵敏度都高的优点决定了三重四极杆是进行痕量分析的必要仪器之一,三重四极杆质谱有几种不同的扫描方式:母离子扫描、产物离子扫描、恒定中性丢失和多反应监测(MRM)。其中 MRM 可以提供很高的选择性和灵敏度,常用于化合物残留分析。

串联质谱技术在未知化合物的结构解析、碎片裂解途径的阐明、复杂混合物中待测化合物的鉴定以及复杂基质中低浓度的化合物的定量分析方面具有较强优势。采用前体离子扫描方式,可以搜索出待测样品中某固定质荷比质谱碎片离子的所有结构类似物;通过产物离子扫描,可以获得药物、杂质或污染物的产物离子的结构信息,有助于未知化合物的鉴定,产物离子扫描还可用于复合蛋白质碎片的氨基酸序列检测。由于代谢物可能包含作为中性碎片丢失的相同基团(如羧酸类均易丢失中性二氧化碳分子),采用中性丢失扫描,串联质谱技术可用于寻找具有相同结构特征的代谢物分子。若丢失的相同碎片是离子,则前体离子扫描方式可帮助找到所有丢失该碎片离子的前体离子。

当质谱与色谱联用时,若色谱仪未能将化合物完全分离,串联质谱法可以通过选择性测定某组分的特征性离子,获取该组分的结构和质量信息,而不会受到共存组分的干扰。如在药物代谢动力学研究中,待测药物的某离子信号可能被基质中其他化合物的离子信号掩盖,采用选择反应离子检测(SRM)方式又称为多反应监测,通过 MS-1 和 MS-2,选择性监测一定的前体离子和产物离子,可实现复杂生物样品中待测化合物的专属、灵敏的定量测定。当同时检测两对及以上的前体离子-产物离子时，SRM 可以同时、专属、灵敏地定量测定样品中的多个组分。

3.飞行时间质谱

飞行时间质谱是一种很常用的质谱仪,这种质谱仪的质量分析器是一个离子漂移管。由离子源产生的离子加速后进入无场漂移管,并以恒定速度飞向离子接收器,离子质量越大,到达接收器所用的时间越长,离子质量越小,到达接收器所用的时间越短。根据这一原理,可以把不同质量的离子按 m/z 值大小进行分离。飞行时间质谱仪可检测的分子量范围大,扫描速度快,仪器结构简单。这种飞行时间质谱仪的主要缺点是分辨率低,因为离子在离开离子源时的初始能量不同,使得具有相同质荷比的离子达到检测器的时间有一定分布,造成分辨能力下降。改进的方法之一是在线性检测器前面加上一组静电场反射镜,将自由飞行中的离子反推回去,初始能量大的离子由于初始速度快,进入静电场反射镜的距离长,返回时的路程也就长,初始能量小的离子返回时的路程短,这样就会在返回路程的一定位置聚焦,从而改善了仪器的分辨能力。这种带有静电场反射镜的飞行时间质谱仪被称为反射式飞行时间质谱仪。

最近几年,飞行时间质量分析器(TOF 质量分析器)的技术有了很大的进步,主要是正交加速和离子反射加速器等显著改善了 TOF 的分辨能力,从而使该技术成为一种非常有用的化合物残留分析工具。Q-TOF-MS 有单级质谱和串联质谱(MS/MS)的操作模式。在单级质谱模式下,离子通过四极杆后直接到 TOF 质谱分析器。在 MS/MS 模式下,一个前体离子在第一个四极杆被选择,第二个四极杆产生碰撞诱导解离(CID),产生的碎片被 TOF 分析。通过这种方式可以得到很好的信噪比。它具有质量分析范围宽、离子传输效率高、检测能力多重、仪器设计和操作简便、质量分辨率高的特点,可以进行准确的质量测定。由准确质量数能够进一步获得分子离子或碎片离子的元素组成,这是该质量分析器的一个特别优势。飞行时间质谱仪已成为生物大分子分析的主流技术。

4.液质仪器的其他重要单元

1）真空系统

离子的质量分析必须在高真空状态下进行。质谱仪的真空系统一般为由机械泵和涡轮分子泵组合构成的差分抽气高真空系统,真空度需达到 $1 \times 10^{-6} \sim 1 \times 10^{-3}$ Pa,即 $1 \times 10^{-8} \sim 1 \times 10^{-5}$ mmHg。

2）光电倍增器

离子检测器通常为光电倍增器或电子倍增器。电子倍增器(conversion dynode)的原理即将离子流转化为电流,再将电信号多级放大后转化为数字信号,利用计算机处理获得质谱图。

3）数据处理系统

以所测离子的质荷比为横坐标,以离子强度为纵坐标得到的谱图即化合物的质谱。

色谱-质谱联用分析通过采用 Scan 方式可以获得不同组分的质谱图。以色谱保留时间为横坐标,以各时间点测得的总离子强度为纵坐标,可以测得待测混合物的总离子流色谱图(total ion current,TIC)。当固定检测某个或某些离子的质荷比,对整个色谱流出物进行选择性检测时,将得到选择离子检测色谱图。计算机系统用于控制仪器,记录、处理并储存数据,当配有标准谱库软件时,可将测得的化合物质谱与标准谱库中的图谱进行比较,从而获得相应化合物可能的分子组成和结构的信息。

5.液质仪器的应用

LC-MS 主要应用于药物代谢及药物动力学研究、临床药理学研究、天然药物(中草药等)开发研究、蛋白与肽类的鉴定、残留分析、毒物分析、环境分析;公安、环保、食品、自来水、卫生防疫等行业。

在农产品与食品中液质仪器主要用来分析其中所含的抗生素、多环芳烃、多氯联苯、酚类化合物、化合物残留、代谢及原药组成等。目前低浓度、难挥发、热不稳定和强极性化合物的分析方法并不是十分理想,因此发展高灵敏度的多残留可靠分析方法已成为环境分析化学及农业化学的重要战略目标。高效液相色谱法弥补了气相色谱法不宜分析难挥发、热稳定性差的物质的缺陷,可以直接测定那些难以用 GC 分析的化合物。但 HPLC 中的常规检测器如紫外(UV)及二极管阵列器(DAD)等的定性能力有限,在复杂环境样品痕量分析时的化学干扰也常影响痕量测定时的准确性,从而限定了它们在多残留超痕量分析中的应用。20 世纪 80 年代末,大气压电离质谱成功与 HPLC 联用,此后 LC-MS 在化合物分析中占据了重要的地位,成为化合物残留分析最有力的工具之一,也是目前发达国家进行化合物残留定性、定量分析的重要手段。

三重四级杆串联质谱可在常规压力和温度下进行化合物的快速分离。其全扫描分析对环境中未知化合物的筛选十分有效,是最早分析农残的商品化仪器,三重四级杆串联质谱还可进行持续中性丢失(CNL)及反应过程监测扫描。四级离子阱(QIT)体积较小、自动化程度高、分析快捷,可同时存储正、负离子并进行进一步分析,而且对不同类别的化合物,该类仪器开发了多种模式,如多反应监测、选择反应监测等。为进一步提高灵敏度,QIT 技术还可以进行多级质谱分析,为研究化合物离解过程提供了有力工具。但由于其高价格和较弱定量能力的特点,TOF-MS 在化合物残留分析中的应用依然较少。有学者将化合物残留分为目标化合物检测(常规的化合物残留检测)、非目标化合物检测和未知化合物的分析三类,并对 TOF 在化合物残留检测的这三个方面进行了详细的介绍。其中,Q-TOF 分析质量精确、灵敏度高、仪器结构简单,可同时检测多个质量数离子。目前,国内 LC-MS 分析技术正在逐步普及,其在农残分析领域的应用报道和分析方法标准也逐步增多,如张秀莉等关于免疫亲和萃取-LC-MS 联用技术在痕量农残分析中的应用研究等。

（七）液相色谱其他联用技术

1.色谱-色谱联用技术

色谱-色谱联用技术是在通用型色谱仪的基础上发展起来的,其将分离机制不同而又相互独立的两支色谱柱以串联方式结合起来,目的是用一种色谱法补充另一种色谱法分离效果上的不足。常见的联用方法有气相色谱-气相色谱（GC-GC）联用法、高效液相色谱-气相色谱（HPLC-GC）联用法及高效液相色谱-高效液相色谱（HPLC-HPLC）联用法等。

2.液相色谱-核磁共振波谱联用

高效液相色谱-核磁共振波谱（HPLC-NMR）联用兼顾了核磁共振重现性较高、选择性好、样品用量少等优点,既能高效、快速地获得混合物中未知物的结构信息,又能为植物粗提取物化学成分的快速分离鉴定提供非常重要的在线信息。近些年,NMR 技术在灵敏度、分辨率、动态范围等方面逐渐提高,并且通过不用或少用氘代试剂来降低实验成本,使得 HPLC-NMR 联用技术用于化合物及其代谢物的分析成为可能。

3.液相色谱-傅里叶变换红外光谱联用

液相色谱不受样品挥发度和热稳定性的限制,特别适合用于那些沸点高、极性强、热稳定性差、大分子试样的分离。液相色谱-傅里叶变换红外光谱（LC-FTIR）联用技术结合了液相色谱独特的分离能力与红外光谱的分子结构鉴定能力,检测灵敏度显著提高,可用于分离、鉴定各类复杂混合物。LC-FTIR 在检测各物质（尤其是苯系物的同分异构物质）官能团的特征性红外吸收峰时的定性结果非常准确。其也可用来鉴别光学异构体、其他异构体及未知或谱库中不存在的组分及其所属的化合物的类别。

4.固相微萃取-液相色谱联用技术

固相微萃取（solid-phase microextraction，SPME）技术是 20 世纪 90 年代兴起的一项新颖的样品前处理与富集技术,最先由波利西恩（Pawliszyn）教授的研究小组于 1989 年首次进行开发研究,属于非溶剂型选择性萃取法。随后受到了世界范围内学者们的青睐与关注。固相微萃取-液相色谱（SPME-LC）联用技术通过将高分子层涂布于一根纤细的熔融石英纤维头表面对样品组分进行选择性萃取和预富集,然后将吸附组分热脱附或淋洗脱附后直接对样品进行 HPLC 在线进样分析。SPME-LC 具有装置简单,操作方便,萃取速度快,集样品采集、萃取、浓缩、进样、解析为一体的优点。

第三节　微量元素分析方法

热带农产品中除含有大量有机物外,还含有丰富的无机元素。其中含量在 0.01% 以上的称为常量元素,有钙、镁、钾、钠等。含量低于 0.01% 的称为微量元素,有锌、铜、铁、锰、钴、钼、铬、镍、锡、钒、砷、汞、铅、镉等,并已被确证是人体所必需的元素。元素的测定方法很多,常用的有化学分析法、紫外-可见吸收分光光度法、原子吸收分光光度法、原子荧光分光光度法、电感耦合等离子体发射光谱法、极谱法、离子选择电极法等。其中原子发射光谱法具有分析灵敏度高、干扰少、线性范围宽、可进行多元素同时分析等优点而被广泛使用。

一、原子吸收分光光度法

原子吸收光谱法(atomic absorption spectrometry,AAS)基于基态自由原子对光辐射能的共振吸收,测量自由原子对光辐射能的吸收程度,由此推断出样品中所含元素的浓度。AAS 仪器的主要部件如下。

(一)光源

空心阴极灯(HCL)是原子吸收光谱法中最常见的辐射源。通过运用阴极制作技术和真空处理工艺,阴极灯具有特定元素的特征辐射谱线强度高而稳定,噪声小,灵敏度高,牢固可靠和寿命长等特点。

(二)原子化器

原子化器是原子吸收分析的关键部分,火焰原子化(FA)、石墨炉(GF)原子化和化学(CVA)原子化是常用的原子化方法。火焰原子化包括喷雾、去溶、熔融、蒸发、解离和还原过程,火焰 AAS 一般只能检测 mg/L 级的待测物。石墨炉原子吸收法的过程是将样品注入石墨管的中间位置,用大电流通过石墨管以产生高达 2 000~3 000 ℃的高温使样品干燥、灰化和原子化。石墨炉(GF)原子化器使用热解涂层管、难熔金属涂层管、碳化物涂层管,可改善石墨管的表面性质,延长使用寿命,提高灵敏度。石墨管的加热方式有纵向加热和横向加热两种,纵向加热结构相对简单,横向加热可提高加热的均匀性,有利于提高精密度。

(三)分光系统

目前原子吸收主要采用中阶梯光栅装置作为分光系统。中阶梯光栅利用短槽边、高谱级、大角度获得高分辨率和色散率,棱镜结合进行交叉色散可得到高分辨率的二维光谱,可望发展多元素同时测定。

(四)检测器

检测器是提高分析性能的主要器件。光电倍增管(PMT)是 AAS 的通用检测器,其灵敏度高,线性动态范围宽,可实时地将光信号变成电信号,但没有空间分辨能力。要测定不同波长的光只能用时间分辨或多个 PMT 完成。要实现多元素同时分析,检测器目前可使用的固体成像器件是新一代光电转换检测器,它以半导体硅片为基材的光敏元件制成多无阵列集成电路式的焦平面检测器,其中有光电二极管阵列(PDA)、电荷耦合器件(CCD)、电荷注入器件(CID),它们具有空间分辨能力,可对多元素同时测定。

二、原子荧光分光光度法

原子荧光是原子蒸气受具有特征波长的光源照射后,一些自由原子被激发跃迁到较高能态,然后去活化回到某一较低能态(常常是基态)而发射出特征光谱的物理现象。当激发辐射的波长与产生的荧光波长相同时,称为共振荧光,它是原子荧光分析中最主要的分析线。另外还有直跃线荧光、阶跃线荧光、敏化荧光、阶跃激发荧光等。各种元素都有其特定的原子荧光光谱,根据原子荧光强度的高低可测得试样中待测元素的含量。

原子荧光分光光度法(atomic fluorescence spectrophotometry, AFS)可用于砷、锑、铋、汞、硒、碲、锡、锗、铅、锌、镉等元素含量的测定,测定检出限达到 ng/mL。AFS 具有以下特点:采用氩氢火焰屏蔽式双层石英炉原子化器,可减少荧光淬灭;整个系统位于严格避光的原子化室内,减少散光的影响;采用了短焦距无色散的单透镜光学成像系统;采用编码式空心阴极灯,提高测量灵敏度与空心阴极灯的使用寿命。

三、电感耦合等离子体发射光谱法

(一)电感耦合等离子体发射光谱法(ICP-AES)

ICP 光谱仪是一种以电感耦合高频等离子体为光源的原子发射光谱装置,由高频等离子体发生器、等离子炬管、进样系统、分光系统、测光系统和数据处理系统组成。高频等离子体发生器向耦合线圈提供高频能量,等离子炬管置于耦合线圈中心,内通冷却气、辅助气和载气,在炬管中产生高频电磁场。用微电火花引燃,让部分氩气电离,产生电子和离子。电子在高频电磁场中获得高能量,通过碰撞把能量转移给氩原子,使之进一步电离,产生更多的电子和离子。当该过程像雪崩一样进行时,导电气体受高频电磁场作用,形成一个与耦合线圈同心的涡流区。强大的电流产生的高热把气体加热,从而形成火炬形状的可以自持的等离子体。

由于高频电流的趋肤效应,等离子体呈环状。试样气溶胶通过的是温度较低的中心通道,因此不易扩散到 ICP 火焰周围而形成产生自吸的冷蒸气层。试样由载气带入雾化系统进行雾化,以气溶胶形式进入轴向通道,在高温和惰性氩气气氛中,气溶胶微粒被充分蒸发、原子化、激发和电离。被激发的原子和离子发射出很强的原子谱线和离子谱线。分光检测系统将各被测元素发射的特征谱线经过分光、光电转换、检测,由数据处理系统对实验数据进行处理输出。在 ICP 光谱仪中,元素的光谱定量分析的依据与火焰发射光谱法相同,但检出限更低,在热带农产品检测中已有广泛应用,如热带农产品中的稀土元素检测。

（二）电感耦合等离子体质谱法（ICP-MS）

传统的元素分析方法如分光光度法、原子吸收法（火焰与石墨炉）、原子荧光光谱法、ICP 发射光谱法等，都各有其优点，但也有其局限性。例如，或是样品前处理复杂，需萃取、浓缩富集或抑制干扰；或是不能进行多组分或多元素同时测定，耗时费力；或是仪器的检测限或灵敏度达不到指标要求等。电感耦合等离子体质谱（inductively coupled plasma-mass spectrometry，ICP-MS）技术是几乎克服了传统方法的大多数缺点，并在此基础上发展起来的更加完善的元素分析法，可称为当代分析技术的重大发展。

ICP-MS 是 20 世纪 80 年代发展起来的分析测试技术，它以独特的接口技术将 ICP-MS 的高温（7 000 K）电离特性与四极杆质谱仪的灵敏快速扫描的优点结合而形成的一种新型的元素和同位素分析技术，几乎可分析地球上的所有元素。ICP-MS 技术的分析能力不仅可以取代传统的无机分析技术如电感耦合等离子体光谱技术、石墨炉原子吸收，进行定性、半定量、定量分析等，还可以与其他技术如 HPLC、GC 联用进行元素的形态、分布特性等的分析。

在 ICP-MS 中，ICP 作为质谱的高温离子源，样品在通道中进行蒸发、解离、原子化、电离等过程。离子通过样品锥接口和离子传输系统进入高真空的 MS 部分，MS 部分为四极快速扫描质谱仪，通过高速顺序扫描分离测定所有离子，扫描元素质量数范围为 6~260，并通过高速双通道分离后的离子进行检测，浓度线性动态范围达 9 个数量级，从 pg 到 1 000 ppm 直接测定。与传统无机分析技术相比，ICP-MS 技术提供了最低的检出限、最宽的动态线性范围，具有干扰最少、分析精密度高、分析速度快、可进行多元素同时测定以及可提供精确的同位素信息等分析特性。

ICP-MS 的谱线简单，检测模式灵活多样，具有以下特点：通过谱线的质荷比进行定性分析；通过谱线全扫描测定所有元素的大致浓度范围，即半定量分析，不需要标准溶液；同位素比测定可用于追踪来源及同位素示踪，可确认热带农产品的原产地等。

本章参考文献

[1] 布赖特迈尔，弗尔特. [13]C 核磁共振谱 [M]. 穆启运，陈淑英，张振杰，译. 兰州：兰州大学出版社，1991.

[2] 曹玺珉，吴昊，张晋，等. 黄连黄柏提取液中 3 种生物碱的原位生成离子液体微萃取及 HPLC 测定 [J]. 应用化学，2013，30（12）：5.

[3] 常相娜，黄荣清，王正平，等. B 族维生素测定方法研究进展 [J]. 科学技术与工程，2004（4）：312-316.

[4] 丛浦珠. 质谱学在天然有机化学中的应用 [M]. 北京：科学出版社，1987.

[5] 崔蓉,李皎,王洪玮.水溶性维生素的高效液相色谱测定方法的研究[J].中国卫生检验杂志,2005(1):55-57.

[6] 邓永利,周光明,陈军华,等.离子液体辅助超声萃取-高效液相色谱同时测定半边莲中6种黄酮类化合物[J].食品科学,2016,37(20):37-41.

[7] 方海红,朱益雷,魏惠珍,等.离子液体作流动相添加剂高效液相色谱法分离莨菪类生物碱[J].分析测试学报,2016,35(5):614-617.

[8] 冯纪南,冯斯宇,邓斌.离子液体微波辅助提取臭牡丹中黄酮类化合物的研究[J].商丘师范学院学报,2015,31(3):51-55.

[9] 郭建博,宋莉,牟霄,等.超高效液相色谱法快速测定复合维生素产品中的10种水溶性维生素[J].食品安全质量检测学报,2017,8(5):1794-1799.

[10] 郝小江,周俊,野出学,等.牛耳枫中的新生物碱——牛耳枫碱A[J].云南植物研究,1993(2):205-207.

[11] 何嘉明.食品中维生素B_{12}的检测方法分析[J].现代食品,2019(5):162-164.

[12] 何丽一.平面色谱方法及应用[M].北京:化学工业出版社,2000.

[13] 胡晓琴,尤慧艳.荔枝中水溶性维生素的毛细管电泳快速分离分析[J].分析试验室,2010,29(3):34-36.

[14] 黄量,于德泉.紫外光谱在有机化学中的应用(下册)[M].北京:科学出版社,1988.

[15] 康胜利,王晋.气相色谱法测定红景天属植物中红景天甙及百脉根甙的含量[J].中国中药杂志,1998,23(6):365-366.

[16] 柯月娇,黄桂华,张苏娜,等.高效毛细管电泳法分离测定5种水溶性维生素[J].福建中医药大学学报,2014,24(1):27-29.

[17] 李发美.医药高效液相色谱技术[M].北京:人民卫生出版社,1999.

[18] 李明,刘向前,张玉华.同时测定保健食品中烟酸、烟酰胺、咖啡因、维生素B_1和维生素B_6检测方法[J].食品安全导刊,2016(30):151-153.

[19] 李全霞,崔亚娟,赵寅菲.微生物法测定食品中水溶性维生素的原理及进展[J].食品科学,2013,34(13):338-344.

[20] 林江丽,王金霞,张雪霞,等.RP-HPLC法测定SO_2处理前后新疆无核葡萄干中的B族维生素[J].分析测试学报,2017,36(1):122-126.

[21] 林启寿.中草药成分化学[M].北京:科学出版社,1977.

[22] 刘冬虹,吴环,聂炎炎,等.优化微生物法快速测定婴幼儿配方乳粉中4种水溶性维生素[J].华南预防医学,2014,40(6):594-597.

[23] 刘嘉森,方圣鼎,黄梅芬,等.华中五味子的研究:Ⅱ.有效成分五味子酯甲、乙、丙、丁、戊及有关化合物的结构[J].化学学报,1976(3):229-240.

[24] 刘嘉森,方圣鼎,黄梅芬,等.华中五味子的研究:有效成分五味子酯甲、乙、丙、丁、戊

和有关化合物的结构 [J]. 中国科学,1978(2):232-247.

[25] 刘婷婷,郁颖佳,段更利,等. 离子液体-微波辅助提取钩藤中生物碱的工艺研究 [J]. 中国新药与临床杂志,2013,32(6):482-486.

[26] 刘永漋,宋万志,季庆义,等. 甘肃黄芩中的新黄酮——甘黄芩甙元的结构 [J]. 药学学报,1984(11):830-835.

[27] 刘志楠,喻东威,赵源,等. 牛奶中泛酸含量测定 [J]. 食品科学,2012,33(2):177-180.

[28] 罗思齐,徐光漪,易大年,等. 通光藤中一个新 C_{21} 甾族化合物的化学结构测定 [J]. 化学学报,1982(4):321-324.

[29] 麦克拉弗蒂. 质谱解析 [M]. 王光辉,译. 北京:化学工业出版社,1987.

[30] 闵知大,谭仁祥,郑启泰,等. 大理藜芦碱 B 的结构及其绝对构型的确定 [J]. 药学学报,1988,23(8):584-587.

[31] 宁霄,金绍明,刘雅丹,等. 超高效液相串联质谱法同时测定保健食品中 10 种水溶性维生素 [J]. 中国药事,2017,31(4):392-402.

[32] 青蒿研究协作组. 抗疟新药青蒿素的研究 [J]. 中国药学杂志,1979,14(2):49-53.

[33] 卿笑天,刘红鸣. 蔬菜中代碳脂肪酸及乳酸的气相色谱分析 [J]. 分析化学,2000,28(7):842-845.

[34] 邱明华,王德祖. Pachysandra 型生物碱 ^{13}C NMR 谱的研究 [J]. 波谱学杂志,1995(2):155-165.

[35] 任丹丹,谢云峰,刘佳佳,等. 高效液相色谱法同时测定食品中 9 种水溶性维生素 [J]. 食品安全质量检测学报,2014,5(3):899-904.

[36] 沈宏康. 有机酸碱 [M]. 北京:高等教育出版社,1983.

[37] 施煜,林加如,辛希奕,等. 液相色谱-质谱法测定运动饮料中 9 种水溶性维生素 [J]. 化学分析计量,2018,27(5):29-33.

[38] 宋纯清,胡之璧. 异黄酮类薄层简易显色鉴别方法 [J]. 中草药,1999,30(11):815-816.

[39] 宋国强,吴吉安,贺贤国. 羟基蒽醌衍生物中羟基质子的核磁共振研究 [J]. 化学学报,1985(2):145-149.

[40] 孙放,梁晓天,于德泉. Hetisine 型二萜生物碱的 N—C_6 键断裂新方法 [J]. 有机化学,1988(3):31-32.

[41] 孙毓庆. 分析化学 [M]. 4 版. 北京:人民卫生出版社,1999.

[42] 唐恢同. 有机化合物的光谱鉴定 [M]. 北京:北京大学出版社,1992.

[43] 天津大学分析化学教研室. 实用分析化学 [M]. 天津:天津大学出版社,1995.

[44] 汪礼权,秦国伟. 杜鹃花科木藜芦烷类毒素的化学与生物活性研究进展 [J]. 天然产物研究与开发,1997(4):82-90.

[45] 王慕邹. 常用中草药高效液相色谱分析 [M]. 北京:科学出版社,1999.

[46] 王蓉. 超高效液相色谱在不同领域的应用 [J]. 广东化工,2019,46(15):127,92.

[47] 王宪楷. 天然药物化学 [M]. 北京:人民卫生出版社,1988.

[48] 王雪梅,高素莲,于金文. HPLC 法测定新鲜草莓中水溶性维生素 [J]. 食品科学,1999(5):52-53.

[49] 王志兵,赵洋,辛楠,等. 硅胶固载离子液体基质固相分散法提取蜂房中的酚酸和黄酮类化合物 [J]. 现代食品科技,2015,31(3):158-164.

[50] 西北师院. 有机分析教程 [M]. 西安:陕西师范大学出版社,1991.

[51] 谢晶曦. 红外光谱在有机化学和药物化学中的应用 [M]. 北京:科学出版社,1987.

[52] 徐任生. 中草药有效成分提取与分离 [M]. 上海:上海科学技术出版社,1983.

[53] 徐任生. 丹参:生物学及其应用 [M]. 北京:科学出版社,1990.

[54] 徐任生. 天然产物化学 [M]. 北京:科学出版社,1993.

[55] 薛淼,王娜,何新益. HPLC 法测定茶叶中 5 种水溶性维生素 [J]. 天津农学院学报,2017,24(3):69-72.

[56] 颜耀东,裴颖,黄晓洁,等. 双波长薄层扫描法测定牛黄清胃丸中黄芩甙的含量 [J]. 南京中医药大学学报,1997,13(5):277-278.

[57] 姚曦,岳永德,汤锋. 离子液体在天然产物分离分析中的应用 [J]. 林产化学与工业,2013,33(3):143-148.

[58] 叶群丽,李小梅,梁大伟. 分光光度法测定黄果柑中维生素 C 的含量 [J]. 四川化工,2019,22(6):24-27.

[59] 尹爱群,姜慧祯. 石斛与其伪品戟叶金石斛的鉴别 [J]. 药物分析杂志,1999,19(3):194-194.

[60] 尤田耙. 手性化合物的现代研究方法 [M]. 合肥:中国科学技术大学出版社,1993.

[61] 于德泉,杨峻山. 分析化学手册 第 7 分册:核磁共振波谱分析 [M]. 北京:化学工业出版社,1999.

[62] 曾道艳. 高效液相色谱在食品质量检测中的应用 [J]. 现代食品,2019(9):173-175.

[63] 詹越城,何斌,刘梦婷,等. 食品中多种水溶性维生素快速检测的方法研究 [J]. 农产品加工,2019(16):49-52,56.

[64] 张玲,徐本明. 双波长薄层扫描法测定肉桂中肉桂酸的含量 [J]. 药物分析杂志,1997,17(6):408-410.

[65] 张如意,姚新生. 天然药物化学 [M]. 2 版. 北京:人民卫生出版社,1994.

[66] 张友杰,李念平. 有机波谱学教程 [M]. 武汉:华中师范大学出版社,1990.

[67] 章育中,郭希圣. 薄层层析法和薄层扫描法 [M]. 北京:中国医药科技出版社,1990.

[68] 赵艳. 食品安全检验检测技术与方法探究 [J]. 现代食品,2019(9):144-146.

[69] 赵瑶兴. 光谱解析与有机结构鉴定 [M]. 合肥：中国科学技术大学出版社，1992.

[70] 中国医学科学院药物研究所. 薄层层离及其在中草药分析中的应用 [M]. 北京：科学出版社，1978.

[71] 周荣汉. 药用植物化学分类学 [M]. 上海：上海科学技术出版社，1988.

[72] 朱大元，陈政雄，周炳南，等. 补骨脂化学成分的研究 [J]. 药学学报，1979，14（10）：605-611.

[73] 朱秋楠，于荣，王少云，等. 2 个维生素 B_6 中间体的 HPLC 快速检测 [J]. 化工管理，2020（27）：51-52.

[74] 朱雪荣，张祥民. 松针样品中多氯联苯的分析方法研究 [J]. 色谱，1999，17（4）：354-356.

[75] ABISCH E，REICHSTEIN T. Orientierende chemische untersuchung einiger apocynaceen Ⅱ. Berichtigungen und nachträge[J]. Helvetica chimica acta，1962，45（4）：1375-1379.

[76] AMICO V. Marine brown algae of family cystoseiraceae：chemistry and chemotaxonomy[J]. Phytochemistry，1995，39（6）：1257-1279.

[77] ANTAKLI S，SARKEES N，SARRAF T. Determination of water-soluble vitamins B_1，B_2，B_3，B_6，B_9，B_{12} and C on C18 column with particle size 3 μm in some manufactured food products by HPLC with UV-DAD/FLD detection[J]. International journal of pharmacy and pharmaceutical sciences，2015，7（6）：219-224.

[78] BAI H，HIURA H，OBARA Y，et al. Menaquinone-4（vitamin K_2）induces proliferation responses in bovine peripheral blood mononuclear cells[J]. Journal of dairy science，2020，103（8）：7531-7534.

[79] BALTENWECK-GUYOT R，TREN DE L J M，ALBRECHT P，et al. Mono- and diglycosides of（E）-6，9-dihydroxymegastigma-4，7-dien-3-one in *Vitis vinifera* wine[J]. Phytochemistry，1996，43（3）：621-624.

[80] BANSKOTA A H，TEZUKA Y，ADNYANA I K，et al. Hepatoprotective effect of combretum quadrangulare and its constituents[J]. Biological and pharmaceutical bulletin，2000，23（4）：456.

[81] BARNES S，SFAKIANOS J，COWARD L，et al. Soy isoflavonoids and cancer prevention underlying biochemical and pharmacological issues[J]. Advances in experimental medicine and biology，1996（301）：87-100.

[82] BARRERO A F，E. ALVAREZ-MANZANEDA，LARA A. Junicedranol，a sesquiterpene with a novel carbon skeleton from *Juniperus oxycedrus* ssp. *macrocarpa*[J]. Tetrahedron letters，1995，36（35）：6347-6350.

[83] BEPARY R H，WADIKAR D D，PATKI P E. Analysis of eight water soluble vitamins in ricebean (*Vigna umbellata*) varieties from NE India by reverse phase-HPLC[J]. Journal of food measurement and characterization,2019,13(2):1287-1298.

[84] BIRKINSHAW J H. Ultraviolet absorption spectra of some polyhydroxyanthraquinones[J]. Biochemical journal,1955,59(3):485-486.

[85] BLOOM H, BRIGGS L H, CLEVERLEY B. Physical properties of anthraquinone and its derivatives. Part I . Infrared spectra[J]. Journal of the chemical society(resumed), 1959:178-185.

[86] CHANG F R, WEI J L, TENG C M, et al. Antiplatelet aggregation constituents from *Annona purpurea*[J]. Journal of natural products,1998,61(12):1457-1461.

[87] CORNFORTH J W，MILBORROW B V，RYBACK G. Chemistry and physiology of "Dormins" in sycamore: action of the sycamore "Dormin" as a gibberellin antagonist[J]. Nature,1965,205(4978):1270-1272.

[88] DAGNE E,STEGLICH W. Knipholone: a unique anthraquinone derivative from *Kniphofia foliosa*[J]. Phytochemistry,1984,23(8):1729-1731.

[89] DAS B，RAO S P. Naturally occurring oxetane-type taxoids[J]. Indian journal of chemistry,1996,35(9):883-893.

[90] DEWICK P M. The biosynthesis of C_5-C_{25} terpenoid compounds[J]. Natural product reports,1997,14(2):111.

[91] DOMON B，HOSTETTMANN K. New Saponins from *Phytolacca dodecandra* L' Herit[J]. Helvetica chimica acta,1984,67(5):1310-1315.

[92] DORSAZ A C，HOSTETTMANN K. Further saponins from *Phytolacca dodecandra* L' Herit[J]. Helvetica chimica acta,1986,69(8):2038-2047.

[93] DYKE S F, OLLIS W D, SAINSBURY M, et al. The extractives of piscidia erythrina[J]. Tetrahedron,1964,20(5):1317-1338.

[94] FAINI F，CASTILLO M，TORRES R，et al. Malabaricane triterpene glucosides from *Adesmia aconcaguensis*[J]. Phytochemistry,1995,40(3):885-890.

[95] FARKAS L,M GÁBOR,F KÁLLAY. Flavonoids and bioflavonoids[M]. London:Elsevier Science Ltd.,1985.

[96] FRAGA B M. Natural sesquiterpenoids[J]. Natural product reports,1992,9(6):557.

[97] GAFFIELD W. Circular dichroism, optical rotatory dispersion and absolute configuration of flavanones, 3-hydroxyflavanones and their glycosides: determination of aglycone chirality in flavanone glycosides[J]. Tetrahedron,1970,26(17):4093-4108.

[98] GAMBLE W R，GLOER J B，SCOTT J A，et al. Polytolypin，a new antifungal triter-

penoid from the coprophilous fungus *Polytolypa hystricis*[J]. Journal of natural products, 1995,58(12):1983-1986.

[99]   GARG H S, AGRAWAL S. Callyapinol, a new diterpene from sponge callysponqia spinosissina[J]. Tetrahedron letters,1995,36(49):9035-9038.

[100]   GLISZCZYŃSKA-ŚWIGŁO A, RYBICKA I. Simultaneous determination of caffeine and water-soluble vitamins in energy drinks by HPLC with photodiode array and fluorescence detection[J]. Food analytical methods,2015,8(1):139-146.

[101]   GOURNELIS D C, LASKARIS G G, VERPOORTE R. Cyclopeptide alkaloids[J]. Natural product reports,1998,14(1):75-82.

[102]   GOVINDACHARI T R, PAI B R, SRINIVASAN M, et al. Chemical investigation of *Andrographis paniculata*[J]. Indian journal of chemistry,1969(7):306.

[103]   GROVE M D, SPENCER G F, ROHWEDDER W K, et al. Brassinolide, a plant growth-promoting steroid isolated from *Brassica napus* pollen[J]. Nature, 1979, 281 (5728):216-217.

[104]   GUINAUDEAU H. Aporphine alkaloids[J]. Journal of natural products, 1975(38): 275.

[105]   HAMANAKA N, MIYAKOSHI H, FURUSAKI A, et al. Leucothol B and C, further examples of anthraditerpenoids from *Leucothoe grayana* max.[J]. Chemistry letters, 1972,1(9):787-790.

[106]   HARBORNE J B, MABRY T J, MABRY H . Isolation techniques for flavonoids[J]. Flavonoids,1975,(1):1-44.

[107]   HIKINO H,KORIYAMA S,OHTA T, et al. Stereostructure of grayanotoxin XII and XIII, toxins of *Leucothoe grayana*[J]. Chemical and pharmaceutical bulletin, 1972, 20(2): 422-423.

[108]   HOSTETTMANN K. Saponins[M]. Cambridge:Cambridge University Press,1995.

[109]   HUANG S, LIN C, YAN M, et al. Rapid detection of COVID-19 by serological methods and the evaluation of diagnostic efficacy of IgM and IgG[J]. Clinical Laboratory, 2020,66(11):2327-2333.

[110]   IKEDA T, YAMAMOTO Y, TSUKIDA K, et al. Studies on ultraviolet spectra of hydroxyanthraquinones[J]. Yakugaku zasshi journal of the Pharmaceutical Society of Japan,1956,76(2):217-220.

[111]   INUBUSHI Y, TSUDA Y, SANO T. Studies on the constituents of domestic Lycopodium genus plants. I . On the constituents of *Lycopodium clavatum* L.[J]. Yakugaku zasshi journal of the Pharmaceutical Society of Japan,1962,82(11):1537-1541.

[112] ISHIMARU K, ISHIMATSU M, NONAKA G I, et al. Tannins and Related Compounds. LXXI. Isolation and characterization of mongolicins A and B, novel flavono-ellagitannins from *Quercus mongolica* var. *grosseserrata*[J]. Pharmaceutical bulletin, 1988,36(9):3312-3318.

[113] JIN K H. Development of an ion-pairing reagent and HPLC-UV method for the detection and quantification of six water-soluble vitamins in animal feed[J]. International journal of analytical chemistry,2016:1-6.

[114] JOHNSTON K M, STERN D J, WAISS JR A C. Separation of flavonoid compounds on Sephadex LH-20[J]. Journal of chromatography A,1968,33:539-541.

[115] KAWAGISHI H, SHIMADA A, HOSOKAWA S, et al. Erinacines E, F, and G, stimulators of nerve growth factor (NGF)-synthesis, from the mycelia of *Hericium erinaceum*[J]. Tetrahedron letters,1996,37(41):7399-7402.

[116] KAWASAKI T, KOMORI T, MIYAHARA K, et al. Furostanol bisglycosides corresponding to dioscin and gracillin[J]. Chemical and pharmaceutical bulletin, 1974, 22 (9):2164-2175.

[117] KHORLIN A Y, CHIRVA V Y, KOCHETKOV N K. Triterpenoid saponins communication 15. Clematoside C-A triterpenoid oligoside from the roots of the manchurian clematis (Clematis manshurica RUPR.)[J]. Bulletin of the academy of sciences of the USSR, division of chemical science,1965,14(5):790-795.

[118] KIM H K, SON K H, CHANG H W, et al. Inhibition of rat adjuvant-induced arthritis by ginkgetin, a biflavone from ginkgo biloba leaves[J]. Planta medica, 1999, 65(5): 465-467.

[119] KITANAKA S, TAKIDO M. Studies on the constituents of the seeds of *Cassia obtusifolia*: the structures of three new anthraquinones[J]. Chemical and pharmaceutical bulletin,1984,32(3):860-864.

[120] LANGER S, LODGE J K. Determination of selected water-soluble vitamins using hydrophilic chromatography: a comparison of photodiode array, fluorescence, and coulometric detection, and validation in a breakfast cereal matrix[J]. Journal of chromatography B,2014,960:73-81.

[121] LEBRETON P, MARKHAM K R, SWIFT W T, et al. Flavonoids of *Baptisia australis* (Leguminosae)[J]. Phytochemistry,1967,6(12):1675-1680.

[122] LI C M, TAN N H, ZHENG H L, et al. Cyclopeptide from the seeds of *Annona muricata*[J]. Phytochemistry,1998,48(3):555-556.

[123] LI L, HUANG M, SHAO J, et al. Rapid determination of alkaloids in *Macleaya cordata*

using ionic liquid extraction followed by multiple reaction monitoring UPLC-MS/MS analysis[J]. Journal of pharmaceutical and biomedical analysis, 2017(135): 61-66.

[124] LU H, ZOU W X, MENG J C, et al. New bioactive metabolites produced by *Colletotrichum* sp., an endophytic fungus in *Artemisia annua*[J]. Plant science, 2000, 151 (1): 67-73.

[125] MABRY T J, MARKHAM K R, THOMAS M B. The ultraviolet spectra of chalcones and aurones[J]. The systematic identification of flavonoids, 1970(6): 165-226.

[126] MARKHAM K R, CHARI V M, MABRY T J. The flavonoids: advances in research[M]. London: Chapman and Hall, 1982.

[127] MARKHAM K R, MABRY T J. The structure and stereochemistry of two new dihydroflavonol glycosides[J]. Tetrahedron, 1968, 24(2): 823-827.

[128] MASAYUKI, AGETA G I, NONAKA I, et al. Tannins and related compounds. LXVII. Isolation and characterization of castanopsinins A-H, novel ellagitannins containing a triterpenoid glycoside core, from *Castanopsis cuspidata* var. *sieboldii* NAKAI[J]. Chemical and pharmaceutical bulletin, 1988, 36(5): 1646-1663.

[129] MASIÁ A, IBÁÑEZ M, BLASCO C, et al. Combined use of liquid chromatography triple quadrupole mass spectrometry and liquid chromatography quadrupole time-of-flight mass spectrometry in systematic screening of pesticides and other contaminants in water samples[J]. Analytica chimica acta, 2013, 761: 117-127.

[130] MASSIOT G, LAVAUD C, GUILLAUME D, et al. Identification and sequencing of sugars in saponins using 2D ^{1}H NMR spectroscopy[J]. Journal of the chemical society, chemical communications, 1986(19): 1485-1487.

[131] MILLER S L, TINTO W F, MCLEAN S, et al. Quassiols B-D, new squalene triterpenes from *Quassia multiflora*[J]. Tetrahedron, 1995, 51(44): 11959-11966.

[132] MIZELLE J W, DUNLAP W J, HAGEN R E, et al. Isolation and identification of some flavanone rutinosides of the grapefruit[J]. Analytical biochemistry, 1965, 12(2): 316-324.

[133] MIZUNO M, REN-XIANG T, PEI Z, et al. Two steroidal alkaloid glycosides from *Veratrum taliense*[J]. Phytochemistry, 1990, 29(1): 359-361.

[134] MOREL A F, MACHADO E C, WESSJOHANN L A. Cyclopeptide alkaloids of *Discaria febrifuga* (Rhamnaceae)[J]. Phytochemistry, 1995, 39(2): 431-434.

[135] MORRIS S A, CUROTTO J E, ZINK D L, et al. Sonomolides A and B, new broad spectrum antifungal agents isolated from a coprophilous fungus[J]. Tetrahedron letters, 1995, 36(50): 9101-9104.

[136] NAKANISHI T, INATOMI Y, NISHI M, et al. Two New Hopane-Triterpene Glyco-sides from a Fern, *Diplazium subsinuatum*（Wall. ex Hook. *et* Grev.）Tagawa[J]. Chemical and pharmaceutical bulletin, 1995, 43（12）: 2256-2260.

[137] NISHIOKA, ITSUO. Chemistry and biological activities of tannins[J]. Yakugaku zasshi journal of the Pharmaceutical Society of Japan, 1983, 103（2）: 125-42.

[138] NISHIZAWA M, YAMAGISHI T, NONAKA G I, et al. Tannins and related com-pounds. Part 5. Isolation and characterization of polygalloylglucoses from Chinese gal-lotannin[J]. Journal of the chemical society（Perkin Transactions 1）, 1982: 2963.

[139] NONAKA G I, HSU F L, NISHIOKA I. Structures of dimeric, trimeric, and tetrameric procyanidins from *Areca catechu* L.[J]. Journal of the chemical society, chemical com-munications, 1981: 781-783.

[140] OHKUMA K, ADDICOTT F T, SMITH O E, et al. The structure of abscisin Ⅱ[J]. Tet-rahedron letters, 1965, 6（29）: 2529-2535.

[141] OHTANI I, KUSUMI T, KASHMAN Y, et al. High-field FT NMR application of Mosher's method. The absolute configurations of marine terpenoids[J]. Journal of the American Chemical Society, 1991, 113（11）: 4092-4096.

[142] OKUDA T, YOSHIDA T, HATANO T. New methods of analyzing tannins[J]. Journal of natural products, 1989, 52（1）: 1-31.

[143] OTSUKA H, YAO M, KAMADA K, et al. Alangionosides G-M: glycosides of mega-stigmane derivatives from the leaves of *Alangium premnifolium*[J]. Chemical and phar-maceutical bulletin, 1995, 43（5）: 754.

[144] REN H, CHEN Y, WANG H, et al. Simultaneous determination of caffeine, taurine and five water-soluble vitamins in tobacco products by HPLC-MS/MS[J]. Chromatograph-ia, 2019, 82（11）: 1665-1675.

[145] TANAKA T. Tannins and related compounds. Part 28. Revision of the structures of san-guiins H-6, H-2 and H-3, and isolation and characterization of sanguiin H-11, a novel tetrameric hydrolysable tannin, and seven related tannins, from *Sanguisorba officinal-is*[J]. Journal of chemical research, 1985（6）: 176-177.

[146] TANAKA T, NONAKA G I, NISHIOKA I. 7-*O*-Galloyl-（+）-catechin and 3-*O*-galloyl-procyanidin B-3 from *Sanguisorba officinalis*[J]. Phytochemistry, 1983, 22（11）: 2575-2578.

[147] TRINGALI C, PIATTELLI M, SPATAFORA C. Sesquiterpenes and geranylgeranyl-glycerol from the brown algae *Taonia lacheana* and *Taonia atomaria* f. *ciliata*: their chemotaxonomic significance[J]. Phytochemistry, 1995, 40（3）: 827-831.

[148] PELLETIER S W. Chemistry of the alkaloids[M]. Munich：Van Nostrand Reinhold Company，1970.

[149] PELTER A，WARD R S，GRAY T I. The carbon-13 nuclear magnetic resonance spectra of flavonoids and related compounds[J]. Journal of the chemical society，1976（23）：2475-2483.

[150] PETERS R H，SUMNER H H. Spectra of anthraquinone derivatives[J]. Journal of the chemical society（resumed），1953：2101-2110.

[151] PRAUD A，VALLS R，PIOVETTI L，et al. Meroditerpenes from the brown alga *Cystoseira crinite* off the french mediterranean coast[J]. Phytochemistry，1995（40）：495-500.

[152] RITCHIE E，TAYLOR W C. The constituents of *Harungana madagascariensis* Poir[J]. Tetrahedron letters，1964，5（23）：1431-1436.

[153] SAINTILA J，LÓPEZ T E L，MAMANI P，et al. Health-related quality of life，blood pressure，and biochemical and anthropometric profile in vegetarians and nonvegetarians[J]. Journal of nutrition and metabolism，2020（2）：1-8.

[154] SHAKIROV R，YUNUSOV S Y. Alkaloids of *Veratrum*，*Petilium*，and *Korolkowia*[J]. Chemistry of natural compounds，1980，16（1）：1-16.

[155] SHU Y Z. Recent natural products based drug development：a pharmaceutical industry perspective[J]. Journal of natural products，1998，61（8）：1053-1071.

[156] SU S C Y，FERGUSON N M. Extraction and separation of anthraquinone glycosides[J]. Journal of pharmaceutical sciences，1973，62（6）：899-901.

[157] TAKEDA Y，ZHANG H，MASUDA T，et al. Megastigmane glucoside from *Stachys byzanbtina*[J].Phytochemistry，1997，44（7）：1335-1337.

[158] TATEE T，NARITA A，NARITA K，et al. Forskolin derivatives. Ⅰ. Synthesis，and cardiovascular and adenylate cyclase-stimulating activities of water-soluble forskolins[J]. Chemical and pharmaceutical bulletin，1996，44（12）：2274.

[159] TOBE H，KOMIYAMA O，KOMIYAMA Y，et al. Daidzein stimulation of bone resorption in pit formation assay[J]. Bioscience，biotechnology，and biochemistry，1997，61（2）：370-371.

[160] TOYOTA M，KOYAMA H，HASHIMOTO T，et al. Sesquiterpenoids from the liverwort *Dicranolejeunea yoshinaga*（Hatt.）Mizut[J]. Chemical and pharmaceutical bulletin，1995，43（4）：714-716.

[161] VALLS R，PIOVETTI L，BANAIGS B，et al.（S）-13-hydroxygeranylgeraniol-derived furanoditerpenes from *Bifurcaria bifurcata*[J]. Phytochemistry，1995，39（1）：145-149.

[162] VIDARI G，VITA-FINZI P，ZANOCCHI A M，et al. A bioactive tetraprenylphenol from *Lactarius lignyotus*[J]. Journal of natural products，1995，58（6）：893-896.

[163] WANG L Q，CHEN S N，QIN G W，et al. Grayanane diterpenoids from *Pieres formasa*[J]. Journal of natural products，1998，61：1473-1475.

[164] WILSON R G，BOWIE J H，WILLIAMS D H. Solvent effects in NMR spectroscopy：solvent shifts of methoxyl resonances in flavones induced by benzene；an aid to structure elucidation[J]. Tetrahedron，1968，24（3）：1407-1414.

[165] WU Y C，HUNG Y C，CHANG F R，et al. Identification of ent-16 beta，17-dihydroxykauran-19-oic acid as an anti-HIV principle and isolation of the new diterpenoids annosquamosins A and B from *Annona squamosa*[J]. Journal of natural products，1996，59（6）：635-637.

[166] YAMAMURA S，HIRATA Y. The daphniphyllum alkloids[M]//MANSKE R H F. The alkaloids：chemistry and physiology. New York：Academia Press，1975.

[167] ZHANG H J，TAKEDA Y，MATSUMOTO T，et al. Taxol related diterpenes from the roots of *Taxus yunnanensis*[J]. Heterocycles，1994，38（5）：975-980.

[168] ZHAO Y，YUE J，LIN Z，et al. Eudesmane sesquiterpenes from *Laggera pterodonta*[J]. Phytochemistry，1997，44（3）：459-464.

[169] ZHAO Y，YUE J M，HE Y N，et al. Eleven new eudesmane derivatives from *Laggara pterodona*[J]. Journal of natural products，1997，60（6）：545-549.

[170] ZHOU C X，TANAKA J，CHENG C H K，et al. Steroidal alkaloids and stilbenoids from *Veratrum taliense*[J]. Planta medica，1999，65（5）：480-482.

[171] ZHOU Z，JIANG S H，ZHU D Y，et al. Anthraquinones from *Knoxia valerianoides*[J]. Phytochemistry，1994，36（3）：765-768.

第三章 热带浆果中活性成分的提取、纯化与分析

浆果是单心皮或多心皮合生雌蕊,上位或下位子房发育形成的果实,外果皮薄,中果皮和内果皮肉质多汁,内有一至多粒种子。浆果果实柔软多汁,适于鲜食和加工(果酒、饮料、果酱、药品等),具有丰富的营养价值和良好的保健功能。浆果的果皮、果肉及籽粒中亦含有丰富的营养素和活性物质,这赋予其多种生物活性功能。

浆果是由子房发育而成的,含水量高,组织软嫩,果肉呈浆状,营养价值和经济价值极高,风味独特,是色、香、味俱佳的营养果品。浆果中含有丰富的糖、蛋白质、有机酸、维生素、矿物质等营养物质,而且还含有活性多糖、多酚、黄酮等生理活性物质,对预防、治疗疾病,促进机体健康有着重要的作用。常见的热带浆果有香蕉、莲雾、番石榴等。

本章介绍热带浆果香蕉、莲雾、番石榴、番木瓜、西番莲、椰枣、火龙果、猕猴桃、杨桃、神秘果、巴西莓、草莓、桃金娘等十三个品种,对植物性状、产地与品种、营养与活性成分,以及各热带浆果中活性成分的提取、纯化与分析方法进行介绍,旨在为热带浆果的进一步开发利用提供参考。

第一节 香蕉

一、香蕉的概述

香蕉(*Musa nana* Lour.),芭蕉科芭蕉属植物,又指其果实。热带地区广泛栽培和食用香蕉。香蕉味香,富含营养,终年可收获,在温带地区也很受重视。植株为大型草本,从根状茎发出,由叶鞘下部形成高 3~6 m 的假杆;叶为长圆形至椭圆形,有的长达 3~3.5 m,宽 65 cm,10~20 枚簇生茎顶。穗状花序下垂,由假杆顶端抽出,花多数,为淡黄色;果序弯垂,结果 10~20 串, 50~150 个。植株结果后枯死,由根状茎长出的吸根继续繁殖,每根株可活多年。香蕉最大的果丛有果 360 个之多,重可达 32 kg,一般的果丛有果 8~10 段,有果 150~200 个。果身弯曲,略为浅弓形,幼果向上,直立,成熟后逐渐趋于平伸,长 12~30 cm,直径为 3.4~3.8 cm,果棱明显,有 4~5 棱,先端渐狭,非显著缩小,果柄短,果皮为青绿色,在高温下催熟,果皮绿中带黄,在低温下催熟,果皮则由青色变为黄色,并且生麻黑点(即"梅花点"),果肉松软,为黄白色,味甜,无种子,香味特浓。

香蕉喜湿热气候,在土层深、土质疏松、排水良好的地里生长旺盛。在类似牙买加南

部的半干旱地区灌溉栽培也已成功。野生香蕉采用种子栽培,人工香蕉可用吸根和假鳞茎分株栽培。第一次收获需 10~15 个月,之后几乎连续采收。香蕉根群细嫩,对土壤的要求较严,通气不良、结构差的黏重土或排水不良,都极不利于根系的发育,以黏土含量低于 40%、地下水位在 1 m 以下的砂壤土,尤以冲积壤土或腐殖质壤土为宜。实践证明,如果土壤物理性状不好,即使肥水供应十分充足,也难以促进香蕉正常生长。土壤 pH 值为 4.5~7.5 都适宜,pH 值为 6.0 以上最好,pH 值为 5.5 以下的土壤中镰刀菌繁殖迅速使香蕉患凋萎病易于被侵害。香蕉对盐性环境虽不甚敏感,但土壤中所含的可交换性钠离子超过 300 mg/L 的条件不适宜香蕉生长。降雨量以月均 100 mm 最为适宜,低于 50 mm 即属干燥季节,香蕉会因缺水而抽蕾期延长、果指短、单产低。如果蕉园积水或被淹,轻者叶片发黄,易诱发叶斑病,产量大降,重者根群窒息腐烂以致植株死亡。大多分布区年平均气温为 21 ℃ 以上,少数为 20 ℃ 左右,香蕉要求高温多湿,生长温度为 20~35 ℃,最适宜温度为 24~32 ℃,最低温度不宜低于 15.5 ℃。香蕉怕低温、忌霜雪,耐寒性比大蕉、粉蕉弱。生长受抑制的临界温度为 10 ℃,气温降至 5 ℃ 时叶片受冷害变黄,1~2 ℃ 时叶片枯死。果实于 12 ℃ 时即受冷害,催熟后果皮色泽呈灰黄色,影响商品价值。

二、香蕉的产地与品种

(一)香蕉的产地

中国是世界上栽培香蕉的古老国家之一,世界上主栽的香蕉品种大多由中国传出。香蕉分布在东、西、南半球南北纬 30° 以内的热带、亚热带地区。世界上栽培香蕉的国家有 130 个,以中美洲产量最多,其次是亚洲。中国的香蕉栽培地主要有广东、广西、福建、台湾、云南和海南,贵州、四川、重庆也有少量栽培。广西以灵山、浦北、玉林、南宁、钦州为主产区;广东以湛江、茂名、中山、东莞、广州、潮州为主产区;台湾以高雄、屏东为主产区,其次是台中和台东等地;福建主要集中在漳浦、平和、南靖、长泰、诏安、华安、云霄、龙海、厦门、南安、莆田、漳州(天宝)和仙游等县(市、区);海南的香蕉主要分布在儋州、澄迈、三亚、东方等地,其中产量最多的是东方。世界香蕉主要生产基地有中美洲和西印度群岛的哥斯达黎加、洪都拉斯、危地马拉、墨西哥、巴拿马、多米尼加共和国、瓜德罗普、牙买加和马提尼克,南美的巴西、哥伦比亚和厄瓜多尔,非洲的加那利群岛、埃塞俄比亚、喀麦隆、几内亚和尼日利亚,亚洲的印度、泰国、菲律宾。

(二)香蕉的品种

1.威廉斯

威廉斯香蕉属中干型香牙蕉,从澳大利亚引入我国。植株假茎高 250~280 cm、周长 47~58 cm;叶片较长,达 175~193 cm,叶片稍直立生长;果穗长 65~80 cm,梳形较好,果指排列紧密,果指直,梳数也较多,为 8~10 梳;果数稍少,果指较长,果指为 19~23 cm,品质中等。该品种果形商品性状好,但抗风力较差,也较易感叶斑病。在中国各产区性状表现不一,反映也不同。

2.大种高把

大种高把香蕉属高干型香牙蕉,又称青身高把、高把香牙蕉,福建称高种天宝蕉,为广东省东莞市的优良品种。植株高大健壮,假茎高 260~360 cm,假茎茎部周长为 85~95 cm;叶片大而长,叶鞘距较疏,叶背主脉披白粉;果穗长 75~85 cm,果梳数为 9~11 梳,果指长 19.5~20 cm;果肉柔滑、味甜而香,可溶性固形物含量为 20%~30%。在一般情况下单株正造产量为 20~25 kg,最高可达 60 kg。该品种产量高、品质好、耐旱和耐寒能力都较强。受寒害后恢复生长快,但易受风害。

3.高脚顿地雷

高脚顿地雷香蕉属高干型香牙蕉,为广东省高州市优良品种之一。植株高大,假茎高 300~400 cm,周长为 70~80 cm,假茎下粗上细明显;叶片窄长,叶柄细长,叶色为淡黄绿色,叶鞘距疏;果穗中等长大,果梳及果指数均较少但单果长且重;果指长 20~24 cm,单果重 150 g 以上,可溶性固形物含量为 20%~22%,品质中等。在一般栽培条件下单株产量达 25~30 kg,高产者可达 70 kg。该品种果形长大,产量高,品质也较好,但对肥、水、温度的要求较高,在珠江三角洲地区经济性状表现不甚理想,抗风能力极差,受霜冻后恢复能力差,也易感染香蕉束顶病。

4.矮脚顿地雷

矮脚顿地雷香蕉属中干型香牙蕉,为广东省高州市等地的主栽良种之一。植株假茎高 250~280 cm,生势粗壮,叶片长大,叶柄较短;果穗较长、梳距密。小果多而大,果指长 18~22 cm,可溶性固形物含量为 20%~22%,品质和风味优于高脚顿地雷和齐尾香蕉,品质中上。一般单株产量为 20~28 kg,个别可达 50 kg。该品种产量稳定,适应性强,抗风力中等,耐寒能力较强,遭霜冻后恢复较快。

5.广东香蕉1号

广东香蕉 1 号原名 74-1,属矮至中干型香牙蕉,由广东省农业科学院果树研究所于 1974 年从高州市的高州矮香蕉中芽变选育而成。植株假茎高 200~240 cm,假茎粗壮,上下较均匀;叶长 200 cm,叶柄长 36 cm,叶片较短阔;果穗中等长大,穗长 68~76.3 cm,果梳数较多,为 10~11 梳,果数较多,为 190~208 个,果指长 17~22 cm,单果重 100~130 g,总糖含量为 19.4%。一般单株产量为 18~27 kg,抗风、抗寒、抗叶斑病较强,耐贮性中等。该品种丰产、稳产、抗逆能力强,受寒后恢复生长快,是十分适合在华南地区特别是沿海多台风地区栽培的新品种,但在栽培上对土壤、肥水条件要求较高,要注意疏松土壤、适当排灌。

6. 广东香蕉 2 号

广东香蕉 2 号原名 63-1，属中干型香牙蕉，由广东省农业科学院果树研究所从引入的越南香蕉中芽变选育而成。植株假茎高 200~265 cm，叶片长 203~213 cm，叶柄长 38 cm，叶片稍短阔，果穗较长大，为 70~85 cm，果穗梳数及果指数较多，分别为 10~11 梳、165~210 个，果指稍细长，为 18~23 cm，单果重 125~145 g，全糖含量为 19.8%，品质中上。一般单株产量为 22~32 kg，抗风力较强近似矮干香蕉，抗寒、抗病能力中等，耐贮性中等，受冻后恢复生长较快。该品种丰产，果型好，品质较好，适应性强，适宜在各地种植，但对水分、土壤要求较高。

7. 美蕉

美蕉属龙牙蕉类型，又名龙牙蕉或过山香蕉，为福建省的主栽品种。植株假茎高 340~400 cm，呈黄绿色，具少数褐色斑点；叶窄长，叶柄沟深；果形纹短而略弯；果指长 13.0~16.5 cm，饱满，两端钝尖，果皮甚薄，成熟后皮色鲜黄美观、无斑点；果肉呈乳白色，果肉组织结实，肉质柔滑而香甜，可溶性固形物含量为 23%~26%。单株产量一般为 15~20 kg，耐寒。该品种产量一般，但品质好，适应性强，抗风能力弱，易感巴拿马枯萎病。

8. 西贡蕉

西贡蕉属粉蕉类型，又名粉沙蕉、米蕉、糯米蕉、蛋蕉，约在 1932 年从越南引入我国，为广西南宁、龙州一带的主栽品种，各产区均有引种。植株假茎高 400~500 cm，叶柄极长达 70 cm，叶色淡而有红色斑纹；叶片背面密披蜡粉；果梳数多达 14~18 梳，果指数多，果形似龙牙蕉但较大，两端渐尖，饱满，果指长 11~13.5 cm，果皮薄，皮色为灰绿色，成熟时为淡黄色且易变黑；果肉呈乳白色，肉质嫩滑，味甚甜，可溶性固形物含量为 24%，最高达 28%，香气稍淡。一般情况下单株产量为 15~20 kg，抗风、耐寒、耐旱，适应性强。该品种产量中等，品质优，抗逆性强，但皮薄易裂，不耐贮运，又易感染巴拿马枯萎病。

9. 天宝蕉

天宝蕉属矮干型香牙蕉，又称矮脚蕉、本地蕉、度蕉，原产于福建天宝地区，现为福建闽南地区主要栽培品种之一。假茎高 160~180 cm，叶片为长椭圆形，叶片基部为卵圆形，先端钝平，叶柄粗短；果肉呈浅黄白色，肉质柔滑，味甜，香味浓郁，品质甚佳。单株产量一般为 10~15 kg，抗风能力强。该品种品质好，适宜密植，适应在沿海地区栽种，为北运和外销最佳品种之一，但耐寒能力较差，抗病能力弱，品种存在退化现象，在栽培中应予以注意。

10. 高州矮香蕉

高州矮香蕉属矮干型香牙蕉，是高州市地方品种之一。植株假茎矮而粗壮，假茎高 150~170 cm；叶宽大、叶柄短、叶鞘距密；果槽短，果梳距密，果指数多，果型稍小，果指长 16~20 cm，果实品质较优良。一般栽培情况下，单株产量为 13~18 kg，最高可达 28 kg；抗风能力强，抗寒能力也强，受寒害后恢复较快，也较耐瘦瘠土壤，适于矮化密植栽培，但产量低,果形小,抗束顶病能力弱。

11.广西矮香蕉

广西矮香蕉属矮干香牙蕉,又名浦北矮、白石水香蕉、谷平蕉等,为广西主栽香蕉品种。假茎高 150~175 cm,周长为 46~55 cm,叶长 140~161 cm,叶宽 65~78 cm,叶幅为 275~310 cm;果穗长 50~56 cm,果梳为 9~12 梳,果指数为 135~183 个,果指长 16.2~19.2 cm;品质上乘。单株产量一般为 11~20 kg,抗风和抗病能力强,但果指较小。

12.河口高把香蕉

河口高把香蕉属高干型香牙蕉,为云南河口县主要栽培品种。植株高大、假茎高 260~300 cm,梳形整齐、果指数较多,通常每果穗有果 10 梳,果指 200 多个,果指长 15~21 cm;果实品质柔滑香甜。在一般栽培条件下,单株产量为 20~40 kg,个别高产单株达 50 kg。该品种产量高,品质好,十分适宜在高温多湿及肥水充足的地区栽种。

三、香蕉的主要营养与活性成分

香蕉属高热量水果,据分析可食部分每 100 g 所含能量达 389 kJ。在一些热带地区香蕉还作为主要粮食。香蕉可食部分每 100 g 营养物质含量见表 3.1。香蕉果肉富含碳水化合物、蛋白质、脂肪。此外,还含磷、钙、钾、镁等多种微量元素和维生素。钾可防止血压上升和肌肉痉挛;镁有消除疲劳的效果;维生素 A 能促进生长,增强人体对疾病的抵抗力,是维持正常的生殖能力和视力的必需维生素;维生素 B_1 能抗脚气病,促进食欲、助消化,保护神经系统;维生素 B_2 能促进人体正常生长和发育。香蕉还含有果胶、多种酶类物质等。

青香蕉含有天然抗性淀粉,其抗性淀粉含量受品种影响,湿重平均占 15% 以上。由于具有致密的颗粒结构和晶体结构,其不能被人体小肠消化吸收,具有这种抗酶解特性的抗性淀粉被认为是第二类型的抗性淀粉(resistant starch granules, RS_2)。青香蕉被认为是常见食物中抗性淀粉含量最高的一类原料之一,具有抗性淀粉所特有的生理功能和加工特性。抗性淀粉(resistant starch, RS),指在人体小肠无法消化吸收的淀粉(消化时间 >120 min),在生理学上被定义为"在健康人体小肠内不被消化和吸收的淀粉及其降解产物"。抗性淀粉具有类似膳食纤维的生理功能,能够减少饭后血糖和胰岛素的响应,降低血浆胆固醇和甘油三酯的浓度。抗性淀粉在结肠中发酵产生短链脂肪酸,从而降低肠道的 pH 值,预防结肠癌。香蕉淀粉中以直链淀粉为主,而支链淀粉含量较少。Goñi 等对不同食物材料中抗性淀粉的含量进行比较分类,发现未成熟的香蕉属于高抗性淀粉类,抗性淀粉含量超过干重的 15% 以上,抗性淀粉的含量远远高于水稻和小麦。香蕉中的淀粉主要以天然淀粉粒为主,而青大蕉的抗性淀粉更可达到 60% 以上(抗性淀粉/总淀粉),由此可见,香蕉是优质的抗性淀粉来源。香蕉抗性淀粉具有通便功能,不同剂量的香蕉抗性淀粉可以不同程度地缩短给予复方地芬诺酯小鼠的排便时间,增加小鼠排出的粪便粒数和重量,并且能够不同程度地提高便秘小鼠的墨汁推进率。香蕉抗性淀粉可显著增加便秘小鼠血浆及肠组织中的 SP（广泛分布于细神经纤维内的一种神经肽）含量，且呈现一定的量效关系，表明其通便作用机制可能与 SP 的含量有关。不同剂量的香蕉抗性淀粉在维持便秘动物正常饮食和抑制肠球菌、大肠杆菌等有害菌生长繁殖方面具有一定的作用，对小鼠的正常生长以及肠道有益微生物的繁殖影响较小。

表 3.1 香蕉中的营养物质

食品中文名	香蕉[甘蕉]	食品英文名	Banana
食品分类	水果类及制品	可食部	59.0%
来源	食物成分表 2009	产地	中国
营养物质含量（100 g 可食部食品中的含量）			
能量/kJ	389	蛋白质/g	1.4
脂肪/g	0.2	胆固醇/mg	—
碳水化合物/g	22.0	不溶性膳食纤维/g	1.2
钠/mg	1	维生素 A（视黄醇当量）/μg	10
维生素 B_2（核黄素）/mg	0.04	维生素 E（α-生育酚当量）/mg	0.24
维生素 B_1（硫胺素）/mg	0.02	维生素 C（抗坏血酸）/mg	8
烟酸（烟酰胺）/mg	0.70	磷/mg	28
钾/mg	256	镁/mg	43
钙/mg	7	铁/mg	0.4
锌/mg	0.18	铜/mg	0.14
硒/μg	0.9	锰/mg	0.65

四、香蕉中活性成分的提取、纯化与分析

（一）香蕉中酚类成分的提取与纯化

尚月等采用溶剂法对干粉状、新鲜状和冻结状三种状态香蕉皮中多酚的浸提进行试验，分别研究了乙醇浓度、提取温度、料液比、提取时间、提取次数对多酚提取量的影响，采用甲醇、乙醇、丙酮、乙酸乙酯、去离子水提取香蕉皮中的多酚，结果显示，乙醇和去离子水对多酚的提取率较高。为了提高多酚的提取率，试验研究了不同浓度的乙醇提取多酚的效果，结果显示水提法比醇提法的多酚提取率低约 50%。乙醇浓度对三种状态香蕉皮多酚提取量的影响表现为，冻结状和新鲜状香蕉皮多酚提取的最大提取量均出现在 40%（体积浓度，后同）的乙醇浓度处，冻结状和新鲜状香蕉皮的多酚提取量依次为 28.71 mg/g 和 27.70 mg/g。这一结果与郭丽萍等得出的 80% 的乙醇浓度的提取条件相比，有明显的减少乙醇用量的优势。干粉状香蕉皮多酚物质最大提取量出现在 50% 的乙醇浓度处，相应的多酚提取量为 26.54 mg/g。比较三种状态的最大提取量可以发现，冻结

状香蕉皮多酚提取量分别较干粉状和新鲜状的提高了 8.2% 和 3.6%。新鲜状比干粉状香蕉皮的多酚提取量提高约 4.4%。在三种不同的状态下,香蕉皮多酚提取量受到的影响具有类似规律。搅拌状态下干粉状香蕉皮在前 30 min 的多酚浸出速度较快,此后浸出量增加缓慢。与干粉状香蕉皮类似,冻结状和新鲜状香蕉皮多酚提取量随时间也有一个由快到慢的变化行为,但后两者的平缓期出现在 40 min 以后。冻结、新鲜和干粉三种状态的香蕉皮在 60 min 时的多酚提取量分别为 32.79 mg/g、31.67 mg/g 和 30.60 mg/g。60 min 时冻结状香蕉皮比干粉状和新鲜状香蕉皮的多酚提取量分别提高约 7.1% 和 3.6%。新鲜状比干粉状约提高 3.5%。

值得一提的是,从本试验结果可看出, 60 min 时,大部分多酚物质已经浸出,而其他研究中的新鲜状香蕉皮多酚物质提取所用的时间为 3 h。提取次数对香蕉皮中多酚的提取有一定的影响,但影响甚微。三种状态香蕉皮第三次提取得到的多酚含量均很低。冻结状、新鲜状、干粉状的三种香蕉皮三次提取的多酚总和分别为 37.54 mg/g、37.64 mg/g 和 34.80 mg/g。以每次多酚提取量占总量的百分比为指标研究提取次数对多酚提取量的影响,结果显示,三种状态的香蕉皮在第一次提取过程中均能达到 80% 以上的提取量,考虑到提取溶剂、时间、设备等各方面因素,认为一次提取较适宜。第二次提取时,冻结状香蕉皮提取得到的多酚量百分比为 85%,比新鲜状和干粉状的提取量百分比(分别为 81% 和 83%)高。而在第二次提取时,冻结状香蕉皮提取所得的多酚量百分比为 11%,较新鲜状和干粉状的提取量百分比(分别为 13% 和 15%)低。因此,冻结状香蕉皮较后两者而言,采用一次提取法更为有利。温度对三种状态香蕉皮的多酚提取量有不同程度的影响,但进入 40~60 ℃ 范围后,温度影响均不明显。三种香蕉皮的多酚提取量大小顺序仍然是冻结、新鲜、干粉。从浸提原理来说,温度升高应有利于多酚物质浸出,但温度升高同时会加重多酚氧化,可以认为这就是温度对多酚提取量影响不大的原因之一。另外,温度较高时香蕉皮中的果胶、色素等其他物质也会更多地析出,不利于后期的多酚纯化,因此三种状态的香蕉皮都可选择 60 ℃ 作为多酚物质浸提的温度条件。纵观以上三种状态香蕉皮多酚提取的单因素试验,可以看出干粉状香蕉皮的多酚提取量均最少,其可能原因是干燥和制粉会使多酚物质在一定程度上损失。另外,香蕉皮干燥耗能较大,会增加多酚利用的生产成本,因此,用香蕉皮提取多酚,以新鲜状或冻结状为好。新鲜状和冻结状香蕉皮的多酚提取的正交试验结果表明,乙醇浓度对两种状态香蕉皮多酚提取量的影响都最为显著,其他三个因素对多酚提取量影响不太显著,各因素对多酚提取量影响程度由高到低依次为乙醇浓度、提取温度、料液比和时间。新鲜状香蕉皮和冻结状香蕉皮较适合的多酚提取条件为:提取时间为 60 min、提取温度为 50 ℃、料液比为 1 : 5、乙醇浓度为 40%。陈晨等分别以不同浓度的甲醇、乙醇、丙酮对香蕉皮中的总多酚进行提取。结果表明,不同溶剂的提取率均随着溶剂浓度的升高呈先增后降趋势,且均在 60%~80% 时达到最大。有机溶剂对总多酚的提取率高于水对总多酚的提取率。这是由于香蕉皮中的多酚通常与蛋白质、多糖以氢键和疏水键形式形成稳定化合物,而有机溶剂具有使氢键断裂的作用,因此有机溶剂的复合体系有利于多酚的提取,且在浓度为 60%~80% 时达到最高值。三种溶剂对多酚提取效果的大小顺序为丙酮、乙醇、甲醇。考虑到乙醇价格低廉、毒性低,且与丙酮的提取效果相差较小,最终确定以浓度为 70% 的乙醇为最佳提取溶剂,初步确定乙醇溶液作为后续试验中香蕉多酚的提取溶剂,正交试验确定乙醇浓度范围为 60%~80%。在超声条件下分别在不同温度条件下对香蕉皮中的总多酚进行提取。试验表明,提取率均随温度的升高而升高,在达到一定温度后又呈下降的趋势,提取率在 50~70 ℃ 达到最大。

试验选择了五种大孔径树脂,型号分别为 SB-8、NKA-9、AB-8、D-101 和 X-5。对五种树脂对香蕉皮的多酚类粗提取液进行静态吸附试验,当达到吸附平衡时测定不同树脂对香蕉皮多酚的吸附量和吸附率,然后将充分吸附好的树脂用 95% 的乙醇溶液进行解吸,测定各树脂的多酚解吸率。从具体测定结果可以看出五种树脂中 SB-8 和 AB-8 树脂对香蕉皮多酚的吸附量和吸附率都比较高。但对于解吸率而言,SB-8 树脂对香蕉皮多酚的解吸率最低,这可能是由于树脂极性太大对多酚吸附作用力太强,导致多酚很难从树脂上洗脱下来。AB-8 树脂的吸附量和解吸率都比较大。因此,综合考虑树脂的吸附量和解吸率,选择 AB-8 型大孔径吸附树脂用于香蕉皮多酚成分的纯化。

（二）香蕉中酚类成分的分析

1.液相色谱法

1)仪器、材料与试剂

仪器:Waters Alliance e2695 型高效液相色谱仪(配有 2489 紫外检测器)(美国 Waters 公司);Milli-Q Advantage A10 超纯水系统(德国默克密理博公司);Centrifuge CR22 N 冷冻离心机(日本 HITACHI 公司);UMV-2 多管涡旋混合器(北京优晟联合科技有限公司);T18 高速均质机(德国 IKA 集团);超声波清洗仪;万分之一天平(日本 SHIMAZU 公司)。

材料:香蕉品种为巴西蕉、宝岛蕉和南天黄,由海南各香蕉基地提供。成熟的香蕉果肉通过搅拌机处理后,于 −20 ℃ 冷冻保藏。

试剂:5-羟色胺、色氨酸、褪黑素标准品(美国 sigma 公司);甲醇(色谱纯)(美国 Fisher 公司);无水乙酸钠(分析纯)(广州化学试剂厂);HLB 填料、WCX 填料、多壁碳纳米材料(MWCNTs)。

2)试验方法

（1）样品的制备

准确称取 5 g 香蕉均质,加入 30 mL 甲醇,以 2 500 r/min 的转速涡旋提取 5 min,使目标物质充分浸出,以 10 000 r/min 离心 3 min,上清液转入 50 mL 棕色容量瓶中,残渣再用 15 mL 甲醇按上述步骤重复提取一次，合并两次的提取液，用甲醇定容至 50 mL 备用。吸取 2 mL 提取液，加入 0.02 g 多壁碳纳米材料（MWCNTs），漩涡使提取液得到充分净化，以 10 000 r/min 离心 3 min，提取液经 0.22 μm 微孔滤膜过滤到进样瓶中，待测。

Ⅰ. 不同提取溶剂的考察

比较甲醇、80% 的甲醇水溶液、60% 的甲醇水溶液、50% 的甲醇水溶液、水作为提取溶剂对香蕉中多酚提取效率的影响。结果表明，80% 的甲醇水溶液作为提取溶剂，提取效果最佳，没食子酸、原儿茶酸、儿茶素、绿原酸、咖啡酸、表儿茶素、芦丁和阿魏酸的回收率为 87.3%~106%，详见图 3.1。

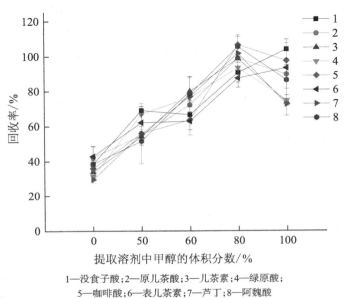

1—没食子酸；2—原儿茶酸；3—儿茶素；4—绿原酸；
5—咖啡酸；6—表儿茶素；7—芦丁；8—阿魏酸

图 3.1　不同提取溶剂的提取率比较

Ⅱ. 不同料液比的考察

确定提取溶剂为 80% 的甲醇水溶液，选择料液比为 2：5、1：5、1：10、1：15、1：20，对香蕉进行提取试验。从图 3.2 可以看出，提取效率随料液比增大而增加。料液比为 1：10 时，没食子酸、原儿茶酸、儿茶素、绿原酸、咖啡酸、表儿茶素、芦丁和阿魏酸的回收率分别为 90.5%、98.7%、98.4%、93.2%、106.3%、87.3%、101.4%、115.2%。当料液比继续增大时，提取效率增幅不明显，因此料液比确定为 1：10。

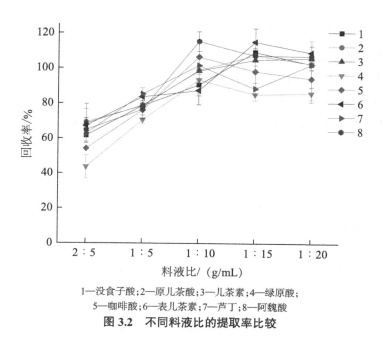

1—没食子酸；2—原儿茶酸；3—儿茶素；4—绿原酸；
5—咖啡酸；6—表儿茶素；7—芦丁；8—阿魏酸

图 3.2　不同料液比的提取率比较

（2）标准溶液的制备

分别准确称取没食子酸、原儿茶酸、儿茶素、绿原酸、咖啡酸、表儿茶素、芦丁和阿魏酸各 10 mg，用甲醇溶解并定容至 100 mL 容量瓶中，摇匀，制备成 100 mg/L 的储备液。分别取以上储备液，用甲醇配制成终浓度分别为 0.25、0.5、1、2.5、5 mg/L 的系列混合标准溶液。

（3）色谱条件

参考宋吉英的条件。色谱柱为 Waters SunFire® C_{18} 色谱柱（4.6 mm × 150 mm，5 μm）。流动相为 0.05 mol/L 乙酸钠水溶液（A）-甲醇（B），梯度洗脱，梯度洗脱程序为：95%A-5%B 平衡色谱柱；0—30 min，A（%）为 95 → 10，B（%）为 5 → 90；30—31 min，A（%）为 10 → 95，B（%）为 90 → 5；保持 5 min。流速为 0.8 mL/min；柱温为 25 ℃；检测波长为 275 nm；进样体积为 10 μL。

（4）方法学验证

Ⅰ. 梯度洗脱条件优化

选择流动相为 2% 的甲酸水溶液（A）-乙腈（B），进行梯度洗脱条件优化。设定流速为 1 mL/min，梯度洗脱程序 Ⅰ 为：0—1 min，90%A-10%B 平衡色谱柱；1—4 min，A（%）为 90 → 75，B（%）为 10 → 25；4—11 min，A（%）为 75 → 95，B（%）为 25 → 10；保持 4 min。在此条件下，没食子酸、原儿茶酸、儿茶素、绿原酸、咖啡酸、表儿茶素、芦丁和阿魏酸无法完全分开，多数物质在 4—11 min 内出峰。因此将流速调慢至 0.8 mL/min，并延长梯度洗脱时间。梯度洗脱程序 Ⅱ 为：0—3 min，95%A-5%B 平衡色谱柱；3—18 min，A（%）为 95 → 75，B（%）为 5 → 25；保持 7 min；25—28 min，A（%）为 75 → 95，B（%）为 25 → 5；

保持 2 min。在此色谱条件下，仍有 4 种多酚物质在 15 min 附近未能完全分开。可能是流动相中水相比例过大导致多个目标物质同时出峰，因此降低流动相中甲酸水溶液的比例。梯度洗脱程序Ⅲ为：0—3 min，95%A-5%B 平衡色谱柱；3—18 min，A(%)为 95→88，B(%)为 5→12；18—30 min，A(%)为 88→80，B(%)为 12→20；30—38 min，A(%)为 80→95，B(%)为 20→5；保持 2 min。由图 3.3 可知，8 种多酚完全分开，满足分析要求。

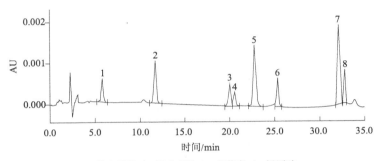

1—没食子酸；2—原儿茶酸；3—儿茶素；4—绿原酸；
5—咖啡酸；6—表儿茶素；7—芦丁；8—阿魏酸
图 3.3　8 种混合标准品溶液的色谱图

Ⅱ. 线性范围考察

将质量浓度分别为 0.025、0.05、0.1、0.5、1 mg/L 的 8 种多酚的系列混合标准溶液进行 HPLC 分析，对测得值进行相关关系分析和线性回归分析，结果如表 3.2 所示。结果表明：在这个浓度范围内，8 种多酚的相关系数都在 0.99 以上，而且香蕉样品上机溶液浓度也在这个浓度范围内，说明该线性范围符合香蕉中 8 种多酚含量的测定。

表 3.2　8 种多酚的回归方程、相关系数、线性范围、检出限和定量限

组分	回归方程	相关系数(R)	线性范围/ （mg/L）	检出限/ （mg/kg）	定量限/ （mg/kg）
没食子酸	$y=9.13e^3x-3.04e^2$	0.999 768	0.025~1	0.1	0.25
儿茶素	$y=1.86e^4x-1.06e$	0.999 990	0.025~1	0.1	0.25
绿原酸	$y=8.76e^3x+1.81e^2$	0.999 959	0.025~1	0.01	0.25
原儿茶酸	$y=4.88e^3x-4.88e$	0.999 618	0.025~1	0.1	0.25
咖啡酸	$y=2.91e^4x+2.66e^2$	0.999 918	0.025~1	0.1	0.10
表儿茶素	$y=9.50e^3x+7.33e$	0.999 998	0.025~1	0.01	0.10
芦丁	$y=3.28e^4x+2.54e^2$	0.999 992	0.025~1	0.01	0.10
阿魏酸	$y=8.50e^3x-1.74e^2$	0.999 867	0.025~1	0.05	0.10

Ⅲ. 准确度和精密度

香蕉中添加没食子酸、原儿茶酸、儿茶素、绿原酸、咖啡酸、表儿茶素、芦丁和阿魏酸的回收率及相对标准偏差（RSD）的测定结果见表 3.3。从表 3.3 可知，没食子酸三个添加水平的回收率为 80.5%~95.1%，相对标准偏差为 2.24%~6.00%；儿茶素三个添加水平的回收率为 76.8%~92.7%，相对标准偏差为 0.41%~5.59%；绿原酸三个添加水平的回收率为 89.7%~107%，相对标准偏差为 0.57%~3.42%；原儿茶酸三个添加水平的回收率为 82.4%~87.1%，相对标准偏差为 0.88%~5.62%；咖啡酸三个添加水平的回收率为 75.0%~77.9%，相对标准偏差为 2.19%~4.34%；表儿茶素三个添加水平的回收率为 80.9%~86.8%，相对标准偏差为 4.42%~8.15%；芦丁三个添加水平的回收率为 74.3%~78.3%，相对标准偏差为 3.52%~7.37%；阿魏酸三个添加水平的回收率为 77.3%~100%，相对标准偏差为 1.49%~8.60%。回收率以及相对标准偏差均能满足分析要求，说明该方法能满足分析要求。

表 3.3　8 种多酚的回收率和相对标准偏差

组分	本底质量浓度/（mg/kg）	加标质量浓度/（mg/kg）	测定质量浓度/（mg/kg）	回收率/%	RSD/%
没食子酸	0.698 ± 0.009	0.05	0.741 ± 0.001	80.5 ± 5.88	2.24
		1	1.84 ± 0.187	85.1 ± 6.26	6.00
		2	2.79 ± 0.240	95.1 ± 1.57	3.18
儿茶素	—	0.05	0.038 ± 0.000	76.8 ± 4.29	5.59
		1	0.896 ± 0.004	89.6 ± 0.37	0.41
		2	1.85 ± 0.029	92.7 ± 0.72	0.78
绿原酸	0.851 ± 0.036	0.05	0.896 ± 0.002	89.7 ± 3.07	3.42
		1	1.92 ± 0.011	107 ± 0.61	0.57
		2	2.92 ± 0.130	104 ± 2.30	2.22
原儿茶酸	—	0.05	0.043 ± 0.000	85.5 ± 0.76	0.88
		1	0.824 ± 0.046	82.4 ± 4.63	5.62
		2	1.74 ± 0.084	87.1 ± 2.09	2.40
咖啡酸	0.887 ± 0.016	0.05	0.924 ± 0.002	75.0 ± 3.25	4.34
		1	1.67 ± 0.037	77.9 ± 1.71	2.19
		2	2.40 ± 0.186	75.8 ± 2.93	3.87
表儿茶素	0.854 ± 0.071	0.05	0.897 ± 0.002	85.7 ± 3.79	4.42
		1	1.66 ± 0.136	80.9 ± 6.59	8.15
		2	2.589 ± 0.345	86.8 ± 5.78	6.66

续表

组分	本底质量浓度/（mg/kg）	加标质量浓度/（mg/kg）	测定质量浓度/（mg/kg）	回收率/%	RSD/%
芦丁	1.10 ± 0.069	0.05	1.14 ± 0.004	78.3 ± 5.77	7.37
		1	1.84 ± 0.065	74.3 ± 2.62	3.52
		2	2.64 ± 0.295	76.8 ± 4.29	5.59
阿魏酸	—	0.05	0.038 7 ± 0.000	77.3 ± 2.52	3.07
		1	0.926 ± 0.014	92.6 ± 1.38	1.49
		2	2.00 ± 0.344	100 ± 8.60	8.60

注："—"表示未检出。

3）试验结果

香蕉果肉中的没食子酸含量为 0.597~3.59 mg/kg，原儿茶酸含量为 0.250~2.50 mg/kg，儿茶素含量为 0.310~2.18 mg/kg，绿原酸含量为 0.324~4.89 mg/kg，咖啡酸含量为 0.266~3.82 mg/kg，表儿茶素含量为 0.256~4.33 mg/kg，芦丁含量为 0.251~3.39 mg/kg，阿魏酸含量为 0.320~4.08 mg/kg。其中绿原酸含量略高于其他酚类，最高达 4.89 mg/kg。

2.分光光度法

采用福林-乔卡尔特马（Folin-Ciocalteu）法测定多酚含量。Folin-Ciocalteu 法所用试剂中的钨钼酸可以将多酚类化合物定量氧化，自身被还原生成蓝色的化合物，颜色的深浅跟多酚含量呈正相关，因此可以通过比色方法来对多酚进行定量分析。分别取 0.2、0.4、0.6、0.8、1.0、1.2、1.4 mL 的没食子酸标准溶液于 25 mL 的具塞比色管中，加入 Folin-Ciocalteu 试剂 2.5 mL。混合均匀后加入 15% $NaCO_3$ 溶液 5 mL，混匀后用去离子水定容至 25 mL。室温下放置后在 760 nm 处测定吸光值，绘制标准曲线。取一定体积的多酚提取液于 25 mL 的具塞比色管中，加入 Folin-Ciocalteu 试剂 2.5 mL。混合均匀后加入 15% $NaCO_3$ 溶液 5 mL，混匀后定容至 25 mL，显色 2 h，在 760 nm 处测定吸光值，利用标准曲线求取多酚含量。

（三）香蕉皮中低聚糖的提取与纯化

唐学娟、黄惠华对香蕉低聚糖的提取与纯化方法进行了研究，研究结果发现：单从香蕉低聚糖的得率分析，超声波法和微波法的香蕉低聚糖得率明显最高。香蕉低聚糖的提取工艺流程为：香蕉去皮、打浆→香蕉浆与乙醇溶剂混合→提取（超声波法/微波法/溶剂浸提法/超高压法）→离心、抽滤→旋蒸浓缩，浓缩至原体积的 1/4 左右→2.5 倍体积无水乙醇沉淀，去除蛋白质、多糖，放于 4 ℃静置 24 h→离心（3 500 r/min，15 min），收集上清液→旋蒸浓缩，浓缩液即为香蕉低聚糖粗提取液→蒽酮-硫酸法测定粗提取液中的低聚糖含量。①采用超声波法提取香蕉低聚糖，最优试验条件为：超声时间为 40 min、超声功率为 500 W、料液比为 1 : 2.5（g/mL）。此时香蕉低聚糖的得率为（17.89 ± 0.57）%。②采用微波法提取香蕉低聚糖,最优试验条件为:微波时间为 2.5 min、微波功率为 462 W、料液比为 1 : 15（g/mL）。此时香蕉低聚糖的得率为（17.72 ± 0.49）%。③采用溶剂浸提法提取香蕉低聚糖,最优试验条件为:乙醇浓度为 25%、料液比为 1 : 2（g/mL）、浸提温度为 50 ℃、浸提时间为 40 min。此时香蕉低聚糖的得率为（14.73 ± 0.52）%。④采用超高压法提取香蕉低聚糖,最优试验条件为:压力为 300 MPa、保压时间为 15 min、料液比为 1 : 2（g/mL）。此时香蕉低聚糖的得率为（8.05 ± 0.03）%。

香蕉低聚糖的分离纯化。Sephadex G-25 葡聚糖凝胶分离纯化后,收集液用蒽酮-硫酸法显色后,洗脱曲线显示有 4 个吸收峰,表明香蕉低聚糖提取液中至少含有四种低聚糖组分。第一个吸收峰的峰面积明显大于后三个吸收峰,合并收集此峰,并命名为糖分 Ⅰ。用 Sephadex G-25 葡聚糖凝胶分离纯化香牙蕉、皇帝蕉、粉蕉低聚糖提取液,合并收集糖分 Ⅰ,香牙蕉、皇帝蕉、粉蕉的保留体积分别为 25~50 mL、60~110 mL、50~105 mL,对其进行真空浓缩、冷冻干燥,得到三种香蕉低聚糖糖分 Ⅰ 纯品。对香牙蕉、粉蕉、皇帝蕉低聚糖糖分 Ⅰ 进行纯度分析检测,紫外扫描在 260 nm 与 280 nm 处显示没有吸收峰且双缩脲反应呈阴性,碘-碘化钾反应呈阴性。采用蒽酮-硫酸法测得香牙蕉糖分 Ⅰ 的低聚糖含量为 90%,皇帝蕉糖分 Ⅰ 的低聚糖含量为 88%,粉蕉糖分 Ⅰ 的低聚糖含量为 93%。

对香牙蕉、粉蕉、皇帝蕉低聚糖糖分 Ⅰ 进行理化性质分析,香牙蕉低聚糖糖分 Ⅰ 为黄白色,粉蕉、皇帝蕉低聚糖糖分 Ⅰ 均为淡黄色。这三种低聚糖糖分 Ⅰ 除了在颜色方面有一定差异,其他理化性质大致一样,物料状态均为絮状,无臭,水溶性良好,不易溶于乙醇、乙醚等有机试剂,吸水性较强。香牙蕉低聚糖糖分 Ⅰ 通过质谱法测得分子量为 1 632.85,根据薄层层析法推测其由甘露糖和葡萄糖两种单糖组成,经高效液相色谱法精确分析,此低聚糖可能由 1 个 D-葡萄糖和 7 个 D-甘露糖组成。红外光谱法鉴定此低聚糖为吡喃型糖类化合物,且根据特征峰的位置推测为 β 型糖,故此香牙蕉低聚糖糖分 Ⅰ 为由 β-D-吡喃葡萄糖和 β-D-吡喃甘露糖所组成的低聚糖,用 ^{1}H NMR、^{13}C NMR 核磁共振分析此低聚糖,其化学位移表明香牙蕉低聚糖糖分 Ⅰ 中 β-D-葡萄糖分子的连接碳为 C_3 和 C_5,β-D-甘露糖分子的连接碳为 C_1 和 C_5。粉蕉低聚糖糖分 Ⅰ 通过质谱法测得分子量为 1 693.24,根据薄层层析法推测其由甘露糖组成,可能含有葡萄糖和果糖,经高效液相色谱法精确分析此低聚糖可能由 1 个 D-葡萄糖、7 个 D-甘露糖、1 个 D-果糖组成。红外光谱法鉴定此低聚糖为吡喃型糖类化合物,且根据特征峰的位置推测为 β 型糖,故此粉蕉低聚糖糖分 Ⅰ 为由 β-D-吡喃葡萄糖、β-D-吡喃果糖、β-D-吡喃甘露糖所组成的低聚糖,用 ^{1}H NMR、^{13}C NMR 核磁共振分析此低聚糖,其化学位移表明粉蕉低聚糖糖分 Ⅰ 中 β-D-葡萄糖分子的连接碳为 C_1 和 C_6,β-D-甘露糖分子的连接碳为 C_4 和 C_6,β-D-果糖分子的连接碳为 C_1 和 C_6。皇帝蕉低聚糖糖分 Ⅰ 通过质谱法测得分子量为 1 746.44,根据薄层层析法推测其由甘露糖组成,经高效液相色谱法精确分析此低聚糖可能由 4 个 D-葡萄糖和 6 个 D-甘露糖组成。红外光谱法鉴定此低聚糖为吡喃型糖类化合物,且根据特征峰的位置推测为β型糖,故此皇帝蕉低聚糖糖分 I 为由 β-D-吡喃葡萄糖和 β-D-吡喃甘露糖所组成的低聚糖,用 ^{1}H NMR、^{13}C NMR 核磁共振分析此低聚糖,其化学位移表明皇帝蕉低聚糖糖分 I 中 β-D-葡萄糖分子的连接碳为 C_1 和 C_6,β-D-甘露糖分子的连接碳为 C_2 和 C_6。

(四)香蕉中胺类成分的分析

本节主要对香蕉中胺类物质的提取和纯化条件进行优化,建立高效液相色谱法测定香蕉中 5-羟色胺、色氨酸和褪黑素的分析方法。

1.仪器、材料与试剂

仪器 Waters Alliance e2695 型高效液相色谱仪(配有 2489 紫外检测器)(美国 Waters 公司);Milli-Q Advantage A10 超纯水系统(德国默克密理博公司);Centrifuge CR22 N 冷冻离心机(日本 HITACHI 公司);UMV-2 多管漩涡混合器(北京优晟联合科技有限公司);T18 高速均质机(德国 IKA 集团);超声波清洗仪;万分之一天平(日本 SHIMAZU 公司)。

材料:香蕉品种为巴西蕉、宝岛蕉和南天黄,由海南各香蕉基地提供。成熟的香蕉果肉通过搅拌机处理后,于 −20 ℃冷冻保藏。

试剂:5-羟色胺、色氨酸、褪黑素标准品(美国 sigma 公司);甲醇(色谱纯)(美国 Fisher 公司);无水乙酸钠(分析纯)(广州化学试剂厂);HLB 填料、WCX 填料、多壁碳纳米材料(MWCNTs)。

2.试验方法

1)样品的制备

准确称取 5 g 香蕉均质,加入 30 mL 甲醇,以 2 500 r/min 的转速漩涡提取 5 min,使目标物质充分浸出,以 10 000 r/min 离心 3 min,上清液转入 50 mL 棕色容量瓶中,残渣再用 15 mL 甲醇按上述步骤重复提取 1 次,合并 2 次的提取液,用甲醇定容至 50 mL 备用。吸取 2 mL 提取液,加入 0.02 g 多壁碳纳米材料(MWCNTs),漩涡使提取液得到充分净化,以 10 000 r/min 离心 3 min,提取液经 0.22 μm 微孔滤膜过滤到进样瓶中,待测。

在香蕉样品中添加一定体积的 5-羟色胺、色氨酸和褪黑素的混合标准溶液,采用外标法定量,计算回收率及相对标准偏差。设置三个不同水平的质量浓度,每个添加浓度重复六次。

(1)不同提取溶剂的考察

试验比较了甲醇、甲醇-水(1∶1,体积比)、水作为提取溶剂对香蕉中 5-羟色胺、色氨酸和褪黑素提取效率的影响。试验结果表明,甲醇作为提取溶剂效果最佳,详见表3.4。原因一是 5-羟色胺、色氨酸、褪黑素的极性较小,具有较强亲脂性,在甲醇中的溶解度大;二是香蕉的含糖量高,同时含有少量蛋白质,这两种物质均易溶于水,不溶于甲醇。根据相似相溶原则,选择甲醇作为提取溶剂,能减少杂质干扰,提高胺类物质萃取效率。

表3.4　三种提取溶剂的提取效率比较　　　　　单位:%

溶剂种类	5-羟色胺	色氨酸	褪黑素
水	75.8	67.9	115.4
甲醇-水(1:1,体积比)	81.81	82.5	109.6
甲醇	95.92	101.12	105.6

注:提取效率用回收率表示。

（2）不同料液比的考察

确定提取溶剂为甲醇,选择料液比为2:5、1:5、1:7、1:10、1:15,对香蕉进行提取。从图3.4可以看出,提取效率随料液比加大而增加。料液比为1:10时,5-羟色胺、色氨酸、褪黑素的回收率分别为95.6%、95.8%、90.0%。当料液比继续增大时,提取效率增幅不明显。因此料液比确定为1:10。

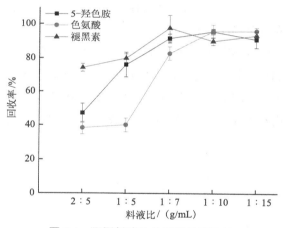

图3.4　不同料液比的提取效率比较

（3）提取方式的选择

试验比较了超声、漩涡、均质三种提取方式对香蕉中5-羟色胺、色氨酸和褪黑素提取效率的影响。试验结果表明,与超声提取相比,漩涡提取和均质提取这两种提取方式三种目标物质的回收率更好,详见表3.5。可能是因为超声提取的香蕉样品在溶剂中成团状,未分散,而漩涡提取和均质提取的香蕉样品在溶剂中呈絮状,分散均匀,样品与溶剂混合更充分,所以提取效率更高。考虑到多管漩涡混合器操作简单,能同时处理多份样品节省操作时间,因此选择漩涡提取。

表 3.5   三种提取方式的提取效率比较   单位:%

提取方式	5-羟色胺	色氨酸	褪黑素
超声提取	75.8	67.9	115
均质提取	81.8	82.5	110
漩涡提取	95.9	101	106

注:提取效率用回收率表示。

（4）净化方法优化

试验比较了 WCX、HLB、MWCNTs 三种净化材料对香蕉提取液的净化效果。三种填料对香蕉提取液都有一定净化效果。但是使用 HLB 填料净化,样品中色氨酸和褪黑素大部分被吸附;使用 WCX 填料净化,样品中 5-羟色胺几乎都被吸附;而使用 MWCNTs 净化,净化效果好且三种目标物质回收率均符合要求。原因分析:HLB 填料中亲脂性二乙烯基苯保留非极性化合物,色氨酸和褪黑素可能被二乙烯基苯吸附;WCX 填料是经过羧基修饰的离子交换型吸附剂,5-羟色胺可能与羧基发生离子交换而被吸附;MWCNTs 具有特殊的纳米级孔隙结构,比表面积大,能吸附金属离子、酚类、酯类等物质,但是对胺类物质吸附性小,故选择 MWCNTs 为净化材料。

进一步比较 MWCNTs 不同用量对目标物质净化效果的影响。由图 3.5 可知,用量分别为 0.01 g、0.02 g、0.03 g、0.04 g 时,目标物质的回收率均高于 80%;用量为 0.05 g 时,目标物质的回收率下降至 70% 以下。鉴于用量为 0.02 g、0.03 g、0.04 g 时的净化效果优于用量为 0.01 g 时的净化效果,同时为了节约成本,最终选择添加 0.02 g MWCNTs 净化样品。

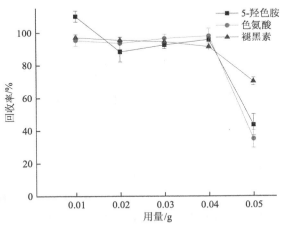

图 3.5   MWCNTs 不同添加量条件下的回收率

2）标准溶液的配制

分别准确称取 5-羟色胺、色氨酸、褪黑素各 10 mg,用甲醇溶解并定容至 100 mL 容量瓶中,摇匀,制备成 100 mg/L 的储备液。分别取以上储备液,用甲醇配制成终浓度分别为

0.25、0.5、1、2.5、5 mg/L 的系列混合标准溶液。

3）色谱条件

参考宋吉英的条件，色谱柱为 Waters SunFire® C18 色谱柱（4.6 mm×150 mm，5 μm）。流动相为 0.05 mol/L 乙酸钠水溶液（A）-甲醇（B），梯度洗脱，梯度洗脱程序为：95%A-5%B 平衡色谱柱；0—30 min，A（%）为 95→10，B（%）为 5→90；30—31 min，A（%）为 10→95，B（%）为 90→5；保持 5 min。流速为 0.8 mL/min；柱温为 25 ℃；检测波长为 275 nm；进样体积为 10 μL。

4）方法学考察

（1）线性范围考察

将质量浓度为 0.25、0.5、1、2.5、5 mg/L 的三种胺类物质的系列混合标准溶液进行 HPLC 分析，对各测得值进行相关关系分析和线性回归分析，如表 3.6 所示，在这个浓度范围内，三种目标物质的相关系数都在 0.99 以上，而且香蕉样品上机溶液浓度也在这个浓度范围内，说明该线性范围符合香蕉中 5-羟色胺、色氨酸和褪黑素含量的测定。

表 3.6 三种胺类物质的回归方程、相关系数、线性范围、检出限和定量限

组分	回归方程	相关系数（R）	线性范围/（mg/L）	检出限/（mg/kg）	定量限/（mg/kg）
5-羟色胺	$y=2.27×10^4x+6.9×10^3$	0.995 8	0.25~5	1.0	3.5
色氨酸	$y=2.17×10^4x-2.48×10^3$	0.999 9	0.25~5	2.0	6.0
褪黑素	$y=1.96×10^4x-9.76×10^2$	0.999 8	0.25~5	1.0	3.0

（2）准确度和精密度

香蕉中添加 5-羟色胺、色氨酸和褪黑素的回收率和相对标准偏差的测定结果见表 3.7。从表 3.7 可知，5-羟色胺三个添加水平的回收率为 74.0%~82.2%，相对标准偏差为 1.18%~3.31%；色氨酸三个添加水平的回收率为 82.8%~95.2%，相对标准偏差为 0.86%~1.55%；褪黑素三个添加水平的回收率为 93.5%~110%，相对标准偏差为 1.53%~3.99%。回收率以及相对标准偏差均能满足分析要求，说明该方法能满足分析要求。

表 3.7 三种胺类物质的回收率和相对标准偏差（$n=6$）

组分	本底质量浓度/（mg/kg）	加标质量浓度/（mg/kg）	测定质量浓度/（mg/kg）	平均回收率/%	RSD/%
5-羟色胺	5.05 ± 0.268	2.5	6.15 ± 0.134	81.3 ± 1.78	2.19
		5	7.44 ± 0.246	74.0 ± 2.45	3.31
		10	12.4 ± 0.151	82.2 ± 0.97	1.18

续表

组分	本底质量浓度/（mg/kg）	加标质量浓度/（mg/kg）	测定质量浓度/（mg/kg）	平均回收率/%	RSD/%
色氨酸	26.7 ± 1.15	10	34.9 ± 0.300	95.2 ± 0.82	0.86
		25	48.3 ± 0.662	93.4 ± 1.28	1.37
		50	63.5 ± 0.984	82.8 ± 1.28	1.55
褪黑素	—	2.5	2.34 ± 0.093	93.5 ± 3.73	3.99
		5	5.06 ± 0.164	101 ± 3.29	3.25
		10	11.0 ± 0.168	110 ± 1.68	1.53

注：—表示未检出。

5）香蕉样品的测定

香蕉果肉中的 5-羟色胺含量为 3.76~48.1 mg/kg，色氨酸含量为 7.76~77.3 mg/kg。香蕉果肉中均未检出褪黑素。标准溶液和香蕉样品的色谱图如图 3.6 所示。

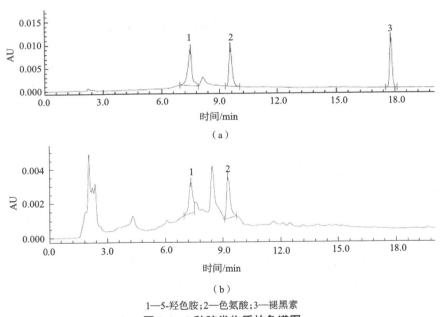

1—5-羟色胺；2—色氨酸；3—褪黑素

图 3.6　3 种胺类物质的色谱图

（a）标准溶液　（b）香蕉样品

本试验用甲醇作为提取溶剂，漩涡混合可快速提取香蕉果肉中的 5-羟色胺、色氨酸和褪黑素，提取效率高；用 MWCNTs 可以有效净化香蕉样品，回收率结果表明，该方法准确度、精密度好，能满足香蕉中 5-羟色胺、色氨酸和褪黑素的含量测定。

（五）香蕉中挥发性成分的分析

1.仪器与材料

仪器：7098 A-5975 C 气质联用仪（美国安捷伦公司）；恒温水浴锅（上海亚荣生化仪器厂）；50/30 μm DVB/CAR/PDMS（二乙烯基苯/碳分子筛/聚二甲基硅氧烷）固相微萃取纤维及萃取手柄（美国 Supelco 公司）；破壁机（JYL-Y20）（九阳股份有限公司）；色差仪（NH300）（深圳市三恩驰科技有限公司）。

材料：供试材料采集于海南省澄迈县的中国热带农业科学院海口实验站香蕉试验示范基地，样品为饱满度为 7~8 成的"桂蕉 1 号"香蕉果实（见图 3.7），在（22±1）℃的条件下进行催熟处理，在绿熟期、黄熟期和过熟期分别随机抽取 15 个饱满度相近、成熟度一致的果实，取可食用部位用液氮速冻后置于 −80 ℃贮存备用。

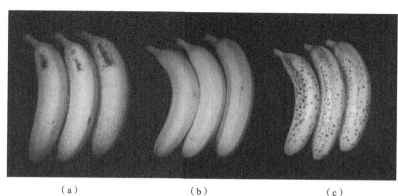

（a）　　　　　　　　　　（b）　　　　　　　　　　（c）

图 3.7　"桂蕉 1 号"果实的不同成熟时期

（a）绿熟期　（b）黄熟期　（c）过熟期

2.试验方法

1）固相微萃取方法

将不同成熟时期的香蕉果实冷冻样研磨成粉末，称取 5 g 果肉冷冻干粉于 20 mL 螺口棕色顶空瓶中，将 50/30 μm DVB/CAR/PDMS 型萃取头插入顶空瓶中，萃取纤维与样品保持 1.5 cm 的距离，并将其置于恒温水浴锅（40 ℃）中萃取 30 min 后，缩回萃取纤维，将萃取头从顶空瓶中拔出，迅速插入 GC 进样口，解吸附 3 min。

2）气相色谱串联质谱方法

色谱条件如下。色谱柱为 HP-MS Ultra Inert（30 m×250 μm，0.25 μm），载气为氦气，流速为 0.8 mL/min。进样口温度为 250 ℃，不分流进样。升温程序为：40 ℃，保持 1 min，以 3.5 ℃/min 升至 135 ℃，保持 0 min，再以 10 ℃/min 升至 200 ℃，保持 3 min。

质谱条件如下。传输线温度为 270 ℃，离子源温度为 230 ℃，四极杆温度为 150 ℃，离子化方式为 EI，电子能量为 70 eV，全扫范围为 40~450 AMU/s。按面积归一法进行定量分析，各分离组分相对含量（%）=（各分离组分的峰面积/总峰面积）×100。

3）果实的香韵分析方法

香韵量化描述参照林翔云和 Dowthwaite 的气味 ABC 分类法,将该分类系统中各香气组分的 ABC 量化值乘以香比强值再结合试验测得的该香气组分的相对含量,即可计算出各香韵的比重,并绘制出各香韵分布的雷达图。

4）数据处理

数据使用 Excel 2019 和 SPSS 24.0 对果实的挥发性成分进行数据处理及统计分析,结果表示为平均值 ± 标准偏差;用 R 软件进行 PCA 分析。

3.结果与分析

1）“桂蕉 1 号”果实不同成熟时期挥发性成分的 GC-MS 总离子流分析

“桂蕉 1 号”香蕉果实在绿熟期、黄熟期和过熟期的挥发性成分 GC-MS 总离子流如图 3.8 所示,其中三个时期共检测出 44 种挥发性成分,相对含量大于 1% 的挥发性物质有 24 种,主要包括醛类、酯类、酮类、醇类和烷烃等其他挥发性物质。不同成熟时期,“桂蕉 1 号”香蕉的挥发性物质的组分和相对含量均存在明显差异,随着果实的成熟,所含的挥发性成分种类逐渐增多。

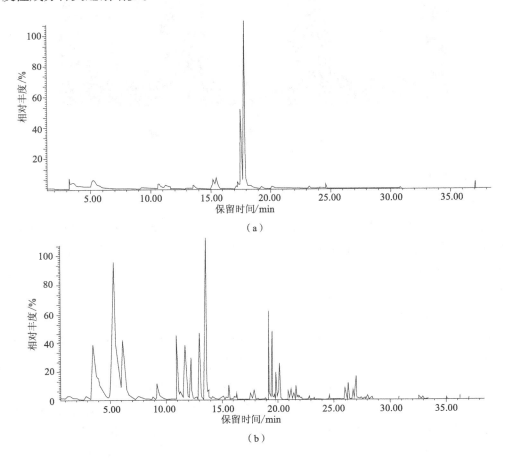

（a）

（b）

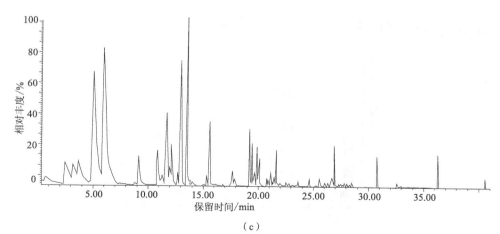

图 3.8　"桂蕉 1 号"不同成熟时期果实挥发性成分的总离子流

（a）绿熟期　（b）黄熟期　（c）过熟期

2）"桂蕉 1 号"香蕉果实成熟的基本理化指标

由表 3.8 可知，"桂蕉 1 号"香蕉果实采后不同的成熟阶段，果实的色泽、硬度和可溶性固形物等基本理化指标均存在不同程度的显著性差异。色泽是评价果实成熟度的一个既重要又最直观的依据。"桂蕉 1 号"香蕉果实随着成熟度的增加，果皮亮度 L^* 值呈先升后降的趋势，绿熟期、黄熟期和过熟期的色泽均呈现出显著性差异，果肉的红绿色度 a^* 值不断升高说明果肉逐渐由绿色度转向红色度，果实逐渐成熟，色泽逐渐均匀。果实硬度随着成熟度的增加呈现下降趋势，到过熟时期下降到（13.53 ± 0.95）N，表明此时的果实已达到鲜食储存的极限，果实进入过度成熟阶段且开始腐烂。可溶性固形物在"桂蕉 1 号"香蕉果实成熟过程中呈现出逐渐增加的趋势，表明随着成熟度的增加，香蕉的口感不断地变甜，这主要是因为香蕉成熟过程中果肉的淀粉逐渐转化为可溶性糖的原因。

表 3.8　"桂蕉 1 号"香蕉果实成熟的基本理化指标

成熟期	色泽			硬度/N	可溶性固形物/%
	L^*（亮度）	a^*（红绿色度）	b^*（黄蓝色度）		
绿熟期	65.21 ± 0.98	−15.08 ± 1.14	40.67 ± 0.23	55.6 ± 1.93	2.00 ± 0.57
黄熟期	77.32 ± 1.21	4.86 ± 0.61	46.36 ± 1.40	22.95 ± 1.92	18.00 ± 0.15
过熟期	69.99 ± 0.67	8.31 ± 0.57	40.42 ± 0.50	13.53 ± 0.95	22.13 ± 0.26

3）"桂蕉 1 号"香蕉果实在不同成熟时期挥发性成分的主要种类

各挥发性组分经 GC-MS 检测和分析，如图 3.9 所示，在绿熟期检测出 12 种挥发性物质，在黄熟期检测出 21 种挥发性物质，在过熟期检测出 28 种挥发性物质。如图 3.10 所示，从绿熟期到黄熟期，大部分醛类挥发性物质的相对含量在这个过程中显著下降；从黄熟期开始到果实成熟，酯类挥发性物质相对含量显著增加，"桂蕉 1 号"果实黄熟期和过熟期酯类挥发性物质相对含量分别为 40.5% 和 59.9%。

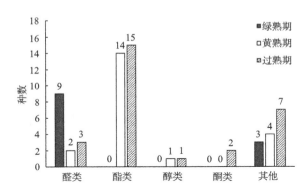

图 3.9 "桂蕉 1 号"不同成熟时期果实挥发性成分的种类和数量变化

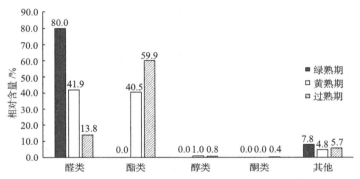

图 3.10 "桂蕉 1 号"不同成熟时期果实主要挥发性成分的含量变化

4)"桂蕉 1 号"香蕉果实主要挥发性成分及含量分析

"桂蕉 1 号"不同成熟时期的果实挥发性成分相对含量大于 1% 的物质共检出 24 种（表 3.9），主要包括酯类（11 种）、醛类（7 种）和其他挥发性物质（6 种），其中酯类挥发性物质种类最多。在果实不同成熟时期，各组分的种类和相对含量产生较大的变化。由表 3.9 可知，绿熟期果实的主要挥发性物质有 9 种，为己醛、反式-2-己烯醛、2-正戊基呋喃、3-乙基-2-甲基-1，3-己二烯、苯乙醛、反式-2-辛烯醛、反,顺-2，6-壬二烯醛、反式-2-壬醛、反式-2,4-癸二烯醛。这 9 种挥发性物质占绿熟期挥发性物质相对含量的 86.57%，主要是醛类化合物；其中含量较高的有反式-2-壬醛（49.74%）和反,顺-2,6-壬二烯醛（18.04%），这两种挥发性物质为"桂蕉 1 号"绿熟期的特征香气物质。

黄熟期果实的主要挥发性物质有 11 种，分别为乙酸异丁酯、己醛、反式-2-己烯醛、乙酸异戊酯、丁酸异丁酯、丁酸丁酯、乙酸己酯、丁酸 2-戊酯、异丁酸异戊酯、丁酸己酯、乙烯基环己烷，占黄熟阶段总挥发性物质相对含量的 81.76%；其中相对含量较高的有反式-2-己烯醛（31.56%）、异丁酸异戊酯（13.91%）、己醛（10.36%）和乙酸异戊酯（7.80%），这几种挥发性组分构成了黄熟期的特征性化合物。该时期相对于绿熟期,作为一个较为重要的转折点,在该时期除己醛、反式-2-己烯醛的相对含量逐渐增多外,其他醛类挥发性物质及 2-正戊基呋喃在该时期未被检出或者相对含量小于 1%,其中以绿熟期相对含量最高的反式-2-壬醛的变化最为明显。此外,在该时期部分酯类化合物在该时期被检测出,但总的酯类挥发性物质的相对含量仍低于该时期醛类挥发性物质的相对含量,说明该时期"桂蕉 1 号"果实的果皮虽然已经全部褪绿转黄,但该时期果实香气品质仍未达到最佳食用期,这时期仍以醛类挥发性物质为特征挥发性组分,果实香味较淡,但可作为香蕉最佳的商品期。

过熟期的主要挥发性物质有 14 种,主要有乙酸异戊酯(21.57%)、丁酸异戊酯(13.25%)、反式-2-己烯醛(12.31%)、乙酸己酯(5.42%)和乙酸异丁酯(4.46%)。该时期主要为酯类化合物(57.69%),而相对含量大于 1% 的醛类物质只有己醛和反式-2-己烯醛。由表 3.9 可知,该时期总的酯类挥发性物质相对含量和种类远大于醛类物质,综合该时期挥发性物质的相对含量,可将乙酸异戊酯、丁酸异戊酯、反式-2-己烯醛、乙酸己酯和乙酸异丁酯视为过熟时期的特征香气成分。

从表 3.9 可看出,不同成熟阶段"桂蕉 1 号"的挥发性物质的数量和种类都发生了明显的变化,其中绿熟期主要为醛类挥发性物质,占该时期总挥发性物质含量的 78.87%,该阶段未检测出酯类化合物;在黄熟期,醛类挥发性物质含量不断下降,酯类挥发性物质含量迅速增加,醛类挥发性物质含量降低到 41.92%,酯类挥发性物质含量增加到 40.49%。随着成熟,果实的挥发性物质种类越来越丰富,但总挥发性物质的相对含量变化不明显,在过熟期,酯类挥发性物质占总挥发性成分相对含量的 75.26%,以乙酸异戊酯的相对含量为最高。

表 3.9　"桂蕉 1 号"果实不同成熟时期的主要挥发性成分及其相对含量

保留时间/min	挥发性组分	分子式	相对含量/%		
			绿熟期	黄熟期	过熟期
2.04	乙酸异丁酯	$C_6H_{12}O_2$	—	—	4.46 ± 0.12
3.36	己醛	$C_6H_{12}O$	2.57 ± 0.08	10.36 ± 1.01	1.42 ± 0.05
3.35	乙酸丁酯	$C_6H_{12}O_2$	—	—	1.26 ± 0.05
5.20	反式-2-己烯醛	$C_6H_{10}O$	2.61 ± 0.09	31.56 ± 1.01	12.31 ± 0.25
6.15	乙酸异戊酯	$C_7H_{14}O_2$	—	7.80 ± 0.12	21.57 ± 0.15
9.25	丁酸异丁酯	$C_8H_{16}O_2$	—	1.43 ± 0.05	2.93 ± 0.07
10.65	2-正戊基呋喃	$C_9H_{14}O$	6.18 ± 0.12	—	—
10.97	丁酸丁酯	$C_8H_{16}O_2$	—	4.79 ± 0.20	3.29 ± 0.03
11.73	乙酸己酯	$C_8H_{16}O_2$	—	3.39 ± 0.07	5.42 ± 0.12
12.20	丁酸 2-戊酯	$C_9H_{18}O_2$	—	2.56 ± 0.05	2.87 ± 0.12
12.25	3-乙基-2-甲基-1,3-己二烯	C_9H_{16}	1.51 ± 0.02	—	—

续表

保留时间/ min	挥发性组分	分子式	相对含量/%		
			绿熟期	黄熟期	过熟期
12.88	苯乙醛	C_8H_8O	1.52 ± 0.02	—	—
13.40	丁酸异戊酯	$C_9H_{18}O_2$	—	—	13.25 ± 0.39
13.54	反式-2-辛烯醛	$C_8H_{14}O$	2.77 ± 0.05		
13.62	异丁酸异戊酯	$C_9H_{18}O_2$	—	13.91 ± 0.41	—
15.50	异戊酸异戊酯	$C_{10}H_{20}O_2$	—	—	2.64 ± 0.08
17.50	反,顺-2,6-壬二烯醛	$C_9H_{14}O$	18.04 ± 0.59	—	—
17.77	反式-2-壬醛	$C_9H_{16}O$	49.74 ± 0.65		
19.20	丁酸己酯	$C_{10}H_{20}O_2$	—	3.17 ± 0.12	
19.46	乙烯基环己烷	C_8H_{14}	—	2.79 ± 0.04	—
19.83	环辛烯	C_8H_{14}	—	—	1.30 ± 0.20
23.20	反式-2,4-癸二烯醛	$C_{10}H_{16}O$	1.62 ± 0.03	—	—
25.55	2-甲氧基-5-丙-2-烯基苯酚	$C_{10}H_{12}O_2$	—	—	1.27 ± 0.15
26.91	1-丁烯基环己烷	$C_{10}H_{16}$			1.26 ± 0.13

5)"桂蕉1号"不同成熟时期挥发性物质主成分分析

主成分分析通过利用降维思想将原始数据集进行重组,从而使得分析简单并可视化。它也适用于样品成熟期的初步评估,可用于探索挥发性物质间的相关依赖性。将"桂蕉1号"香蕉果实三个不同成熟时期的所有定性大于 80% 的挥发性化合物进行 PCA 分析(主成分分析)。如图 3.11(a)所示,第一个主成分(PC1)的贡献率为 52.00%,第二个主成分(PC2)的贡献率为 33.20%,累计贡献率为 85.20%。不同的分布表示不同香蕉果实的成熟期,如图 3.11(a)所示,绿熟期位于 x 轴的上方,黄熟期最接近 x 轴,过熟期位于 x 轴下方。醛类挥发性物质是绿熟期的最主要贡献者,其中以反式-2-壬醛(27)和反,顺-2,6-壬二烯醛(26)最为明显。对于黄熟期的香蕉果实,醛类、酯类以及一些未确定的挥发性化合物也占较大权重。反式-2-己烯醛(6)、己醛(4)、异丁酸异戊酯(22)和乙酸异戊酯(7)是该时期的主要贡献物质。过熟期主要以酯类挥发性物质为主。酯类挥发性物质对过熟期的贡献最大,乙酸异戊酯(7)、丁酸异戊酯(20)和反式-2-己烯醛(6)是该时期最主要的挥发性物质。图 3.11(a)中的 cos2 值显示了样本特征分析的质量高低,其中 cos2 值较高表示挥发性成分在主成分呈现良好水平,例如图 3.11(b)直观地显示出绿熟期挥发性物质主要对 PC2 有较大贡献,对 PC1 贡献不大,而 PC1 也能很好地代表黄熟期和绿熟期的酯类挥发性物质。

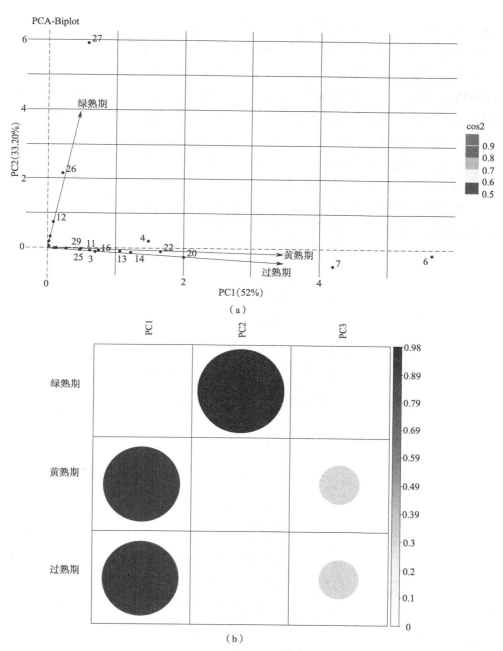

图 3.11　"桂蕉 1 号"香蕉果实不同成熟时期的 PCA 图

注：1~42 分别代表 2-戊酮、庚醛、乙酸异丁酯、己醛、乙酸丁酯、反式-2-己烯醛、乙酸异戊酯、2-庚酮、乙酸 1-甲基戊酯、（E）-2-庚烯醛、丁酸异丁酯、2-正戊基呋喃、丁酸丁酯、乙酸己酯、1-己酸 4-己烯-1-醇、丁酸 2-戊酯、3-乙基-2-甲基-1,3-己二烯、苯乙醛、戊酸丁酯、丁酸异戊酯、反-2-辛烯醛、异丁酸异戊酯、顺式 5-辛烯-1-醇、2-甲基丁酸-3-甲基丁酯、异戊酸戊酯、反,顺-2,6-壬二烯醛、反式-2-壬醛、丁酸己酯、乙烯基环己烷、环辛烯、9-氮杂双环（6,2,0）癸-10-酮、乙酸辛酯、（E,E）-2,4-壬二烯醛、3-甲基丁酸己（基）酯、己酸异戊酯、反式-2,4-癸二烯醛、2-甲氧基-5-丙-2-烯基苯酚、1,3-环辛二烯、环己烷、1-丁烯基、3,5-辛二烯、（Z,Z）、揽香素、1-丙烷,1-［3,5-双（1,1-二甲基乙基）-4-羟基苯基］。

6)"桂蕉 1 号"香蕉不同成熟时期挥发性成分气味 ABC 分析

为了更直观地表达"桂蕉 1 号"整体的香韵,将所有挥发性物质中香料物质的气味 ABC 值、相对含量和香比强值结合起来,绘制出其香韵分布的雷达图。从图 3.12 可以看出,绿熟期的"桂蕉 1 号"涵盖 15 种香型,该时期涵盖的香型最多,其中脂肪香味香韵荷载最大,其次为青香,木香荷载最小(图 3.12(a));黄熟期涵盖了 13 种香型,青香荷载最大,其次为果香(图 3.12(b)),脂肪香味香型荷载迅速下降。过熟期果实的香韵涵盖了 14 种香型,在该时期果香的荷载最大(图 3.12(c))。从图 3.12 可看出"桂蕉 1 号"的香韵主要由脂肪香味、青香、果香、乳酪香和辛香构成,将其和香气较为浓郁的"汤米·阿京斯"杧果果肉相比,发现"汤米·阿京斯"杧果香味的主要贡献香韵为果香、松香和木香,由此可见,不同品种水果所涵盖的香韵有较大的差异。

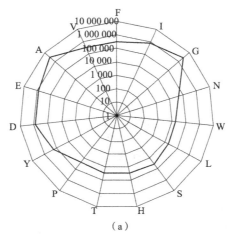

(a)

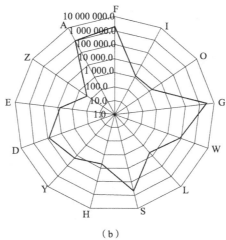

(b)

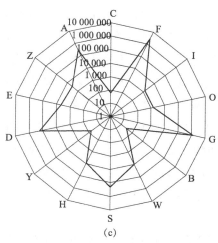

F—果香;I—鸢尾香;G—青香;N—麻醉性香气;W—木香;L—芳香族化合物香气;S—辛香味;
H—药草香;T—烟焦香;P—苯酚香气;Y—土壤香;D—乳酪香;E—食品香味;A—脂肪香味;
V—香荚兰香;C—柑橘香气;O—兰花香气;B—冰凉香气;Z—有机溶剂气味

图 3.12　"桂蕉 1 号"果实不同成熟时期的香韵分布雷达图
（a）绿熟期　（b）黄熟期　（c）过熟期

4.讨论与结论

香蕉的感官品质包括香蕉的外观、风味、气味、色泽和硬度等,风味是由味道(甜、酸)和香气相互复杂作用的结果,而味道基本上是由糖和酸决定的。糖和酸的水平直接影响水果的风味。研究表明,香蕉果实中影响甜味的物质主要是葡萄糖、果糖和蔗糖,而可溶性固形物主要包括一些可溶性糖(果糖、蔗糖和葡萄糖等)。糖的积累极有可能影响了果实的香气强度。在番茄中,发现随着糖含量的增加,果实的香气强度增强。芳香挥发性物质的产生对香蕉果实的风味有较为直接的重要影响。香蕉特有的香气由许多种挥发性化合物混合构成。对"桂蕉 1 号"香蕉不同成熟时期的果实的外观、色泽、硬度、可溶性固形物以及挥发性物质进行了鉴定,在成熟过程中,香蕉果皮逐渐褪绿转黄,硬度在黄熟期迅速下降,可溶性固形物逐渐增多,到过熟期达到最大值,挥发性气味逐渐增强。在绿熟期、黄熟期和过熟期共检出 44 种挥发性物质,其中醛类和酯类挥发性物质的种类和相对含量丰富,包括 24 种相对含量大于 1% 的挥发性物质。绿熟期、黄熟期和过熟期共同检出的挥发性物质有 2 种,分别是己醛和反式-2-己烯醛,黄熟期和过熟期共同检出的挥发性物质有 14 种。

水果的特征香气不止来源于一种或几种挥发性物质,而是来自较为复杂的混合物,其由许多具有特征香气的物质组成。对"桂蕉 1 号"香蕉绿熟期、黄熟期和过熟期的香韵进行了初步量化分析,发现不同成熟时期"桂蕉 1 号"果实的香气成分的种类和含量有较大的差异。"桂蕉 1 号"果实在绿熟期以反式-2-壬醛和反,顺-2,6-壬二烯醛为主要特征挥发性物质,其香韵以脂肪香味香型和青香香型为主;黄熟期以反式-2-己烯醛、异丁酸异戊酯和己醛为特征性挥发物质,该时期的香韵特征主要以青香香型和果香香型为主;在过熟期,相对含量最高的是乙酸异戊酯,其整体香韵以果香香型为主。

在果实成熟的不同阶段,其挥发性成分的种类和数量均有明显变化,并随着果实成熟度的增加,果实香气物质种类逐渐增多,果实的特征风味逐渐形成。醛类香料和酯类香料是日常香料合成中常用的两类,尤其酯类香料是目前合成香料中应用最多的一组,芳香族形成的酯类化合物是自然界中动植物及微生物产生的香气中最重要和含量最丰富的物质。低碳脂肪酸和脂肪醇形成的酯类化合物是配制各种水果香精的主要香料,而成熟的香蕉具有浓郁的香气,对"桂蕉1号"香蕉果实不同成熟时期的挥发性成分及香韵组成进行分析,对香蕉的综合品质评价和生产加工具有指导性的意义,并可为天然香料的提取及开发提供参考数据。

从结果来看,"桂蕉1号"香蕉与粉蕉在后熟期的挥发性物质的相对含量和种类有显著差异。粉蕉在绿熟期以醛类和醇类为主,而"桂蕉1号"香蕉以醛类为主,且醛类相对含量约达80%,到了黄熟期和过熟期,在"桂蕉1号"香蕉中,酯类挥发性物质的相对含量变化趋势表现为先迅速增加,然后缓慢增加;而在粉蕉果实中,其酯类挥发性物质的变化趋势则表现为先缓慢增加,然后迅速增加。但两者酯类挥发性成分的总体变化均是随着果实的不断成熟,相对含量和种类不断增加。完熟的粉蕉除富含乙酸乙酯、乙酸异戊酯、乙酸丁酯、乙酸己酯、3-甲基丙酸-3-甲基丁酯和乙酸乙酯等乙酸酯及丁酸酯外,还包含一些少量的其他酯类,如辛酸酯和葵酸酯,构成了粉蕉的特征香气组成。完熟的"桂蕉1号"香蕉果实香气浓郁,酯类挥发性物质起到了主导作用,其中乙酸异戊酯、丁酸异戊酯、乙酸己酯、乙酸异丁酯和丁酸丁酯5种香气物质在完熟时期的相对含量较高且阈值较低,呈现出典型的香气。同时比较"桂蕉1号"与所报道的巴西蕉中的香气成分,发现"桂蕉1号"与巴西蕉的香气成分的种类和数量基本一致,表明"桂蕉1号"与巴西蕉有较为接近的风味品质。

(六)香蕉中类胡萝卜素类成分的分析

1.仪器、试剂与材料

仪器:Agilent公司的高效液相色谱仪,型号为Agilent 1260(四元梯度泵,连续可变冲程,内置4通道在线真空脱气机,流速精度小于0.07%(RSD),压力达600 bar);Agilent 1260标准自动进样器;1290智能柱温箱,带半导体冷却,控温范围高达100 ℃;二极管阵列检测器,采样频率达80 Hz;色谱柱为YMC(4.6 mm×250 mm,5 μm)C_{30}类胡萝卜素专用色谱柱;高速冷冻离心机(Thermo scientific SL 16R),真空浓缩仪(Eppendorf Concentrator plus),高效液相色谱仪(Agilent),光学显微镜(Nikon),透射电子显微镜。

试剂:分析纯丙酮、正己烷、无水乙醇、氯化钠、氢氧化钾(购自国药集团化学试剂有限公司),色谱纯甲醇、乙腈、二甲基叔丁基醚(MTBE)、BHT(购自Sigma公司),类胡萝卜素标准样品（紫黄质、新黄质、花药黄质、叶黄素、玉米黄质、α-隐黄质、β-隐黄质、α-胡萝卜素、β-胡萝卜素,均购于 Carotenature 公司）。

2.试验方法

1）动态样品的取样过程

准确记录每个果把抽蕾的时间,从抽蕾后第一周（7 DAF）开始,每两周取样一次直至果实发育完全。第一次取样为时期 1（7 DAF）,第二次取样为时期 2（21 DAF）,第三次取样为时期 3（35 DAF）,第四次取样为时期 4（49 DAF）,第五次取样为时期 5（63 DAF）,第六次取样为时期 6（77 DAF）。在试验地里从树上采摘果实后,将果皮和果肉分离,迅速用编好号的锡箔纸包好,放入液氮冷冻,带回实验室后置于 -80 ℃保存。

2）类胡萝卜素的提取及皂化

使用小钢磨将果皮和果肉分别在液氮中研磨至粉状,称取香蕉果皮 4 g、果肉 8 g 置于 50 mL 离心管中,用于类胡萝卜素的提取。提取方法参考 Davey 的方法并加以改进。将待测样品用液氮研磨成粉末,置于 50 mL 离心管中,加入 20 mL 色素提取液（正己烷：丙酮：无水乙醇 =2∶1∶1,含 0.1% BHT）,避光条件下放入超声波清洗仪震荡 30 min。在 4 ℃、5 000 r/min 的条件下离心 15 min,转移含色素的上清液至另一 50 mL 离心管,原管中沉淀用 20 mL 色素提取液反复抽提至无色:合并上清液,上清液用饱和 NaCl（10% NaCl）水溶液反复冲洗至中性,弃下层水层;将萃取后的色素提取液装在 10 mL 离心管中,真空浓缩后溶于 2 mL 甲基叔丁基醚（MTBE,含 0.1% BHT）,加入 2 mL 皂化液（10% KOH-甲醇溶液,含 0.1% BHT）,然后充氮气保护,避光条件下皂化 10 h（或过夜）;向皂化液中加入 2 mL MTBE（含 0.1% BHT）和 2 mL 饱和 NaCl 水溶液使之更好地分层,取上层含色素的有机层,加 3 次饱和 NaCl 水溶液洗至中性;将上清液吸取至新的 10 mL 离心管中,真空浓缩至干,备用。

以上色素提取剂皂化等操作均需在弱光或避光低温条件下进行。

3）类胡萝卜素的 HPLC 检测

洗脱条件如下:流动相 A 为甲醇（含 0.1% BHT，0.05% TEA）, B 为乙腈（含 0.1% BHT,0.05% TEA）,C 为甲基叔丁基醚（含 0.1% BHT）。

流速为 1 mL/min,柱温为 20 ℃。采取梯度洗脱。0 min, A∶B∶C=24∶72∶4; 0—10 min, A∶B∶C=24∶72∶4; 10—19 min, A∶B∶C=22∶66∶12; 19—29 min, A∶B∶C=19∶57∶24; 29—54 min, A∶B∶C=13∶39∶48; 54—66 min, A∶B∶C=7∶21∶72; 66—67 min, A∶B∶C=24∶72∶4; 67—78 min, A∶B∶C=24∶72∶4。进样体积为 20 μL。

4）标准曲线的绘制

类胡萝卜素标准样品包括紫黄质、新黄质、花药黄质、叶黄素、玉米黄质、α-隐黄质、β-隐黄质、α-胡萝卜素、β-胡萝卜素,均购于 Carotenature 公司。分别将 1 mg 标样溶于 2 mL MTBE

中,然后准确稀释成 50.00 μg/mL、37.50 μg/mL、25.00 μg/mL、12.50 μg/mL、6.25 μg/mL、2.50 μg/mL 的浓度梯度,以上文中的洗脱条件上样进行 HPLC 检测。根据 6 个浓度梯度的色谱图,用 Excel 进行数据分析得到每个标样的标准曲线和回归系数。

本节参考文献

[1]   尚丹,许学勤,吴伟杰. 不同状态香蕉皮的多酚物质提取效果实验研究 [J]. 食品科技,2010,35(7):204-208.

[2]   刘文清,崔广娟,王芳,等. 香蕉-甘蔗轮作对土壤养分含量及酶活性的影响 [J]. 广东农业科学,2019,46(8):86-96.

[3]   DALE J,PAUL J-Y,DUGDALE B,et al. Modifying bananas:from transgenics to organics? [J]. Sustainability,2017,9(3):1-7.

[4]   牟海飞,刘洁云,韦绍龙,等. 早熟短果指型香蕉新品种桂蕉早 1 号的选育及其高产栽培技术 [J]. 南方农业学报,2017,48(6):1048-1053.

[5]   林贵美,李小泉,韦绍龙,等. 桂蕉 1 号香蕉种植试验 [J]. 中国热带农业,2012(5):64-65.

[6]   WEI S W,TAO S T,QIN G H,et al. Transcriptome profiling reveals the candidate genes associated with aroma metabolites and emission of pear (*Pyrus ussuriensis* cv.)[J]. Scientia horticulturae,2016(206):33-42.

[7]   SELLI S, GUBBUK H, KAFKAS E, et al. Comparison of aroma compounds in Dwarf Cavendish banana (*Musa* spp. AAA) grown from open-field and protected cultivation area[J]. Scientia horticulturae,2012(141):76-82.

[8]   张静,罗敏蓉,王西芳,等. 固相微萃取气质联用测定番茄香气成分条件优化 [J]. 北方园艺,2017(13):7-13.

[9]   WANG L B, BALDWIN E A, BAI J H. Recent advance in aromatic volatile research in tomato fruit:the metabolisms and regulations[J]. Food and bioprocess technology,2016,9(2):203-216.

[10]   刘畅. 4 种小苹果香气物质检测及主成分分析 [J]. 中国林副特产,2020(3):17-19.

[11]   邝瑞彬,孔凡利,杨护,等. 百香果果汁营养特性分析与评价 [J]. 食品工业科技,2021,42(9):347-357.

[12]   朱珠芸茜,王斌,邓乾坤,等. 新疆 5 种鲜食葡萄挥发性香气成分比较分析 [J]. 农产品加工,2020(20):68-74.

[13]   万鹏,梁国平,马丽娟,等. 19 个苹果品种果实香气成分的 GC-MS 分析 [J]. 食品工业科技,2019,40(14):227-232.

[14]   刘华南,江虹锐,陆雄伟,等. 顶空固相微萃取-气质联用分析不同芒果品种香气成分

差异 [J]. 食品工业科技,2021,42(11):211-217.

[15] 李瑞,刘翠华,石金瑞,等. "蜜脆" 苹果果皮和果肉香气差异 [J]. 西北农业学报,2019,28(10):1621-1631.

[16] SHIOTA H. New esteric components in the volatiles of banana fruit (*Musa sapientum* L.)[J]. Journal of agricultural and food chemistry,1993,41(11):2056-2062.

[17] 张运良. 香蕉转录因子 MabZIPs 参与调控香气合成基因的机制分析 [D]. 广州:华南农业大学,2017.

[18] ZHU H, LI X P, YUAN R C, et al. Changes in volatile compounds and associated relationships with other ripening events in banana fruit[J]. The journal of horticultural science and biotechnology,2010,85(4):283-288.

[19] ZHU X, LI Q, LI J, et al. Comparative study of volatile compounds in the fruit of two banana cultivars at different ripening stages[J]. Molecules,2018,23(10):2456.

[20] 张劲. 芒果香气特征分析研究 [D]. 南宁:广西大学,2011.

[21] STEPHEN V D. Training the ABCs of perfumery[DB/OL].[2021-12-15]. https://www.perfumersworld.com/images/pdfs/Training%20the%20ABCs%20of%20Perfumery.pdf.

[22] 乔飞,江雪飞,丛汉卿,等. 杧果 "汤米·阿京斯" 香气特征分析 [J]. 热带农业科学,2015,35(12):63-66.

[23] 乔飞,江雪飞,徐子健,等. "阿蒂莫耶" 番荔枝花期挥发性成分和香味特征分析 [J]. 果树学报,2016,33(12):1502-1509.

[24] SAN A T, JOYCE D C, HOFMAN P J, et al. Stable isotope dilution assay (SIDA)and HS-SPME-GCMS quantification of key aroma volatiles for fruit and sap of Australian mango cultivars[J]. Food chemistry,2017,221:613-619.

[25] 李映晖. 香蕉和粉蕉果实后熟过程中挥发物的变化及肥料对其的影响 [D]. 湛江:广东海洋大学,2014.

[26] 陶晨,王道平,杨小生,等. 固相微萃取气相色谱质谱法分析香蕉中的香气成分 [J]. 甘肃农业大学学报,2010,45(4):139-141.

[27] CUEVAS F J,MORENO-POJAS J M,ARROYO F,et al. Effect of management (organic vs conventional) on volatile profiles of six plum cultivars (*Prunus salicina* Lindl.). A chemometric approach for varietal classification and determination of potential markers[J]. Food chemistry,2016,199:479-484.

[28] 朱虹,陈玉芬,李雪萍,等. 顶空固相微萃取气-质联用分析香蕉的香气成分 [J]. 园艺学报,2007(2):485-488.

[29] 徐子健,龙娅丽,江雪飞,等. 山刺番荔枝果实发育进程中挥发性成分的组成分析 [J]. 果树学报,2016,33(8):969-976.

[30] 林翔云. 调香术 [M]. 北京：化学工业出版社，2013.

[31] MALUNDO T M M, SHEWFELT R L, SCOTT J W. Flavor quality of fresh tomato (*Lycopersicon esculentum* Mill.) as affected by sugar and acid levels[J]. Postharvest biology and technology, 1995, 6 (1): 103-110.

[32] VERMEIR S, HERTOG M L A T M, VANKERSCHAVER K, et al. Instrumental based flavour characterisation of banana fruit[J]. LWT-food science and technology, 2009, 42 (10): 1647-1653.

[33] BECKLES D M. Factors affecting the postharvest soluble solids and sugar content of tomato (*Solanum lycopersicum* L.) fruit[J]. Postharvest biology and technology, 2012, 63 (1): 129-140.

[34] WYLLIE S G, FELLMAN J K. Formation of volatile branched chain esters in bananas (*Musa sapientum* L.)[J]. Journal of agricultural and food chemistry, 2000, 48 (8): 3493-3496.

[35] 朱孝扬，李秋棉，罗均，等. 粉蕉后熟过程中香气品质变化及其关键基因表达特性 [J]. 食品科学，2019，40 (17): 96-103.

[36] PEREIRA G A, ARRUDA H S, MOLINA G, et al. Extraction optimization and profile analysis of oligosaccharides in banana pulp and peel[J]. Journal of food processing and preservation, 2018, 42 (1): e13408.

[37] SAMAD N, MUNEER A, ULLAH N, et al. Banana fruit pulp and peel involved in anti-anxiety and antidepressant effects while invigorate memory performance in male mice: possible role of potential antioxidants[J]. Pakistan journal of pharmaceutical sciences, 2017, 30 (3): 989-995.

[38] BEST R, LEWIS D A, NASSER N. The anti-ulcerogenic activity of the unripe plantain banana (*Musa species*)[J]. British journal of pharmacology, 1984, 82 (1): 107-116.

[39] 闫洋，李秋霖，郑中兵. 香蕉皮多酚和多糖的提取工艺及其抗氧化性 [J]. 分子植物育种，2019 (7): 2408-2411.

[40] 伍曾利，陈厚宇. 香蕉多糖降血糖功能研究 [J]. 轻工科技，2014，30 (12): 9-10.

[41] 杨海云. 香蕉皮多糖对人乳腺癌 MCF_7 细胞体外作用及其机制的研究 [D]. 桂林：桂林医学院，2011.

[42] WANG R, FENG X, ZHU K, et al. Preventive activity of banana peel polyphenols on CCl_4-induced experimental hepatic injury in Kunming mice[J]. Experimental and therapeutic medicine, 2016, 11 (5): 1947-1954.

[43] 赵磊，朱开梅，王晓，等. 香蕉皮多酚对高脂血症大鼠降血脂作用的实验研究 [J]. 中国实验方剂学杂志，2012，18 (13): 201-204.

[44] ZHU X Y，LI Q M，LUO J，et al. Evolution of aroma components and key gene expression during postharvest ripening of banana（*Musa* ABB Pisang Awak）[J]. Food science，2019，40（17）：96-103.

[45] 黎源. 两个香蕉品种果实香气物质研究 [D]. 南昌：江西农业大学，2014.

[46] KUMARASAMY Y, MIDDLETON M, REID R G, et al. Biological activity of serotonin conjugates from the seeds of *Centaurea nigra*[J]. Fitoterapia，2003，74（6）：609-612.

[47] JUNG E S, KIM S B, KIM M H, et al. Inhibitory effects of serotonin derivatives on adipogenesis[J]. Journal of the Society of Cosmetic Scientists of Korea，2011，37（2）：171-176.

[48] ARZT E，COSTAS M，FINKIELMAN S，et al. Serotonin inhibition of tumor necrosis factor-alpha synthesis by human monocytes[J]. Life sciences，1991，48（26）：2557-2562.

[49] ROH J S, HAN J Y, KIM J H, et al. Inhibitory effects of active compounds isolated from safflower（*Carthamus tinctorius* L.）seeds for melanogenesis[J]. Biological and pharmaceutical bulletin，2004，27（12）：1976-1978.

[50] BETTEN A，DAHLGREN C，HERMODSSON S，et al. Serotonin protects NK cells against oxidatively induced functional inhibition and apoptosis[J]. Journal of leukocyte biology，2001，70（1）：65-72.

[51] REITER R J, GUERRERO J M, ESCAMES G, et al. Prophylactic actions of melatonin in oxidative neurotoxicity[J]. Annals of the New York Academy of Sciences，1997，825（1）：70-78.

[52] 李经才，王芳，霍艳，等. 从生物进化看褪黑素的功能意义 [J]. 生命科学，2000，12（3）：130-133.

[53] CAROLEO M C, FRASCA D, NISTICO G, et al. Melatonin as immunomodulator in immunodeficient mice[J]. Immunopharmacology，1992，23（2）：81-89.

[54] MÜLLER N，SCHWARZ M J. The immune-mediated alteration of serotonin and glutamate：towards an integrated view of depression[J]. International journal of obesity，2007，12（11）：988-1000.

[55] 李俊，徐叔云. 松果体褪黑素的神经免疫调节研究进展 [J]. 中国药理学通报，1997，13（1）：7-11.

[56] 何炜，李晓晔，石鑫，等. 褪黑素的生理活性研究进展 [J]. 医药导报，2006，25（6）：556-558.

[57] 雷国强，李厚望. 香蕉中 5-羟色胺的荧光测定和薄层鉴定 [J]. 中药材，1995，18（3）：142-144.

第二节　莲雾

一、莲雾的概述

莲雾（*Syzygium samarangense*（Blume）Merr. et Perry），又名金山蒲桃、洋蒲桃、辈雾、琏雾、爪哇蒲桃、水蒲桃等，是桃金娘科蒲桃属热带常绿乔木果树。莲雾树高 12 m；嫩枝压扁。叶片为薄革质，呈椭圆形至长圆形，长 10~22 cm，宽 5~8 cm，先端钝或稍尖，基部变狭，圆形或微心形，上面干后变黄褐色，下面多细小腺点，侧脉有 14~19 对，以 45° 开角斜行向上，离边缘 5 mm 处互相结合成明显边脉，另在靠近边缘 1.5 mm 处有 1 条附加边脉，侧脉间相隔 6~10 mm，有明显网脉；叶柄极短，长不过 4 mm，有时近于无柄。聚伞花序顶生或腋生花数朵；花呈白色，花梗长约 5 mm；萼管为倒圆锥形，长 7~8 mm，宽 6~7 mm，萼齿为 4，半圆形，宽加倍；雄蕊极多；花柱长 2.5~3 cm。莲雾为梨形或圆锥形的肉质果实，果皮为洋红色且发亮，长 4~5 cm，顶部凹陷，有宿存的肉质萼片；种子为 1 颗。花期为 3—4 月，果实 5—6 月成熟。莲雾树生长快速，周年常绿，树姿优美；花期长，花香浓，花形美丽，常作为盆景和庭院观赏植物种植。

莲雾果实颜色鲜艳，外形为钟形或梨形，果皮极薄，果肉带海绵质，水分多，并具有独特的清新香气，在我国台湾有"水果皇帝"的称号。莲雾的种类很多，果色也不尽相同，但色彩都较为鲜艳，有深红色、淡红色、白色、青绿色、粉红色等颜色，不同颜色的莲雾口味不同。青绿色的莲雾有丝丝清甜；粉红色的莲雾水分较多，甜中带酸；深红色的莲雾水分较少，但香甜可口。无论哪一品种的莲雾，在春夏干燥炎热季节都是清凉解渴的果品，均受消费者欢迎。随着栽培技术的不断更新，莲雾新品种不断涌出，果实的品质和产量更有着质的飞跃，如近几年我国台湾培育的莲雾佳品——黑珍珠，便是其中的佼佼者，市场价格备受看好，经济效益高。

莲雾集食用、药用、观赏于一体。食用以鲜果生食为主，淡淡的甜味中带有苹果般的清香，食后齿颊留芳；也可盐渍、糖渍、制罐及脱水蜜饯或制成果汁等。莲雾还具有开胃、爽口、利尿、清热以及安神等食疗功能，其性味甘平，能润肺、止咳、除痰、凉血、收敛，主治肺燥咳嗽、呃逆不止、痔疮出血、胃腹胀满、肠炎痢疾、糖尿病等症，对人体有较高的营养保健功能。莲雾不仅是一种美味的水果，还是解酒良药，是宴席上的常客。

二、莲雾的产地与品种

（一）莲雾的产地

莲雾原产于马来半岛，是著名的热带、亚热带水果，17 世纪由荷兰人自爪哇引入我国台湾,台湾的莲雾栽培面积达 13.35 万亩(1 亩 =666.67 m²),每亩产量达 894.1 kg。由于品种及栽培技术的研究突破,莲雾产期提早且品质提高,现被视为消暑佳果,在台湾 20 多种主要重要经济果树中名列第六七位。莲雾在台湾主要分布在宜兰、彰化、台南、屏东等地,其中屏东是最有名的莲雾产地。现在,广东、福建、海南、广西、云南、贵州和四川等地均有少量栽培。在海南,莲雾被称为"点不",也称为"扑通",因为莲雾经常从树上掉下来发出扑通的声响,有些海南人只认识"点不",却不知道莲雾为何物。莲雾生长的最适温度为 25~30 ℃,对土壤条件要求不高,因其适应性强,栽培技术简单,经济效益佳,在海南,已由原来庭院的零星栽培转为大面积果园栽培。海南全省种植莲雾达 5 000 亩以上,主要种植地区为海口、文昌、琼海、澄迈、儋州、定安、三亚等。

(二)莲雾的品种

莲雾品种较多,目前比较受欢迎的品种有黑金刚莲雾、黑珍珠莲雾、飞弹莲雾、巴掌莲雾、青钻石莲雾、黑糖芭比莲雾、白翠玉莲雾和大叶红莲雾。

1.黑金刚莲雾

单果重 150 克左右,果实呈钟形,果皮为暗褐色,有凸起的棱,果肉的海绵比较少,吃起来爽脆多汁,口感甜。

2.黑珍珠莲雾

成熟后颜色更加鲜艳,红得发紫,果肉脆甜,有苹果的香味,果实呈圆锥形,虽然黑珍珠莲雾口感和口味都好,但是比较容易发生裂果。

3.飞弹莲雾

因外形像子弹而得名,果肉暗红,有红色晕开的感觉。与其他品种相比,飞弹莲雾不容易裂果,管理相对简单,产期在夏季,能避开莲雾的上市高峰,而且果肉丰富,几乎没有海绵组织。

4.巴掌莲雾

因个头就像巴掌一样大,又被称作台湾最大的巨无霸莲雾,它的缺陷是果皮颜色不够鲜艳。

5. 青钻石莲雾

青钻石莲雾的个头比较小,果皮青绿色,果实呈钟形或长条状,有较淡的柠檬香气。

6.黑糖芭比莲雾

黑糖芭比莲雾个头大,容易开花,几乎比黑金刚莲雾大一倍,果皮颜色为深红色,甜中带酸。

7.白翠玉莲雾

果皮呈青色或白色,口感佳,一般在 5—9 月成熟。

8.大叶红莲雾

容易开花、丰产,即使不打理,一年也能开 3 次花,较耐寒,可以在有霜冻的地区种植。

三、莲雾的主要营养与活性成分

(一)莲雾的营养成分

莲雾的主要营养成分是多糖。多糖是由 10 个及 10 个以上单糖组成的聚合糖高分子碳水化合物,可用通式$(C_6H_{10}O_5)_n$表示。多糖类化合物广泛存在于动物细胞膜和植物、微生物的细胞壁中,是由醛基和酮基通过苷键连接的高分子聚合物,也是构成生命的四大基本物质之一。多糖在自然界分布极广,亦很重要。有的是构成动植物细胞壁的组成成分,如肽聚糖和纤维素;有的作为动植物储藏的养分,如糖原和淀粉;有的具有特殊的生物活性,如人体中的肝素有抗凝血作用,肺炎球菌细胞壁中的多糖有抗原作用。

1.淀粉

淀粉是植物营养物质的一种贮存形式,也是植物性食物中重要的营养成分,分为直链淀粉和支链淀粉。

2. 纤维素

纤维素是植物细胞壁的主要成分,占植物体总重量的 1/3 左右,也是自然界最丰富的有机物,地球上每年约生产 1 011 t 纤维素。完整的细胞壁以纤维素为主,并粘连有半纤维素、果胶和木质素。约 40 条纤维素链相互间以氢键相连成纤维细丝,无数纤维细丝构成细胞壁完整的纤维骨架。一些反刍动物可以利用其消化道内的微生物消化纤维素,产生葡萄糖供自身和微生物共同利用。虽然大多数的动物(包括人)不能消化纤维素,但是含有纤维素的食物对于健康是有益的,因此动物应摄入纤维素。

(二)活性成分

1.降血糖成分

Ukai Shigeo 等从一种银耳的子实体和菌丝体中提取出抗高血糖的纤维素结构(构象式)酸性多糖。Fujii Makoto 等从海藻类植物中提取出一种能够降低血糖水平的藻类多糖,并制成了以岩藻依聚糖为主要成分的保健食品,它可以显著提高人体的免疫能力。

2.美容成分

Honda Yasuki 等从西洋樱草属(*Polyanthus*)植物中获得一种具有良好的保湿、抗皱等作用的酸性多糖。Sawai Yasuko 等从石菖蒲的根茎中分离得到的多糖可抑制黑色素的产生,具有抗炎、抗氧化作用,可用于黑变病的治疗,且因其具有良好的保湿作用,故又可作为化妆品的有效成分。Shimomura 等从甲壳类动物的肉类降解产物中得到一种具有美容功效的酸性多糖。试验证明，此酸性多糖可抑制延缓衰老的透明质酸的分解，减少皮肤细纹和干裂，因而可作为美容食品和化妆品的有效成分。

3.乳化成分

Keiichi 等从禾本科羊茅属（*Gramineae Festuca*）植物的体细胞壁提取得到具有乳化作用的多糖，其可作为乳化剂广泛应用于工业生产中，且安全、无污染。Kurane Ryuichiro 等分离出一种由海藻糖和甘露糖组成的多糖，此多糖在水中的溶解性好，有良好的稳定性，可作为研磨剂、乳化剂的稳定剂和增稠剂。

4.有机酸

有机酸是热带水果中主要的风味营养物质之一，影响热带水果的口感、色泽及生物稳定性，其含量的高低与热带水果的品质有密切关系，同时其还是成熟度、耐储藏性以及加工性的重要评价依据。莲雾果实中，有机酸是主要的风味物质，其含量与莲雾的风味与品质密切相关。

有机酸是结构中含有羧基（—COOH）的化合物。在中草药的叶、根，特别是果实中广泛分布。常见的植物中的有机酸有脂肪族的一元、二元、多元羧酸，如酒石酸、草酸、苹果酸、柠檬酸、抗坏血酸（即维生素 C）等，亦有芳香族有机酸，如苯甲酸、水杨酸、咖啡酸等。除少数以游离状态存在外，一般都与钾、钠、钙等结合成盐，有些与生物碱结合成盐。脂肪酸多与甘油结合成酯或与高级醇结合成蜡。有的有机酸是挥发油与树脂的组成成分。羧酸分子中羟基上的氢原子被其他原子或原子团取代的衍生物称为取代羧酸。重要的取代羧酸有卤代酸、羟基酸、酮酸和氨基酸等。这些化合物中的一部分参与动植物代谢，有些是代谢的中间产物，有些具有显著的生物活性，能预防疾病和治疗疾病，有些是有机合成、工农业生产和医药工业的原料。

有机酸多溶于水或乙醇，难溶于其他有机溶剂，部分有挥发性，部分无挥发性。在有机酸的水溶液中加入氯化钙、醋酸铅或氢氧化钡溶液时，能生成不溶于水的钙盐、铅盐或钡盐的沉淀。需要自中草药提取液中除去有机酸时常可使用这些方法。

5.微量元素

钠、钾、钙、铁、锰、镁、锌、铜、硒、磷等各类矿物质是细胞生长、器官发育以及新陈代谢必不可少的物质。铁和蛋白质组成血红素，血红素是红细胞的重要组成部分，可催化抗体的产生，提高免疫力。钙是身体骨骼生长所需的重要元素，可维持体内酸碱平衡。

维生素 B 可调节新陈代谢，维持皮肤和肌肉的健康，增进免疫系统和神经系统的功能，促进细胞生长和分裂（包括促进红细胞的产生，预防贫血）。维生素 E 有很强的抗氧化作用，也是一种很重要的血管扩张剂和抗凝血剂，可减轻疲劳。维生素 C 可促进胶原蛋白的合成，治疗坏血病，预防牙龈萎缩、出血，预防动脉硬化等。不溶性纤维有很好的降脂作用，可促进大肠的蠕动，起到清肠排毒作用。胡萝卜素可防止缺铁性贫血，促进钙的吸收和骨骼发育，增强视力，维持皮肤的完整性，防止病毒的侵袭，提高免疫力。

6.天然色素

色素是赋予一定颜色的原料。色素用得是否适当对制品的好坏起决定性作用。①合成色素。食用色素通过化工合成制得的色素称合成色素。②无机色素。常用的无机色素有氧化铁、炭黑、氧化铬绿等,它们具有良好的耐光性,不溶于水。③天然色素。常用的天然色素有胭脂树红、胭脂虫红、叶绿素、姜黄素和叶红素等。与人们对合成色素的危害性的认识越来越深入相对应的是,天然色素越来越受到重视。

天然色素一般来源于天然成分,比如甜菜红、葡萄和辣椒,这些食品已经得到了广大消费者的认可与接受,因此采用这些食物来源的天然色素更能得到消费者的青睐,使用起来也更安全。大部分天然色素来源于植物。绝大多数植物色素无副作用,安全性高。植物色素大多为花青素类、类胡萝卜素类、黄酮类化合物,是一类生物活性物质,是植物药品和保健食品中的功能性有效成分。鉴于植物色素作为着色用添加剂而应用于食品、药品及化妆品中,用量达不到医疗及保健品的量效比例。在保健食品应用中,这一类植物色素可分别发挥增强人体免疫机能、抗氧化、降低血脂等辅助作用;在普通食品中,有的植物色素可以发挥强化营养的辅助作用及抗氧化作用。

与合成色素截然不同的是,天然色素不仅没有毒性,有的还有一定的营养作用,甚至一定的药理作用。目前,开发研制天然色素,利用天然色素代替合成色素已经成为食品、化妆品行业的发展趋势。据报道,在日本允许使用的天然色素有97种,占据了90%的市场份额。我国允许使用的天然色素也有48种。日本市场上年需求量在200 t以上的是焦糖色素、胭脂树橙色素、红曲色素、栀子黄色素、辣椒红色素和姜黄色素等6种天然色素产品,其中焦糖色素的需求量最大,每年消费量达2 000 t,约占天然色素消费总量的40%。我国天然食用色素产品中次焦糖色素的产量最大,年产量约占天然食用色素的86%,主要用于国内酿造行业和饮料工业。其次是红曲红、高粱红、栀子黄、萝卜红、叶绿素铜钠盐、胡萝卜素、可可壳色、姜黄等,主要用于配制酒、糖果、熟肉制品、果冻、冰淇淋、人造蟹肉等食品。

以前,水果和蔬菜占据人们每日所食食物中很大的一部分,这种生活方式的特征是食物丰富而且健康。后来,人们意识到,许多能够带给水果和蔬菜鲜艳颜色的色素其实也是非常有价值的营养品。现代技术也可以应用开发更多精细的产品。自然界中存在许多色素,其中一些色素既可以作为食用色素,也可以作为重要的营养成分,这些色素的色调许多都介于黄色、橙色和红色之间。

花青素是一类天然色素,它们存在于水果和蔬菜中,使得水果和蔬菜呈现红色到蓝色的色调。在工业化生产中,大部分色素的常用来源为葡萄、接骨木果、覆盆子和红甘蓝(紫甘蓝)。花青素不仅可以作为色素,而且也有许多生物活性,不同来源的花青素具有不同的特性。来源于葡萄皮的花青素可以降低心脏病的危险,来源于接骨木果的花青素对流感病毒具有抵抗作用,来源于覆盆子的花青素对视力具有良好的保护作用。

　　另一大类具有营养特性的天然色素是类胡萝卜素。类胡萝卜素广泛分布在自然界中，一般呈现黄色、橙色和红色。大多数水果和蔬菜都含有类胡萝卜素的混合物，从这些水果和蔬菜中所获得的提取物是人类必需营养的重要来源，现在已经确认自然界中有600种不同的类胡萝卜素。β-胡萝卜素是最普遍的类胡萝卜素，现在已经广泛应用于食品加工中，β-胡萝卜素应用于黄油和人造黄油中已经有很多年的历史，它不仅给这些产品提供黄色的色调，而且还可以提供维生素A，这主要是由于β-胡萝卜素在人体内可以转化成维生素A。许多国家均规定人造黄油必须添加维生素A，因此，β-胡萝卜素成为维生素A的来源。在自然界中混合类胡萝卜素最丰富的是棕榈油的果实，它含有α-类胡萝卜素、β-类胡萝卜素和γ-胡萝卜素。许多消费者已经认可混合类胡萝卜素对人体健康有益。现在，天然胡萝卜素已经成为普遍使用的色素，可以赋予产品吸引人的黄色和橙色。

　　叶黄素是一种来自万寿菊的黄色素。一直到近来人们才意识到它是一种抗氧化剂，可以对抗斑点退化（一种导致老年人失明的疾病）。番茄红素是一种鲜艳的红色色素，它是一种很强的抗氧化剂，可以预防许多种癌症。姜黄素也具有抗氧化性，同时具有抗炎的特性。

　　天然色素溶解性、稳定性和染着性等均不如合成色素，但具有抗氧化及清除自由基、抗突变、抗癌、抗病毒、降脂等生物活性，在预防心血管疾病、糖尿病及癌症中起关键作用。因此，天然色素的应用与开发越来越受到关注和重视。莲雾果实成熟时果皮呈现深红色、粉红色、青绿色、白色等不同颜色，其中粉红种和深红种果实成熟时均富含花青素苷，是开发莲雾天然色素的良好材料。

四、莲雾中活性成分的提取、纯化与分析

（一）莲雾中多糖的分析

1.试剂与仪器

试剂：葡萄糖标准品，95% 乙醇、苯酚、浓硫酸及其他试剂均为分析纯。

仪器：FA2004 N 电子天平、722SP 可见分光光度计（上海精密科学仪器有限公司）；SHD-Ⅲ循环水式多用真空泵（保定高新区阳光科教仪器厂）；101A-1 型电热鼓风干燥箱（上海实验仪器厂有限公司）；冷藏冷冻箱，BCD-217YB（Haier）；组织捣碎机（金坛市医疗仪器厂）；数显恒温水浴锅 HH-8（常州华普达教学有限公司）；KDM 型调温电热套（山东省鄄城永兴仪器厂）；800 型离心沉淀器（上海手术器械厂）；ET-Q 型气浴恒温振荡器（常州荣冠实验分析仪器厂）。

2.试验方法

1）标准溶液的配置

Ⅰ.5.0% 苯酚试剂的配制

称取苯酚 100 g，加铝片 0.1 g 和 $NaHCO_3$ 0.05 g，蒸馏，收集 182 ℃的馏分。称取该

馏分 7.5 g,加水 150 mL 使之溶解,置于棕色瓶内放入冰箱备用,得 5.0% 苯酚试剂。

Ⅱ. 葡萄糖标准溶液的配制

准确称取干燥至恒重的葡萄糖标准品 0.1 g,加适量水溶解,转移至 100 mL 容量瓶中,加蒸馏水至刻度后摇匀,制得浓度为 1.0 mg/mL 的葡萄糖溶液,再准确移取 10 mL,用蒸馏水定容至 100 mL,得 0.1 mg/mL 的葡萄糖标准溶液。

2)样品制备

将莲雾洗净切碎,放入 101A-1 型电热鼓风干燥箱中以 60 ℃左右的温度烘烤后,粉碎,过 40 目筛,于试剂瓶中密封备用。

3)提取

准确称取 5.00 g 莲雾样品于索氏提取器中用石油醚(80 ℃)回流脱脂两次,每次时长为 1 h,每次 60 mL。再用 95% 乙醇回流提取两次,每次时长为 1 h,每次 60 mL。处理的目的是除去单糖和低聚糖。处理后将其烘干,再进行称重,将其平均分成 5 份,放入 5 个碘量瓶中,按一定比例加入蒸馏水(料液比(g/mL)分别为 1∶20、1∶40、1∶60、1∶80、1∶100),在合适的功率(微波功率)下微波浸提数秒,浸提结束后趁热减压抽滤,收集滤液。相同条件下,再将滤渣洗入碘量瓶中进行二次浸提,浸提数次后,合并滤液,加热浓缩至 2~3 mL(原料重∶浓缩液 =1∶2)。加入 4 倍体积的 95% 乙醇,充分搅拌,放入冰箱中静置 2 h,在 4 000 r/min 的转速下,离心 15 min。收集沉淀,用无水乙醇洗涤沉淀物,如此重复数次,直到乙醇接近无色,得到的沉淀即为粗多糖。向得到的粗多糖中加 50 mL 的蒸馏水使其重新溶解,加入 Sevage 试剂(正丁醇∶氯仿 =5∶1),振荡 15 min,静置 2 h,脱去蛋白,过滤,取其滤液,用蒸馏水溶解后定容于 100 mL 容量瓶中,利用苯酚-硫酸法测其吸光度,根据回归方程算出多糖的含量。

3.苯酚-硫酸法中多糖含量的测定

1)葡萄糖标准曲线制作

分别吸取葡萄糖标准液(0.1 mg/mL)0.2、0.4、0.6、0.8、1.0 mL,加水稀释至 1 mL,向各管中加入 5% 苯酚试剂 1 mL,混匀。沿管壁加入浓硫酸 5 mL,静置 5 min,振摇,置沸水浴中加热 15 min,立即转入冷水浴中冷却至室温。以蒸馏水为空白,在 490 nm 波长处测定吸光度。以葡萄糖的含量为横坐标,以吸光值为纵坐标,制作标准曲线得直线回归方程。

2)提取

取莲雾多糖浸提液溶于适量蒸馏水中,转移到 100 mL 容量瓶中,定容。精密吸取上述溶液 1.0 mL,按"葡萄糖标准曲线制作"项下操作,测定吸光度,根据回归方程求出含量。李粉玲等研究了微波辅助提取莲雾多糖的最佳试验条件,试验的结果表明:莲雾多糖的最佳浸提时间为 120 s、微波功率为 80%(640 W)、料液比为 1∶40(g/mL)、浸提次数为 3 次,其中浸提次数是最主要的影响因素,其次是功率和料液比,浸提时间对提取的影响较小。

微波萃取技术即微波辅助萃取（microwave-assisted extraction，MAE），是用微波能加热与样品相接触的溶剂，将所需化合物从样品基体中分离，使之进入溶剂中的一个过程。微波萃取技术具有快速、溶剂用量少、提取率高、成本低、质量好等优点。微波萃取技术用于某些生物材料的多糖提取过程被证实可明显提高提取率。张海容等以香菇多糖为研究对象，采用单因素分组实验法对香菇多糖提取工艺（热水提取法和微波萃取法）进行了初步的探讨，比较了时间、浸取温度、浸取次数、液固比等因素对多糖提取率的影响。传统热水提取法的最佳工艺条件：液固比为 10，加热温度为 45 ℃，加热时间为 5 h，提取 2 次。微波萃取法提取香菇多糖的最佳工艺条件：液固比为 10，功率为 40%，加热时间为 180 s，pH 值为 1。通过比较两种最佳工艺条件的结果可知，微波萃取法具有节能、省时、环保、操作便利且提取率高等优点。

3）样品测定

使用苯酚-硫酸法测定多糖含量。苯酚-硫酸法的测定原理为：糠醛衍生物与 2-萘酚缩合生成有色物质，在 490 nm 波长处有特征吸收峰，可用于测定多糖含量。多糖在硫酸存在下先水解成果糖，再衍生成具有呋喃环结构的化合物——糠醛，甲基五碳糖生成的是 5-甲基五碳糠醛，六碳糖生成的是 5-羧甲基糠醛。测定吸光度时所用葡萄糖标准溶液与莲雾多糖都需现配现用才能保证结果的稳定性及准确性，每组需平行测定 3 次。

4.测定结果

用分光光度法测定莲雾中多糖的含量，此方法简单，准确率高，生成的颜色持久。用苯酚-硫酸法测定多糖含量时应注意苯酚浓度不宜太高，若苯酚浓度过高，反应的稳定性不好且易产生操作误差。试验采用 5% 苯酚试剂，测定结果较为理想。保持较高的硫酸浓度对多糖含量的测定非常重要，因为该反应是以多糖的水解和糠醛反应为基础的，硫酸浓度降低会影响两种反应的进行。

（二）莲雾中有机酸的分析

段云飞等应用液相色谱法同时测定莲雾果实中 7 种有机酸的含量。采用 Atlanis T3 色谱柱（4.6 mm×250 mm，5 μm）对有机酸进行分离并进行梯度洗脱，流动相为甲醇和 0.02 mol/L 的磷酸盐（pH=2.2），流速为 0.5 mL/min，柱温为 25 ℃，使用紫外检测器，检测波长为 213 nm。在此色谱条件下，各有机酸组分都很好地分离，线性范围较宽，相关系数不低于 0.999 5，检出限为 0.001~0.014 mg/g，定量限为 0.003~0.042 mg/g，加标回收率为 86.84%~98.86%，相对标准偏差小于 5%。该方法高效快捷、定量准确、灵敏度高，适用于莲雾果实中 7 种有机酸含量的同时测定。测得莲雾果实贮藏期间 7 种有机酸的含量变化：丙酮酸为 0.395~0.975 mg/g、苹果酸为 6.951~10.059 mg/g、抗坏血酸为 0.013~0.172 mg/g、乳酸为 0.030~0.735 mg/g、乙酸为 0.263~0.702 mg/g、柠檬酸为 1.658~

5.370 mg/g、富马酸为 0.269~0.518 mg/g。

1.材料、试剂和仪器

材料:以当日抵达的"蜜风铃"莲雾为材料。选择形状大小与成熟度基本一致、没有病虫害且无机械损伤的莲雾,于温度为(4±0.5)℃、相对湿度为(85±2)%的条件下贮藏。

试剂:丙酮酸、苹果酸、抗坏血酸、乳酸、乙酸、柠檬酸、富马酸标准品(纯度≥98%)(上海源叶生物科技有限公司);甲醇(色谱纯)(美国 Sigma 公司);磷酸二氢钠(分析纯)(国药集团化学试剂有限公司)。

仪器:1260HPLC 仪(配有 1314 紫外检测器)(安捷伦科技有限公司);高速冷冻离心机(德国 Eppendorf 公司);RIOS8 超纯水系统(美国 Millipore 公司);AW220 托盘电子分析天平(日本岛津公司);PE20K 型 pH 计(瑞士 Mettler Toledo 公司);KQ 数控超声波清洗机(昆山市超声波仪器有限公司);LHS 智能恒温恒湿箱(上海一恒科学仪器有限公司);ULT1386 超低温冰箱(-80℃)(美国 Thermo Fisher 公司)。

2.试验方法

1)色谱条件

Atlanis T3 色谱柱(4.6 mm×250 mm,5 μm),流动相为 pH=2.2 的 0.02 mol/L 的 NaH_2PO_4 缓冲溶液(A)-甲醇溶液(B),梯度洗脱(0—8 min,100%~75%A,0%~15%B;8—17 min,75%~70%A,15%~30%B;17—26 min,70%~100%A,30%~0%B);柱温为 25℃,流速为 0.5 mL/min,检测波长为 213 nm,进样量为 10 μL。

2)溶液的配制

Ⅰ.缓冲溶液

配制 0.02mol/L 的 NaH_2PO_4 溶液,用 H_3PO_4 调节 pH 值为 2.2 作为流动相,超声后用 0.45 μm 的水相滤膜过滤。

Ⅱ.单一标准储备液

精确称取适量丙酮酸、苹果酸、抗坏血酸、乳酸、乙酸、柠檬酸和富马酸标准品分别置于 50 mL 容量瓶中,用磷酸盐缓冲溶液溶解稀释至刻度,得到质量浓度分别为 0.750、3.000、0.010、0.050、0.300、1.500、0.096 mg/mL 的标准品溶液,置于 4℃条件下避光保存备用。

Ⅲ.混合标准工作液

分别移取适量的各单一标准储备液,用磷酸盐缓冲溶液稀释至 2、5、10、50、150、300 倍,得到梯度混合标准液。

3)样品溶液的提取

参照郭根和等的方法,称取莲雾果肉 15 g,用研钵研成匀浆,转移到 50 mL 容量瓶中,加入适量的流动相溶液,于 75℃条件下水浴加热浸提 45 min,冷却至室温后定容。

漩涡振荡 2 min,超声提取 30 min 后过滤。取一定量的滤液,以 4 000 r/min 转速离心 30 min,分离沉淀蛋白质、果胶等干扰物质,取上清液用 0.45 μm 孔径的滤膜过滤,滤液即为样液。

3.测定结果

使用 Microsoft Excel 软件对数据进行处理,使用 Adobe Photoshop 软件对图像进行处理。

（三）莲雾中色素的分析

乙醇、甲醇和丙酮是色素提取的常用溶剂,在不同植物中的提取效果不同。李辛雷等的研究结果表明,杜鹃红山茶花花青素提取用乙醇效果最好。红地球葡萄果皮、杜鹃等花青素用含 1% 盐酸的甲醇提取最佳。宫敬利、刘晓东等认为甲醇和乙醇在北五味子色素和紫叶风箱果叶片花青素提取过程中的效果相近,但鉴于甲醇的毒性,选乙醇为提取溶剂较佳。

低 pH 值有利于色素的稳定。对葡萄果皮花青素的研究表明,溶液 pH 值为 2~3 有利于保持色素的正常颜色;杜鹃红山茶花花青素在低 pH 值(0~3)时较稳定,在 pH 为微酸近中性时变色。魏秀清等使用盐酸和柠檬酸调节提取液的 pH 值,试验结果表明, pH 值为 2~3 的提取液的提取效率显著高于 pH 值为 7 左右的提取液。

魏秀清等通过正交试验确定了莲雾果皮花青素的最佳提取工艺: 2.5% 柠檬酸-无水乙醇,料液比为 1∶50,提取温度为 50 ℃,提取时间为 40 min。其中影响提取效率的主要因素是乙醇含量,三个水平间的提取效率呈极显著差异。

1.仪器、材料与试剂

材料:以"紫红"莲雾成熟果果皮为试验材料,采自漳州市东山县圆发莲雾种植场,用刨刀刨取果皮,于料理机内粉碎备用。

试剂:盐酸、甲醇、无水乙醇、柠檬酸、丙酮等(均为分析纯试剂)。

仪器: Lambda35 紫外可见光分光光度计(Perkin Elmer 股份有限公司),SK5210 超声波清洗器(上海科导超声仪器有限公司),美的 MJ-BI 25B36 料理机, XMTD-8222 水浴锅(上海精宏实验设备有限公司)等。

2.试验方法

称取一定量的莲雾果皮,按单因素试验设计的提取液、提取液浓度、超声功率、提取时间、提取温度、料液比对莲雾果皮进行提取。各提取液的提取效率用花青素含量表示:

$$花青素含量(mg/100 g)=A \times V \times 1\ 000 \times 455.2 \times 100/29\ 600 \times d \times m$$

式中　A——最大吸收波长处的吸光度;

　　　V——定容体积,L;

　　　1 000——g 换算成 mg 的系数;

455.2——矢车菊素-3-葡萄糖苷的分子质量,g/mol;

29 600——矢车菊素-3-葡萄糖苷的浓度比吸收系数,L/(mol·cm);

d——比色杯光径,cm;

m——鲜质量,g。

称取 5 g 莲雾果皮于 15 mL 二离心管中,加提取液 10 mL 进行提取,提取单因素依次进行,提取结束后,过滤并定容至 25 mL。料液比与提取次数所用莲雾果皮为 1 g,过滤后定容至 50 mL,进行提取次数试验时,分别测定每次滤液中的花青素含量,计算每次提取所得的花青素占四次提取所得花青素含量的比例,其他操作同上。

本节参考文献

[1] 肖邦森,谢江辉,孙光明,等. 莲雾优质高效栽培技术 [M]. 北京:中国农业出版社,2001.

[2] 罗文扬,雷新涛,罗萍,等. 莲雾盆栽技术 [J]. 福建热作科技,2006,31(4):28-31.

[3] 艾明建. 莲雾庭院丰产栽培技术 [J]. 福建农业,2010(1):18.

[4] 苏天发,范国晃. 台湾的莲雾品种及其栽培要点 [J]. 果树实用技术与信息,2010(2):36-38.

[5] 魏秀清,章希娟,余东,等. 莲雾农科二号果实发育过程中果皮色泽和色素的变化 [J]. 热带作物学报,2012,33(11):1985-1990.

[6] 王燕,陈学森,刘大亮,等. "紫红 1 号"红肉苹果果肉抗氧化性及花色苷分析 [J]. 园艺学报,2012,39(10):1991-1998.

[7] 汪彬慧,陈寒青. 莲雾果多糖的活性及抗氧化活性结构测定 [J]. 合肥工业大学学报(自然科学版),2020,43(6):849-854.

[8] 刘晓涵,陈永刚,林励,等. 蒽酮硫酸法与苯酚硫酸法测定枸杞子中多糖含量的比较 [J]. 食品科技,2009,34(9):270-272.

[9] 勾建刚,刘春红. 白茅根多糖超声提取的优化 [J]. 时珍国医国药,2007,18(11):2749-2750.

[10] 董群. 改良的苯酚-硫酸法测定多糖和寡糖含量的研究 [J]. 中国药学杂志,1996,31(9):38-41.

[11] 李亚,王珠娜. 高效液相色谱法测定莲雾中有机酸的条件优化 [J]. 安徽农业科学,2011,39(8):4765-4767.

[12] 魏秀清,许玲,章希娟,等. 莲雾果皮花色素提取条件研究 [J]. 福建农业学报,2016,31(3):250-254.

[13] 甘志勇,彭靖茹. 微波消解原子吸收法测定莲雾中的微量元素 [J]. 微量元素与健康研究,2007,24(1):46-47.

[14] 刘临. 火焰原子吸收分光光谱法测定莲雾中的微量元素 [J]. 宜春学院学报，2018，40（12）：30-32.

第三节 番石榴

一、番石榴的概述

番石榴（*Psidium guajava* Linn.），又称那拔、鸡屎果、拔子、喇叭番石榴等，属于被子植物门双子叶植物纲桃金娘科番石榴属。果树为乔木，高达 13 m；树皮平滑，为灰色，片状剥落；嫩枝有棱，被毛。叶片革质，为长圆形至椭圆形，长 6~12 cm，宽 3.5~6 cm，先端急尖或钝，基部近于圆形，上面稍粗糙，下面有毛，侧脉有 12~15 对，常下陷，网脉明显；叶柄长 5 mm。花单生或 2~3 朵排成聚伞花序；萼管钟形，长 5 mm，有毛，萼帽近圆形，长 7~8 mm，不规则裂开；花瓣长 1~1.4 cm，为白色；雄蕊长 6~9 mm；子房下位，与萼合生，花柱与雄蕊同长。浆果为球形、卵圆形或梨形，长 3~8 cm，顶端有宿存萼片，果肉为白色和黄色，胎座肥大，肉质，淡红色；种子多数。

在我国，番石榴 4—5 月开花，7—8 月果实成熟，8—9 月又有少量开花，能 2 次结果。利用种子繁殖，在自然界常由鸟类传播；生产上用实生播种或扦插、压条、嫁接繁殖均可。我国以高枝压条繁殖为主。定植株行距 4 m×5 m。施肥以果后肥为重点。冬季培土并剪去过密枝条，春后注意防治天牛为害树干。生于荒地或低丘陵上；适宜热带气候，怕霜冻，耐寒力较差，结果树在 -4 ℃下冻死，幼树在 -2~-1 ℃即会冻死。夏季平均温度需在 15 ℃以上。对土壤要求不严，以排水良好的砂质壤土、黏壤土栽培生长较好。土壤 pH 值为 4.5~8.0 均能种植。

二、番石榴的产地与品种

番石榴是一种适应性很强的热带果树，原产于美洲热带，16—17 世纪传播至世界热带及亚热带地区，如新西兰、太平洋诸岛、印度尼西亚、印度、马来西亚、北非、越南等。约 17 世纪末传入我国，我国华南各地均有栽培，常见有逸为野生种，北达四川西南部的安宁河谷，番石榴是一种适应性很强的热带果树。

（一）番石榴的产地

自古以来，番石榴在我国种植广泛，有 5 个主要栽培区域——陕甘豫地区、新疆南疆地区、安徽怀远地区、山东峄城地区和西南地区等；此外，台湾、海南、广东、广西、福建、江西、云南等省均有栽培。地域气候和土壤环境的差异致使番石榴的营养品质和经济性状差异显著，目前市场多以番石榴的大小来评价番石榴的经济性状。

（二）番石榴的品种

番石榴因品种不同造型有所差异,按果肉颜色分为白心、黄心和红心番石榴,口感各有不同。目前,国内主栽品种有水晶番石榴、珍珠番石榴、红宝石番石榴、胭脂红番石榴、迷你番石榴、红肉西瓜番石榴、草莓番石榴、喇叭番石榴和黄沙罗番石榴等,此外四季桃红肉番石榴、珍珠桃白肉番石榴、和溪番石榴、山美红番石榴、粉红番石榴、桃红番石榴、紫红番石榴、金斗香番石榴等也有部分种植。

1.水晶番石榴

水晶番石榴于 1999 年从台湾省引进内地,为热带常绿小乔木;叶对生,具短柄,叶全缘,叶形为长椭圆形,先端急尖,叶表面为暗绿色。花着生于结果枝基部第 3~4 对叶腋间,为完全花,味芳香,子房位于下位。花为白色,花瓣有 6~10 枚。雄蕊多数,花丝纤细,丛生。雌蕊有 1 枚,子房有 5 室。一年四季均能开花,4—5 月为正造花,8~9 月为番花,花期为 15 d 左右。正造果果实生育天数为 60~70 d,番花果果实生育天数为 80~100 d,风味以番花果为好。果实较大,单果重 250~400 g,最大果可达 500 g;果实为扁圆形,具明显的肋状纵纹,皮为黄绿色,肉厚脆甜有香味,果心小,籽少。营养物质含量:可溶性总糖 9.1%,可溶性固形物 9.8%,维生素 C 39.8 mg/100 g,总酸量 0.19%,固酸比 51：1。一般两年生果园的亩产量为 2 000 kg 左右,三年生果园亩产量可达 6 000 kg。水晶番石榴周年均能开花,果实生育天数为 60~100 d,早产、丰产、口感好,田间表现较抗炭疽病,适宜低海拔无霜或轻霜地区种植。

2.珍珠番石榴

珍珠番石榴肉质非常柔软,肉汁丰富,味道甜美,几乎无籽,风味接近于梨和台湾大青枣之间。它的果实为椭圆形,颜色为乳青色至乳白色,极其漂亮,含有大量的钾、铁、胡萝卜素等,营养极其丰富。其树枝、梢较长,树形较开张,修剪后结果枝抽生比率较高。果实为卵圆形,果长为 7.2~12.4 cm,果径为 6~8 cm,果大,平均单果重 500~520 g,种子少而软,风味佳,糖度高,为 8~14 °Bx,酸度适中。

3.红宝石番石榴

果实为圆形或扁圆形,果实大,一般单个重 300~500 g,大的可达 800 g,亩产量为 2 000~3 000 kg。果实无籽或少籽,果实脆甜可口,香甜细滑,维生素 C 含量高,营养丰富,果实切开放置多天不被氧化。具有生长快、挂果率高的优良特点,其根系发达,树势旺盛,适应性强,易管理,生长快,结果早,定植当年即开花结果,种下 3 个月可开花结果,当年种植当年结果,株产 5~10 kg,一年四季均开花结果。红宝石番石榴从开花、结果到果实成熟只需 2~3 个月。

红宝石番石榴花量大,挂果多,为提高果实的品质,在花果期要进行疏花、疏果,及时疏去双花、三花及发育不良的花朵,保留健壮的单花,并要适当疏果,通常每条枝留 1~3

个果即可。当果实发育至直径为 3 cm 左右时喷施一次杀虫杀菌剂后进行套袋,保果袋内层为白色泡沫网袋,外层为透明塑料薄膜袋。把果实套进袋内,叶片留在外面,扎紧袋口,袋底留两个小孔,用于通气和排水。套袋能减轻红宝石番石榴受到的病虫危害,降低农药在果实中的残留,提高红宝石番石榴的果实品质和外观。

红宝石番石榴的主要病虫害有溃疡病、立枯病、线虫病、炭疽病、煤烟病、果腐病、粉蚧、棉蚜、桃蛀果蛾、粉虱、蚜虫和黄刺蛾等。红宝石番石榴线虫病是立枯病的发生媒介,一旦感染则相当难治,对此病的防治要选种健康种苗作为盆栽苗;盆栽营养土要拌辛硫磷、石灰等消毒,一旦发现病株要及时拔除或剪除烧毁,防止蔓延。

因我国红宝石番石榴以鲜食为主,红宝石番石榴嫁接育苗技术应采用营养繁殖,尤其是嫁接繁殖,以保持母株的优良种性。砧木是培育嫁接苗的基础,红宝石番石榴砧木的培育应选择交通十分便利、排灌方便、日照充足、土层深厚、肥沃的黏性壤土为苗圃地,基本选择水田作为苗圃。

4.胭脂红番石榴

胭脂红番石榴色泽鲜红,果肉厚,爽脆嫩滑,营养丰富,以鲜食为主,是深受广大群众欢迎的水果品种,又名大塘番石榴等。该品种可分宫粉红、全红、出世红、大叶红 4 个品系,以宫粉红、全红为佳。宫粉红果为梨形,中等大,平均单果重 82 g,肉质滑,味清甜,成熟果皮有一半变粉红, 6 月中旬至 7 月下旬成熟。全红果为梨形,中等大,平均单果重 78 g,果皮中等厚,成熟时全果为深红色,有光泽,肉质粗,风味中等,果实 6 月中旬至 7 月下旬成熟。宫粉红和全红均宜发展。

该品种适应性强,粗生,易管,生长快,一般种植两年可收获,且没有大小年的现象。由于胭脂红番石榴品质优良,价格是其他番石榴的 4~5 倍,经济效益十分显著。

5.迷你番石榴

迷你番石榴原产美洲热带,生长适应性强,不择土壤,栽培容易。树为常绿灌木,是番石榴的栽培变种。株高 0.3~2 m;叶对生,为长椭圆形,全缘;春、夏、秋季均能开花,腋生,花为冠白色,果实为球形,成熟可食用,香脆可口。用播种法,春、夏季均可育苗。栽培要点:生性强健,对土壤要求不严,但以肥沃的壤土生长最佳,排水、日照需良好。每 2~3 个月施肥 1 次。每年春季应整枝修剪 1 次,老化的植株应施以强剪,促使萌发新枝,生长更旺盛。性喜高温,耐旱,生长适温为 23~30 ℃。迷你番石榴适合作庭植美化、盆栽或修剪成型。果实成熟可食用。

6.红肉西瓜番石榴

红肉西瓜番石榴外表为绿色,果肉为红色,切开以后与西瓜很相似,因此也称西瓜番石榴。它适合在我国长江以南地区种植,果实籽小,果肉清脆可口,味道浓香甘甜,表皮呈黄绿色。其营养价值高,含丰富的铁质、维生素 C、维生素 B_1、维生素 B_2、氨基酸、胡萝卜素、天然果糖、石榴苷、黄酮苷、微量铬、叶绿素、钾、磷、钙等多种身体所需的矿物质。定植后当年即可开花结果,收效快,产值高,丰产时亩产可达 4 000~5 000 kg。

7.草莓番石榴

草莓番石榴原产于巴西,喜光、喜温、喜湿。最适温度为 23~28 ℃,最低月平均温度 15.5 ℃以上才有利于其生长。年降雨量以 1 000~2 000 mm 为宜。耐旱亦耐湿,如阳光充足,则结果早、品质好。对土壤水分要求不严,土壤 pH 值为 4.5~8.0 均能种植。

树为灌木或小乔木,高达 7 m;树皮平滑,为灰褐色,叶为倒卵形至椭圆形,厚革质,长 5~10 cm,宽 2~4 cm,先端急尖,基部楔形,全缘,两面均无毛,侧脉不明显。花白,腋生单花;萼管为倒圆锥形,萼片为 4~5 片,为长卵形;花瓣为倒卵形,长 1 cm;雄蕊比花瓣短;子房处于下位,与萼管合生,4 室,花柱纤细,柱头盾状。浆果为梨形或球形,长 2.5~4 cm,成熟时为紫红色,果肉为白色、黄色或胭脂红色,果为圆形、肉薄、味带酸、无香气、种子小。花期为夏季,9—10 月成熟,适合种植于庭园进行装点,在中国南部有栽培。果实营养丰富,蛋白质、谷氨酸、脂肪、维生素 C 含量高,是摄取维生素 C 最好的来源。同时具有防老化的作用,其铁、磷、钙的含量极多(尤其是种子部位),铁的含量为热带果实中最多的一种。果肉松软多汁,味如草莓。

8.喇叭番石榴

喇叭番石榴原产于南美洲。树为乔木,树高达 13 m。树皮平滑,为灰色,片状剥落;嫩枝有棱,被毛。叶片为革质,为长圆形至椭圆形,长 6~12 cm,宽 3.5~6 cm,先端急尖或钝,基部近于圆形,上面稍粗糙,下面有毛,侧脉有 12~15 对,常下陷,网脉明显,叶柄长 5 mm。花单生或 2~3 朵排成聚伞花序,萼管为钟形,长 5 mm,有毛,萼帽近圆形,长 7~8 mm,不规则裂开,花瓣长 1~1.4 cm,为白色,雄蕊长 6~9 mm。子房处于下位,与萼合生,花柱与雄蕊同长。浆果为球形、卵圆形或梨形,长 3~8 cm,顶端有宿存萼片,果肉为白色及黄色,胎座肥大,肉质,淡红色。

生于荒地或低丘陵上,适宜热带气候,怕霜冻,一般温度为 -2~-1 ℃时,幼树即会冻死。夏季平均温度在 15 ℃以上为适宜生长温度。对土壤要求不严,以排水良好的砂质壤土、黏壤土栽培生长较好。生长最适温度为 23~28 ℃,最低月平均温度为 15.5 ℃以上才有利于生长。年降雨量以 1 000~2 000 mm 为宜。耐旱亦耐湿,喜光,阳光充足,结果早、品质好。对土壤水分要求不严,土壤 pH 值为 4.5~8.0 均能种植。

9.黄沙罗番石榴

黄沙罗番石榴果小,为淡黄色,微酸,稍有草莓香气。未充分成熟果可制优质果冻。幼苗耐寒性差,易受根线虫危害,可作番石榴砧木。

三、番石榴的主要营养与活性成分

（一）番石榴的营养成分

　　成熟的番石榴果皮脆薄、果肉厚，味道清甜爽口、风味独特，食用时通常不需要削皮。富含多种人体必需的营养成分及抗氧化物质，其含有较丰富的蛋白质、维生素、可溶性膳食纤维、挥发油、鞣质、多酚、花青素、糖类、萜类物质等营养物质及磷、钙、镁等微量元素，是很好的天然营养补充来源，深受消费者喜爱。

　　番石榴富含丰富的营养成分，其中蛋白质和维生素 C 的含量尤其高，另外还含有丰富的维生素 A、维生素 B 以及微量元素钙、磷、铁、钾等。番石榴还富含膳食纤维、胡萝卜素、脂肪、果糖、蔗糖、氨基酸等营养成分。番石榴中所含营养成分的种类和含量见表 3.10。

表 3.10　番石榴中的营养物质

食品中文名	番石榴 [鸡矢果，番桃]	食品英文名	Guava
食品分类	水果类及制品	可食部	97.00%
来源	食物成分表 2009	产地	中国
营养物质含量（100 g 可食部食品中的含量）			
能量/kJ	222	蛋白质/g	1.1
脂肪/g	0.4	不溶性膳食纤维/g	5.9
碳水化合物/g	14.2	维生素 B_1（硫胺素）/mg	0.02
钠/mg	3	维生素 C（抗坏血酸）/mg	68
维生素 B_2（核黄素）/mg	0.05	磷/mg	16
烟酸（烟酰胺）/mg	0.3	镁/mg	10
钾/mg	235	铜/mg	0.08
钙/mg	13	锰/mg	0.11
锌/mg	0.21	硒/μg	1.6

（二）番石榴的营养价值

　　番石榴汁多味甜，营养丰富，有健胃、提神、补血、滋肾之效；可防止细胞遭受破坏而导致癌病变，避免了动脉粥状硬化的发生，抵抗感染病；可维持正常的血压及心脏功能。番石榴的营养成分不仅全面而且微量元素含量高。番石榴含有大量维生素 C 和抗氧化剂，能有效清除体内过多的自由基，从而起到防病、治病及抗衰老作用，以及预防血管动脉硬化，有助于机体抗氧化，能有效延缓肌肤衰老，美白肌肤。

　　番石榴中的蛋白质是形成体内细胞、血液的主要成分，番石榴中含量较高的蛋白质可以促进人体血液循环,保证血液畅通。番石榴中较低的脂肪可以在补充营养的同时增加一些热量和能量,脂肪是生产身体热量的一大来源。番石榴中的维生素对老人和孩童的营养价值更高,可以补充人体内的钙质,使骨骼强健,促进儿童健康成长。番石榴中的胡萝卜素,人体内不足时会影响视力,使皮肤抵抗力减弱。铁用于制造血液,不足时造成贫血,人容易疲劳。钙、磷促进牙齿骨骼发育,幼童需求量尤多。番石榴还富含维生素A,具抗癌和提高免疫力的功效。根据纽约大学营养学专家 Samantha Heller 的研究,番石榴含有一种强抗氧化物质——番茄红素,这种物质对抗皮肤衰老有很大作用。研究还表明,多吃番石榴能降低甘油三酯水平,有助于预防心脏病,降低高血压。

由于番石榴富含维生素C,国外用番石榴汁作为婴儿饮料,或制成番石榴粉配送给北极探险队员,每人配给 113.2 g 就可以满足人体 3 个月对维生素 C 的需要量,从而避免由于维生素 C 缺乏引起的疾病。日本科学家在动物试验中证明,番石榴具有降血糖作用。用番石榴治疗糖尿病,在国外已有十几年的历史。我国台湾用番石榴汁或番石榴酱治疗糖尿病。广东罐头厂用番石榴汁和精制木糖醇加工制成疗效食品"佳维他",经有关医疗单位验证,对糖尿病患者有明显的辅助治疗作用。番石榴果汁饮料已逐步成为人们喜爱的一种饮品。番石榴味道甘甜多汁,果肉柔滑,果心较少、无籽,常吃可以补充人体所缺乏的营养成分,可以强身健体,提高身体素质。

1.降血糖作用

Obatomi 等比较了柠檬、柑橘属柠檬、番石榴以及桃金娘冬季番石榴和大戟科上寄生的槲生的水提物对糖尿病和非糖尿病大鼠血清葡萄糖的影响,发现柠檬和番石榴树上的槲寄生具有明显的降糖效果。

Basnet 等报道番石榴降糖的有效成分为水溶性糖蛋白。另有研究报道,番石榴的降糖成分是番石榴果粗提物,用番石榴果汁腹腔注射正常小鼠和四氧嘧啶诱导的糖尿病小鼠,可明显降低其血糖水平,然而降糖效果维持时间较短;身体正常的志愿者和糖尿病患者口服番石榴果汁,产生了降低血糖的效果。

现有研究表明,因不同地区气温、日照等气候条件和土壤土质等不同,番石榴果实或果汁的化学成分组成会不同。所以对不同地区的番石榴资源进行开发时,需要对番石榴的有效降糖成分的提取和降糖效果进行系统研究,这样才能对其合理开发利用。

2.对糖尿病的作用

有研究表明,对喝番石榴果汁的病人进行检查,发现其血糖水平未改变,真正的原因还有待研究,但却提供了一个信息:喝番石榴果汁和喝其他果汁有所不同。虽然番石榴果汁也含有糖分,但身体对它的代谢、吸收与其他果汁不同。据统计,每天喝番石榴果汁170.4 mL,连续喝 3 个月,会使糖尿病患者的病情得到很好的控制。此外,在临床实践和动物实验研究中,采用番石榴果、果汁或与其他草药组成配方治疗糖尿病,也取得了明显的疗效。然而关于番石榴果实对糖尿病作用的机制目前尚不清楚,有待进一步研究。

3.收敛止泻和止痒的作用

中医认为,番石榴果实味甘、涩,性温,具有治疗急性胃肠炎、痢疾腹泻、小儿疳疾、急慢性咽喉炎、声音嘶哑、痔疮疼痛出血,以及皮肤湿痒、瘙痒、痱子、下肢溃疡、跌打损伤、刀伤出血、烫火伤等症的功效,其加工制品也具有收敛止泻的功效。

4.抗氧化、防老化的作用

番石榴含大量维生素 C 和抗氧化剂,能有效清除体内过多的自由基,从而起到防病、治病及抗衰老的作用;抗氧化剂能将胆固醇分解成硫化物而排出体外,从而清洁血管,有利于营养物质的运输,预防血管动脉硬化,有助于机体抗氧化,能有效延缓肌肤衰老,美白肌肤,防止黑斑及雀斑形成,增加皮肤对紫外线的抵抗力,因此番石榴是保持美白肌肤的最佳选择。番石榴含铁、磷、钙极多,同时具有很好的防老化作用。

5.平衡血糖及清肝的作用

番石榴的果皮也是可食部分,其果皮的叶绿素含量很高,特别是产于夏季的番石榴的叶绿素含量更高,此时番石榴皮色青翠诱人。叶绿素的化学结构与血红素相似,唯一的区别是血红素含铁,而叶绿素含镁。番石榴所含的叶绿素是一种很好的造血物质和活力恢复剂,可增强心脏功能,影响血管系统,因而具有平衡血糖及清肝的作用。

6.预防慢性病的作用

番石榴富含的抗氧化剂,有助于抑制体内自由基,可以很好地预防由于自由基氧化损伤人体细胞引发的各种慢性疾病。有资料显示,常饮番石榴茶有助于减轻体质量,减少积存于体内的多余脂肪,促进人体新陈代谢,保持微血管正常畅通,因此可预防因肥胖而引起的慢性病。

7.其他

番石榴富含维生素 C,有助于提高机体免疫能力,特别是可预防流行性感冒、上呼吸道感染等疾病。除此之外,番石榴果实富含磷、铁、钙等矿物质,其含铁量之多为热带水果所少有的。铁是构成血红蛋白、肌红蛋白、细胞色素和其他酶系统的主要成分,可帮助氧的运输及增强免疫功能。番石榴对人体还具有消食、开胃、通便等功效,经常食用番石榴可以促进机体的新陈代谢,促进身体健康和发育。总之,它是人们日常生活中一种理想的保健食品。

四、番石榴中活性成分的提取、纯化与分析

（一）番石榴中油类成分的分析

1.仪器、试剂和材料

仪器:B056028 型电子恒温水浴锅(国华(深圳)仪器);SL320 N 电子天平(上海民桥精密科学仪器有限公司);RE-52D 旋转蒸发器(上海青浦沪西仪器厂);DJ-10 A 倾倒式

粉碎机(上海定久中药机械制造有限公司);GS-93 三重循环纯水蒸馏器(上海亚荣生化仪器厂);DLSB 系列型低温冷却液循环泵(上海予华仪器有限公司);DHS16-A 多功能红外水分测定仪(杭州汇尔仪器设备有限公司);索氏提取器。

试剂:无水乙醇、丙酮、正己烷、石油醚(60~90 ℃)、三氯甲烷、无水硫酸钠等(均为分析纯)。

材料:新世纪番石榴果实(采于潮州江东)。

2.试样制备与保存

将番石榴果实剔除果肉后得种子,清洗除杂并于 40 ℃真空干燥,粉碎,过筛后密封保存。

3.分析方法

1)提取

取番石榴种子 5.00 g,置于索氏提取器中,加入 50 mL 石油醚,90 ℃下回流提取 3 h,在旋转蒸发器中减压浓缩回收溶剂,得到籽油样品,观察籽油的颜色,计算得油率。

2)结果计算

Ⅰ.质量法

$$得油率 = \frac{m_1 - m_2}{m_1} \times 100 \qquad (3\text{-}1)$$

式中　m_1——提取前样品质量,g;

　　　m_2——提取后样品质量,g。

Ⅱ.瓶重法

$$得油率 = \frac{m' - m''}{m_1} \times 100 \qquad (3\text{-}2)$$

式中　m' ——提取前瓶的质量,g;

　　　m'' ——提取后瓶的质量,g;

　　　m_1——提取前样品质量,g。

得油率的计算均取两种试验结果的平均值。

3)测定结果

番石榴种子含油 5%~13%,籽油呈金黄色,富含人体必需的脂肪酸。用机械压榨法和溶剂萃取法提取,均可得到无异味、呈淡金黄色的番石榴籽油。

番石榴籽油的最佳提取溶剂为石油醚,由石油醚萃取出的籽油色泽为浅黄、透明。影响番石榴籽油提取率的主要因素是温度,其次为浸提时间、料液比。温度对提取率的影响极为显著,浸提时间对提取率的影响显著,料液比对提取率的影响不显著。以新世纪番石榴的种子为原料,采用有机溶剂萃取法提取番石榴籽油的得油率为 12.82%。

（二）番石榴叶中萜类化合物的分析

1.仪器、试剂与材料

仪器：Buchi Rotavapor R-300 型旋转蒸发仪；Themo Q Exactive Focus 组合型四极杆 Orbitrap 质谱仪；Bruker AVANCE-Ⅲ 500 MHz 核磁共振波谱仪；Bruker AVANCE-Ⅲ HD 600 MHz 核磁共振波谱仪；Agilent 1100 型高效液相色谱；Buchi C-600 中压液相色谱仪；Shimadzu LC-16P 双波长制备液相色谱；Agilent Xcalibur Eos Gemini X 射线单晶衍射仪。

试剂：ODS 填料（北京金欧亚科技发展有限公司和北京慧德易）；硅胶板（烟台化学工业研究所）；乙腈和甲醇（色谱纯，美国 Fisher、TEDIA 公司）；石油醚、氯仿、乙酸乙酯、丙酮、正丁醇、乙醇、甲醇等有机试剂（均为国产分析纯）。

材料：药材采摘自广西壮族自治区桂林市，经中国医学科学院和北京协和医学院药物研究所鉴定为番石榴叶。标本保存在中国医学科学院药物研究所标本室（ID：22163）。

2.试验方法

取番石榴干燥叶 40 kg，粉碎过筛后，用 95% 乙醇进行加热回流提取两次，合并 95% 乙醇提取液，过滤并减压得到浸膏。浸膏加水用二氯甲烷萃取 3 次，合并萃取液，减压浓缩蒸干，得到浸膏 3.0 kg，将浸膏与 4.0 kg 硅胶拌样后，进行硅胶柱层析，依次用石油醚（30 L）、石油醚-丙酮混合溶剂（20：1、5：1 各 30 L）、二氯甲烷-甲醇（1：1，20 L）混合溶剂进行洗脱，分别得到 Fr.1~4。

组分 Fr.1（320 g）经聚酰胺柱（乙醇：水从 50：50 到 95：5）洗脱，最后用石油醚冲柱，得到 Fr.1A~Fr.1D。Fr.1B 经硅胶柱（环己烷：二氯甲烷从 7：1 到 0：1）洗脱，最后用二氯甲烷：甲醇 =1：1 冲柱，得到 Fr.1B1~Fr.1B8。Fr.1B3 经 ODS 制备柱、ODS 半制备柱纯化得到化合物 10（7 mg）。Fr.1B5 用中压液相色谱分离，用甲醇-水体系进行梯度（从88：12 到 100：0）洗脱，得到 Fr.1B51~Fr.1B548，Fr.1B547 析出无色针状晶体（27 mg），过滤后用氯仿-甲醇溶剂（1：1）重结晶，得到的无色块状晶体为化合物 1。Fr.1B6 进行硅胶柱层析，用石油醚-乙酸乙酯体系进行梯度（从 50：1 到 2：1）洗脱，得到 Fr.1B61~-Fr.1B634。Fr.1B65 经制备液相色谱进行纯化（纤维素-4 手性半制备柱），得到化合物 3（3 mg）。Fr.1B68 用纤维素-4 手性半制备柱分离，再用苯基制备柱纯化得到化合物 2（1.0 mg）和化合物 4（6.0 mg）。

组分 Fr.2（400 g）经 MCI 柱（乙醇：水从 60：40 到 95：5）洗脱，又经硅胶柱（石油醚：丙酮从 50：1 到 10：1）洗脱，再经 ODS 制备柱、ODS 半制备柱纯化得到化合物 5。

组分 Fr.3（230 g）经 MCI 柱（甲醇：水从 10：90 到 100：0）洗脱，得到 Fr.3A~Fr.3H。Fr.3D（11.7 g）经硅胶柱（环己烷：二氯甲烷从 4：1 到 1：1）洗脱，得到 Fr.3D1~Fr.3D14，Fr.3D3+4 经开放 ODS 制备柱，用甲醇-水进行梯度（从 40：60 到 100：0）洗脱，得到 Fr.3D3-1~Fr.3D3-17。Fr.3D3-5（114 mg）用制备液相色谱分离（ODS 制备柱），用

ODS 半制备柱纯化,得到化合物 6~9。

3.测定结果

从番石榴叶中共分离鉴定 10 个化合物,其中化合物 1~4 为混源萜类化合物,化合物 1、7 为单晶,并通过 X 射线单晶衍射方法确证了它们的绝对构型。

(三)番石榴叶中微量元素的测定

1.仪器、材料与试剂

仪器:电感耦合等离子体质谱仪 NexION 2000(PerkinElmer);微波消解仪 ETHOS UP(北京莱伯泰科仪器股份有限公司)。

材料:试验所用药材经贵州中医药大学植物栽培教研室魏升华教授鉴定为桃金娘科番石榴属植物番石榴的干燥叶。

试剂:娃哈哈纯净水,贵阳娃哈哈饮料有限公司;硝酸,优级纯,国药集团;混合标准溶液,PerkinElmer。

2.试验方法

1)混合标准溶液的配制

精密量取适量混合标准溶液,用 10% 硝酸溶液稀释制成 1 mL 分别含 0 μg、10 μg、20 μg、40 μg、80 μg 的溶液,置于冰箱冷藏保存。

2)供试品溶液的制备

番石榴叶粉末(过四号筛),取约 0.2 g,精密称定,置于耐高温消解罐中加 10 mL 硝酸进行消解,消解完全后,冷却至 60 ℃以下,取出消解罐,于赶酸仪赶酸 2 h(1~2 mL),放冷,并用水定容至 50 mL 容量瓶中,待测。

3)混合标准曲线的制备

精密吸取上述混合对照品溶液,连续进样 6 次得到响应值,绘制各元素的标准曲线;同时参照供试品溶液的制备方法,除不加供试品外,其他操作程序同供试品溶液的制备,制备空白溶液连续测定 11 次,取平均值,各元素以其响应值的 3 倍的标准偏差除以相应元素标准曲线的斜率作为不同元素的检出限(见表 3.11)。

表 3.11　金属元素的回归方程、线性范围、检出限及 RSD

元素	回归方程	线性范围/(ng/mL)	检出限/(ng/mL)	精密度 RSD/%	重复性 RSD/%	加样回收率 RSD/%
Be	$y = 8\ 798x\ (R^2 = 1.000\ 0)$	0~80	0.002 914	2.04	4.61	87.28
Ti	$y = 123\ 127x\ (R^2 = 0.998\ 9)$	0~80	0.006 729	2.68	12.09	87.64
V	$y = 137\ 123x\ (R^2 = 0.999\ 5)$	0~80	0.007 826	0.60	10.87	85.61
Cr	$y = 113\ 392x\ (R^2 = 0.996\ 4)$	0~80	0.012 931	1.90	—	96.26
Mn	$y = 184\ 257x\ (R^2 = 0.999\ 6)$	0~80	0.039 627	1.20	2.84	83.66

元素	回归方程	线性范围/（ng/mL）	检出限/（ng/mL）	精密度 RSD/%	重复性 RSD/%	加样回收率 RSD/%
Co	$y = 134\,591x\,(R^2 = 0.996\,5)$	0~80	0.005 235	0.94	4.56	114.35
Ni	$y = 17\,262x\,(R^2 = 0.999\,6)$	0~80	0.000 859	0.80	5.63	87.24
Cu	$y = 24\,335x\,(R^2 = 0.999\,9)$	0~80	0.031 217	2.34	5.33	79.68
As	$y = 6\,983.3x\,(R^2 = 0.999\,0)$	0~80	0.000 081	1.39	—	86.84
Sr	$y = 242\,364x\,(R^2 = 0.998\,3)$	0~80	0.000 962	4.57	2.47	93.26
Mo	$y = 24\,264x\,(R^2 = 0.999\,5)$	0~80	0.000 764	1.65	—	118.55
Cd	$y = 7\,228x\,(R^2 = 0.999\,5)$	0~80	0.000 011	1.96	—	83.69
Sb	$y = 17\,872x\,(R^2 = 0.999\,5)$	0~80	0.000 233	2.33	—	85.43
Pb	$y = 45\,758.8x\,(R^2 = 0.999\,6)$	0~80	0.000 800	3.11	—	86.59
Hg	$y = 1\,967x\,(R^2 = 0.999\,6)$	0~80	0.000 001	0.58	—	76.96

4）精密度试验

精密吸取上述制备的 20 ng/mL 混合对照品溶液，连续进样 6 次，各元素响应值 RSD 值均小于 4.57%，表明仪器精密度良好。

5）重复性试验

参照供试品溶液的制备方法，平行制备 6 份样品溶液，将样品溶液进行检测并计算 RSD 值，其 RSD 值为 2.47%~12.09%，表明该方法重复性良好。

6）样品加样回收率试验

精密称定供试品 6 份，每份取样量约 0.1 g，分别加入铅、镉、汞、砷、铜对照品溶液，参照供试品溶液的制备方法将样品溶液进行检测并计算回收率，其回收率为 76.96%~118.55%，说明其方法准确度高，可满足分析要求。

3.测定结果

将 15 批不同产地的番石榴叶按相同制备条件制备，并在相同条件下进样，测得各批次番石榴叶中微量元素如表 3.12 所示，通过表中数据可以发现所有番石榴叶中不含 Pb、Cd、Hg、Sb 等元素，金属元素 Cu 的含量也远远低于《药用植物及制剂进出口绿色行业标准》和《中国药典》等标准中 Cu 的限量要求，番石榴叶中含量较多的是 Mn 和 Ti 两种元素，Be、V、Co、Ni 等元素的含量均低于 1 mg/kg。

表 3.12　15 批番石榴叶中微量元素含量分布结果

产地	采收时间	Be	Ti	V	Cr	Mn	Co	Ni	Cu	As	Sr	Mo
贵州安龙	2016.5	0.011	6.171	0.018	—	74.091	0.033	0.835	0.983	0.012	10.351	—

续表

产地	采收时间	Be	Ti	V	Cr	Mn	Co	Ni	Cu	As	Sr	Mo
贵州安龙	2016.9	0.006	4.189	—		32.741	0.013	0.401	0.672	—	7.523	
贵州册亨	2016.9	0.007	6.563	0.024	0.095	34.749	0.022	0.591	1.059	—	10.480	
贵州望谟	2016.9	0.001	3.089	—		22.533	0.016	0.197	0.497	—		
望谟移明村	2016.9	0.001	5.187	0.002	—	77.195	0.031	0.895	1.303	—	25.722	
贵州罗甸	2016.9	0.001	5.398	0.010		13.359	0.013	0.326	0.941	—	10.204	0.389
广西南宁宾阳	2018.8	0.005	3.846	—		27.030	0.012	0.440	0.773	—	6.600	
广东湛江	2018.8	0.002	4.274	0.001	—	8.026	0.013	0.233	0.558	—	7.671	
广西百色	2016.9	0.022	4.770	0.008	—	58.171	0.049	0.386	0.891	—	7.270	
贵州安顺	2017.7	0.030	4.551	0.005	—	53.739	0.040	0.430	0.946	—	7.570	
云南昆明	2017.5	0.048	4.444	0.025	—	59.512	0.055	0.381	0.987	0.005	8.979	
江西婺源	2017.5	0.001	4.267	—		27.511	0.014	0.405	0.345	—	5.603	
海南三亚	2017.4	0.054	4.220	0.007	—	60.381	0.075	0.387	0.869	—	8.094	
福建漳浦	2018.9	0.028	4.620	0.014	—	95.732	0.110	0.736	0.540	—	12.309	
亳州	2018.10	0.067	4.368	0.010	—	59.472	0.066	0.335	0.822	—	7.870	

注:15 批番石榴叶中未检出 Cd、Sb、Pb、Hg 元素.

本节参考文献

[1] 刘建林,夏明忠,袁颖. 番石榴的综合利用现状及发展前景 [J]. 中国林副特产，2005（6）:60-62.

[2] 陈继培. 番石榴的药用价值 [J]. 药膳食疗,2005(5):32.

[3] 刘婷. 用链脲霉素诱发大鼠糖尿病筛选有降血糖活性的传统药物,以及对番石榴作用的研究 [J]. 国外医学(中医中药分册),1997,19(1):41-42.

[4] CHENG J T, YANG R S. Hypoglycemic effect of guava juice in mice and human subjects [J]. American journal of Chinese meidcine,1983,11(1-4):74-76.

[5] 曹增梅,黄和. 大孔树脂纯化番石榴多酚的工艺优化 [J]. 食品工业科技，2013，34（7）: 215-218.

[6] 郭开平. 番石榴多糖的提取、分析及降血糖活性研究 [D]. 广州:暨南大学,2006.

[7] 郭守军,杨永利,罗雪苑,等. 番石榴籽油提取工艺优化 [J]. 食品科学,2009,30(10): 111-113.

[8] TACHAKITTIRUNGROD S，OKONOGI S，CHOWWANAPOONPOHN S. Study on antioxidant activity of certain plants in Thailand: mechanism of antioxidant action of guava leaf extract [J]. Food chemistry,2007,103(2):381-388.

[9] OLAJIDE O A, AWE S O, MAKINDE J M. Pharmacological studies on the leaf of *Psidi-*

um guajava[J]. Fitoterapia,1999,70(1):25-31.

[10] GNAN S O，DEMELLO M T. Inhibition of *Staphylococcus aureus* by aqueous Goiaba extracts[J]. Journal of ethnopharmacology,1999,68(1-3):103-108.

[11] 陈欣怡,黄积武,李创军,等. 番石榴叶乙醇提取物的化学成分研究 [J]. 药学研究, 2021,40(7):432-436.

[12] 李开斌,陈维,杨文,等. ICP-MS 法测定中药材番石榴叶中 15 种微量元素 [J]. 贵州 科学,2019,37(6):44-47.

[13] 中国科学院中国植物志编辑委员会. 中国植物志 [M]. 北京:科学出版社,1984.

[14] YANG X L，HSIEH K L，LIU J K. Guajadial：an unusual meroterpenoid from guava leaves *Psidium guajava*[J]. Organic letters,2007,9(24):5135-5138.

[15] 郭翔宇,刘铜华,朱寅荻,等. 番石榴叶化学成分及其治疗 2 型糖尿病研究进展 [J]. 世 界科学技术-中医药现代化,2014,16(5):1029-1034.

[16] HUANG J W，LI C J，MA J，et al. Psiguamers A-C, three cytotoxic meroterpenoids bearing a methylated benzoylphloroglucinol framework from *Psidium guajava* and total synthesis of 1 and 2[J]. Chinese chemical letters,2021,32(5):1721-1725.

[17] LI C J，MA J，SUN H，et al. Guajavadimer A，a dimeric caryophyllene-derived meroterpenoid with a new carbon skeleton from the leaves of *Psidium guajava* [J]. Organic letters,2016,18(2):168-171.

[18] TANG G H，DONG Z，GUO Y Q，et al. Psiguajadials A-K：unusual *Psidium* meroterpenoids as phosphodiesterase-4 inhibitors from the leaves of *Psidium guajava* [J]. Scientific reports,2017,7(1):1047.

[19] SMETANINA O F，KALINOVSKII A I，KHUDYAKOVA Y V，et al. Metabolites from the marine fungus *Eurotium repens*[J]. Chemistry of natural compunds，2007，43(4)： 395-398.

[20] ENDO Y，MINOWA A，KANAMORI R，et al. A rare α-pyrone from bitter tooth mushroom，*Sarcodon scabrosus*（ Fr. ）Karst[J]. Biochemical systemat ecology，2012(44)： 286-288.

[21] WILLUHN G，WESTHAUS R G. Loliolide(Calendin) from *Calendula officinalis*[J]. Planta medica,1987,53(3):304.

[22] MOHAMED AE-H H. Jasonone，a nor-sesquiterepene from *Jasonia montana*[J]. Zeitschrift fur naturforschung section B,2007,62(1):125-128.

[23] KLAIKLAY S, RUKACHAISIRIKUL V, SUKPONDMA Y, et al. Metabolites from the mangrove derived fungus *Xylaria cubensis* PSU-MA34[J]. Archives of pharmacal research,2012,35(7):1127-1131.

[24] YAMADA K, YOSHIDA S, FUJITA H, et al. *O*-benzylation of carboxylic acids using 2, 4, 6-tris(benzyloxy)-1, 3, 5-triazine(TriBOT) under acidic or thermal conditions[J]. European journal of ovganic chemistry, 2015(36): 7997-8002.

第四节　番木瓜

一、番木瓜的概述

番木瓜(*Carica papaya* L.),番木瓜科番木瓜属,又名 Pawpaw(英国)、Mamao(巴西)、Lechose(委内瑞拉)、Frutabomba(古巴),国内也称木瓜(广西)、万寿果(广东),是著名的热带果树之一,与香蕉、菠萝并称"热带三大草本果树"。它起源于墨西哥,目前已经几乎遍布全世界所有热带和亚热带地区。世界番木瓜主产国为巴西、墨西哥、秘鲁、委内瑞拉、哥伦比亚和古巴等;亚洲为番木瓜第二大产区,主产国为印度、印度尼西亚、菲律宾和泰国等。我国引种栽培番木瓜已有 300 多年的历史,目前广东、海南、广西、四川、云南、福建和台湾等省(区)均有种植,而且愈来愈受到果农和消费者的青睐。

番木瓜可高达 8~10 m,具乳汁,茎不分枝或有时于损伤处分枝,具螺旋状排列的托叶痕,花为单性或两性,有些品种在雄株上偶尔产生两性花或雌花,并结成果实,亦有时在雌株上出现少数雄花。浆果肉质,成熟时为橙黄色或黄色,为长圆球形,长 10~30 cm 或更长,果肉柔软多汁,味香甜。

番木瓜喜欢温暖、湿润气候,最适合生长条件:海拔高度为 0~1 000 m,平均气温为22~25 ℃,雨量为 1 500~2 000 mm。种植株行距为 2 m × 2 m。果园年产果实 747~3 733 kg/亩,生产能力可持续 5 年。

二、番木瓜的产地与品种

(一) 番木瓜的产地

番木瓜在热带、亚热带地区均有分布。原产于墨西哥南部以及邻近的美洲中部地区,现主要分布于东南亚的马来西亚、菲律宾、泰国、越南、缅甸、印度尼西亚以及印度和斯里兰卡;中、南美洲,西印度群岛,美国的佛罗里达、夏威夷,古巴以及澳洲。我国主要分布在广东、海南、广西、云南、福建、台湾等省(区)。

北方地区的番木瓜与南方地区的番木瓜的不同有以下两方面。

1.科类与出产地不同

南方地区番木瓜归属于蔷薇科番木瓜本属,产自我国。北方地区番木瓜属番木瓜科,原产地为西班牙南边及其相邻的南美洲中西部地区。

2.用途不同

南方地区番木瓜花型浪漫,树型好、病害少,是庭苑园林绿化的优良植物,春可看花,秋丰厚果。但药用价值很弱,无药用价值,其木材硬实,能够制作家具。北方地区番木瓜生和熟都能够服用,还可以晾晒预留。其所含营养成分十分丰富。番木瓜能够制成番木瓜糖、苹果酱、番木瓜膏等各种各样的营养品和各种各样的护肤产品。

（二）番木瓜的品种

番木瓜在全球仅有 5 个种类,其中 4 种在我国,我国是要其出产地之一。这 4 个种类分别是:皱皮木瓜、藏番木瓜、光皮番木瓜和毛叶木瓜。

1.皱皮木瓜

皱皮木瓜为灌木丛型,高 1~2 m,果实木质纤维素含量低,功效与作用高,可生产加工成番木瓜果干、番木瓜酱等。

2.藏番木瓜

藏番木瓜产自西藏自治区,生长发育于海拔高度为 2 660~2 760 m 的灌木林中,种植于海拔高度为 3 760 m 的拉萨市、罗布林卡等地。果树为高大乔木型,果实木质纤维素含量高,香料含量高,可生产加工获取香辛料、清新剂、洁面乳等。

3.光皮番木瓜

光皮番木瓜果实过去能够替代皱皮木瓜果实的药用价值。伴随着番木瓜资源的丰富和大家对番木瓜成分的进一步了解,国家将进一步限定光皮番木瓜的药用价值。

4.毛叶木瓜

毛叶木瓜遍布于我国陕西、甘肃、江西、湖北、湖南、四川、云南、贵州、广西等省区。生于小山坡、林边、道旁,有人工种植和天然之分,生长发育的海拔高度为 900~2 500 m。果实具有健脾消食、杀虫等功效。

三、番木瓜的主要营养与活性成分

番木瓜果肉软滑,香甜可口,营养丰富,科学家根据水果所含维生素、矿物质、纤维素以及热量等指标,综合评定确认营养最佳的 10 种水果中,以番木瓜为首。番木瓜含有多种维生素,特别是维生素 A,含量比菠萝高 20 倍,还含有维生素 B、维生素 C 等;钾含量比龙眼、荔枝、柑、橙、柚、苹果、梨、葡萄、桃、柿、香蕉等水果高。此外,还含有丰富的糖分及钙。未熟果与半熟果均含有丰富的番木瓜酵素,可助消化。番木瓜成熟后果肉味甜而清香,具有丰富的营养。据测定,每 100 g 番木瓜果肉中总糖含量为 9 g,蛋白质为 0.4 g,碳水化合物为 7~12 g,脂肪为 0.3 g,内含丰富的木瓜酵素、木瓜蛋白酶、凝乳蛋白酶、凝乳酶、多种维生素（维生素 A、B、C、D、E 等）、番木瓜碱、胡萝卜素、黄酮等,以及磷、钾、钙、镁、锌、铁、锰、钴、硒等多种营养元素。番木瓜用途很广,其果实、种子和叶片均可入药,具有主利气、散气血、疗心痛、解热郁、治手脚麻痹和烂脚等功效,种子还可用于驱虫。番木瓜的主要成分还包括三萜皂苷类、有机酸类、黄酮类、鞣质类、多糖等化学成分,目前研究已分离并鉴定的三萜皂苷类单体有齐墩果酸、乙酰熊果酸、3-O-乙酰坡模醇酸、桦木酸,其中主要药效成分齐墩果酸,已被现代药理学研究证明为五环三萜类皂苷元,具有护肝、降酶、抗炎、促免疫、降血脂、降血糖、抗菌、抗肿瘤等生理活性。因此,番木瓜被世界卫生组织列为最有营养价值的十大水果之首,是一种营养价值高的保健型水果,有"百益果王""水果之王""岭南佳果"等美誉。

四、番木瓜中活性成分的提取、纯化与分析

(一)番木瓜中木瓜蛋白酶的提取

木瓜蛋白酶是来源于番木瓜的植物性蛋白水解酶,由 212 个氨基酸缩合而成,分子量为 21 000~27 000,通常以在番木瓜未成熟果的外皮上划痕收集其白色乳汁的方式精制而成。将这种白色乳汁在室温下放置 4~6 h 则凝固成为树脂状,可用于制取纯度较高的木瓜蛋白酶精制品。木瓜蛋白酶精制品的最适条件为:pH 值为 5.0~8.0、温度为 40~50 ℃。但木瓜蛋白酶的蛋白分解能力实际上以天然品的效果为好,天然品的木瓜蛋白酶在温度为 80~90 ℃也不失活。因而其生物制品总是采用从未熟果直接进行生物技术处理而制取含巯基(—SH)蛋白水解酶的方式。

1.样品制备

在未成熟的新鲜番木瓜上纵向切口 5~10 个, 1~2 mm,收集乳汁,搅拌 30 min,抽滤,收集滤液,以 3 500 r/min 的转速离心 10 min,取上清液,冷冻保藏备用。

2.双水相萃取法

1)建立 PEG/(NH_4)_2SO_4 双水相体系

根据 PEG 和(NH_4)_2SO_4 在体系中的浓度准确称量各自的量放入 10 mL 的离心刻度试管中,加蒸馏水定容至 10 mL,离心分离或静置,观察成相现象。

参照 PEG/(NH_4)_2SO_4 双水相体系的成相条件,计算双水相系统所需成相物质的量,混匀后用离心刻度试管离心分离使其成相,测定相体积比 $R(R=V_t/V_b)$,量取适量体积的酶液,与 PEG/(NH_4)_2SO_4 双水相体系混合,在室温下进行萃取分相,分相完全后分别测定上、下相中酶的活力。

2)测定方法

采用 Bradford 法,以牛血清白蛋白为标准品测定蛋白质含量;在具塞试管中分别加入 0.5 mL 酶液(用 pH=7.2 的磷酸缓冲液配制),加入 1.5 mL 激活剂,摇匀,在测试温度下预热 10 min,加入 1% 酪蛋白溶液 1 mL,立即准确计时反应 10 min。用 2 mL 的 15% 三氯乙酸溶液终止反应,摇匀后继续在水浴中放置 30 min,以 3 500 r/min 的转速离心 10

min,取上清液 1 mL,然后加入 0.4 mol/L 的 Na_2CO_3 溶液 5 mL,再加入 1 mL 福林酚工作液,在 40 ℃下水浴 20 min,在 680 nm 下测定吸光值。空白对照反应与上述过程不同之处是在酶液中先加入三氯乙酸,摇匀后再加酪蛋白溶液,其他过程相同。酶活力单位定义:在测定条件下,每分钟水解酪蛋白的三氯乙酸可溶物与福林酚工作液反应后在 680 nm 处的消光值等于 1 μg/mL 酪氨酸显色后测得的消光值时所需的酶量。

3)测定结果

以酪氨酸含量(μg)为横坐标,光学密度(optical density, OD)为纵坐标,绘制标准曲线,如图 3.13 所示。经试验,酪氨酸标准溶液含量为 0~100 μg,光学密度与量之间具有良好的线性关系。线性回归方程:

$$y=0.006\ 0x+0.017\ 9$$

式中　y——光学密度值 OD_{680};

　　　x——酪氨酸含量,μg;

线性相关:R^2=0.997 1;线性范围:0~100 μg。

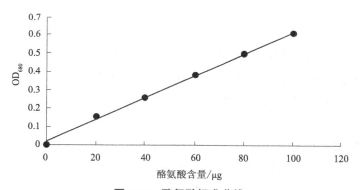

图 3.13　酪氨酸标准曲线

3.有机溶剂法

1)提取

新鲜青番木瓜→取皮切碎→加 30% 冰水捣碎→过滤→取滤液离心 15 min(3 500 r/min、4 ℃)→取上清液,弃沉淀→加入酶活保护剂→加入一定浓度乙醇(%)→调 pH 值→静置过夜→离心 20 min(5 500 r/min)取沉淀→测酶活→真空冷冻干燥→粉碎→得粗酶。

2)酶活力的测定方法

在规定条件下,1 min 内酶水解酪蛋白释放出相当于 1 μg/mL 酪氨酸在 275 nm 波长处的吸收度为 1 个活力单位。以 0.1 mol/L 盐酸溶液作空白,在 275 nm 波长处测定空白溶液、待测定液、对照品溶液的吸光度。

3)酶活力计算

按式(3-3)计算酶活力:

每 1 mg 木瓜蛋白酶活力单位 $= (A/A_s) \times C_s \times (12/2) \times$ 稀释倍数 $/W$ （3-3）

式中 A——待测定液的吸光度减去空白溶液的吸光度；

A_s——对照品溶液的吸光度；

C_s——酪氨酸对照品溶液的浓度，μg/mL；

W——样品质量，mg。

木瓜蛋白酶 1 个活力单位相当于释放 1 μg 的酪氨酸。规定酶浓度为 1 mL 测定液释放 40 μg 的酪氨酸。

4）测定结果

在提取工艺中，L-cys 和 EDTA 添加量分别为 0.04 mol/L 和 0.004 mol/L 时对木瓜蛋白酶活力起到最佳保护作用，乙醇添加量为 45%，pH 值为 7.0 时能获得最佳提取效果。在测定工艺中，最适酶反应时间为 10 min，最适酶反应温度为 80 ℃。同时，试验也考察了金属离子对酶活力的影响，结果发现，Cu^{2+}、K^+ 对木瓜蛋白酶活性有一定的抑制作用；而 Ca^{2+} 则对其活性有一定的激活作用，且在浓度为 0.05 mol/L 时效果最为明显。

4.超滤法

1）提取

新鲜青番木瓜→取皮切碎→加 30% 冰水捣碎→过滤→取滤液离心 15 min（3 500 r/min，4 ℃）→取上清液，弃沉淀→加入酶活保护剂→调 pH 值→静置 3 h→真空抽滤→超滤→测定酶活力。紫外法测定的吸光值与木瓜蛋白酶活力成正比，本试验将以吸光值反应酶活力大小。

酶活力单位定义和酶活力计算与有机溶剂法中的计算方式相同。膜通量定义：在一定操作压力及单位时间内，通过单位膜面积的透过液量，计算式如下：

$$J = V/(S \times t)$$ （3-4）

式中 J——通量，mL/（m²·s）；

V——透过液体积，mL；

S——有效膜面积，m²；

t——超滤时间，s。

2）测定过程

采用超滤对从番木瓜中得到的木瓜蛋白酶粗液进行提取，并通过紫外法测定其酶的活力。在提取工艺中，L-cys 和 EDTA 添加量分别为 0.06 mol/L 和 0.002 mol/L 时对木瓜蛋白酶活力能起到最佳保护作用，操作压力、温度及时间分别为 0.175 MPa、60 ℃ 及 5 min 时能获得最佳提取效果。

（二）番木瓜中蛋白质的分析

1.木瓜蛋白酶的分析

以牛血清白蛋白为标准品，用 Bradford 法测定蛋白质量分数。以酪蛋白为底物，测定木瓜蛋白酶活力。总酶活力、酶活力回收率、相对酶活力以及纯化倍数的计算公式如下：

$$EA = SA \times m \tag{3-5}$$

$$AR = \frac{EA_\text{T} \times V_\text{T}}{EA} \times 100 \tag{3-6}$$

$$相对酶活力 = \frac{EA_\text{solv}}{EA_\text{water}} \times 100 \tag{3-7}$$

$$PF = \frac{SA}{SA_\text{i}} \tag{3-8}$$

式中　EA——加入体系的总酶活力，U；

SA——酶的比活力，U/mg；

m——酶的质量，mg；

AR——酶活力回收率，%；

EA_T——上相的酶活力，U/mL；

V_T——上相体积，mL；

EA_solv——试剂存在时酶活力，U/mL；

EA_water——空白对照的酶活力，U/mL；

PF——纯化倍数；

SA_i——初始酶的比活力，U/mg。

1）盐析法制取粗木瓜蛋白酶

在未成熟的新鲜木瓜上纵向均匀划若干个切口，收集果汁，按体积比 1∶1 加入含 0.2 mmol/L 乙二胺四乙酸、1 mmol/L NaCl 和 0.04 mol/L Cys 的缓冲液，离心去杂后获得粗酶液。取一定量的粗酶液，在冰水浴条件下缓缓加入（NH$_4$）$_2$SO$_4$ 粉末至一定饱和度（10%、20%、30%、40%、50%、60%、70%、80%）。4 ℃、10 000 g 条件下离心 10 min 后，取上清液和沉淀测定酶活力和蛋白质含量，确定沉淀所用的最佳饱和度。将分级盐析后的沉淀溶解在缓冲液中，在 4 ℃下透析 6 h，全程磁力搅拌，若出现沉淀，则将其低温离心，取上清液真空冷冻干燥以备进一步分析。

2）相图的绘制

采用浊点法制作双节线。分别配制 60% 的 [C$_2$mim]N（CN）$_2$、[C$_4$mim]N（CN）$_2$、[C$_6$mim]N（CN）$_2$、[C$_8$mim]N（CN）$_2$ 离子液体溶液于大试管中，逐滴加入一定浓度的（NH$_4$）$_2$SO$_4$ 溶液，直到溶液刚好变浑浊，记下消耗的盐溶液体积。再加入重蒸水使溶液澄清,重复上述操作到离子液体质量分数为 5% 左右停止操作。计算在溶液浑浊时离子液体和盐的质量分数,以 $(NH_4)_2SO_4$ 的质量分数为横坐标,以离子液体质量分数为纵坐标绘制相图。

3)木瓜蛋白酶的双水相萃取

以相图为指导,选取适当的点配制双水相体系。取真空冷冻干燥的酶作为双水相萃取的材料,待分相后,读取上、下相体积并分别测定上、下相蛋白质量浓度。考虑离子液体质量分数、$(NH_4)_2SO_4$ 质量分数和 pH 值对分配系数(K)和萃取率(Y)的影响进行单因素试验,其计算公式如下:

$$R = \frac{V_T}{V_B} \tag{3-9}$$

$$K = \frac{C_T}{C_B} \tag{3-10}$$

$$Y = \frac{K}{K + \dfrac{1}{R}} \times 100 \tag{3-11}$$

式中　R——相体积比;

V_T,V_B——上、下相体积,mL;

C_T,C_B——双水相体系中上、下相的蛋白酶质量浓度,mg/mL。

2.番木瓜籽蛋白质的提取

1)采用碱溶酸沉法提取

取 10 g 脱脂番木瓜籽粉与去离子水按一定比例混合,在一定温度条件下用 0.2 mol/L NaOH 或 0.2 mol/L HCL 调节 pH 值,搅拌一定时间后将悬浮液在常温条件下以 6 000 r/min 的转速离心 15 min,收集上清液,并测定上清液中蛋白质的含量。每组试验重复 3 次。

2)番木瓜籽中蛋白质的含量测定

Ⅰ.番木瓜籽总蛋白含量测定

采用微量凯氏定氮法测定总蛋白质含量,参照《食品安全国家标准 食品中蛋白质的测定》(GB 5009.5—2016);番木瓜籽蛋白提取液蛋白质含量测定采用考马斯亮蓝法,标准曲线方程:

$$y = 5.753\ 7x + 0.049\ 6, R^2 = 0.999\ 3$$

式中　y——吸光度;

x——蛋白质质量浓度,mg/mL。

Ⅱ.提取液蛋白质含量测定

取稀释到适当浓度的提取液 1ml,加入 5 mL 考马斯亮蓝 G-250 溶液,在 595 nm 处测定吸光值,计算蛋白质的含量,以蛋白质提取率高低评价提取效果:

$$番木瓜籽蛋白质提取率 = \frac{提取液中蛋白质的含量}{番木瓜籽中蛋白质总含量} \times 100 \tag{3-12}$$

（三）番木瓜中多酚类成分的提取

1.多酚类的提取

1）超声波辅助提取番木瓜籽多酚

准确称取预处理的番木瓜籽 2 g，与 60% 体积分数的乙醇按比例（1：35）（m/V）混合，40 ℃恒温水浴磁力搅拌 60 min，然后在设定的超声波提取温度 40 ℃的条件下处理 30 min，真空抽滤，减压浓缩，采用 Folin-Denis 比色法测定样品多酚含量。

2）总多酚含量的测定

称取番木瓜皮 2.0 g，按料液比 2：3 于圆底烧杯中加入 30 mL 相应体积分数的乙醇，水浴加热，浸提 1 次，趁热抽滤，定容为 100 mL 待用。采用 Folin-Denis 比色法，吸取 1 mL 样品稀释液于 100 mL 容量瓶中，加入 Folin-Denis 试剂 3 mL，摇匀，放置 3 min 后加入 10% Na_2CO_3 3 mL，摇匀，在室温下反应 1 h 后，用蒸馏水定容至刻度。按上述方法配制空白溶液，于 760 nm 波长下测定溶液吸光度，标准曲线以没食子酸为标准品，用同样的方法测定其吸光度，得标准曲线回归方程：

$$y=0.084\ 9x+0.022\ 3$$

式中　y——吸光度；

　　　x——标准溶液浓度，mg/L。

$R^2=0.999\ 1$，在 1~10 mg/L 浓度范围内具有良好的线性相关性。

2.番木瓜叶总黄酮的提取

1）样品制备

称取一定质量的番木瓜叶粉，按照料液比 1：20 加入 50% 的乙醇溶液，在 70 ℃的水浴中浸提 2 h，重复 3 次，合并提取液，浓缩得到浸膏，低温保存备用。

2）提取

利用超声波提取番木瓜叶片总黄酮，采用氯化铝显色法测定总黄酮含量，当乙醇体积分数为 79%、料液比为 1：72（g/mL）、超声波时间为 42 min、超声波温度为 50 ℃时，实际总黄酮提取率为 4.15%。

（四）番木瓜中多糖与皂苷类成分的分析

1.水溶性多糖的提取、纯化

1）粗多糖的提取（复合酶法）

在热水浸提前，调整温度至 50 ℃，pH 值至 4.0，将 1 g/L 纤维素酶溶液和滤渣液以 5：100 的体积比混匀，保温 2 h。再以相同比例加入 1 g/L 果胶酶溶液，调整 pH 值至 3.5，50 ℃保温 2 h 后，按常规法操作提取多糖。

2）多糖的纯化

①脱蛋白质。将木瓜蛋白酶和菠萝蛋白酶配制成 1 g/L 的酶溶液，将粗多糖用少量

蒸馏水溶解,将酶液及多糖液以体积比 5:100 混匀,在 55 ℃下保温 2 h。再按多糖水溶液体积 1/4~1/3 加入 Sevage 试剂(氯仿:正丁醇 = 4:1),混合振荡 20 min,重复操作 10 次以上,直至除尽蛋白质。②脱色素。预先用蒸馏水把 AB-8 型大孔吸附树脂浸泡过夜。抽滤后,分别用质量分数为 5% 的 HCl、5% 的 NaOH 浸泡 6 h,使其充分溶胀。经蒸馏水冲洗至中性后,再用质量分数为 95% 的乙醇继续浸泡 6 h,最后用蒸馏水洗至无乙醇味。称取 450 g 经预处理的树脂装入层析柱(45 mm×600 mm),用蒸馏水平衡 24 h。取 120 mL 经脱蛋白的多糖溶液进行上柱,以蒸馏水洗脱,收集洗脱液置于 100 mL 锥形瓶中。经 TLC 点板跟踪检测多糖洗脱进程。③脱盐。将脱色后的多糖溶液,置于半透膜透析袋(截留分子量为 14 000 Da)中,扎紧袋口后在大烧杯中在室温下用蒸馏水透析 80 h。透析过程中,用磁力搅拌器保证透析袋处于流动状态,中间换水 9 次,以除去盐类及低聚糖等小分子杂质。将袋内的多糖溶液真空浓缩,使用 95% 乙醇沉淀,真空干燥即得番木瓜纯化多糖 CPP。

3)多糖的分级

称取 100 g DEAE-52 纤维素,用蒸馏水浸泡过夜后抽滤,分别用 0.5 mol/L NaOH、0.5 mol/L HCl、0.5 mol/L NaOH 浸泡 1 h,再用蒸馏水依次处理至中性。抽气装入层析柱(25 mm×600 mm),用蒸馏水平衡 24 h。称取 0.7 g 番木瓜纯化多糖 CPP,溶于适量蒸馏水中,上柱,分别用 0.0、0.2、0.4、0.6 mol/L NaCl 溶液洗脱。控制流速为 1 mL/min,自动部分收集器收集,10 mL/管,各管取样,以苯酚-硫酸法隔管跟踪检测,作洗脱曲线,合并同一洗脱峰的各管样品。洗脱液经过真空浓缩、透析、冷冻干燥得白色番木瓜多糖洗脱组分 CPP1 和 CPP2。

4)多糖纯度的鉴定(凝胶色谱法)

将 Sepharose 6B 经蒸馏水溶胀处理后装柱(20 mm×300 mm),用蒸馏水平衡 24 h。将番木瓜多糖洗脱组分 CPP1 和 CPP2 分别溶于 0.1mol/L NaCl 溶液中,上柱,检查番木瓜多糖的纯度。以 0.1 mol/L NaCl 溶液洗脱,流速为 1 mL/min,自动部分收集器收集,每管收集 5 mL,用苯酚-硫酸法隔管跟踪检测多糖,作洗脱曲线。

2.番木瓜皮抗氧化可溶性膳食纤维的提取

1)可溶性膳食纤维的酸法提取

取 5.000 g 干燥的番木瓜皮粉,置于 30 mL 的预处理液($V_{石油醚}:V_{乙醇}$=1:1)中静置 2 h,然后将溶剂蒸去。用 HCl 溶液在一定条件下水浴一定时间后取出,得酸解液,抽滤得滤液和滤饼,滤饼待用。滤液经 4 倍体积的乙醇静置沉淀 4 h 后,在 3 500 r/min、4 ℃的条件下离心 20 min,将沉淀物进行冷冻干燥即制得可溶性膳食纤维 SDF。

2)可溶性膳食纤维的碱法提取

取上述酸法提取中的滤饼,洗涤至中性,用 NaOH 溶液在一定条件下水浴一定时间后取出,得碱解液,抽滤得滤液和滤饼,弃用滤饼。滤液经 4 倍体积乙醇沉淀 4 h 后,在

3 500 r/min、4 ℃条件下离心 20 min,将沉淀物进行冷冻干燥即制 SDF。

SDF 得率计算式:

$$SDF得率 = \frac{提取的SDF质量}{番木瓜皮粉末质量} \times 100 \qquad (3\text{-}13)$$

3.皂苷类成分提取及纯化

1）提取

称量番木瓜果实 10 kg,洗净去皮籽,打浆,按料液比 1∶4 加入 85% 乙醇,在 60 ℃下搅拌提取 2 h,抽滤,滤渣按同样方法重复提取 2 次,合并 3 次的滤液,在 65 ℃下减压浓缩,浓缩至无乙醇时止。

2）纯化

取上述浓缩液上样到经过预处理的 AB-8 大孔吸附树脂柱上（6 cm×80 cm）,先用 2 倍柱体积水洗脱,然后分别用 20%、40%、60%、75%、95% 乙醇洗脱。调节层析柱流速约 20 mL/min,使用试管收集洗脱液,使用薄层层析色谱法（TLC）跟踪检测。TLC 展开剂:氯仿、甲醇、冰醋酸、水体积比为 10∶1∶0.1∶0.05,充分混合后取上清液。显色剂:甲醇、冰醋酸、浓硫酸、茴香醛体积比为 17∶2∶1∶0.1。

将上述 75%~95% 乙醇洗脱液合并,浓缩至无乙醇,浓缩液上 MCI 柱（4 cm×70 cm）,再分别用 50%、60%、70%、80%、85%、95% 乙醇洗脱,调节层析柱流速约 4 mL/min,洗脱液 20 mL 收集一管。TLC 展开剂:氯仿、甲醇、冰醋酸体积比为 30∶1∶0.1。显色剂同上。

取 MCI 柱层析的 80%~95% 乙醇洗脱液,合并浓缩后再分别上 MCI 柱（3 cm×45 cm）和 ODS 柱（3 cm×45 cm）,皆以 70%、80%、85%、95% 乙醇洗脱,每梯度洗脱 300 mL,洗脱流速为 1.0 mL/min,20 mL 收集一管,经 TLC 鉴定纯度。TLC 展开剂:氯仿、甲醇、冰醋酸体积比为 30∶1∶0.1。显色剂同上。共分离得到 3 个化合物 Ⅰ、Ⅱ、Ⅲ。

4.结论

在成熟番木瓜的乙醇提取物中分离得到了 3 个化合物,通过 NMR 波谱鉴定, 3 个化合物分别为 2β, 3β-二羟基-乌苏酸、3-O-葡萄糖-甾苷、薯蓣皂苷元-3-O-β-D-吡喃葡萄糖基 (1 → 3)-β-D-吡喃葡萄糖基 (1 → 4)-[α-L-吡喃鼠李糖基 (1 → 2)]-β-D-吡喃葡萄糖苷。乌苏酸对肿瘤细胞具有广泛的细胞毒活性,具有抗癌、抗菌、抗炎、降血清转氨酶、抗糖尿病、降温和安定等作用;甾醇类物质不仅是细胞原生质膜的重要结构成分,还具有参与血浆脂蛋白合成、转化为胆汁酸盐以促进体内脂肪消化和吸收、合成甾体激素、作为维生素 D_3 前体等多方面的功效;甾体皂苷具有治疗心血管疾病、抗肿瘤、提高免疫力、降低血糖等多种功效。番木瓜可药食两用,具有丰富的营养和重要的生理活性,但其对应的活性物质还没有探明。这 3 个化合物的分离鉴定以及课题进一步的深入研究将成为探明番木瓜多种功效的物质基础,从而为开发利用番木瓜提供更多参考。

（五）番木瓜中甾醇类和脂肪酸类成分的分析

1.番木瓜籽中总甾醇的含量测定

1）对照品溶液的配制

精密称取 120 ℃干燥至恒重的 β-谷甾醇对照品 14.0 mg，置于 50 mL 容量瓶中用氯仿溶解，并用氯仿定容到刻度，摇匀，得 280 μg/mL β-谷甾醇对照品溶液。

2）供试品溶液的配制

称取番木瓜籽粗粉约 5 g，精密称定，置于 50 mL 圆底烧瓶中，加入氯仿 25 mL，加热回流提取 2 h，放冷，过滤，向残渣中再加入氯仿 25 mL，回流提取 2 h，放冷，过滤，合并滤液，减压浓缩至干。向残渣中加入 13% 的氢氧化钾-乙醇溶液 30 mL，于 80 ℃回流皂化 2 h，以石油醚萃取 4 次，每次 20 mL，合并有机相，挥干溶剂，得番木瓜籽提取物。取番木瓜籽提取物以少量氯仿复溶，转移至 5 mL 容量瓶中，加氯仿定容至刻度，摇匀，得供试品溶液。

3）对照品溶液和供试品溶液的显色

精密吸取对照品溶液或供试品溶液适量，置于 10 mL 容量瓶中，加氯仿至 4.0 mL，加入乙酸酐 2.0 mL、硫酸 20 μL，摇匀。在室温下放置 10 min，显色。

4）测定波长

精密吸取对照品溶液 4 mL 及供试品溶液 2.5 mL，按照 3）中的方法进行显色，以氯仿作参比，在 400~800 nm 范围内进行波长扫描。β-谷甾醇对照品溶液在 703 nm 有最大吸收，供试品溶液在 700 nm 有最大吸收，未显色的供试品溶液在此范围内无吸收或吸收很弱，故选择 703 nm 作为分析波长。

5）样品的测定

精密称取样品各 2 份，按照供试品溶液的配置方法制备供试品溶液。精密吸取供试品溶液 2.5 mL，按照显色方法进行显色，于 703 nm 处进行测定，计算总甾醇的含量，结果表明，番木瓜籽中总甾醇的含量较稳定，为 3.3~4.2 mg/g。

6）结论

β-谷甾醇在 0.15~1.12 mg 范围内，浓度与吸光度呈现良好线性关系，回归方程为 $y=0.536\ 7x+0.001\ 1$，相关系数 $R=0.999\ 9$，平均加样回收率为 97.41%，RSD=1.82%（n =9）。结论：该方法简便、快速、准确，可用于番木瓜籽的质量控制。在进行番木瓜籽的总甾醇测定时，发现皂化后总甾醇的含量显著增加，因此推测番木瓜籽中的甾醇可能主要以甾醇脂肪酸酯的形式存在。本试验也增加了皂化反应，以准确测定番木瓜籽中总甾醇的含量。番木瓜籽中总甾醇的含量较稳定，为 3.3~4.2 mg/g。

2.番木瓜籽脂肪酸的测定

1）番木瓜籽粗脂肪的提取

以无水乙醚为溶剂，参考《食品安全国家标准 食品中脂肪的测定》（GB 5009.6—2016），采用索氏提取器提取；称取制备好的番木瓜样品 5.0 g，加海砂 5 g 拌匀，用滤纸包好后，加入乙醚 100 mL，恒温水浴（43 ℃）中回流提取 16 h，得淡黄色透明萃取液，使用旋转蒸发仪回收乙醚后，在 103 ℃下恒温干燥 1 h，得黄色液体油状产物 1.273 1 g，收率为 25.5%（质量分数）。

2）脂肪酸的衍生化处理

Ⅰ.三甲基硅酯化法

用移液器吸取番木瓜粗脂肪油 50 μL 置于 25 mL 具塞试管中，加吡啶及 N,O- 二（三甲基硅烷）乙酰胺各 0.5 mL，盖严封口，摇匀，于 80 ℃下恒温加热 10 min，冷却至室温，进行 GC-MS 分析。

Ⅱ.氢氧化钾/甲醇碱催化甲酯化法

取番木瓜粗脂肪样品 50 μL 置于 50 mL 烧瓶中，加入正己烷-乙醚（体积比为 2∶1）5 mL，0.5 mol/L KOH 甲醇溶液 3 mL，在 60 ℃下恒温回流酯化反应 20 min，加水 10 mL，摇匀，超声处理 1 min，取出移至离心管中，以 4 000 r/min 转速离心 2 min，吸取上层脂肪酸甲酯，进行 GC-MS 分析。

3）气相色谱条件

J&WDB-17 弹性石英毛细管色谱柱（30 m × 0.25 mm，0.25 μm）；载气为纯度 99.999% 的氦气；柱初温为 150 ℃，保温 1 min，以 20 ℃/min 的升温速率升至 230 ℃，再以 4 ℃/min 的升温速率升至 250 ℃，保温 5 min；进样口温度为 260 ℃；柱前压为 73.0 kPa，柱流量为 1 mL/min，分流比为 1∶50，进样量为 1 μL。

4）定量分析

应用 SHIMADZU GC MS Solution Release 2.10 专业分析软件对 GC-MS 谱图进行鉴定和定量分析。成分鉴定根据 GC-MS 联用测定所得到的质谱信息，应用 NIST147 数据库进行检索，通过与标准谱图对照以及质谱碎片峰的分析，确定每一个成分的化学结构。按峰面积归一法进行定量分析，分别求得各组分的相对含量。

5）结果

按上述试验方法和条件，对番木瓜脂肪酸进行三甲基硅酯化衍生化后，通过 GC-MS 分析，共分离出 21 种化合物，见图 3.14。鉴定出 19 种成分，占总峰面积的 98.77%，其中脂肪酸类成分 16 种、非甘油脂类成分 3 种。主要成分为棕榈酸、油酸、维生素 E、亚油酸、硬脂酸等。

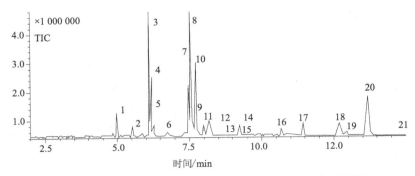

图 3.14　番木瓜脂肪酸三甲基硅酯 GC-MS 分析总离子流图

对番木瓜脂肪酸进行甲酯化衍生化后，通过 GC-MS 分析，共分离出 13 种化合物，见图 3.15。鉴定出 12 种脂肪酸，主要成分为油酸、棕榈酸、硬脂酸、亚油酸等。两种方法分析得到的试验结果见表 3.13 和表 3.14。

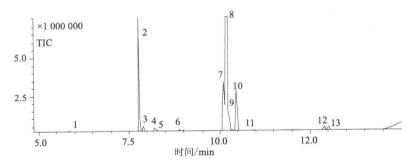

图 3.15　番木瓜脂肪酸甲酯 GC/MS 分析总离子流图

表 3.13　番木瓜籽脂肪酸三甲基硅酯衍生化法分析结果保留时间

峰号	保留时间/min	化合物名称	分子式	相对含量/%	相似度/%
1	4.987	十四烷酸	$C_{14}H_{28}O_2$	1.70	90
2	5.532	十五烷酸	$C_{15}H_{20}O_2$	0.55	99
3	6.121	棕榈酸	$C_{16}H_{32}O_2$	26.89	94
4	6.198	棕榈油酸	$C_{16}H_{30}O_2$	4.16	96
5	6.258	7-十六碳烯酸	$C_{16}H_{30}O_2$	0.58	—
6	6.762	十七烷酸	$C_{17}H_{34}O_2$	0.35	86
7	7.487	硬脂酸	$C_{18}H_{36}O_2$	5.82	93
8	7.544	油酸	$C_{18}H_{34}O_2$	22.80	94
9	7.650	11-十八碳烯酸	$C_{18}H_{34}O_2$	0.13	90
10	7.718	亚油酸	$C_{18}H_{32}O_2$	7.21	93
11	7.987	亚麻酸	$C_{18}H_{30}O_2$	1.95	90

续表

峰号	保留时间/min	化合物名称	分子式	相对含量/%	相似度/%
12	8.175	角鲨烯	$C_{30}H_{50}$	4.03	95
13	8.995	未鉴定出	—	0.45	—
14	9.211	二十烷酸	$C_{20}H_{40}O_2$	0.99	89
15	9.292	二十碳烯酸	$C_{20}H_{38}O_2$	0.34	85
16	10.699	未鉴定出	—	0.78	—
17	11.444	二十二烷酸	$C_{28}H_{44}O_2$	1.65	91
18	12.684	二十八醇	$C_{28}H_{58}$	3.51	92
19	12.934	二十三烷酸	$C_{23}H_{46}O_2$	0.58	86
20	13.683	维生素 E	$C_{29}H_{50}O_2$	15.29	92
21	14.793	二十四烷酸	$C_{24}H_{48}O_2$	0.24	89

表 3.14 番木瓜籽脂肪酸甲酯衍生化法分析结果保留时间

峰号	保留时间/min	化合物名称	分子式	相对含量/%	相似度/%
1	5.826	十四烷酸	$C_{14}H_{28}O_2$	0.14	91
2	7.784	棕榈酸	$C_{16}H_{32}O_2$	17.00	95
3	7.898	棕榈油酸	$C_{16}H_{30}O_2$	0.35	93
4	7.991	7-十六碳烯酸	$C_{16}H_{30}O_2$	0.05	86
5	8.209	未鉴定出	—	0.65	—
6	8.877	十七烷酸	$C_{17}H_{34}O_2$	0.13	90
7	10.115	硬脂酸	$C_{18}H_{36}O_2$	5.00	95
8	10.205	油酸	$C_{18}H_{34}O_2$	71.11	97
9	10.255	11-十八碳烯酸	$C_{18}H_{34}O_2$	1.34	95
10	10.447	亚油酸	$C_{18}H_{32}O_2$	3.42	96
11	10.858	亚麻酸	$C_{18}H_{30}O_2$	0.10	90
12	12.880	二十烷酸	$C_{20}H_{40}O_2$	0.37	92
13	12.989	二十碳烯酸	$C_{20}H_{38}O_2$	0.34	88

从本试验结果来看,采用碱催化甲酯化法衍生化处理脂肪油样品后,测定出番木瓜籽中含有 12 种脂肪酸成分,含量最高的是油酸(占 71.11%),其次为棕榈酸、硬脂酸、亚油酸以及 11-十八碳烯酸,有检测到 GLO 活性降低的植株。GLO 超表达水稻的获得为进一步研究 GLO 以及光呼吸的生理功能奠定了基础。

本节参考文献

[1] 万婧,张海德,韩林. 乙醇提取海南番木瓜中木瓜蛋白酶的工艺研究 [J]. 食品科技,

2010,35（3）:222-226.

[2] 万婧,张海德,曹贵兰. 超滤法在番木瓜提取木瓜蛋白酶工艺中的应用研究 [J]. 粮食与食品工业,2012,19（4）:33-37.

[3] 黄春喜,廖春芳,黄宜辉,等. 准确快速测定木瓜蛋白酶活性的方法研究 [J]. 轻工科技,2012,28（12）:5-6.

[4] 李宜航,唐文力. 番木瓜蛋白酶的提取与活性研究 [J]. 广州化工,2021,49（13）:86-88.

[5] 马若影,李幼梅,白新鹏,等. 番木瓜籽蛋白提取工艺及其性质研究 [J]. 热带作物学报,2017,38（6）:1120-1126.

[6] 刘捷,王文,张体祥. 皱皮木瓜多糖的分离纯化及结构表征 [J]. 河南工程学院学报（自然科学版）,2017,29（4）:30-34.

[7] 潘慧芳,胡长鹰. 番木瓜中低聚糖的提取分离及结构鉴定 [J]. 食品与发酵工业,2009,35（11）:148-151.

[8] 黄娟娟,胡长鹰,潘慧芳. 番木瓜中糖类成分的纯化与鉴定 [J]. 食品科学,2011,32（13）:89-93.

[9] 王晓梅,张忠山,张晶晶. 木瓜多糖的提取、纯化与鉴定 [J]. 安徽农业科学,2011,39（12）:7085-7087.

[10] 潘慧芳. 番木瓜主要成分的研究（Ⅰ）[D]. 广州:暨南大学,2010.

[11] 唐若宓. 番木瓜水溶性多糖的提取、分离与结构分析 [J]. 食品安全导刊,2017（20）:78-79.

[12] 刘汉兰,唐静,王志芳,等. 木瓜皮中齐墩果酸的提取及含量测定 [J]. 食品科学,2005,26（9）:365-367.

[13] 孟祥敏,殷金莲. 响应面法优化木瓜果实中齐墩果酸提取工艺 [J]. 食品研究与开发,2012,33（1）:37-40.

[14] 董海丽,陈怡平. 超高压提取木瓜中齐墩果酸的研究 [J]. 食品与发酵工业,2007,33（11）:125.

[15] IKEDA Y, MURAKAMI A, OHIGASHI H. Ursolicacid: an anti-and pro-inflammatory-triterpenoid[J]. Molecular nutrition and food research,2008,52（1）:26-42.

[16] 冯华,令狐昌敏,王祥培,等. 木瓜中熊果酸提取工艺的优化及含量测定 [J]. 安徽农业科学,2011,39（10）:5763-5764,5766.

[17] 张士勇,陈林红. 薄层扫描法测定酒制木瓜中熊果酸的含量 [J]. 中医药临床杂志,2006,18（4）:408-409.

[18] 孟祥敏,殷金莲. 响应面法优化木瓜果实中齐墩果酸提取工艺 [J]. 食品研究与开发,2012,33（1）:37-40.

[19] 杜丽清,陈海芳,张秀梅,等.番木瓜叶片多酚的提取及抗氧化性能研究[J].中国南方果树,2016,45(6):87-89.

[20] 叶丽红,王标诗,程漪婷,等.水酶法提取番木瓜籽油工艺及其氧化稳定性分析[J].食品科学,2014,35(16):58-63.

[21] 都述虎,饶金华,耿武松.薄层色谱法测定木瓜中齐墩果酸的含量[J].中草药,2003,34(1):35-37.

[22] TALAPATRA S K,SARKAR A C,TALAPATRA B. Two pentacyclic triterpenes from *Rubia cordifolia*[J]. Phytochemistry,1981,20(8):1923-1927.

[23] LIANG G Y,GRAY A I,WATERMAN P G. Pentacyclic triterpenes from the fruits of *Rosa sterilis*[J]. Journal of natural products,1989,52(1):162-166.

第五节　西番莲

一、西番莲的概述

西番莲(*Passiflora caerulea* Linnaeus),又名百香果、鸡蛋果、受难果、巴西果、藤桃、热情果、转心莲、西洋鞠、转枝莲、洋酸茄花、时计草。西番莲是西番莲科西番莲属的草质藤本植物,长约6 m;茎具细条纹,无毛;花瓣5枚,与萼片等长;基部淡绿色,中部紫色,顶部白色;浆果卵球形,直径为3~4 cm,无毛,熟时为紫色;种子多数,卵形;花期为6月,果期为11月。西番莲属于雌雄异花,雌花结果,雄花用于授粉,其授粉媒介主要是蜜蜂和昆虫,也可通过人工授粉。春季种植的西番莲,当年7月即可开花,9月可收果。第二年以后,每年4月开始开花,一年可开5~6批,每批花相隔20 d,从开花到果实成熟需60~70 d,果实收获4个多月。

果可生食或作为蔬菜、饲料。入药具有使人兴奋、强壮之效。果瓤多汁液,可加入重碳酸钙和糖,制成芳香可口的饮料,还可添加在其他饮料中以提高饮料的品质。种子榨油,可供食用和制皂、制油漆等。花大而美丽,没有香味,可作为庭园观赏植物。西番莲有"果汁之王""摇钱树"等美称。

西番莲果实营养丰富,富含大量人体所需的各种营养成分,如蛋白质、多种氨基酸、各种维生素(维生素B、维生素C、维生素D、维生素E等)、磷、铁、钙、超氧化物歧化酶(SOD)和超纤维。据测定,目前已知西番莲果实含有超过165种以上芳香物质,是世界上已知最芳香的水果之一,几乎涵盖了热带、亚热带大部分水果香型,果实成熟后可散发出石榴、菠萝、香蕉、草莓、柠檬、杧果等十多种水果的浓郁香味。

西番莲果汁与其他果汁充分调配制成的混合饮料,具有良好风味和独特口感,受到消费者欢迎。此外,西番莲果汁也是糕点、酒类的良好调味剂。其果汁享有"饮料之王"

和"饮料味精"的美誉。西番莲新鲜果皮含有24%的果胶,果胶中含有阿拉伯糖和半乳糖。果皮除可加工成蜜饯、果酱外,还是提取果胶和加工饲料的好原料。种子含油率很高,且油品质好,无需脱色和精炼,所含油为优质食用油,其油的经济价值和消化性方面可与棉籽油相比,人体吸收率为98%。西番莲虽然味道酸,但是属于平性水果,胃不好的人不宜多吃西番莲,以免导致胃酸过多,伤害肠胃。

二、西番莲的产地与品种

(一)西番莲的产地

西番莲原产于南美洲,广泛分布于巴西、加勒比海、美国夏威夷与加利福尼亚、澳大利亚、南非、越南、中国等国家和地区。我国西番莲主要分布在广西、广东、云南、福建、海南和台湾等省区,其中以广西壮族自治区的西番莲品质最佳。最适宜的生长温度为20~30 ℃,一般在不低于0 ℃的气温下生长良好,到-2 ℃时植株会严重受害甚至死亡,年平均气温为18 ℃以上的地区最适宜种植西番莲,易获得丰产。因此,西番莲在中国南方温暖湿润的地区尤其是海南地区分布较广。一般年降雨量为1 500~2 000 mm且分布均匀的条件下西番莲生长得最好,而商品性发展种植地区降雨量则不宜少于1 000 mm。西番莲较耐旱,但如遇干旱,仍需灌溉。土壤过于干燥,会影响藤蔓及果实发育,严重时枝条呈现枯萎状,果实不发育并会发生落果现象。雨季时,注意排水。作为热带水果,西番莲喜欢充足阳光,以促进枝蔓生长和营养积累,长日照条件有利于鸡蛋果的开花,在年日照时数为2 300~2 800 h的地区,西番莲生长好,养分积累多,枝蔓生长快,早结,丰产。西番莲适应性强,对土壤要求不高。但大面积生产的土壤土层至少应有0.5 m,且土壤应肥沃、疏松、排水良好,土壤pH值宜为5.5~6.5。

(二)西番莲的品种

西番莲主要有三个品种,分别是紫果种西番莲、黄果种西番莲以及由二者杂交获得的杂交种西番莲。其中杂交种的环境适应能力比较强,生长能力也比较强,有一定的抗病能力,所以很适合农户种植。杂交种西番莲果实成熟的时候果皮是鲜红色的,比较光滑,果实产量介于紫果种西番莲和黄果种西番莲两者之间。

1. 黄果种西番莲(黄果西番莲)(黄金)

成熟时果皮为亮黄色,果形较大,圆形,星状斑点较明显,单果平均重80~100 g。果汁含量高,可达45%,pH值约为2.3。

优点为生长旺盛,开花多,产量高,抗病力强。缺点为异株异花授粉才能结果,要人工授粉才能保证产量,不耐寒,霜冻即死。酸度大,香气淡,一般用作工业原料,加工果汁,不适合鲜吃。

特征：卷须为紫色，茎呈明显紫色，果熟时皮为黄色。

2. 紫果种西番莲（紫果西番莲）（紫香）

果形较小，鸡蛋形，星状斑点不明显，单果重 40~60 g，果汁香味浓、甜度高，适合鲜食，但果汁含量较低，平均为 30%。该品种耐寒耐热，但抗病性弱，长势弱，产量低。

特征：卷须及嫩枝呈绿色，无紫色，只有成熟时果皮是紫色，甚至是紫黑色。

3. 杂交种西番莲（双花西番莲）（满天星）

该品种是黄、紫两种西番莲杂交的优质品种。

果皮为紫红色、星状斑点明显，果形较大，长圆形，单果重 100~130 g，抗寒抗病力强，长势旺盛，可自花授粉结果，不用人工授粉。果汁含量高达 40%，色泽橙黄，味极香，糖度达 21%，适鲜食、加工两用。

三、西番莲的主要营养与活性成分

（一）西番莲的营养成分

西番莲是一种极具营养价值的天然型保健水果，它的营养价值极高，且香味浓郁，有很好的镇静效果，其果成熟后香味浓郁。王莹等研究发现西番莲中含有 Na、K、Ca、Mg、Zn、Ge、Mn 等 20 种矿物质元素，并且发现西番莲的果汁、果皮、种子中均含有对人体有益的矿物质元素，并未检测出对人体有害的物质。一杯鲜西番莲汁脂肪含量低（仅 1.6 g），富含蛋白质（5.2 g）和碳水化合物（55 g）。

膳食纤维是健康饮食不可或缺的，西番莲中也含有丰富的膳食纤维。膳食纤维影响消化系统，营养师研究证实摄入一定量的纤维对心血管疾病、癌症等其他疾病有预防作用。西番莲的功效作用范围广，已经得到了国内外的认可。西番莲可以帮助缓解焦虑情绪、肌肉紧张、头疼和失眠，具有抗氧化、抗衰老和抗癌等功效。长期以来，西番莲已被公认为是最具营养价值的保健水果，其所含有的大量活性物质正吸引着人们的注意力，并正得到科学上的支持。

西番莲果实富含人体所需的氨基酸、多种维生素、类胡萝卜素、超氧化物歧化酶、硒以及各种微量元素。西番莲在欧洲及北美被作为传统药物使用，多种提取物已被多个国家官方批准作为药物。经常食用西番莲，可以提神醒脑、养颜美容、生津止渴、帮助消化、化痰止咳、缓解便秘、活血强身、提高人体免疫功能、滋阴补肾、消除疲劳、降压降脂、延缓衰老、抗高血压等。西番莲果瓤和果汁酸甜可口，生津止渴，特别适宜加工成果汁、果酱等营养丰富、滋补健身、有助消化的产品。

西番莲果实中，果皮占鲜果重的 50%~55%，果肉占鲜果重的 42.5%~34%，种子占 7.5%~11.0%。西番莲营养物质含量丰富，不同部位的主要营养成分不同。西番莲果皮中蛋白质和脂肪的含量较低，碳水化合物的含量很高，在 50% 以上，果胶和粗纤维是西番莲果皮中的主要碳水化合物,分别占鲜果重的 12.5% 和 22.1%。西番莲果肉中含有 17 种人体所需氨基酸,5 种人体必需微量元素（Fe、Cu、Mn、Zn、Se）,此外还含有丰富的可溶性糖、总酸、蛋白质、维生素 C。西番莲种子含有丰富的脂肪酸、蛋白质和纤维素。全籽含油量达 21.7%~29.2%,不饱和脂肪酸含量高达 80% 以上,主要以亚油酸和油酸为主,其中人体必需脂肪酸——亚油酸含量高达 72% 以上,全籽蛋白质含量在 20% 以上,在植物中西番莲的蛋白质含量仅次于大豆,每 100 g 种子中含有不溶性纤维素 64.1 g。

西番莲中的营养物质含量如表 3.15 所示。

表 3.15　西番莲中的营养物质

食品中文名	西番莲	食品英文名	Passionfruit
食品分类	水果类及制品	可食部	100.0%
来源	法国食品卫生安全局	产地	法国
营养物质含量（100 g 可食部食品中的含量）			
能量/kJ	353	蛋白质/g	2.2
脂肪/g	0.7	饱和脂肪酸/g	0.1
多不饱和脂肪酸/g	0.4	单不饱和脂肪酸/g	0.1
碳水化合物/g	9.5	胆固醇/mg	0
钠/mg	28	糖/g	9.5
维生素 D/μg	0	膳食纤维/g	10.4
维生素 B_2（核黄素）/mg	0.13	维生素 A（视黄醇当量）/μg	0
维生素 B_{12}/μg	0.00	维生素 B_1（硫胺素）/mg	0
烟酸（烟酰胺）/mg	1.50	维生素 B_6/mg	0.10
钾/mg	348	维生素 C（抗坏血酸）/mg	30.0
钙/mg	10	叶酸（叶酸当量）/μg	14
锌/mg	0.10	磷/mg	67
水分/g	73	镁/mg	27
碘/μg	0.90	铁/mg	1.6
铜/mg	0.09	—	—

（二）西番莲的活性成分

1. 黄酮类化合物

西番莲果实中含有丰富的黄酮类化合物。目前,西番莲黄酮类化合物的研究主要集中在黄酮类化合物含量和种类的检测分析。Zeraik 等研究发现,西番莲果肉中黄酮类化合物的总含量（0.16 mg/mL）可以与橙汁中黄酮类化合物的含量（0.20 mg/mL）和甘蔗汁中黄酮类化合物的含量（0.24 mg/mL）相媲美,西番莲是一种潜在的黄酮类化合物的天然来源。Simirgiotis 等分析发现,西番莲果皮中黄酮类化合物含量（（140.17 ± 4.2）mg/100 g

DW）是果肉中黄酮类化合物含量（（77.16±8.4）mg/100 g DW）的 1.81 倍,除此之外,高效液相色谱-二极管阵列检测器（HPLC-DAD）和液相色谱-质谱联用（HPLC-MS）分析结果显示西番莲果皮和果肉中黄酮类化合物的种类也不尽相同,西番莲果皮中的黄酮类化合物多达 30 种,而果肉中的黄酮类化合物仅 15 种,其中果皮中的 30 种黄酮类化合物中有 15 种仅在果皮中检测到,果肉中的 15 种黄酮类化合物中有 1 种黄酮类化合物只存在于果肉中。García-Ruiz 等利用反向液相色谱法（RP-LC）、HPLC 和 HPLC-MS 技术从毛果西番莲（*Passiflora mollissima*（Kunth）L.H. Bailey）果肉中分离鉴定出 18 种黄酮类化合物,其中黄烷三醇单体有 9 种,原花青素有 9 种,黄酮三醇单体和原花青素的含量分别占 59.4% 和 40.6%。由此可见,西番莲果实中黄酮类化合物不仅含量丰富,而且种类繁多,不同部位的黄酮类化合物存在显著的差异。

2. 类胡萝卜素

类胡萝卜素是一类有机色素,广泛存在于植物和藻类中。流行病学研究发现,类胡萝卜素可降低 2 型糖尿病、心血管疾病、癌症、老年黄斑变性等慢性疾病发生的风险。不同西番莲种和品种之间类胡萝卜素的种类和含量存在显著差异。Wondracek 等对不同种和品种西番莲中的类胡萝卜素进行研究发现,西番莲中 *Passiflora edulis* 果肉中类胡萝卜素种类最多,有新黄质、紫黄质、顺式-紫黄质、环氧玉米黄质、叶黄素、玉米黄质、β-隐黄质、前番茄红素、poli-顺式-胡萝卜素、顺式-ζ-胡萝卜素、反式-ζ-胡萝卜素、反式-β-胡萝卜素、13-顺式-β-胡萝卜素和六氢番茄红素等 14 种,*Passiflora setacea* 有 7 种,*Passiflora cincinnata* 有 5 种,*Passiflora nitida* 果肉中类胡萝卜素的种类最少,仅有反式-β-胡萝卜素、环氧玉米黄质 2 种。对比分析 *Passiflora edulis* 中 4 个不同品种中的类胡萝卜素发现,不同西番莲品种中的类胡萝卜素存在显著差异,*Passiflora edulis* comerc B 中主要的类胡萝卜素是反式-β-胡萝卜素,*Passiflora edulis* comerc A 中主要的类胡萝卜素是反式-ζ-胡萝卜素,*Passiflora edulis* am native 和 *Passiflora edulis* ro native 中主要的类胡萝卜素是顺式-ζ-胡萝卜素。

不同西番莲种和品种之间,除了类胡萝卜素种类存在显著差异外,类胡萝卜素的含量也存在显著差异。王琴飞等研究发现,紫果西番莲、黄果西番莲和双花西番莲果实中叶黄素和 β-胡萝卜素含量呈现双花西番莲 > 黄果西番莲 > 紫果西番莲的趋势。此外,栽培方式的不同也会对西番莲中的类胡萝卜素产生影响。Pertuzatti 等对比分析常规种植和有机种植的黄金西番莲中的类胡萝卜素发现,常规种植的黄金西番莲中类胡萝卜素的含量是有机种植的西番莲的近 2 倍,但两者主要含有的类胡萝卜素是 β-隐黄质。综上可知,除了种和品种,栽培方式对西番莲中类胡萝卜素的含量也有很大的影响。

3. 植物多糖

植物多糖是一类天然大分子物质,由许多相同或不同的单糖以 α-糖苷键或β-糖苷键组成,普遍存在于植物界中。现代医学研究表明,植物多糖具有抗氧化、抗肿瘤、免疫调节、抗菌、抗病毒、降血糖、降血脂等多方面的生物学活性。西番莲果皮和种子中多糖的含量十分丰富，果皮细胞壁中的非淀粉多糖高达80%（质量分数），其中42%是纤维素，25%是果胶质，12%是半纤维素。果胶和纤维素是西番莲果实中的重要多糖，动物试验表明，口服西番莲果皮纤维素可以降低血液中血糖、甘油三脂、胆固醇以及胰岛素和消脂素的水平，可以用于治疗糖尿病。动物试验同样表明，口服西番莲果胶可降低糖尿病大鼠的血糖、甘油三脂水平，减少水肿和过氧化物酶的释放量，显著降低嗜中性粒细胞渗透性、肿瘤坏死因子α以及诱生型一氧化氮合酶的生成，西番莲果胶的这些消炎特性，使之可能成为2型糖尿病的治疗药物。

除了研究西番莲多糖的生物活性，西番莲多糖的提取方法也是研究的重点。研究表明，不同的提取方法提取的多糖提取物中多糖的组分不同。Silva等发现，西番莲热水提取物中主要为半乳糖醛酸，此外还含有少量阿拉伯糖、葡萄糖、鼠李糖、甘露糖、海藻糖、木糖、核糖。Klinchongkon等运用亚临界水提取技术提取西番莲果皮多糖发现，聚半乳糖醛酸是西番莲果皮亚临界水提取物中的主要多糖成分，占多糖含量的65%。综上所述，果胶和纤维素是西番莲果实的重要多糖，并对2型糖尿病有一定的治疗效果。此外，不同的提取方法获得的多糖提取物中多糖的组分不同，这种差异会不会引起多糖提取物的生物活性差异需要进一步研究。

4. 生氰苷

生氰苷本身是一种无毒的有机化合物，但在酶的分解下会产生有毒的氰化氢。西番莲除种子外，果皮和汁胞均含有生氰苷，幼果期的浓度最高，随着果实的成熟，果皮和汁胞中生氰苷的含量逐渐下降，果实成熟掉落后，果实中生氰苷的含量达到最低，食用成熟的西番莲不会对人体造成毒害。此外，西番莲果皮和果肉中生氰苷的种类和含量存在显著的差异。野黑樱苷是果皮中含有的主要生氰苷，仅存在于果皮中；而苦杏仁苷和扁桃腈鼠李糖基β-D-吡喃葡萄糖苷是果肉中含有的主要生氰苷，在果皮中未被检测到；虽然苯乙腈葡糖苷在果皮和果肉中均被检测出，但果皮中苯乙腈葡糖苷的含量约是果肉中的40倍。虽然生氰苷本身无毒，也未见食用西番莲中毒的相关报道，但减少生氰苷的摄入，对降低毒害风险来说是有必要的。因此，在食用西番莲时，应选择充分成熟的西番莲果实。

5. 生物碱

生物碱是一类含氮的天然有机化合物，主要分布于植物界，在一些细菌、真菌和动物体中也能合成。生物碱具有多样的药用活性，如抗疟疾、抗哮喘、抗癌、抗心律失调、抗菌、抗病毒、降血压等。西番莲属植物叶片生物碱的研究较多，但对果实生物碱的研究极少。虽然1968年就有西番莲生物碱的相关报道，但直到1975年，Lutomski等才通过薄层层析等方法从紫果西番莲（*Passiflora edulis* Sims）和黄果西番莲（*Passiflora edulis* f. *flavicarpa*）果肉中分离出4种生物碱——哈尔满碱、去氢骆驼蓬碱、哈尔酚和二氢骆驼蓬碱，并首次报道西番莲果肉的抗焦虑作用与生物碱有关。而最近一次报道是2014年，Pereira

等利用双搅拌棒固相萃取和荧光检测液相色谱技术从酸西番莲（*Passiflora edulis f. flavi-carpa* O. Degener）的果肉和种子中提取鉴定出 2 种生物碱——哈尔满碱和去氢骆驼蓬碱。虽然西番莲生物碱的研究开始较早，但相关的研究进展缓慢，可能是因为果肉和果汁等样品成分复杂，导致研究困难。随着西番莲的进一步综合开发和利用，考虑到含西番莲成分的食品和化妆品的安全性，对西番莲生物碱进行更进一步的研究是有必要的。

6. 其他成分

除了黄酮类化合物、类胡萝卜素、植物多糖、生物碱和生氰苷等主要生物活性成分以外，西番莲果实中还含有一些其他生物活性成分，如白皮杉醇、花色苷、呋喃酮、香豆素、肉豆蔻酸、棕榈酸、醉椒素、二氢麻醉椒素等。除了白皮杉醇，有直接研究结果表明其能抑制真皮细胞中黑素原的生成、促进胶原蛋白的生成，可以延缓人体皮肤的衰老，其他物质并无直接证据证明其生物活性，其生物活性需要进一步研究。西番莲中的生物活性物质种类丰富，应该大力对其进行研究、开发和利用。

（三）西番莲的活性作用

1. 抗焦虑作用

在南美洲，多种西番莲属的植物被广泛用作抗焦虑和镇定安神的传统药物。Barbosa 等向雄性 Wistar 大鼠腹腔注射茎翅西番莲（*Passiflora alata*）和紫果西番莲（*Passiflora edulis*）水提取物后，对 Wistar 大鼠进行迷宫测试、避障碍测试和开旷空间适应性测试，发现茎翅西番莲和紫果西番莲水提取物具有与安定相似的镇定作用，并且不会像安定一样扰乱大鼠的记忆过程。Otify 等进一步研究表明，西番莲提取物能显著减少小鼠的运动量，并显著增加了氨基丁酸（GABA）神经递质的浓度，说明西番莲提取物作用于 GABA 系统，通过影响 GABAA 和 GABAB 的受体以及 GABA 的结合效果起到抗焦虑和镇定作用。此外，虽然西番莲乙醇、氯仿、乙酸乙酯、丁醇提取物中的物质组分不一样，但其抗焦虑效果无明显差异，说明西番莲提取物的抗焦虑作用是多种活性成分协同作用的结果，而不是仅受某种特殊物质的活性的影响。临床试验中发现，外科手术前服用粉色西番莲（*Passiflora incarnate*）可有效减轻病人的焦虑，不会对患者麻药恢复期的心理和运动神经产生不良影响。上述结果表明，西番莲具有良好的抗焦虑作用，并在临床试验中有较好的表现，其抗焦虑的机制是作用于 GABA 系统，与 GABAA 和 GABAB 的受体以及 GABA 的结合效果有关。

2. 抗氧化作用

流行病学证据表明，许多人类疾病是由人体内自由基对人体脂类、蛋白质和 DNA 的破坏造成的，摄入具有抗氧化作用的食物或物质可降低疾病的发生率和人类的死亡率。Lourith 等研究表明，西番莲提取物的抗氧化能力与提取溶剂有关，乙酸乙酯相的抗氧化能力显著高于水相。同时发现乙酸乙酯相中多酚的含量显著高于水相，绿原酸、迷迭香酸和槲皮素大量存在于乙酸乙酯相中,而曲酸、没食子酸大量存在于水相中,说明多酚、绿原酸、迷迭香酸和槲皮素是西番莲的主要抗氧化活性物质。Contreras-Calderón 等研究发现,香蕉西番莲(*Passiflora tarminiana*)和柔毛西番莲(*Passiflora mollisima*)可食部分的 ABTS 自由基清除能力以及 FRAP 铁离子抗氧化能力显著高于腰果、番石榴苹果、巴西番石榴等 23 种热带水果的可食部分,这种抗氧化能力的强弱与其多酚的含量高度相关。García-Ruiz 等研究发现,毛果西番莲(*Passiflora mollissima*(*Kunth*)L. H. *Bailey*)果肉的冻干样品和干粉胶囊样品的 DPPH 自由基清除能力和 ORAC 氧化自由基吸收能力显著高于其他拉丁美洲的水果,如海巴戟、灯笼果、巴西莓、番木瓜等,并与黄酮类物质和类胡萝卜素的含量呈正相关关系。上述研究结果表明,西番莲具备良好的抗氧化活性,是抗氧化物质的天然来源。西番莲的抗氧化活性可能与多酚、黄酮类化合物、类胡萝卜素以及一些有机酸的抗氧化作用有关。

3. 消炎作用

临床试验表明,服用西番莲果皮提取物可减少膝关节炎症,抑制基质金属蛋白酶活性,阻止关节炎的进一步发展和关节退化,改善膝关节炎疼痛、膝关节僵硬等症状。Silva 等的研究表明,西番莲果胶可显著减少人中性粒细胞髓过氧化物酶的释放,能像消炎药吲哚美辛一样减少角叉聚糖引起的小鼠爪子水肿,能显著减少角叉聚糖引起的发炎的小鼠爪子中白性细胞的迁移,并且可以在一定程度上降低 α 肿瘤坏死因子(TNF-α)和诱导型一氧化氮合酶(iNOS)的含量。这些结果表明西番莲果胶具有消炎活性。进一步研究发现,小鼠预先腹腔注射西番莲果皮多糖 PFPe,可显著抑制角叉聚糖引起的水肿,可减少 48/80 化合物、组胺、血清素和前列腺素 E2 引起的水肿和 48/80 化合物引起的血管透性增大,此外 PFPe 可显著降低髓过氧化酶活性、丙二醛和谷胱甘肽浓度、白介素-1β 水平。这些研究结果表明,西番莲多糖可通过调节组胺和血清素的合成和释放、减少中性白细胞迁移、降低白介素-1β 水平、清除自由基等途径起到消炎作用。

4. 降血压

高血压是心血管和脑血管疾病中最危险的因素之一。临床试验表明,2 型糖尿病患者连续每天口服 220 mg 紫果西番莲果皮提取物 16 周后,患者的血液收缩压显著降低但血液舒张压没有显著变化。Lewis 等研究发现,当剂量高于 50 mg/kg 时,饲喂西番莲果皮提取物能显著降低自发性高血压大鼠的平均动脉压、动脉收缩压、动脉舒张压和心率。进一步分离西番莲果皮提取物中的活性成分发现,Edulilic acid 和花青素是西番莲果皮提取物中的主要降血压活性成分。Moriguchi 等研究发现,西番莲果皮提取物通过降低自发性高血压大鼠血液中一氧化氮的浓度来降低大鼠的血压。Konta 等研究发现,给自发性高血压大鼠饲喂黄果西番莲果肉能显著降低其动脉收缩压,增加血液中谷胱氨肽水平,降低血液中硫代巴比妥反应物浓度,黄果西番莲果肉可能通过增强血液抗氧化能力来降低动脉血压。对肾功能参数和骨髓细胞微核的突变频率进行分析发现,西番莲果肉没有肾毒性和诱变性,食用是安全的。这些结果表明,西番莲具有明显的降血压活性,并且是安全的,西番莲降血压可能通过两条途径:提高血液的抗氧化能力和降低一氧化氮的浓度。

5. 治疗糖尿病

糖尿病是一种内分泌疾病,被认为是全球导致死亡的第四大疾病。给四氧嘧啶诱发糖尿病的大鼠口服西番莲纤维,可显著降低糖尿病大鼠的血糖浓度,口服西番莲果皮纤维剂量越大,血糖下降幅度越大,此外口服西番莲果皮纤维在胰岛素和消脂素降低的情况下还可降低甘油三酯、极低密度脂蛋白的水平。进一步研究发现,用添加西番莲果皮粉的饲料饲喂糖尿病大鼠,其血糖降低,肝糖原显著增加,说明西番莲果皮粉可以通过促进血糖向肝糖原转化来调节糖尿病大鼠的血糖浓度。此外,给四氧嘧啶诱发糖尿病的大鼠口服西番莲种子甲醇提取物不仅可以降低糖尿病大鼠的血糖浓度,还可以降低血脂(如甘油三脂、低密度脂蛋白、极低密度脂蛋白以及总胆固醇)的浓度,增加高密度脂蛋白含量。临床试验表明,口服西番莲果皮粉可降低 2 型糖尿病患者的空腹血糖浓度和糖化血红蛋白的浓度,并降低胰岛素的抗性,增加胰岛素 β 细胞的分泌能力。以上结果表明,西番莲可能通过提高胰岛素的敏感性以及增加胰岛素 β 细胞的分泌能力来调节血糖和血脂的浓度,进而达到治疗糖尿病的效果。

6. 抗皮肤衰老

皮肤的衰老是氧化应激反应和炎症等积累导致的。炎症伴随的前炎性细胞活素水平增加,会对细胞外基质和真皮与表皮间的连接造成伤害,从而导致皮肤丧失弹性,这些改变导致了皱纹的形成。Martin 等研究发现,从西番莲中提取的浓缩油可以通过减少角质细胞中炎症因子的产生,增加纤维母细胞中过氧化氢酶、醌氧化还原酶 1、线粒体肽蛋氨酸亚砜还原酶、谷胱甘肽合成酶基因的表达,降低紫外线对细胞造成的氧化伤害,刺激胶原蛋白Ⅰ、Ⅳ和Ⅶ以及弹性蛋白和透明质酸合成酶 2 基因的表达,增加透明质酸的产生,并可恢复弹性蛋白、胶原蛋白Ⅲ和Ⅳ、基底膜聚糖基因的表达等多种机制,延缓皱纹的产生。Bravo 等的研究结果表明,西番莲全果的提取物能在不同程度上抑制胶原蛋白酶、弹性蛋白酶、透明质酸酶和酪氨酸酶等与皮肤衰老相关的酶的活性。Matsui 等用含有西番莲籽提取物的培养基培养人黑色素肿瘤细胞和人真皮成纤维细胞发现,西番莲籽提取物中的白皮杉醇及其衍生物可以抑制真皮细胞中黑素原的生成,促进胶原蛋白的生成。这些结果表明西番莲提取物对延缓皮肤衰老有明显的作用,通过调节相关基因的表达加强自由基清除能力,减少炎症,并调节胶原蛋白等的合成来延缓皮肤衰老。

四、西番莲中活性成分的提取、纯化与分析

（一）西番莲中绿原酸、琥珀酸等有机酸的分析

1. 高效液相色谱法

广东韶关学院化学与环境工程学院郭会时等采用微波辅助提取和高效液相色谱法测定了西番莲果肉中绿原酸的含量，王琴飞等采用超声提取和反相高效液相色谱法测定西番莲果肉中琥珀酸等 10 种有机酸的含量，两种方法前处理快速简便，且溶剂用量少，节约环保，可为开发利用丰富的西番莲资源提供理论参考。

1）绿原酸的分析方法

（1）仪器、试剂与材料

仪器：LC-20AT 高效液相色谱仪（日本岛津公司）；KJ23 C-AN2 微波炉（美的公司）；电子分析天平（上海精密科学仪器有限公司）；KQ-3200B 型超声波清洗仪（昆山市超声仪器有限公司）；SYZ-550 石英亚沸高纯水蒸馏器；聚乙烯消解罐；等等。

试剂：绿原酸标准品，纯度为 98.26%，陕西绿清生物工程有限公司生产，批号为HK090910；正己烷（AR），乙酸乙酯（AR），无水乙醇（AR），甲醇（GR），乙腈（GR），二次蒸馏水（经 0.45 μm 水系滤膜过滤）。

材料：原产于广东省韶关市乳源县。

（2）试验方法

Ⅰ. 供试品的制备

准确称取 3.000 0 g 西番莲果肉，分别用正己醇、乙酸乙酯萃取，过滤，把滤渣连同滤纸置于微波消解罐中，加入 80 % 乙醇 30 mL 作为提取剂，微波功率选定中高火，微波加热提取 4 min。提取结束后取出消解罐，待冷却后，减压抽滤，收集滤液。将滤液置于 50 mL 容量瓶中，用 80 % 乙醇定容，即得供试品溶液。

Ⅱ. 对照品溶液的制备

精密称取绿原酸标准品 0.096 6 g，置于 100 mL 容量瓶中，用 80 % 乙醇溶解，定容，配制得质量浓度为 996.0 mg/L 的对照品溶液，备用。

Ⅲ. 色谱条件

西番莲中绿原酸的最佳色谱条件如下。使用 Eclipse XDBC18 色谱柱（4.6 mm×150 mm，5 μm）。流动相：A 相为二次蒸馏水 +1% 乙酸，B 相为乙腈。梯度洗脱程序为：0—5 min，B 为 5%（体积分数）；5—10 min，B 为 60%（体积分数）；10—5 min，B 为 80%（体积分数）；15—25 min，B 为 100%（体积分数）；25—40 min，B 为 100%（体积分数）。流速为 0.8 mL/min，检测波长为 320 nm，柱温为 40 ℃，进样量为 10 μL。

Ⅳ. 标准曲线的绘制

分别准确吸取绿原酸标准溶液 0.00、1.00、2.00、3.00、4.00、5.00 mL 于 50 mL 容量瓶

中,用乙醇定容至刻度。各浓度标准溶液按上述色谱条件进样测定。以标准溶液的质量浓度为横坐标;对应的峰面积为纵坐标,绘制标准曲线,并进行回归计算。研究得出回归方程为 $y=178\ 659x-77\ 143$,$R^2=0.999\ 7$。表明绿原酸在 19.80~99.60 mg/L 范围内线性良好。

Ⅴ. 样品含量测定

准确吸取试样溶液 10 μL,按上述色谱条件进样测定,平行测定 3 次。

（3）试验结果

按照供试品溶液的制备方法平行制备样品 6 份,按上述色谱条件分别进样分析,按照回归方程计算绿原酸含量。试验测得 6 份试样中绿原酸的质量浓度分别为 20.00、20.85、20.65、20.87、20.01、20.82 mg/g,平均含量为 20.53 mg/g,6 次提取测定绿原酸含量的平均 RSD 为 1.56 %。试验结果表明该方法的重现性良好。

（4）结论

本文采用微波辅助提取与高效液相色谱法测定了西番莲果肉中绿原酸的含量。西番莲果肉经微波辅助提取后,用反相高效液相色谱测定。试验测得西番莲果肉中的绿原酸质量浓度为 20.53 mg/g。该方法快速、简便,准确度高,且溶剂用量少,节约环保,可为开发利用丰富的西番莲资源提供理论参考。

2）琥珀酸等 10 种有机酸的分析方法

（1）仪器、试剂与材料

材料:紫果西番莲(*Passiflora edulis* Sims)和黄果西番莲(*P. edulis* f. *flauicarpa* Degener)夏季采摘于农业部植物新品种测试分中心(儋州)西番莲种质资源圃。于黄果果皮呈黄色、紫果果皮紫色面积大于整果的 2/3 时采摘。采摘健康、果型完整的果实带回实验室后,立即取出果肉,用密封袋保存于 −40 ℃冰箱内待用。

试剂:标准样品草酸(oxilic acid)、酒石酸(tartaric acid)、奎宁酸(quinic acid)、L-苹果酸(malic acid)、L-抗坏血酸(ascorbic acid)、L-乳酸(lactic acid)、乙酸(acetic acid)、柠檬酸(citric acid)、富马酸(fumaric acid)、琥珀酸(succinic acid)、甲醇(色谱纯)(购买于美国 Sigma 公司),磷酸、磷酸氢二钾为分析纯。

仪器:Aglent1260 型液相色谱系统,配备自动进样器(型号: G1329B),二极管阵列检测器(型号: G1315D)和柱温箱(型号: C1316A)。色谱柱为 Atlantis C_{18} 色谱柱(150 mm × 4.6 mm, 5 μm)(美国 Waters 公司);超纯水由 Elix3+Synergy 超纯水系统制备(美国 Millipore 公司);超声波清洗器(KQ-400KDE)(江苏昆山市超声仪器有限公司)。

（2）试验方法

Ⅰ. 有机酸的提取

称取冰冻的西番莲果肉 5.00 g 放入研钵中,加入 0.01 mol/L 的 K_2HPO_4 溶液(pH=2.8)10 mL,于冰上研磨使果肉与种子完全分离,将研磨后的样品缓慢倒入 50 mL

容量瓶,用 0.01 mol/L 的 K_2HPO_4 溶液冲洗研钵 3 次,并定容至 50 mL,放入超声波清洗器中超声提取 30 min(超声频率为 320 kHz,温度为 30 ℃),过滤后取滤液离心(10 000xg,20 min),上清液经 0.22 μm 滤膜过滤后直接进样。每个样品重复 3 次试验。

Ⅱ. 标准溶液的配制

分别称取适量的标准样品 L-苹果酸、柠檬酸,用超纯水定容至 25 mL,配置成质量浓度为 20 mg/mL 的单标母液;草酸、酒石酸、奎宁酸、L-抗坏血酸、L-乳酸、乙酸、富马酸、琥珀酸配置成质量浓度为 1 mg/mL 的单标母液,于 4 ℃ 冰箱保存。使用时,将其依次稀释配置成不同浓度的混合标准溶液,经 0.22 μm 滤膜过滤后使用。

Ⅲ. 色谱条件

Waters Altantis C_{18} 色谱柱(150 mm × 4.6 mm,5 μm),流动相为 2% 的甲醇与 98% 的 0.01 mol/L K_2HPO_4 溶液(用 H_3PO_4 调节 pH=2.8),流速为 0.6 mL/min,柱温为 30 ℃,进样量为 10 μL,检测波长为 210 nm。

(3)试验结果

Ⅰ. 标准曲线、检出限、精密度及回收率

将有机酸单标母液稀释成 5 个浓度梯度的有机酸混合标准溶液,分别进样 10 μL,以峰面积 y 对质量浓度 x(μg/mL)作图,制作标准曲线,并对结果进行回归分析,得到结果可知各有机酸的相关系数为 0.999 2~1.000,线性关系良好。再以 3 倍信噪比(S/N)时,各有机酸的浓度作为最小检测限。

取紫果西番莲样品 5 份,采用上述方法提取有机酸,经 0.22 μm 滤膜过滤后上样,用于考察方法的精密度,10 种有机酸的 RSD 为 0.22%~4.00%。另取同一样品 4 份,1 份作为本底,参照王冉等的方法,另外 3 份样品分别按紫果西番莲样品有机酸总量的 80%、100%、120% 加入有机酸混合标样,每个浓度设 3 个重复。结果得到各有机酸的平均回收率为 88.0%~109.6%。表明该方法准确灵敏、重现性好、回收率高。

Ⅱ. 西番莲样品中有机酸定量分析

紫果和黄果西番莲中有 7 种相同的有机酸,而草酸、奎宁酸和乙酸都未检测到;7 种有机酸含量以柠檬酸最高,紫果和黄果西番莲中柠檬酸的含量分别达到 14.8、19.1 mg/g,富马酸含量最低。紫果西番莲中酒石酸和 L-抗坏血酸含量高于黄果西番莲,2 种西番莲中 L-苹果酸含量基本相同,其他 5 种有机酸含量都是黄果西番莲较高。7 种有机酸的含量趋势为柠檬酸 > L-苹果酸 > L-乳酸 > 琥珀酸 > L-抗坏血酸 > 酒石酸 > 富马酸。

(4)结论

使用 Waters Altantis C_{18} 色谱柱(150 mm × 4.6 mm,5 μm),流动相为 2% 的甲醇和 98% 的 0.01 mol/L K_2HPO_4 溶液(用 H_3PO_4 调节 pH=2.8),流速为 0.6 mL/min,柱温为 30 ℃,进样量为 10 μL,检测波长为 210 nm,分析紫果和黄果西番莲中 10 种有机酸的含量。该方法具有灵敏度高、测试组分多、速度快等优点,适用于西番莲中多种有机酸的测定。

2. 离子交换色谱法

1）仪器、试剂与材料

仪器：离子色谱仪，Dionex ICS-1100 型，配备 RFC 30 试剂控制器（美国赛默飞世尔科技有限公司）；离心机，L550 型（湖南湘仪实验室仪器开发有限公司）；漩涡混合器，XW-80A 型（江苏海门其林贝尔仪器制造有限公司）；电子分析天平，PL602-S 型（分度值为 0.01 g），AB 204-S 型（分度值为 0.000 1 g）（瑞士梅特勒-托利多仪器（上海）有限公司）。

试剂：苹果酸、柠檬酸，优级纯（上海安普实验科技股份有限公司）；琥珀酸，优级纯（国药集团化学试剂有限公司）；无水乙醇，分析纯（广州新建精细化工厂）；OnGuard Ⅱ RP 固相萃取小柱 1.0 mL（美国赛默飞世尔科技公司）；超纯水（电阻率为 18.25 MΩ·cm）。

材料：市购西番莲。

2）试验方法

（1）色谱条件

分析柱：Dionex Ionpac AS 19 柱（250 mm×4 mm，美国赛默飞世尔科技有限公司）；保护柱：Ionpac AG 19 柱（50 mm×4 mm，美国赛默飞世尔科技有限公司）；淋洗液：KOH 溶液，梯度淋洗。梯度程序：0—15 min，20 mmol/L；15—23 min，20~45 mmol/L；23—33 min，45 mmol/L；33—38 min，20 mmol/L。流量：1.00 mL/min；抑制器：AERS500 连续自动再生膜阴离子抑制器；检测方式：电导检测器；池温：35 ℃；柱温：30 ℃；进样体积：25 μL。

（2）标准溶液配制

分别准确称取苹果酸、琥珀酸和柠檬酸 0.100 0 g，加水溶解后，将溶液转移至 100 mL 容量瓶中，用水定容至标线，配制成质量浓度为 1 000 mg/L 的标准储备液。使用时，先将苹果酸和琥珀酸的标准储备液稀释成浓度为 100 mg/L 的标准中间液，再分别吸取 1.00、2.00、4.00、8.00、10.00 mL 苹果酸和琥珀酸标准中间液和 0.50、1.00、2.00、3.00、5.00 mL 柠檬酸标准储备液于 5 个 100 mL 容量瓶中，用 8% 乙醇溶液定容，得到有机酸系列混合标准工作溶液。其中苹果酸和琥珀酸质量浓度均依次为 1、2、4、8、10 mg/L；柠檬酸质量浓度依次为 5、10、20、30、50 mg/L。测得标准曲线回归方程：苹果酸为 $y=0.105x+0.015$（$R^2=0.999\,6$）；琥珀酸为 $y=0.098x+0.024$（$R^2=0.999\,8$）；柠檬酸为 $y=0.074x+0.072$（$R^2=0.999\,0$）。

（3）样品处理

取 10 个西番莲果，刨开果皮取果肉，用滤布挤出果汁，混匀。称取 1 g 果汁样品，用 8% 乙醇溶液定容至 100 mL，涡旋混合 1 min，以 4 000 r/min 离心 5 min，经 0.45 μm 滤膜和 On Guard Ⅱ RP 固相萃取小柱过滤（小柱使用前分别用 5 mL 甲醇和 10 mL 去离子水活化），弃去 3 mL 初滤液，将续滤液收集到样品瓶后供离子色谱分析用。

3）测定结果

测得西番莲中的有机酸以柠檬酸和苹果酸为主，分别达到23.94、2.17 g/kg，琥珀酸含量较低，仅有0.11 g/kg。

（二）西番莲中矿物质元素的分析

1. 仪器、试剂与材料

仪器：7500-CX电感耦合等离子体质谱联用仪（Agilent美国）；ETHOST微波消解仪（MILESTONE意大利）；超纯水机Milli-Q（美国Millipore）。

试剂：Na、Mg、Al、K、Ca、V、Cr、Mn、Fe、Ni、Co、Zn、As、Se、Mo、Ag、Cd、Sn、Sb、Ba、Hg、Tl、Pb、Th等24种单元素标准品均为1 000 mg/L（国家标准品中心），内标混合溶液 ^{6}Li、^{45}Sc、^{72}Ge、^{103}Rh、^{115}In、^{159}Tb、^{175}Lu、^{209}Bi（1 mg/mL，Agilent，美国），调谐液 ^{7}Li、^{89}Y、^{205}Tl、^{140}Ce（1 ng/mL，Agilent，美国），65% HNO$_3$（优级纯，广州东红化工厂），30%H$_2$O$_2$（分析纯，东莞东江化学试剂有限公司），超纯水（电阻率≥18.2 MΩ·cm），高纯液氩99.999%（深圳市圳宽工业气体有限公司）。

材料：西番莲（深圳市售，产地为广东河源）。

2. 试验方法

1）标准系列溶液配制

本试验采用混合标准法配制标准溶液系列。微量元素采用逐级稀释法配制标准曲线。分别精确移取Al、V、Cr、Mn、Ni、Co、Zn、As、Se、Mo、Ag、Cd、Sn、Sb、Ba、Hg、Tl、Pb、Th（均为1 000 mg/L）标准储备液1 mL于一个100 mL容量瓶中，然后用2% HNO$_3$定容至刻度，得10 mg/L的混合标准溶液。再从10 mg/L混合标准液中分别取0、50、100、200、400 μL和从大量元素Na、Mg、K、Ca、Fe（1 000 mg/L）标准储备液中分别取0、0.5、1、2、4 mL于5个50 mL容量瓶中，用2% HNO$_3$定容至刻度，得微量元素混合标准溶液（0、10、20、40、80 ng/mL）和大量元素混合标准溶液（0、10、20、40、80 μg/mL）的总混合标准溶液系列。

2）样品消解

随机取5个西番莲，用自来水冲洗外表皮，自然风干，用干净干燥的小刀切开，将其汁置于50 mL干净烧杯中，精确称取果汁0.2 g于消解罐中，加入9 mL浓HNO$_3$和1 mL 30% H$_2$O$_2$，盖紧后置于微波消解仪中消解。消解完成后，自然冷却至室温，转至50 mL容量瓶，用超纯水定容至刻度，过滤后滤液供ICP-MS测定的同位素分别为 ^{23}Na、^{24}Mg、^{39}K、^{43}Ca、^{56}Fe、^{27}Al、^{9}Be、^{51}V、^{53}Cr、^{55}Mn、^{59}Co、^{60}Ni、^{63}Ca、^{66}Zn、^{75}As、^{76}Se、^{95}Mo、^{107}Ag、^{111}Cd、^{121}Sb、^{137}Ba、^{205}Tl、^{208}Pb、^{232}Th。

3）积分时间的选择

积分时间的选择原则为确保元素能被完全电离又要相对节省时间。本试验采用氩气作为等离子体的工作气体,因为氩气具有很高的电离能,氩气的第一电离能(15.75 eV)高于绝大多数元素的第一电离能(除 He、F、Ne 外),且低于大多数元素的第二电离能(除 Ca、Sr、Ba 外),因此在氩气等离子体环境中,大多数元素很容易被电离成单电荷离子而被质谱检测器检测,一般积分时间定为 0.3 s。而也有小部分较难电离的元素,如 Se、Cd、Hg、As,这 4 种难电离的元素通过延长积分时间加以解决,其积分时间定为 1 s。

4)内标元素的选择

内标元素的作用是校正响应信号的漂移和消除基体效应。理论上,同一样品中内标元素和待测元素会受到同种程度的干扰影响,因此可以利用待测元素与内标元素响应值之比来校正响应信号的波动。本试验所选的内标元素为 ^{6}Li、^{45}Sc、^{72}Ge、^{103}Rh、^{115}In、^{159}Tb、^{175}Lu、^{209}Bi。试验表明,这些内标元素可有效地消除基体效应和响应信号的漂移,可以较准确地测定西番莲中的 24 种矿物质元素。

5)污染因素及其控制

试验过程中有可能存在的污染因素有:①实验室环境;②试剂;③仪器记忆效应;④样品处理时引入或损失的待测元素。试验过程中,应注意所有污染因素,尽量避免污染。有部分元素较容易挥发如 Hg、As 等,为有效防止其挥发,本试验的样品前处理采用密闭的微波消解系统。试验结果表明样品消解完全,损耗少,消解速度快。在试验过程中,每个步骤都有可能发生污染,如样品前处理、测试过程、所用的器具等。在应用 ICP-MS 分析过程中,要求比较高,因此必须采用一些预防措施来减少或防止污染的发生。如使用高纯试剂,容器用 10% HNO$_3$ 浸泡过夜,将仪器管道先用 5% HNO$_3$ 彻底冲洗等。

6)标准曲线与检出限

本试验采用 2% HNO$_3$ 配制标准溶液系列。参考《四级杆电感耦合等离子体质谱仪标准规范》测定 11 次样品空白溶液计算标准偏差,取 3 倍标准差为相应元素的检出限。试验结果表明,应用本方法测定的 24 种矿物质元素的相关系数 R^2 均达 0.995 以上,在浓度范围内的线性关系良好。方法检出限均为 0.001 ng/mL。

7)样品测试结果及精密度

西番莲中的矿物质元素主要取决于西番莲的生长土壤、灌溉用水及周围环境空气的影响,按以上试验分析条件及步骤,对西番莲中的 24 种矿物质元素进行分析。有毒、有害的重金属(Pb、Hg、Cd、As、Cr、Sn)含量较低,根据国家强制性标准《食品安全国家标准 食品中污染物限量》(GB 2762—2017)判断,均符合标准要求。本试验的相对标准偏差 RSD≤1.42%,说明本方法精密度高、准确可靠。另外,西番莲汁中含有丰富的人体必需的矿物质元素,特别是含有大量 Na、Mg、K、Ca、Fe 等矿物质元素,这些矿物质元素参与人体代谢过程,为人体提供丰富的营养物质。

8)加标回收试验

准确称取样品后,向其中一个样品中分别加入 Fe、K、Ca、Na、Mg、Ag、Al、As、Ba、Be、

Cd、Co、Cr、Ca、Mn、Mo、Ni、Pb、Sb、Se、Tl、V、Zn、Th 等 24 种元素的标准混合液，与其他样品一起消解，最后测定其回收率。该方法测定的 24 种矿物质的加标回收率为 86.67%~101.84%，说明该方法能够满足测定西番莲汁中的 24 种矿物质元素的分析要求。

3. 结论与讨论

测定西番莲汁中丰富的矿物质营养，同时监测有毒、有害重金属也是食品安全监测的重点内容之一，因此建立一种快速、准确且一次进样可同时测定多种元素的方法具有重要的意义。本试验采用微波消解-电感耦合等离子体质谱联用法测定西番莲汁中的 24 种矿物质元素，一次进样同时分析 24 种元素，相对标准偏差 RSD≤1.42%，结果准确可靠，快速高效。

本节参考文献

[1] 张建梅，刘娟，高鹏，等. 西番莲的利用价值及市场前景的探讨 [J]. 河北果树，2019（2）：41-43.

[2] 王善云，许武华. 百香果特性与丰产栽培技术 [J]. 福建农业，2009（10）：16.

[3] 文良娟，毛慧君，张元春，等. 西番莲果皮成分分析及其抗氧化活性的研究 [J]. 食品科学，2008，29（11）：54-58.

[4] 邓博一，申铉日，邓用川. 海南百香果、莲雾、青枣营养成分的比较分析 [J]. 食品工业科技，2013，34（12）：335-338，343.

[5] 张静波，詹琳，何英. 西番莲籽油成分的测定及其开发利用 [J]. 中国油脂，2000，25（6）：116-118.

[6] 成文韬，袁启凤，肖图舰，等. 西番莲果实生物活性成分及生理功能研究进展 [J]. 食品工业科技，2018，39（16）：346-351.

[7] ZERAIK M L, YARIWAKE J H. Quantification of isoorientin and total flavonoids in *Passiflora edulis* fruit pulp by HPLC-UV/DAD[J]. Microchemical journal，2010，96（1）：86-91.

[8] SIMIRGIOTIS M J, SCHMEDA-HIRSCHMANN G, BÓRQUEZ J, et al. The *Passiflora tripartita*（Banana Passion）fruit：a source of bioactive flavonoid C-glycosides isolated by HSCCC and characterized by HPLC-DAD-ESI/MS/MS[J]. Molecules，2013，18（2）：1672-1692.

[9] GARCÍA-RUIZ A, GIRONES-VILAPLANA A, LEÓN P, et al. Banana passion fruit（*Passiflora mollissima*（Kunth）L.H. Bailey）：microencapsulation, phytochemical composition and antioxidant capacity[J]. Molecules，2017，22（1）：85-96.

[10] BOHN T. Bioactivity of carotenoids-chasms of knowledge[J]. International journal for vitamin and nutrition research，2017（1）：1-5.

[11] WONDRACEK D C, FALEIRO F G, SANO S M, et al. Carotenoid composition in cerrado passifloras[J]. Revista brasileira de fruticultura, 2011, 33（4）: 1222-1228.

[12] 王琴飞, 张如莲, 徐丽, 等. HPLC 测定西番莲中叶黄素和 β-胡萝卜素 [J]. 热带作物学报, 2016, 37（3）: 609-614.

[13] PERTUZATTI P B, SGANZERLA M, JACQUES A C, et al. Carotenoids, tocopherols and ascorbic acid content in yellow passion fruit（ *Passiflora edulis* ）grown under different cultivation systems[J]. LWT-food science and technology, 2015, 64（1）: 259-263.

[14] 陈圣阳, 刘旺景, 曹琪娜, 等. 植物多糖的生物学活性研究进展 [J]. 饲料工业, 2016, 37（22）: 60-64.

[15] CORRÊA E M, MEDINA L, BARROS-MONTEIRO J, et al. The intake of fiber mesocarp passionfruit（ *Passiflora edulis* ）lowers levels of triglyceride and cholesterol decreasing principally insulin and leptin[J]. Journal of aging research and clinical practice, 2014, 3（1）: 31-35.

[16] SILVA D C, FREITAS A L, PESSOA C D, et al. Pectin from *Passiflora edulis* shows anti-inflammatory action as well as hypoglycemic and hypotriglyceridemic properties in diabetic rats[J]. Journal of medicinal food, 2011, 14（10）: 1118-1126.

[17] SILVA D C, FREITAS A L P, BARROS F C N, et al. Polysaccharide isolated from Passiflora edulis: Characterization and antitumor properties[J]. Carbohydrate polymers, 2012, 87（1）: 139-145.

[18] KLINCHONGKON K, KHUWIJITJARU P, WIBOONSIRIKUL J, et al. Extraction of oligosaccharides from passion fruit peel by subcritical water treatment[J]. Journal of food process engineering, 2017, 40（1）: 1-8.

[19] SPENCER K C, SEIGLER D S. Cyanogenesis of *Passiflora edulis*[J]. Journal of agricultural and food chemistry, 1983, 31（4）:794-796.

[20] CHASSAGNE D, CROUZET J C, BAYONOVE C L, et al. Identification and quantification of passion fruit cyanogenic glycosides[J]. Journal of agricultural and food chemistry, 1996, 44（12）: 3817-3820.

[21] LUTOMSKI J, MALEK B, RYBACKA L. Pharmacochemical investigations of the raw materials from passiflora GENUS-2. The pharmacochemical estimation of juices from the fruits of *Passiflora edulis* and *Passiflora edulis* forma *flavicarpa*[J]. Planta medica, 1975, 27（2）: 112-121.

[22] PEREIRA C A M, RODRIGUES T R, YARIWAKE J H. Quantification of harman alkaloids in sour passion fruit pulp and seeds by a novel dual SBSE-LC/Flu（ stir bar sorptive extraction-liquid chromatography with fluorescence detector ）method[J]. Journal of the

Brazilian Chemical Society, 2014, 25（8）: 1472-1483.

[23] PATIL B S, JAYAPRAKASHA G K, ROA C O, et al. Tropical and subtropical fruits: flavors, color, and health benefits[M]. Washington: American Chemical Society, 2013.

[24] BARBOSA P R, VALVASSORI S S, BORDIGNON JR C L, et al. The aqueous extracts of *Passiflora alata* and *Passiflora edulis* reduce anxiety-related behaviors without affecting memory process in rats[J]. Journal of medicinal food, 2008, 11（2）: 282-288.

[25] OTIFY A, GEORGE C, ELSAYED A, et al. Mechanistic evidence of *Passiflora edulis* （Passifloraceae）anxiolytic activity in relation to its metabolite fingerprint as revealed via LC-MS and chemometrics[J]. Food and function, 2015, 6（12）: 3807-3817.

[26] MOVAFEGH A, ALIZADEH R, HAJIMOHAMADI F, et al. Preoperative oral *Passiflora incarnata* reduces anxiety in ambulatory surgery patients: a double-blind, placebo-controlled study[J]. Anesthesia and analgesia, 2008, 106（6）: 1728-1732.

[27] DEVASAGAYAM T P A, TILAK J C, BOLOOR K K, et al. Free radicals and antioxidants in human health: current status and future prospects[J]. Journal of the Association of Physicians of India, 2004, 52（10）: 794-804.

[28] LOURITH N, KANLAYAVATTANAKUL M. Antioxidant activities and phenolics of *Passiflora edulis* seed recovered from juice production residue[J]. Journal of oleo science, 2013, 62（4）: 235-240.

[29] GARCÍA-RUIZ A, GIRONES-VILAPLANA A, LEÓN P, et al. Banana passion fruit （*Passiflora mollissima*（Kunth）L.H. *Bailey*）: microencapsulation, phytochemical composition and antioxidant capacity[J]. Molecules, 2017, 22（1）: 85-96.

[30] FARID R, REZAIEYAZDI Z, MIRFEIZI Z, et al. Oral intake of purple passion fruit peel extract reduces pain and stiffness and improves physical function in adult patients with knee osteoarthritis[J]. Nutrition research, 2010, 30（9）: 601-606.

[31] SILVA R O, DAMASCENO S R B, BRITO T V, et al. Polysaccharide fraction isolated from *Passiflora edulis* inhibits the inflammatory response and the oxidative stress in mice[J]. Journal of pharmacy and pharmacology, 2015, 67（7）: 1017-1027.

[32] RAJU I N, REDDY K K, KUMARI C K, et al. Efficacy of purple passion fruit peel extract in lowering cardiovascular risk factors in type 2 diabetic subjects[J]. Journal of evidence-based complementary and alternative medicine, 2013, 18（3）: 183-190.

[33] LEWIS B J, HERRLINGER K A, CRAIG T A, et al. Antihypertensive effect of passion fruit peel extract and its major bioactive components following acute supplementation in spontaneously hypertensive rats[J]. The journal of nutritional biochemistry, 2013, 24（7）: 1359-1366.

[34] MORIGUCHI S, LU Y, FOO L Y, et al. Oral administration of purple passion fruit peel extract attenuates blood pressure in female spontaneously hypertensive rats and humans[J]. Nutrition research, 2007, 27（7）: 408-416.

[35] KONTA E M, ALMEIDA M R, DO AMARAL C L, et al. Evaluation of the antihypertensive properties of yellow passion fruit pulp（*Passiflora edulis* Sims f. *flavicarpa* Deg.） in spontaneously hypertensive rats[J]. Phytotherapy research, 2014, 28（1）:28-32.

[36] CORRÊA E M, MEDINA L, BARROS-MONTEIRO J, et al.The intake of fiber mesocarp passionfruit（*Passiflora edulis*）lowers levels of triglyceride and cholesterol decreasing principally insulin and leptin[J]. Journal of aging research and clinical practice, 2014, 3（1）: 31-35.

[37] SALGADO J M, BOMBARDA T A D, MANSI D N, et al. Effects of different concentrations of passion fruit peel（*Passiflora edulis*）on the glicemic control in diabetic rat[J]. Food science and technology（Campinas）, 2010, 30（3）: 784-789.

[38] WASAGU R S U, SABIR A A, AMEDU A M, et al. Antihyperglycaemic and antilipidaemic activities of the methanol seed extract of Passion fruit（*Passiflora edulis* var. *flavicarpa*）in alloxan induced diabetic rats[J]. Journal of natural sciences research, 2016, 6（19）: 24-29.

[39] QUEIROZ M S R, JANEBRO D I, DA CUNHA M A L, et al. Effect of the yellow passion fruit peel flour（*Passiflora edulis* f. *flavicarpa deg.*）in insulin sensitivity in type 2 diabetes mellitus patients[J]. Nutrition journal, 2012, 11（1）: 89-95.

[40] MARTIN M, BREDIF S, ROCHETEAU J, et al. Anti-aging properties of a Passion fruit extract, targeted on wrinkle formation[J]. Journal of investigative dermatology, 2017, 137（5）:S93.

[41] BRAVO K, ALZATE F, OSORIO E. Fruits of selected wild and cultivated Andean plants as sources of potential compounds with antioxidant and anti-aging activity[J]. Industrial crops and products, 2016（85）:341-352.

[42] MATSUI Y, SUGIYAMA K, KAMEI M, et al. Tropical and subtropical fruits: flavors, color, and health benefits[M]. Washington: American Chemical Society, 2013.

[43] 贺银菊,杨再波,彭莘媚,等. 响应面优化紫果西番莲多糖提取工艺及抗氧化活性研究 [J]. 食品研究与开发,2020,41（4）: 38-44.

[44] 陈媚,刘迪发,徐丽,等. 大果西番莲矿物质元素含量分析 [J]. 热带农业科学,2021,41（2）: 101-104.

[45] 文良娟,毛慧君,张元春,等. 西番莲果皮成分分析及其抗氧化活性的研究 [J]. 食品科学,2008,29（11）: 54-58.

[46] 蒋越华,陈永森,金刚,等.离子交换色谱法测定西番莲中有机酸 [J].化学分析计量,2018,27（6）：47-50.

[47] 贺银菊,杨再波,彭莘媚,等.响应面优化紫果西番莲维生素 C 的超声辅助提取工艺 [J].食品工业科技,2020,41（1）：119-124.

第六节　椰枣

一、椰枣的概述

椰枣,又名海枣、波斯枣、番枣、伊拉克枣,是椰枣树（*Phoenix dactylifera*）的果实,《本草纲目》称其为无漏子。原植物属棕榈科刺葵属。椰枣树主要生长在中东地区,呈乔木状,高达 35 m 左右。茎具宿存的叶柄基部,上部的叶斜升,下部的叶下垂,形成一个较稀疏的头状树冠。叶长达 6 m;叶柄长而纤细,多扁平;羽片线状披针形,长 18~40 cm,顶端短渐尖,灰绿色,具明显的龙骨突起,两或三片聚生,被毛,下部的羽片变成长而硬的针刺状。椰枣树树龄很长,可达百年。椰枣树的花佛焰苞长、大而肥厚,花序为密集的圆锥花序;雄花为长圆形或卵形,具短柄,白色,质脆;花萼为杯状,顶端具三个钝齿;花瓣 3,为斜卵形;雄蕊 6,花丝极短。雌花近球形,具短柄;花萼与雄花的相似,但花后增大,短于花冠;花瓣为圆形,退化雄蕊 6,呈鳞片状。种子为 1 颗,扁平,两端锐尖,腹面具纵沟。花期为 3—4 月,果期为 9—10 月。果实为浆果,呈长圆形或长圆状椭圆形,似枣子,长 3.5~7 cm,成熟时为深橙黄色,果肉肥厚。

二、椰枣的产地与品种

（一）椰枣的产地

椰枣树的原产地大约是北非的沙漠绿洲或是亚洲西南部的波斯湾周围地区。南美、澳大利亚、南亚各国都有引种。唐代传入我国,福建、广东、广西、云南、新疆等省区有引种栽。以色列的椰枣种植技术独步全球,在沙漠生长的椰枣园,以特殊的滴水灌溉技术种植。枣椰树具有耐旱、耐碱、耐热而又喜欢潮湿的特点,"上干下湿"是它最理想的生长环境。以分苗繁殖的结果早,且能保持母株特性。喜高温低湿,结实温度要求 28 ℃以上,成株可耐 -10 ℃低温。对土壤要求不严,疏松肥沃、排水良好的中性至微碱性沙壤土为适宜生长的土壤条件,耐盐碱,但土壤含盐量不能超过 3%,不耐积水,在贫瘠的土壤上生长不良。人工栽培 10 年后,可开花结果。宜用播种或分苗繁殖;分苗后 5 年可结果;大小年现象较普遍;定植时应配置 2% 雄株作为授粉树。

（二）椰枣的品种

世界上的椰枣品种有 50 多种,但是能够食用的只有 10 种。

1. 皮拉姆椰枣（Piarom-软椰枣）

该品种是形态最大的椰枣品种，也被誉为"巧克力椰枣"，呈细长椭圆形，颜色为深棕色。皮薄肉厚，甜美软糯，是所有品种中价格最贵的一种。

2. 阿玛莉椰枣（Amari-软椰枣）

阿玛莉椰枣大，外皮为亮红色。与帝王椰枣（Medjoul）相似，都含有高纤维。通常制作成椰枣干，每颗重 15~23 g。

3. 巴海椰枣（Barhi-新鲜椰枣）

巴海椰枣有光滑的黄色外皮，外形像橄榄。此品种只以整枝椰枣串贩售，适合冰冻着吃。采收季为每年 8—10 月，每颗重 15~20 g。

4. 德瑞椰枣（Deri-软椰枣）

德瑞椰枣有着独特的牛奶糖风味，果皮色深发亮。每颗椰枣重 7~10 g，整年供应。

5. 哈德威椰枣（Hadrawi-软椰枣）

哈德威椰枣是椰枣采收季最先成熟的品种，果肉味鲜有如哈拉威品种，但是形状较圆，色更深，外皮较皱。每颗重 7~10 g，整年供应。

6. 哈拉威椰枣（Halawi-软椰枣）

哈拉威椰枣非常香甜，是许多国家的椰枣销售王。外形较长，果皮呈浅棕色。每颗椰枣重 7~10 g，整年供应。

7. 哈亚妮椰枣（Hayani-软椰枣）

该品种口味甜度适中，香气浓，冷藏贩售可以达到最长的保存期限。果肉细软，果皮亮黑。新鲜吃当甜点，整年供应。每颗重 12~20 g。

8. 帝王椰枣（Medjoul-天然椰枣）

帝王椰枣是约旦流域的顶级品种。型大，口味嫩软香甜，果色为浅棕色至深棕色。帝王椰枣有特殊的甜度及嫩软，每颗重 15~23 g。每年 10 月至隔年 2 月供应。

9. 彩西迪椰枣（Zahidi-软椰枣）

此品种有"黄金椰枣"的称号，果皮呈金黄色，甜度适中，口味细致。果实较圆，容易剥皮，通常用于烹饪，或是作为点心食用。每颗重 7~10 g，整年供应。

10. 得客来椰枣

此椰枣命名自阿拉伯文的"光之椰枣"，是约旦流域中最受欢迎的品种。得客来椰枣宜于半干燥、果肉呈棕色时采收，拥有细致的口味。每颗椰枣重 8~11 g，全年供应。

三、椰枣的主要营养与活性成分

椰枣提供广泛的基本营养，是补充钾元素的一个很好的来源。成熟椰枣的糖含量约为 80%；其余部分由蛋白质、纤维和微量元素组成，包括硼、钴、铜、氟、镁、锰、硒和锌。此外，椰枣脂肪及胆固醇含量极低，其丰富的维生素与矿物质含量可以增进机能，保持人体健康。

　　椰枣通过调节和松缩作用可以刺激子宫,有利于产妇生产。子宫是一个相对大的肌肉器官,生产过程需要大量的糖分。女性在孕期服用椰枣十分有好处,在分娩时可以帮助产妇清理肠胃并增添动力,从而使产妇顺利生产。椰枣中的糖分很容易被吸收和消化,所以常常被用于治疗儿童的肠胃病。把椰枣汁和牛奶混合在一起饮用对老人有益。椰枣与蜂蜜混合后,每日服用 3 次可以治疗儿童痢疾;另外,这种混合物也有利于儿童出牙。椰枣还能治疗肠内扰动并恢复与增强肠的功能。椰枣可以在肠内建立广谱良性细菌,椰枣与粗粮同样可用于治疗便秘。可在晚上把椰枣泡在水里,之后揉碎成汁液服用。

　　椰枣汁可强壮心脏,也能治疗性功能低下。椰枣和牛奶、蜂蜜混合食用后对男女双方性功能的恢复都有益处,可以说这种汁液就是强身健体的天然壮阳药。当然这种补品对老年人也十分有用,可以增强老人的体力,同时能够排毒养颜。在西方,医生会建议节食者恢复饮食时要首先服用天然糖类和饮水。椰枣恰恰能够满足这种对天然糖分以及水的需求。椰枣也具有排毒的功能。椰枣内含有的多种营养能够抵御饥饿感。众所周知,减肥就是抵制饥饿感的同时迅速消耗体内聚集的脂肪和糖类。如果在感到饿的时候吃上几颗椰枣,或许这种饥饿的感觉马上就会消失,同时椰枣本身的营养又能满足身体的需求,它还能刺激肠胃,这样就可以大量消耗热量。椰枣具有排毒功效,节食期间如果早餐坚持食用椰枣,可帮助清理肝脏里的毒素和重金属。另外饮用椰枣汁也可治疗扁桃体发炎以及感冒、发烧。椰枣对酗酒者也是福音,吸吮新鲜椰枣的汁液可加速新陈代谢。

四、椰枣中活性成分的提取、纯化和分析

　　果实糖酸的种类、含量及其动态变化是果实品质形成的重要基础,也是研究热点之一。糖酸含量作为影响果实品质的重要因素,不仅决定了果实风味,而且还参与果实的新陈代谢,在细胞信号传导过程中起信号分子的作用,还是色素和芳香物质等合成的基础原料。不同品种的椰枣矿物质营养是果树稳产优质栽培的物质基础,与果实生理以及品质形成密切相关。因此,分析不同椰枣品种和椰枣种质资源果实的品质性状中的果实性状、糖酸含量、营养元素含量对了解椰枣果实品质的差异性具有重要指导作用。

　　椰枣果含糖量较高,一些椰枣品种的含糖量高达 88%,糖酸含量作为果实品质的重要因素,在很大程度上取决于果实内糖酸的种类及含量。Al-Shahib 等通过测定 12 个椰枣品种不同成熟期椰枣果肉的总糖含量发现,随着椰枣果的逐渐成熟,其总糖含量逐渐增加,对椰枣果肉的营养元素含量测定发现钾元素含量较高。Chaira 等对突尼斯的 10 个椰枣品种果肉中的糖和营养元素含量进行了测定,研究发现不同椰枣品种之间的鲜果中可溶性糖含量变幅较大,椰枣果肉中的钾含量最高。Siddeeg 等对生长在伊拉克的 Sukkari 品种椰枣果实糖分的测定发现,每 100 g 椰枣干果中的葡萄糖和果糖含量较高,而蔗糖的含量低于葡萄糖和果糖的含量,椰枣果含有的营养元素有钙、硫、钠、镁、铁、铜和钾。

研究发现，每 100 g 干果中含有的钾元素含量最高。

（一）椰枣中微量元素的分析

1. 材料和试剂

材料：以收集于巴基斯坦费萨拉巴德的 D、H、M、A 4 个品种和海南三亚不同果色的 R、Y 品种的新鲜果实为试验材料。

试剂：木糖、果糖、山梨糖、葡萄糖、甘露糖、蔗糖、烟酸、丝氨酸、苹果酸（阿拉丁公司生产），甲醇、盐酸羟胺、六甲基二硅胺烷、三甲基氯硅烷（均为分析纯试剂）。

2. 测定方法

椰枣果实鲜重由百分之一天平称取，果长和果宽用游标卡尺测量获取，含水量 =（鲜重重量 − 干重重量）/ 鲜重重量。采集的成熟椰枣果实保存于 −80 ℃的超低温冰箱中备用，使用 80% 甲醇提取椰枣果实中的可溶性糖和有机酸，重复 3 次，提取液中加入内标（甲基-α-D-葡糖糖苷溶液），进行两步衍生化后采用 Agilent 6890 N 气相色谱仪进行测定。在测定椰枣果实营养元素含量前，将其置于 120 ℃下杀青 20 min，于 60 ℃下烘干至恒重，使用不锈钢磨样机磨成粉末，送往中国农业科学院农业资源与农业区划研究所土壤肥料测试中心测试。

1）不同椰枣果实性状差异

原始数据的分析采用 Excel 2007 处理，数据统计分析采用 SAS 9.1，系统聚类分析采用 Origin 9。

巴基斯坦与海南椰枣鲜果的果实性状差异较大。D、H、M、A 椰枣单果鲜重显著大于 R、Y 椰枣单果鲜重；D、H、M 椰枣果的果长显著大于 R 椰枣果的果长；D、M、A 椰枣果显著宽于 R、Y 椰枣。椰枣鲜果果实的含水量均在 50% 以上。

2）不同椰枣果实中糖组分差异

生长于巴基斯坦的 H 果实的木糖含量最高，并且显著大于其他椰枣果实的木糖含量。H 果实的果糖含量高，显著高于 D、M、R、Y 的果糖含量；H 和 A 果实中的山梨糖含量显著高于 D 和 Y 的山梨糖含量；D、H、A 果实中的葡萄糖含量显著高于 M 和 Y 的葡萄糖含量；H 果实中的甘露糖含量最高，显著高于 M、R、Y 果实中的甘露糖含量；H 和 M 果实中蔗糖含量较高，显著高于 D、A、R、Y 果实中的蔗糖含量。

3）不同椰枣果实中酸组分差异

生长于巴基斯坦的椰枣果实中的烟酸含量显著高于生长于海南三亚的椰枣。H 的丝氨酸含量显著高于其他椰枣的丝氨酸含量；H 的苹果酸含量最高，显著高于 M 和 Y 的苹果酸含量。

4）不同椰枣果实中营养元素含量差异

椰枣果实中含有大量元素，氮、磷、钾中钾的含量最多。R 和 Y 果实中的氮含量显著高于 D、H、M、A 果实中的氮含量；Y 果实中磷的含量显著高于其他椰枣果实中的磷含量；D 果实中钾的含量最高，显著高于其他椰枣果实中钾的含量；D 和 R 果实中的钙含量最高；R 和 Y 果实中镁的含量显著高于 D、H、M、A 果实中镁的含量；D 果实中铁的含量显著高于其他果实中的铁含量；Y 果实中锌的含量显著高于其他果实中锌的含量。

5）不同椰枣果实性状、糖酸组分和营养元素含量变异分析

在椰枣果实性状中，不同生长地椰枣单果鲜重变异系数最大，为 37.84%；鲜重含水量的变异系数最小，为 9.3%。果实中糖酸组分含量的变异系数均比较大，为 31.98%~123.18%，其中变异系数最大的为蔗糖含量，变异系数最小的为烟酸含量。椰枣果实中蔗糖和果糖的含量较高；山梨糖的含量较低；椰枣果实中苹果酸的含量较高，变异幅度最大是丝氨酸含量。果实中营养元素含量的变异系数为 16.42%~30.93%，其中变异系数最大的是果实中氮的含量，变异系数最小的为钾的含量。果实中的微量元素中铁的含量较高，达到 34.78 mg/kg，是果实中锌含量的 4.66 倍。

6）椰枣果实糖酸含量与营养元素含量之间的相关性

椰枣果实中的糖酸组分和营养元素含量之间存在一定的相关性。果糖与甘露糖、苹果酸，葡萄糖与甘露糖，呈极显著正相关；木糖与丝氨酸，葡萄糖与苹果酸、铁、果糖，甘露糖与苹果酸，氮与磷、镁呈显著正相关；锌与果糖、苹果酸，山梨糖与钾含量呈极显著负相关；甘露糖与锌，烟酸与氮呈显著负相关。

7）不同椰枣种质资源果实性状的系统聚类分析

通过欧式聚类来判断遗传距离进而分析各椰枣种质间的亲缘关系，聚类分析结果显示，巴基斯坦 H 和 M 亲缘关系较近，而巴基斯坦 D、A 与海南 R、Y 亲缘关系较近，而与 H、M 品种关系较远。

3. 小结

果实的品质包括外观品质和内在品质。外观品质主要是指果实的大小、性状、色泽等。内在品质主要是指果实香气和风味，风味在很大程度上则取决于甜度与酸度，及可溶性糖和有机酸的组分、含量、比值。果实品质的形成是一个复杂的生理代谢过程，在整个果实发育阶段会受环境条件如光照、温度等的影响。对参试的 6 份椰枣种质资源果实性状进行水、肥聚类分析，营养元素含量及其比例在果实品质形成中的作用同样非常重要。

在本研究中，生长于巴基斯坦的椰枣果实性状与生长于海南的椰枣果实性状表现出明显的差异，D、H、M、A 的单果鲜重显著大于 R、Y 的单果鲜重，D、H、M、A 的果长均显著大于 R 的果长，D、H、M、A 的果宽均显著大于 Y 的果宽。造成果实性状差异大的原因，一方面可能是不同椰枣种质资源的基因型不同，另一方面可能是生长地环境的差异，费萨拉巴德纬度高于海南三亚，光照、温度、降雨量均不同。可溶性糖是决定果实品质和风味的重要因子，主要由果糖、葡萄糖、山梨糖醇等组成，姚改芳等研究发现不同品种的梨之间，果糖与葡萄糖的含量相对稳定，蔗糖与山梨醇含量变化幅度较大。研究发现不同资

源椰枣的果实中蔗糖的含量差异较大,变异系数达到 123.18%,H 和 M 果实中蔗糖的含量最高,与姚改芳认为蔗糖含量变化幅度较大的结果一致,最终形成了不同果品糖酸风味的差异。Chaira 等对突尼斯的 10 个椰枣品种的糖类进行了调查,研究发现不同椰枣品种之间的鲜果中可溶性糖含量变幅较大,本研究结果和 Chaira 的研究结果都表明不同品种或资源椰枣鲜果中果糖和葡萄糖含量差异明显。Siddeeg 等对生长在伊拉克的 Sukkari 椰枣糖分的测定发现,每 100 g 椰枣干果中的葡萄糖和果糖含量较高,而蔗糖的含量低于葡萄糖和果糖的含量,此研究结果与本文的研究结果有一定的差别,产生这个结果的原因可能是测定时期不同,因为椰枣果实在成熟过程中,果皮颜色、香味及果实糖酸等随时间发生显著变化,其中糖类和酸类物质会发生转化导致果实品质转化。

　　想要了解植物生长发育需要什么养分,首先要知道植物体的养分组成。植物必需营养元素是代谢过程的主要参与者,对果树的生理代谢和果实的营养品质有着重要作用。大量元素或微量元素的缺失或过多都将影响果树的生长发育、果实品质和产量。植物体内矿物质营养元素的含量及它们的相互作用都将影响果实产量和品质。大量营养元素中氮元素是细胞的组成成分,氮对可溶性固形物含量、果肉硬度的负直接作用相对最大,果实中氮含量高时硬度低。在本研究中,海南生长的 R 和 Y 果实中的氮含量均显著高于生长在巴基斯坦的椰枣 D、H、M、A 的氮含量。徐慧等研究表明,磷对苹果果实单果质量、可溶性固形物含量和果肉硬度的正直接作用相对最大。钾被称为品质元素和抗逆元素,椰枣的抗逆性极强。在本研究中,6 份椰枣种质资源果实中的钾含量最高。Al-Shahib 等测定发现多个椰枣品种果肉的钾元素含量较高;Chaira 等同样测定发现 10 个不同椰枣品种中椰枣果肉中的钾含量最高;Siddeeg 等测定生长于伊拉克的椰枣果的营养元素(钙、硫、钠、镁、铁、铜和钾),研究发现,每 100 g 干果中,所含有的钾元素的含量最高,本研究的结果也符合这一规律。

　　本研究中,钙和镁的含量接近,与 Siddeeg 研究的结果相同。中量元素钙和镁含量的缺乏会使果实变小及果实可溶性固形物减少。镁对果实单果质量的负直接作用相对最大,在本研究中生长在海南的 2 份椰枣果中镁的含量均显著高于 4 份生长在巴基斯坦的椰枣果中镁的含量,而单果鲜重恰恰相反。果实是果树的栽培目的和最终利用器官,了解果实的糖酸分配和对矿物质营养元素的吸收和利用特性对调节果树的营养需求至关重要。闫忠业等研究认为苹果果实的生长发育和品质形成受到各种矿物质元素的协同调控。在本研究中,椰枣果实中氮的含量与磷和镁的含量呈显著正相关,杨莉等研究认为马家柚及变异品系果实中的磷、钾、钙、镁的积累呈均上升趋势。吴本宏等对桃果实内的糖酸组分和含量研究发现,葡萄糖和果糖呈极显著直线正相关,果实内的部分酸的含量之间呈显著直线正相关,本研究中同样也发现椰枣果实中的一些糖与糖以及糖与酸之间呈极显著或显著正相关。杨莉等研究发现马家柚果实中的总糖含量与果皮中的氮含量呈负相关,可滴定酸与果肉中的钙含量呈负相关,而糖酸比与果肉中的钙含量呈正相关。本研究发现椰枣果实中的葡萄糖含量与铁含量呈显著正相关,锌含量与果糖、苹果酸、山梨糖与钾含量呈极显著负相关,甘露糖与锌含量、烟酸与氮含量呈显著负相关,可见进一步证明了矿物质营养水平是果树品质形成的物质基础,果实的糖酸受到矿物质营养元素含量的影响。

4. 试验结果

巴基斯坦的 4 个椰枣品种与海南的 2 份椰枣种质资源在果实性状、糖酸组分、营养元素均具有明显的差异性,D、H、M、A 椰枣果实的鲜重显著大于 R、Y;H 和 M 果实中的蔗糖含量最高;R、Y 果实中的镁含量显著大于 D、H、M、A 椰枣果实中的镁含量,但是果实中钾含量均最高。通过本研究了解了生长于巴基斯坦和海南椰枣果实品质差异性,为今后有目的地引种、试种提供了参考依据。

(二)椰枣果醋的制备及抗氧化作用研究

椰枣含有对人体有用的多种维生素和天然糖分,具有较高的营养价值。椰枣对阿拉伯人的生活至关重要,它是沙特阿拉伯等中东地区的主要粮食作物,年产量超过 450万 t,在确保阿拉伯国家粮食安全和生态安全的过程中发挥着重要作用。但是,椰枣加工产业起步晚,现有产品种类单一,且技术含量不高,严重影响了椰枣产业的可持续性发展。

果醋是利用水果及水果下脚料通过微生物发酵得到的一类新型饮品,多项研究指出:因果醋发酵条件比较温和,能够有效保留果品中的营养成分和多酚类活性物质,同时,微生物在发酵过程中产生了多种活性物质,如琥珀酸等有机酸,这些物质都具有一定的抗氧化能力,这使得果醋的抗氧化潜力值得开发研究。

本研究以椰枣果实为原料,研究了果醋发酵过程中的物质变化及终产品的主要化学物质含量,并对其抗氧化活性进行研究,以期为椰枣产品的深加工提供数据支撑。

1. 材料、试剂和仪器

椰枣:阿联酋,Faud。菌种:酵母菌(安琪酵母)、醋酸菌(安琪酵母)。无水乙醇、3,5- 二硝基水杨酸、ABTS、水杨酸、没食子酸、DPPH、重铬酸钾(分析纯,阿拉丁试剂);铁氰化钾、硫酸铁铵,(分析纯,国药集团化学试剂股份有限公司);Folin-Ciocalteu(分析纯,广州市生物技术有限公司)。

X1R 台式离心机(Themo Scientific Heraeus Multifuge);DK98-Ⅱ恒温水浴锅(天津泰斯特仪器有限公司);N25 紫外可见分光光度仪(上海精科仪器有限公司);XFB-400 粉碎机(吉首市中诚制药机械厂);SPX-250B-Z 型培养箱(上海博讯试液有限公司医疗设备厂)。

2. 试验方法

1）总酚测定

Folin-Ciocalteu 试剂的制备。取 2 mol/L Folin-Ciocalteu 试剂 10 mL，加蒸馏水 90 mL，充分混匀，得 0.2 mol/L 的 Folin-Ciocalteu 试剂，共 100 mL。

2）溶液配制

质量分数为 10% 的 Na_2CO_3 溶液的配制。精密称取 10.0 g 无水 Na_2CO_3，用蒸馏水溶解后，定容至 100 mL。

没食子酸标准液的配制。称取 0.005 0 g 没食子酸，用蒸馏水溶解并定容至 50 mL，得到浓度为 0.10 mg/mL 的标准液。

3）操作方法

分别精密吸取 0、1、2、3、4、5 mL 于 10 mL 比色管中，加入 2.0 mL Folin-Ciocalteu 试剂，混匀，5 min 后加入 1 mL 1.0% 的碳酸钠溶液，加水补足至 10 mL，充分混匀后，室温反应 1 h，在 700 nm 下测定吸光度，以蒸馏水做空白调零。

4）样品测定

分别配制浓度为 0.01%、0.1%、1%、10%、40%、60%、100% 的样品各 5 mL。取 2 mL 待测液于 10 mL 比色管中，再加入 Folin-Ciocalteu 试剂 2 mL，摇匀，5 min 后加入 1 mL 1.0% 的碳酸钠溶液，加水补足至 10 mL，充分混匀后，室温反应 1 h，在 700 nm 下测定吸光度，并通过标准曲线计算其总酚含量。

3. 总酸测定

1）羟自由基清除率

本体系利用 Fenton 反应产生羟基自由，即 H_2O_2 与 Fe^{2+} 混合后产生·OH，当体系存在水杨酸时，能有效俘获·OH 当体并生成红色产物，此物质在 510 nm 处有最大吸收。根据文献，修改如下：依次向试管中加入 0.5 mL $FeSO_4$ 溶液（0.15 mol/L）、2 mL 水杨酸钠溶液（2 mmol/L）、2.5 mL 蒸馏水和 1 mL 不同体积分数（0、2%、4%、6%、8%、10%、20%、40%、60%、80%、100%）的椰枣果醋，最后加入 1 mL H_2O_2（6 mmol/L），启动反应，于 37 ℃下反应 1 h，离心取上清液于 510 nm 处测吸光度。

$$E_{羟} = \left[1 - \frac{A_i - A_j}{A_0}\right] \times 100 \qquad (3-14)$$

式中　$E_{羟}$——羟自由基清除率，%；

　　　A_0——空白对照液的吸光度；

　　　A_i——对照-加入样品后的吸光度；

　　　A_j——样品溶液的本底吸光度。

2）DPPH 自由基清除率

准确移取 5 mL DPPH 溶液（DPPH 6.0 mol/L），加入 0.6 mL 不同质量分数（0、2%、

4%、6%、8%、10%、20%、40%、60%、80%、100%）的样液，混匀，黑暗中放置 30 min 后，离心取上清液，517 nm 处测吸光度。

$$E_{\mathrm{DPPH}} = \left[1 - \frac{A_i - A_j}{A_0} \right] \times 100 \qquad (3\text{-}15)$$

式中　E_{DPPH}——DPPH 自由基清除率，%；

　　　A_0——蒸馏水加 DPPH 溶液的吸光度；

　　　A_i——样液加 DPPH 溶液的吸光度；

　　　A_j——样液加乙醇溶剂的吸光度。

3）Fe^{3+} 还原力测定

在试管中分别加入 0.5 mL 不同浓度的样品。同时加入 1.0 mL 的磷酸缓冲液（0.2 mol/L，pH=6.8）和 2.0 mL 1% 的铁氰化钾溶液。混合物于 50 ℃ 水浴 20 min 后加入 1.0 mL 10% 的三氯乙酸，室温静置 10 min。取 2.5 mL 反应液，加入 2.5 mL 蒸馏水和 0.5 mL 0.1% 的氯化铁溶液。反应 10 min 后测定 700 nm 处的吸光值，该值越高说明样品的还原性越强，以维生素 C 为阳性对照。

4）ABTS+ 法测定总抗氧化能力

将 5 mL 7 mmol/L ABTS 盐溶液和 88 μL 140 mmol/L 过硫酸钾于试管中混匀，在室温、避光的条件下静置过夜，形成 ABTS+ 自由基储备。按 1∶50 的比例用超纯水稀释，使其在 30 ℃、734 nm 波长处的吸光度为 0.74 ± 0.02。在样品管中加入 200 μL 样品液和 3 mL ABTS 溶液，对照管用超纯水代替 ABTS 溶液，空白管用蒸馏水代替样品溶液。以上 3 组在室温、避光条件下放置 1 h，于 734 nm 处测定其吸光值。

$$ABTS^+ 清除率 = \frac{A_{空白} - A_{附属}}{A_{空白}} \times 100 \qquad (3\text{-}16)$$

4. 结果与讨论

1）总酚含量

椰枣果醋发酵完成后总酚含量通过 Folin-Ciocalteu 酚法测定为 1.437 mg/mL。果醋经历二次发酵会导致多酚类物质有一定损失，但仍具有较高的多酚含量。

2）椰枣总酸含量

总酸经过酸碱滴定法测定为 7.727 g/dL（换算乙酸系数 0.060），符合《液态法食醋质量标准》（≥3.5 g/dL，以醋酸计）。与之相比，各种果醋的总酸含量中，沙棘果醋为 12.6 g/dL，柿子醋为 4.4 g/dL，苹果醋为 5.58 g/dL，陈醋为 9.75 g/dL。

3）椰枣体外抗氧化能力

椰枣果醋对羟自由基具有极其优良的清除能力，在试验浓度范围内，其清除能力随浓度增加而增强。如图 3.16 所示，当果醋体积分数在 0.8% 左右时，清除率约为 50%。随着浓度增大至 2% 时，果醋对羟自由基的清除率高达 90%。当浓度大于 4% 时，椰枣果醋对羟自由基的清除率达到100%。与之相对应的维生素 C 在 40 μg/mL 时已达到 50% 左右的羟自由基清除率,并在 100 μg/mL 时对羟自由基的清除率达到 87%。因此对于羟自由基的清除能力,每 1 mL 果醋中约相当于含有 5 mg/mL 的维生素 C。

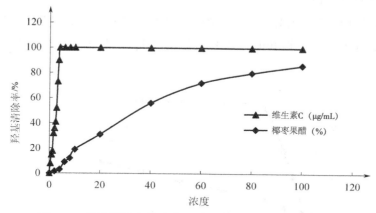

图 3.16　椰枣果醋和维生素 C 清除羟自由基(·OH)的能力

4)清除 DPPH 自由基能力

DPPH 自由基是一种很稳定的自由基,以氮为中心,特点是可以捕获"清除"其他的自由基。如果受试物能将其清除,则意味着受试物具有降低烷自由基或过氧化自由基的能力,同时能打断脂质过氧化链反应的作用。

如图 3.17 所示,椰枣果醋在浓度为 2% 时对 DPPH 自由基的清除率约为 50%,在 8% 时达到 97% 的清除率。与之相比,维生素 C 在 6 μg/mL 时清除率约为 50%,而在 80 μg/mL 时达到 95% 的清除率。因此,对于 DPPH 自由基清除能力,每 1 mL 果醋中约相当于含有 1 mg/mL 的维生素 C。

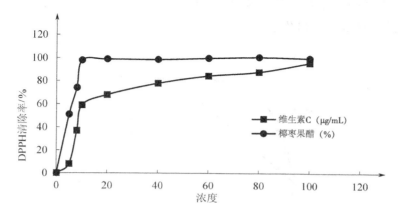

图 3.17　椰枣果醋和维生素 C 清除 DPPH 自由基的能力

5）Fe^{3+} 还原力

当一种物质具有较强的还原能力时，相应地也具有较强的抗氧化能力。样液在 700 nm 处吸光值越大，其将 Fe^{3+} 转化 Fe^{2+} 的量及生成的普鲁士蓝的量越多，表明其还原能力越强，即抗氧化能力越好。

椰枣果醋的还原能力相对较高。如图 3.18 所示，椰枣果醋在 20% 浓度时吸光度为 2.5，这应是此次试验体系的饱和值。维生素 C 在 100 μg/mL 时吸光度为 1.2。

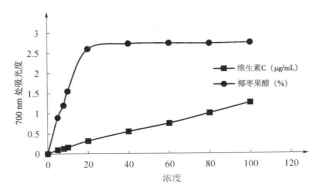

图 3.18　椰枣果醋和维生素 C 的 Fe^{3+} 还原能力

6）$ABTS^+$ 法测定总抗氧化能力

$ABTS^+$ 自由基清除法被广泛用于生物样品的总抗氧化能力测定。在反应体系中，经氧化后生成相对稳定的蓝绿色的水溶性自由基。抗氧化剂与自由基反应后使其溶液褪色，特征吸光度降低，吸光度越低表明所检测物质的总抗氧化能力越强。

由图 3.19 可知，椰枣果醋的清除率在浓度为 10% 时达到 50% 左右，在浓度为 40% 时趋于稳定并达到 92%。维生素 C 清除率在 40 μg/mL 左右达到 56%，在 80 μg/mL 时趋于稳定，并达到 93% 左右。因此，对于 $ABTS^+$ 自由基的清除能力，每 1 mL 椰枣果醋中相当于含有约 200 μg/mL 维生素 C。

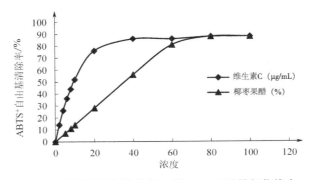

图 3.19　椰枣果醋和维生素 C 的 $ABTS^+$ 总抗氧化能力

5. 结论

本试验制备的椰枣果醋总酚含量为 1.437 mg/mL，总酸含量为 8.628 g/100 g。此外，在发酵过程中还原糖和可溶性固形物含量不断降低，乙醇含量不断增多。清除羟基自由基、ABTS$^+$ 自由基法测定总抗氧化能力、Fe^{3+} 还原能力测定以及清除 DPPH 自由基能力的测定结果表明，椰枣果醋的抗氧化活性极好，并具有良好的调配潜力，很有开发价值。

本节参考文献

[1] 李东霞,徐中亮,符海泉,等.不同椰枣种质资源果实糖酸组分和营养元素含量分析 [J].西南农业学报,2020,3（7）:1566-1572.

[2] 李东霞,王永,符海泉,等.椰枣愈伤组织诱导对比分析 [J].中国热带农业,2017（5）:36-39.

[3] MANSOURI A, EMBAREK G, KOKKALOU E, et al. Phenolic profile and antioxidant activity of the Algerian ripe date palm fruit (*Phoenix dactylifera*)[J]. Food chemistry, 2005 ,89（3）: 411-420.

[4] CHAIRA N, FERCHICHI A, MRABET A, et al. Chemical composition of the flesh and the pit of date palm fruit and radical scavenging activity of their extracts[J]. Pakistan journal of biological sciences,2007,10（13）: 2202-2207.

[5] MAITLO W A, MARKHAND G S, ABUL-SOAD A A, et al. Fungi associated with sudden decline disease of date palm (*Phoenix dactylifera* L.) and its incidence at khairpur, pakistan a b[J]. Pakistan journal of phytopathology,2014,26（1）: 67-73.

[6] FATIMA G, KHAN I A, BUERKERT A. Socio-economic characterisation of date palm (*Phoenix dactylifera* L.) growers and date value chains in Pakistan[J]. Springer plus, 2016,5（1）: 1222-1234.

[7] 胡红菊,陈启亮,王友平,等.4 个砂梨品种果实发育过程中主要糖酸含量的变化 [J].华中农业大学学报,2007,26（2）: 251-255.

[8] 许让伟.砂梨果实和叶片中糖积累及代谢相关酶活性变化研究 [D].武汉:华中农业大学,2009.

[9] 李润唐,张映南,黄应强,等.火龙果矿质营养元素分布 [J].中国南方果树, 2010, 39（1）: 47-48.

[10] AL-SHAHIB W, MARSHALL R J. The fruit of the date palm: its possible use as the best food for the future[J]. International journal of food sciences and nutrition, 2003, 54（4）: 247-259.

[11] 丁剑,田园,张喜春.番茄品系不同时期果实糖酸含量的变化 [J].北京农学院学报,2017,32（2）: 29-33.

[12] SIDDEEG A, ZENG X A, AMMAR A F, et al. Sugar profile, volatile com- pounds, composition and antioxidant activity of Sukkari date palm fruit[J]. Journal of food science and technology, 2019, 56(2): 754-762.

[13] 何发. 酸橙与甜橙的遗传起源及柑橘糖酸变化初探 [D]. 武汉: 华中农业大学, 2017.

[14] 梁和, 马国瑞, 石伟勇, 等. 硼钙营养对胡柚果实品质的影响 [J]. 广东微量元素科学, 2001, 8(7): 21-26.

[15] 姚改芳, 张绍铃, 曹玉芬, 等. 不同栽培种梨果实中可溶性糖组分及含量特征 [J]. 中国农业科学, 2010, 43(20): 4229-4237.

[16] CHAIRA N, MRABET A, FERCHICHI A. Evaluation of antioxidant activity, phenolics, sugar and mineral contents in date palm fruits[J]. Journal of food biochemistry, 2010, 33(3): 390-403.

[17] AULAR J, CÁSARES M, NATALE W. Factors affecting citrus fruit quality: emphasis on mineral nutrition[J]. Científica, 2017, 45(1): 64-72.

[18] 周先艳, 朱春华, 李进学, 等. 云南冰糖橙果实矿质营养与品质及产量的关系 [J]. 湖南农业大学学报(自然科学版), 2018, 44(4): 382-387.

[19] 徐慧, 陈欣欣, 王永章, 等. "富士"苹果果实矿质元素与品质指标的相关性与通径分析 [J]. 中国农学通报, 2014, 30(25): 116-121.

[20] 杜邦, 李贵利, 周文静, 等. 凯特芒果不同叶果比对果实品质和营养元素含量的影响 [J]. 广东农业科学, 2011, 38(24): 29-30.

[21] MISRA A, SRIVASTAVA A K, SRIVASTAVA N K, et al. Zn-acquisition and its role in growth photosynthesis photosynthetic pigments, and biochemical changes in essential monoterpene oil(s) of Pelargonium graveolens[J]. Photosynthetica, 2005, 43(1): 153-155.

[22] 闫忠业, 伊凯, 刘志, 等. 富士苹果果实主要营养元素含量变化与品质的关系 [J]. 江苏农业科学, 2018, 46(6): 167-169.

[23] 杨莉, 张涓涓, 刘德春, 等. 马家柚及变异品系果实发育期间矿质营养变化及与果实内含物的相关性研究 [J]. 江西农业大学学报, 2018, 40(3): 479-486, 501.

[24] 吴本宏, 李绍华, QUILOT B, 等. 桃果皮毛、果肉颜色对果实糖与酸含量的影响及相关性研究 [J]. 中国农业科学, 2003, 36(12): 1540-1544.

[25] 辛成齐. 椰枣 microRNA 鉴定及其在果实发育过程中的表达谱研究 [D]. 北京: 中国科学院北京基因组研究所, 2015.

[26] BALIGA M S, BALIGA B R V, KANDATHIL S M, et al. A review of the chemistry and pharmacology of the date fruits(Phoenix dactylifera L.)[J]. Food research international, 2011, 44(7): 1812-1822.

[27] 张锋, 金杰, 刘春芬, 等. 果醋抗氧化作用研究进展 [J]. 中国酿造, 2008(15): 8-11.

[28] 向进乐. 枳椇果梗发酵特性及其果醋功能性研究 [D]. 咸阳:西北农林科技大学, 2012.

[29] 何川,章登政,张俊,等. 重铬酸钾-DNS 比色法测定发酵液中乙醇含量 [J]. 生命科学研究,2013,17(1):1-4,10.

[30] 谢思芸.固定化杨梅果醋发酵工艺及其抗氧化活性研究 [D]. 南昌:南昌大学,2013.

[31] 李加兴,孙金玉,陈双平,等. 猕猴桃果醋发酵工艺优化及质量分析 [J]. 食品科学, 2011,32(24):306-310.

[32] 谢思芸,钟瑞敏,肖仔君,等. 杨梅果醋体外抗氧化活性的研究 [J]. 食品与机械,2012, 28(6):125-128.

[33] YANG L L, CHANG C C, CHEN L G, et al. Antitumor principle constituents of *Myrica rubra* Var. *acuminata*[J]. Journal of agricultural and food chemistry, 2003, 51(10): 2974-2979.

[34] 李志英,张海容,梁会艳.5 种葡萄酒清除羟自由基的比较 [J]. 酿酒科技, 2006(4): 26-28.

[35] 林燕如,丁利君. 番石榴叶中黄酮类物质提取及其抗氧化性研究 [J]. 现代食品科技, 2007,23(10):58-61.

[36] 张文娜,张立杰,俞龙泉,等. 桑椹果汁的抗氧化活性研究 [J]. 农产品加工(学刊), 2011(8):62-64.

[37] SU M S, CHIEN P J. Antioxidant activity, anthocyanins, and phenolics of rabbiteye blueberry(*Vaccinium ashei*)by-products as affected by fermentation[J]. Food chemistry, 2006,97(3):447-451.

[38] 叶新红. 不同处理方法对葡萄汁中多酚类物质溶出效果及抗氧化活性影响的研究 [D]. 乌鲁木齐:新疆农业大学,2009.

[39] 景临林,马慧萍,范小飞,等. 藏茜草不同溶剂提取物的抗氧化活性研究 [J]. 食品工业科技,2015,36(1):91-96.

[40] 李华,李勇,吴莹,等.ABTS·+法测定葡萄酒抗氧化活性的研究 [J]. 西北农林科技大学学报(自然科学版),2009,37(11):90-96.

[41] 阳志云,刘峥. 天然药物中的抗氧化成分及评价方法的研究进展 [J]. 华夏医学, 2005,18(3):492-494.

[42] RE R, PELLEGRINI N, PROTEGGENTE A, et al. Antioxidant activity applying an improved ABTS radicalcation decolorization assay[J]. Free radical biology and medicine, 1999,26(9-10):1231-1237.

[43] 赵凯,许鹏举,谷广烨.3,5-二硝基水杨酸比色法测定还原糖含量的研究 [J]. 食品科学,2008,29(8):534-536.

第七节　火龙果

一、火龙果的概述

火龙果（*Hylocereus undatus*），又名芝麻果、情人果、红龙果、龙珠果、仙蜜果、玉龙果，为仙人掌科蛇鞭柱属和量天尺属植物，是量天尺仙人掌的果实，为多年生攀援性的多肉植物。植株无主根，侧根大量分布在浅层表面，同时有很多气生根，可攀援生长。根茎为深绿色，粗壮，长可达 7 m，粗 10~12 cm，具 3 棱。棱扁，边缘为波浪状，茎节处生长攀援根，可攀附在其他植物上生长，肋多为 3 条，每段茎节凹陷处具小刺。由于长期生长于热带沙漠地区，其叶片已退化，光合作用功能由茎干承担。茎的内部是大量饱含黏稠液体的薄壁细胞，有利于在雨季吸收尽可能多的水分。分枝多数，延伸，叶片棱常翅状，边缘为波状或圆齿状，深绿色至淡蓝绿色，骨质。芽内有数量较多的复芽和混合芽原基，可以抽生为叶芽、花芽。花芽发育前期，在适宜的温度条件下，可以向叶芽转化。而旺盛生长的枝条顶端组织，也可以在适当的条件下抽生花芽。

火龙果花又叫月花或夜女王，花呈白色漏斗状，只在黑暗中开花，而且只开一晚上。花位于巨大子房下位，花长约 30 cm，故又有霸王花之称。花萼为管状，宽约 3 cm，带绿色（有时为淡紫色）的裂片；具长 3~8 cm 的鳞片；花瓣宽阔，为纯白色，直立，倒披针形，全缘。雄蕊多而细长，多达 700~960 条，与花柱等长或较短。花药为乳黄色，花丝为白色；花柱直径为 0.7~0.8 cm，为乳黄色；雌蕊柱头裂片多达 24 枚。它能自花自品种授粉结果。鳞片卵状披针形，萼状花被片黄绿色，线形至线状披针形，瓣状花被片白色，长圆状倒披针形，花丝为黄白色，花柱为黄白色，浆果为红色，长球形，果脐小，果肉为白色、红色。种子为倒卵形，黑色，种脐小。

火龙果属于凉性水果，在自然状态下，果实于 7—12 月夏秋成熟，果实呈长圆形或卵圆形，表皮为红色，肉质，具卵状而顶端急尖的鳞片，果长 10~12 cm，果皮厚，有蜡质。果肉为白色或红色，有近万粒具香味的芝麻状种子，故称为芝麻果。火龙果因其外表肉质鳞片似蛟龙外鳞而得名，里面的果肉就像是香甜的奶油，但又布满了黑色的小籽，质地温和、口味清香，其香味与其他水果相比更加温和。火龙果营养丰富、功能独特，它含有一般植物少有的植物性白蛋白及花青素，含有丰富的维生素和水溶性膳食纤维，对治疗便秘、眼部保健、降血糖等都有疗效。

二、火龙果的产地与品种

火龙果为热带、亚热带水果，喜光耐阴、耐热耐旱、喜肥耐瘠。火龙果耐 0 ℃低温和 40 ℃高温，在温暖湿润、光线充足的环境下生长迅速，生长的最适温度为 25~35 ℃。火龙果可适应多种土壤,但含腐殖质多、保水保肥的中性土壤和弱酸性土壤种植火龙果最佳。春夏季露地栽培时应多浇水,使其根系保持旺盛生长状态,在阴雨连绵天气应及时排水,以免感染病菌造成茎肉腐烂。其茎贴在岩石上亦可生长,植株抗风力极强,只要支架牢固就可抗台风。

(一)火龙果的产地

火龙果原产于中美洲的哥斯达黎加、危地马拉、巴拿马、厄瓜多尔、古巴、哥伦比亚等地,后传入越南、泰国等东南亚国家和我国台湾、海南、广西、广东、福建、云南等省区。火龙果在我国的栽培历史较短,栽培面积还十分有限,许多省区的可种植土地又基本被其他热带经济作物抢先占领,截至 2019 年,全国生态庄园经济正在快速发展,火龙果产业在我国的发展还处于初级阶段。

(二)火龙果的品种

火龙果外观独特,色泽艳丽,营养丰富,风味独特,有着"美容皇后"的美誉。目前我国主要有红心火龙果、白心火龙果、黄皮火龙果三种。火龙果越重,汁水越多、果肉越丰满。目前,种植火龙果的农户较多,经济效益可观的优良品种主要有以下 11 个。

1. 黄龙果

黄龙果是火龙果品种群中极为珍贵的品种群,其果皮果肉色泽为黄皮白肉,未熟果为绿色,果皮上有长而尖的利刺,全熟后刺会脱落。果实糖分贮存充足,果肉细致无比,甜度皆在 18% 以上,细致香滑,口味香甜,为火龙果中之极品。

2. 红龙果

红龙果果实为圆球形或长圆球,皮鲜红,有鳞片,为紫红色,一般单个重 300~700 g。高温期成熟的果生长期短,单果重较小;下半年结的果生长期长,开花后 40~50 d 成熟。肉色呈紫红色,果香味浓重,果肉软滑、细腻、多汁。

3. 玉龙果

玉龙果果实为长圆形或卵圆形,表皮为红色,肉质,具卵状而顶端极尖的鳞片。果长10~12 cm,果皮厚,有蜡质。果肉为白色,有很多具香味的芝麻状籽粒,故又被称为"芝麻果"。

4. 黑龙果

黑龙果枝条刺少,生长快速,自花授粉,花和果实呈黑色,成熟后转为暗红色,果皮薄、光滑,皮上鳞片少而短,耐装运。

5. 巨龙果

这个品种群的枝条粗大,表皮布满粉状物,生长快速,果实超大,平均重达 750 g 以上。

6. 长龙果

长龙果果实为长圆筒形,上有肉质叶状绿色鳞片,鳞片边缘呈紫红色。平均单果重

460 g,果实成熟时,果皮鲜红有光泽,果肉为紫红色,内有黑芝麻状细小籽粒。果肉细腻多汁,果皮薄、易剥离。

7. 紫水晶

这个新品种群的花是橙红色的,果型美观,口感很爽,甜度达到 20 度以上,为目前最香甜的红肉品种群。

8. 红水晶

红皮红肉型,枝条有粉状物,耐寒,能提早开花,果呈圆形,果肉晶莹剔透,呈水晶红色。整个果的甜度口感都非常均衡,果肉鲜甜、多汁、甘润,超出众多品种之上,又有"火龙果之王"的称号。

9. 白水晶

红皮白肉型,枝条粗壮,生长速度快,极耐寒,能自花授粉,果型大,单果重达 1 000 g,产量高,果肉呈水晶白色。

10. 红绣球

红绣球果实近圆形,平均单果重 530 g,最大重 1 320 g。果皮为鲜红色,极其靓丽有光泽,因近似红绣球而得名。果肉细腻多汁,果肉里外一样甜。果实较圆,上面的肉质叶状鳞片细小翻卷,较美观。

11. 黄金麒麟

黄金麒麟的特点是枝条纤细,能自花授粉,果皮为金黄色,果型较小,是目前市场上少有的新品种群。

三、火龙果的主要营养与活性成分

(一)火龙果的营养成分

火龙果的主要营养成分有蛋白质、膳食纤维、维生素 B_2、维生素 B_3、维生素 C、铁、磷、钙、镁、钾等。其富含大量果肉纤维,有丰富的胡萝卜素,维生素 B_1、维生素 B_2、维生素 B_3、维生素 B_{12}、维生素 C 等,果核内(黑色芝麻状的种子)更含有丰富的钙、磷、铁等矿物质及各种酶、白蛋白、纤维质及高浓度的天然色素花青素(尤以红肉为最),花、茎及嫩芽更有如其近亲(芦荟)的各种功效。

成熟时的火龙果可食部分每 100 g 营养物质含量详见表 3.16。

表 3.16   火龙果中的营养物质

食品中文名	火龙果 [仙蜜果,红龙果]	食品英文名	Dragon Fruit
食品分类	水果类及制品	可食部	69.00%
来源	食物成分表 2004	产地	中国

续表

营养物质含量（100 g 可食部食品中的含量）		
能量/kJ	215	蛋白质/g	1.1
脂肪/g	0.2	膳食纤维/g	2
碳水化合物/g	13.3	不溶性膳食纤维/g	1.6
可溶性膳食纤维/g	0.4	维生素 A（视黄醇当量）/μg	Tr
钠/mg	3	维生素 E（α-生育酚当量）/mg	0.14
维生素 B_2（核黄素）/mg	0.02	维生素 B_1（硫胺素）/mg	0.03
维生素 B_{12}/μg	0	维生素 B_6/mg	0.04
烟酸（烟酰胺）/mg	0.22	维生素 C（抗坏血酸）/mg	3
钾/mg	20	叶酸（叶酸当量）/μg	28
钙/mg	7	生物素/μg	1.6
锌/mg	0.29	磷/mg	35
铁/mg	0.3	镁/mg	30
碘/μg	0.4	铜/mg	0.04
锰/mg	0.19	—	—

注：Tr 表示微量，即低于目前检出方法的检出限或未检出。

（二）火龙果的营养价值

火龙果营养丰富、功能独特，它含有一般植物少有的植物性白蛋白、丰富的维生素和水溶性膳食纤维。富含的花青素具有抗氧化、抗自由基、抗衰老的作用，还能提高对脑细胞变性的预防，抑制痴呆症的发生。同时，还含有美白皮肤的维生素 C 以及具有减肥作用、降低血糖和润肠作用、预防大肠癌的丰富的水溶性膳食纤维。

1. 黄酮类化合物

火龙果果肉和果皮中含有较多的黄酮类化合物，对羟自由基有一定的清除效果。花青素具有抗氧化、抗自由基、抗衰老的作用，还能提高对脑细胞变性的预防，抑制痴呆症的发生。红、白肉火龙果果肉和果皮中多酚和黄酮类物质的种类与含量存在较大差异，果皮比果肉中有更多的抗氧化和抗 AGS 和 MCF-7 癌细胞增殖原，抗氧化能力与其多酚含量直接相关，但抗增殖能力与酚类含量不成线性关系。

火龙果果肉和果皮中的总酚、黄酮类物质及甜菜色苷等物质的含量相差不大，果皮干提物比果肉提取物有着更好的抗氧化性和抗癌细胞增殖能力。

火龙果果肉和果皮中含有较多的甜菜色苷、黄酮类物质和酚酸，甜菜色苷对 DPPH 和 FRAP 显示出极高的抗氧化性，果皮中的甜菜色苷几乎为果肉中的 10 倍，黄酮类物质对羟自由基有一定的清除效果，对菜籽油有明显的抗氧化作用，且存在量效关系，果皮总黄酮（FPP）添加 0.3% 时，对菜籽油的抗氧化性与 0.05% FPP + 0.05% 维生素 C、0.05%

FPP + 0.05% CA、0.05% FPP + 0.05% BHT 相当,抗坏血酸、柠檬酸及合成抗氧化剂(BHT)与果皮总黄酮对菜籽油的抗氧化性有协同增效作用。花青素具有抗氧化、抗自由基、抗衰老的作用,还能提高对脑细胞变性的预防,抑制痴呆症的发生。

2. 氨基酸

火龙果中氨基酸种类齐全。含有 17 种氨基酸,总氨基酸含量为 5.71~9.42 g/kg,平均含量为 7.79 g/kg,E/T 值为 35.07%,E/N 值为 0.54,基本符合理想蛋白质的要求。必需氨基酸中异亮氨酸、亮氨酸、蛋氨酸 + 胱氨酸、苯丙氨酸 + 酪氨酸、苏氨酸、缬氨酸的含量占氨基酸总量的比例大部分符合氨基酸模式谱,但蛋氨酸 + 胱氨酸和赖氨酸中度缺乏。不同品系火龙果中氨基酸的成分及含量存在一定差异。如红龙果中谷氨酸含量最高,占氨基酸总量的 16.60%。从人体必需氨基酸占氨基酸总量的比例来看,红龙果的 E/T 值为 35%,白龙果的 E/T 值为 33%,与氨基酸模式谱基本一致,仅有白龙果中的蛋氨酸 + 胱氨酸不符合氨基酸模式谱;红龙果的氨基酸价(82.689)比白龙果(77.469)高,必需氨基酸营养配比更合理,营养更均衡。火龙果种仁蛋白质中氨基酸种类齐全,氨基酸组成以谷氨酸含量最高,占氨基酸总量的 23.36%;精氨酸次之。鲜味氨基酸(Glu 和 Asp)占氨基酸含量的 31.95%,甜味氨基酸(Ser、Gly、Ala)占氨基酸含量的 14.74%。必需氨基酸的含量为 25.23%。

3. 脂肪酸

火龙果中含有丰富的脂肪酸,主要富集在种子和果仁中。火龙果籽油中的脂肪酸以不饱和脂肪酸为主,占总脂肪酸含量的 74.64%,其中亚油酸及其异构体为 46.91%,高于菜籽油和花生油,同芝麻油相近,油酸及其异构体为 25.36%,饱和脂肪酸以棕榈酸为主,棕榈酸及其异构体占总脂肪酸含量的 21.10%。种仁中脂肪含量为 32.02%(占种仁的质量分数),主要含有 8 种脂肪酸,其中 4 种为不饱和脂肪酸,不饱和脂肪酸含量高达 80.83%(质量分数),亚油酸(C18:2)含量高达 54.43%,油酸含量为 23.4%,与常见食用油脂比较,种仁中亚油酸含量最高。除含有动植物油中常见的偶数碳脂肪酸外,还存在奇数碳脂肪酸(C_{19})。

4. 矿物质

火龙果富含 P、K、Mg、Ca、Zn、Fe、Cu 等多种矿物质元素,尤其是 Ca、Mg 含量高于苹果、桃等果实。常食火龙果可以补充人体必需的矿物质元素。贵州省果树科学研究所火龙果试验园区的 5 个白肉火龙果品种(系)与市售的白肉火龙果相比,Ca 含量高 3~6 倍,Mg 含量高 7~9 倍,而 Cu 和 Zn 的含量则明显较低。与广东从化火龙果相比,贵州罗甸的火龙果矿物质营养元素含量较高。火龙果果实中,不同组织所含矿物质元素的含量也存在较大差异,果皮中 Ca 含量最高,果肉中 Fe 含量最高,果肉与种子中 Mg 含量最高,Zn 主要富集在种子中。

5. 有机酸

火龙果果实中的有机酸含量是果实风味的重要指标,对火龙果的特殊风味起重要作用。据报道,火龙果成熟果实(花后 35 d)有机酸成分为苹果酸、草酸、柠檬酸、酒石酸和富马酸等。以苹果酸为最主要成分,占总酸的 80.20%,其次为柠檬酸,占总酸的 13.13%,此外,草酸和酒石酸也具有一定的含量,分别为 3.10% 和 3.54%,富马酸含量极微,不到总酸含量的 0.10%。

在火龙果果实生长过程中,不同生长阶段火龙果果实中有机酸的成分没有差异,均是由苹果酸、草酸、柠檬酸、酒石酸和富马酸等组成,但各成分含量的波动较大。草酸是果实生长初期(花后 6~15 d)的最主要有机酸,占总酸含量的 49.41%~66.02%,苹果酸是果实生长中、后期(花后 16~35 d)的最主要有机酸,占总酸含量的 59.16%~80.16%。果实生长中、后期(花后 16~35 d),苹果酸占总酸含量的比例提升,主要是由于草酸在火龙果果实生长过程中一直呈下降趋势,而苹果酸在花后 25 d 才达到最高值,是 5 个有机酸中最迟的,柠檬酸和酒石酸含量均在花后 20 d 达到最高值,而富马酸含量在花后 5 d 即达到了整个生长过程的最高点。

6. 蛋白质

火龙果含有较多的蛋白质(1.12%),红肉火龙果达到 1.30%,比苹果(0.20%)、甜橙(0.80%)高得多。

7. 多糖

火龙果富含的植物性多糖具有增强人体机能、提高免疫力及美容养颜等功效。

秦复霞采用超声辅助的方法提取火龙果多糖,提取参数参考熊建文等的方法并加以改进。取新鲜火龙果去皮、去籽后于组织斩碎器中充分斩碎,之后取适量火龙果果肉浆进行热水回流提取。提取完成后抽滤,将得到的滤液放入真空冷冻干燥机中干燥,得到火龙果组织粗提物。取粗提物 10 g 溶于 200 mL 蒸馏水中并加入 0.600 g 纤维素酶,在最佳条件下水解 1 h 灭酶冷却,之后于 65 ℃下超声提取 50 min。结束后以 4 500 r/min 的转速离心 15 min,收集上清液。将上清液按料液比为 1∶4 加入氯仿-正丁醇混合液(4∶1)并充分振摇 30 min,充分静置溶液,分层后弃去沉淀,如此反复 3 次以除去蛋白质。将溶液冷冻干燥得到火龙果粗多糖。

使用凝胶色谱层析纯化得到的火龙果粗多糖,填料选用 Sephadex LH-20。操作步骤如下。取 100 mg 火龙果粗多糖充分溶解于 10 mL 超纯水中,使用 0.45 μm 水相膜过滤后上样。洗脱液为超纯水,流速为 12 mL/h,每管收集 40 min,收集 50 管。使用苯酚-硫酸法逐管测定 490 nm 下的吸光度,收集洗脱峰并冻干。使用紫外-可见光全光谱扫描法(200~800 nm)鉴定火龙果多糖提取物的性质。

8. 植物性白蛋白

果实中含有的植物性白蛋白具有解重金属中毒的功效,对胃壁有保护作用。

9. 维生素

红肉火龙果果肉中维生素 C 含量为 7~11 mg/100 g（鲜重），籽中总酚和维生素 C 分别为 13.56 mg/g 和 0.36 mg/g，儿茶素是黄酮类物质的主要成分。白肉、黄肉火龙果比樱桃色果肉和红肉火龙果中总酚和维生素 C 含量高，总酚和维生素 C 均形成其抗氧化特性，但是维生素 C 仅占抗氧化能力的 4%~6%。

10. 水溶性膳食纤维

火龙果中的水溶性膳食纤维具有减肥、降低血糖、润肠、预防大肠癌、降低雌激素水平以及解毒等功效。据研究发现，火龙果中膳食纤维的含量（2.33%）远高于苹果（1.2%）、甜橙（0.6%）和桃（1.3%）。

随着人们生活水平的提高，对食品的要求越来越精细，摄入的食物中，粗纤维的含量越来越少，现代"文明病"诸如便秘、肥胖症、动脉硬化、心脑血管疾病、糖尿病等，严重威胁着现代人的身体健康，在人们的食物中补充膳食纤维已成为当务之急。科学研究证明，要保障人体健康，需要适量摄入膳食纤维。适宜的膳食纤维摄入量，能帮助肠胃蠕动，促进食物的消化吸收；膳食纤维还具有强大吸水性，当人体摄入的营养过剩时，它能把过剩的营养带出体外，有利于粪便的排泄，防止便秘。由于它有庞大的吸附基团，能将众多有害、有毒的因子带出体外。经常补充膳食纤维，不仅能保持健康的体质，还能有效预防冠心病、糖尿病等多种疾病。

11. 色素

火龙果果肉和果皮中含有较高的甜菜色苷、黄酮类物质和酚酸，甜菜色苷对 DPPH 和 FRAP 显示出极高的抗氧化性，其中果皮中的甜菜色苷几乎是果肉中的 10 倍，黄酮对羟自由基有一定的清除效果，对菜籽油有明显的抗氧化作用，且存在量效关系。花青素具有抗氧化、抗自由基、抗衰老的作用，还能提高对脑细胞变性的预防，抑制痴呆症的发生。

刘小玲等以丙酮作为提取剂，从果肉中分离出 4 种甜菜苷色素（betanin、2-descarboxy-betanin、phyllocactin、2-descarboxy-phyllocactin），从果皮中分离出 2 种甜菜苷色素（betanin、phyllocactin），并认为果肉、果皮色素同为甜菜苷类色素。火龙果汁的甜菜色苷与纯甜菜色苷、甜菜汁中的甜菜色苷相比有着较好的稳定性。

12. 不饱和脂肪酸

火龙果的种子和仁中的不饱和脂肪酸降低血胆固醇、甘油三酯和低密度脂蛋白胆固醇（LDL-C）的作用与 PUFA 相近，而且单不饱和脂肪酸对胆固醇具有拮抗作用。

四、火龙果中活性成分的提取、纯化与分析

（一）火龙果中 2-甲基-癸酸、2-羟基十二烷酸等脂肪酸的分析

1. 仪器、材料和试剂

新鲜红皮火龙果包括红皮红肉火龙果（*H. polyrhizus*）和红皮白肉火龙果（*H. unda-*

tus)2 个品种,均购于水果市场。气相色谱质谱仪(美国 Agilent 公司)。

2. 试样制备与保存

剥去果皮,把果肉装入纱布袋揉搓,在自来水下反复清洗果肉、杂质,剩下种子在 40 ℃下烘干至恒重,得 2 种火龙果种子,2 种火龙果种子外观无差别。将火龙果种子在研钵中研磨成细粉,用纱布包裹,挤压成略带香味的淡黄色液状油脂。

3. 分析步骤

1)试样前处理

将干燥火龙果种子碾碎,准确称取 250.0 mg 粉末于蒸发皿中,于 90 ℃水浴锅中干燥 6 h,以除去挥发性成分,之后转入索氏提取器中,加入二氯甲烷 100 mL,水浴回流 6 h,将提取液浓缩蒸干得膏状物,备用。膏状物甲酯化:将膏状物置于 100 mL 圆底烧瓶中,加入苯和石油醚混合液 5 mL,振荡溶解,再加入 0.5 mol/L 的 KOH-CH$_3$OH 溶液 5 mL,振荡 1 min,并加入少量无水硫酸钠,密封,置于 50 ℃烘箱中 1 h。将反应物转移至分液漏斗中,加入 3 mL 水,振荡,分出上层,减压回收溶剂,得目标产物脂肪酸甲酯,加 10 mL 乙酸乙酯溶解加入内标,用于 GC-MS 分析,进样 2 μL。

2)仪器参考条件

(1)GC 条件

石英毛细管柱 HP-5 MS(30 m × 0.25 mm, 0.25 μm)。载气为 He;流速为 3.0 mL/min;分流比为 1:10;进样口温度为 200 ℃。升温程序:初始温度 40 ℃保持 2 min,以 3 ℃ /min 的升温速率升至 190 ℃。

(2)质谱条件

离子源为 EI;电离电压为 70 eV;离子源温度为 240 ℃;溶剂延时为 3 min;质谱范围为 40~350 U。

3)测定

(1)2 种不同肉色火龙果种子脂肪酸组成成分测定

以 10碳-20 碳的 26 种植物常见膜脂肪酸为标准样品(以 C$_{10}$~C$_{20}$ 表示),以植物组织含量极低或不含有的 19 碳脂肪酸为内标,建立 GC-MS 分析方法。以下为 26 种脂肪酸(数字编号为 C$_{10}$~C$_{20}$)在 GC-MS 谱图的代号,后为名称。以顺-9,10-二甲基十九烷酸(methyl *cis*-9, 10-methyleneoctadecanoate)(C$_{19:0}$ D)为内标计算各种脂肪酸的相对含量,以百分比表示。C$_{10}$~C$_{20}$ 分别为:十一烷酸(C$_{11:0}$)、2-甲基-癸酸 (2-OH C$_{10:0}$)、十二烷酸(C$_{12:0}$)、十三烷酸(C$_{13:0}$)、2-羟基十二烷酸(2-OH C$_{12:0}$)、3-羟基十二烷酸(3-OH C$_{12:0}$)、十四烷酸(C$_{14:0}$)、1,3- 二甲基十五烷酸(iC$_{15:0}$)、1,2- 二甲基十五烷酸(a-C$_{15:0}$)、十五碳烷酸(C$_{15:0}$)、2-羟基十四烷酸(2-OH C$_{14:0}$)、3-羟基十四烷酸(3-OH C$_{14:0}$)、1,4- 二甲基十六烷酸(iC$_{16:0}$)、顺-9-十六碳单烯酸(C$^9_{16:1}$)、十六碳烷酸(C$_{16:0}$)、1,5- 二甲基十七烷酸(iC$_{17:0}$)、顺-9,10-二甲基十七烷酸(C$_{17:0}$ D)、十七碳烷酸(C$_{17:0}$)、2-羟基十六烷酸(2-OH C$_{16:0}$)、

顺-9，12-十八碳双烯酸（$C_{18:2}^{9,12}$）、顺-9-十八碳单烯酸（$C_{18:1}^{9cis}$）、反-9-十八碳单烯酸和顺-11-十八碳单烯酸（$C_{18:1}^{9trans}$ & $C_{18:1}^{11cis}$）、十八碳烷酸（$C_{18:0}$）、顺-9，10-二甲基十九烷酸（$C_{19:0}D$）、十九碳烷酸（$C_{19:0}$）、二十碳烷酸（$C_{20:0}$）。

（2）脂肪酸不饱和度确定

以总不饱和脂肪酸双键指数（DBI）和相对含量（UFA%）来反映膜脂肪酸的不饱和程度。DBI为各不饱和脂肪酸的双键数量与其相对含量乘积的总和除以饱和脂肪酸相对含量的总和；UFA%为各不饱和脂肪酸相对含量的总和。

利用 SPSS 13.0 软件对 2 种火龙果种子油脂的相对密度、酸值和碘值等理化性质及脂肪酸组成和相对含量进行配对 T 检验分析。

4. 测定结果

1）2 种火龙果种子脂肪酸组成及相对含量

根据 GC-MS 分析方法得出 2 种火龙果种子 C_{10}~C_{20} 脂肪酸的总离子流图（图 3.20），以编号为"24"的 19 碳脂肪酸为内标，计算 C_{10}~C_{20} 脂肪酸的相对含量，以百分比表示。

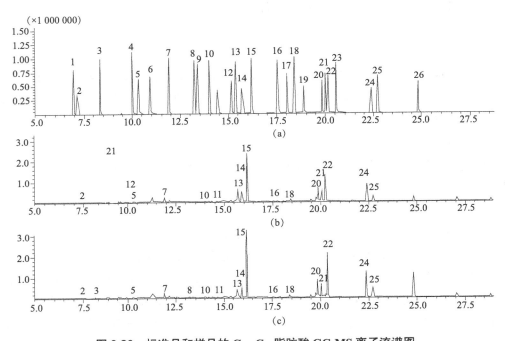

图 3.20　标准品和样品的 C_{10}~C_{20} 脂肪酸 GC-MS 离子流谱图

（a）C_{10}~C_{20} 脂肪酸离子流谱图　（b）红肉火龙果种子的 C_{10}~C_{20} 脂肪酸离子流谱图
（c）白肉火龙果种子的 C_{10}~C_{20} 脂肪酸离子流谱图

如表 3.17 所示，2 种火龙果均含有 2-甲基-癸酸、2-羟基十二烷酸、十四烷酸,十五碳烷酸、2-羟基十四烷酸、1, 4-二甲基十六烷酸、顺-9-十六碳单烯酸、十六碳烷酸、1, 5-二甲基十七烷酸、十七碳烷酸、顺-9，12-十八碳双烯酸、顺-9-十八碳单烯酸,反-9-十八碳单烯酸和顺-11-十八碳单烯酸、十九碳烷酸和二十碳烷酸。十六碳烷酸相对含量最高,其次是反-9-十八碳单烯酸和顺-11-十八碳单烯酸。十一碳烷酸、十三碳烷酸、1,2-二甲基十五烷酸、3-羟基十四烷酸、1,5-二甲基十七烷酸、顺-9,10-二甲基十七烷酸、2-羟基十六烷酸、顺-9-十八碳单烯酸和十八碳烷酸等脂肪酸在 2 种火龙果种子中均未检出。白肉火龙果种子比红肉火龙果种子多含有十二烷酸和 1,3-二甲基十五烷酸,但相对含量很低。

表 3.17　2 种火龙果种子脂肪酸组成及相对含量　　单位:%

编号	脂肪酸	红肉火龙果	白肉火龙果
1	十一烷酸($C_{11:0}$)	—	
2	2-甲基-癸酸(2-OH $C_{10:0}$)	0.27	0.32
3	十二烷酸($C_{12:0}$)	—	0.31
4	十三烷酸($C_{13:0}$)	—	
5	2-羟基十二烷酸(2-OH $C_{12:0}$)	0.03	0.03
6	3-羟基十二烷酸(3-OH $C_{12:0}$)		
7	十四烷酸($C_{14:0}$)	2.68	3.79
8	1,3-二甲基十五烷酸($iC_{15:0}$)		0.09
9	1,2-二甲基十五烷酸(a-$C_{15:0}$)	—	—
10	十五碳烷酸($C_{15:0}$)	0.15	0.23
11	2-羟基十四烷酸(2-OH $C_{14:0}$)	0.20	0.09
12	3-羟基十四烷酸(3-OH $C_{14:0}$)	—	
13	1,4-二甲基十六烷酸($iC_{16:0}$)	0.38	0.09
14	顺-9-十六碳单烯酸($C^9_{16:1}$)	0.16	0.18
15	十六碳烷酸(又名棕榈酸)($C_{16:0}$)	188.2	275.9
16	1,5-二甲基十七烷酸($iC_{17:0}$)	0.03	0.04
17	顺-9,10-二甲基十七烷酸($C_{17:0}D$)		
18	十七碳烷酸($C_{17:0}$)	0.24	0.11
19	2-羟基十六烷酸(2-OH $C_{16:0}$)	—	
20	顺-9,12-十八碳双烯酸(亚油酸)($C^{9,12}_{18:2}$)	9.08	11.56
21	顺-9-十八碳单烯酸(油酸)($C^{9cis}_{18:1}$)	7.62	8.37
22	反-9-十八碳单烯酸,顺-11-十八碳单烯酸($C^{9trans}_{18:19}$, $C^{11cis}_{18:1}$)	71.77	120.6
23	十八碳烷酸($C_{18:0}$)	—	—
25	十九碳烷酸($C_{19:0}$)	9.16	11.36
26	二十碳烷酸($C_{20:0}$)	32.67	58.52

注:表中"编号"的顺序为 GC-MS 图像上的号码;"—"表示含量低未检测出。

2)2 种不同肉色火龙果种子脂肪酸不饱和程度比较

以所测 26 种脂肪酸组分和相对含量计算 2 种肉色的火龙果种子脂肪酸 DBI 和

UFA% 来反映不同肉色的不饱和程度差异。如图 3.21 所示，2 种不同肉色火龙果种子 DBI 没有差异，但是 UFA% 存在明显差异。

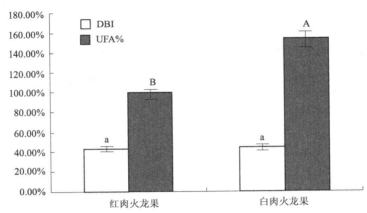

图 3.21　2 种不同肉色火龙果种子脂肪酸不饱和度比较

注:同一系列字母表示同一指标的比较差异性,字母相同表示无差异,不同表示差异显著。

（二）火龙果中亮氨酸、赖氨酸等氨基酸的分析

1. 仪器、试剂和材料

使用日立 L-8800 氨基酸自动分析仪测定氨基酸总量和异亮氨酸、亮氨酸、赖氨酸、蛋氨酸、胱氨酸、苯丙氨酸、酪氨酸、苏氨酸、缬氨酸、精氨酸、组氨酸、丙氨酸、天冬氨酸、谷氨酸、甘氨酸、脯氨酸、丝氨酸的含量。

供试材料为 3 个红肉火龙果新品种（系）——紫红龙、红肉 2 号、红肉 3 号，3 个白肉火龙果新品种（系）——晶红龙、白肉 2 号、量天尺，1 个粉红肉火龙果新品种——粉红龙。以上各材料均采自贵州省果树科学研究所火龙果生产示范园，树龄五年生。火龙果园光照良好，微碱性黄壤，土壤肥力中等，管理水平较高。于 2008 年 8 月果实基本成熟时，采摘树冠中下部果实。果实采收后迅速运至实验室，选择无病虫害、无机械损伤、外形相对整齐的果实备用。

2. 分析方法

1）人体、儿童必需氨基酸含量

人体、儿童必需氨基酸含量占氨基酸总量的百分比。氨基酸总量用 T 表示；人体必需氨基酸含量用 E 表示，为异亮氨酸、亮氨酸、赖氨酸、苏氨酸、缬氨酸、苯丙氨酸、蛋氨酸 7 种氨基酸含量之和；非必需氨基酸含量用 N 表示，为胱氨酸、组氨酸、精氨酸、丙氨酸、天冬氨酸、谷氨酸、甘氨酸、脯氨酸、丝氨酸、酪氨酸 10 种氨基酸含量之和；儿童必需氨基酸含量用 CE 表示，为组氨酸、精氨酸 2 种氨基酸含量之和。计算人体必需氨基酸含量占氨基酸总量的百分比（E/T）、儿童必需氨基酸含量占氨基酸总量的百分比（CE/T）及人体必

需氨基酸含量与非必需氨基酸含量之比（E/N）。

2）人体必需氨基酸总量

分别计算苏氨酸、缬氨酸、蛋氨酸+胱氨酸、异亮氨酸、亮氨酸、苯丙氨酸+酪氨酸、赖氨酸占氨基酸总量的百分比，并与 1973 年 FAO/WHO 修订的人体必需氨基酸含量模式谱（以下简称氨基酸模式谱）比较。

3）各类味觉氨基酸含量

鲜味氨基酸含量为天冬氨酸、谷氨酸之和，甜味氨基酸含量为丙氨酸、甘氨酸、脯氨酸、丝氨酸含量之和，芳香族氨基酸含量为苯丙氨酸、酪氨酸含量之和。

3. 测定结果

1）不同品种（系）火龙果果实中的氨基酸组成及含量

试验共测定了火龙果果实中的 17 种氨基酸，其中包括人体必需的 7 种氨基酸。不同品种（系）火龙果的氨基酸组成及含量见表 3.18。火龙果果实中的总氨基酸平均含量为 7.79 g/kg，变幅为 5.71~9.42 g/kg，品种间氨基酸总量的高低依次是红肉 3 号 > 紫红龙 > 量天尺 > 粉红龙 > 红肉 2 号 > 白肉 2 号 > 晶红龙。供试材料中，以谷氨酸、天冬氨酸含量较高；蛋氨酸、酪氨酸、胱氨酸含量很低；胱氨酸含量极少，平均含量只有 0.02 g/kg，明显低于其他种类氨基酸。

表 3.18　不同品种（系）火龙果果实中氨基酸的组成及含量

氨基酸	不同品种（系）火龙果氨基酸含量/（g/kg）							
	紫红龙	红肉 2 号	红肉 3 号	晶红龙	白肉 2 号	量天尺	粉红龙	平均
异亮氨酸	0.37	0.35	0.41	0.25	0.30	0.38	0.37	0.35
亮氨酸	0.68	0.60	0.72	0.45	0.55	0.66	0.63	0.61
赖氨酸	0.30	0.25	0.25	0.22	0.25	0.27	0.25	0.26
蛋氨酸	0.16	0.15	0.22	0.12	0.16	0.13	0.14	0.15
胱氨酸	0.02	0.02	0.04	0.02	0.02	0.02	0.02	0.02
苯丙氨酸	0.49	0.42	0.56	0.32	0.39	0.49	0.48	0.45
酪氨酸	0.10	0.12	0.20	0.07	0.13	0.10	0.09	0.12
苏氨酸	0.33	0.29	0.37	0.23	0.28	0.31	0.31	0.30
缬氨酸	0.48	0.46	0.55	0.33	0.40	0.51	0.50	0.46
精氨酸	0.75	0.64	0.67	0.51	0.64	0.73	0.51	0.64
组氨酸	0.27	0.22	0.24	0.18	0.20	0.26	0.22	0.23
丙氨酸	0.43	0.39	0.51	0.30	0.36	0.41	0.41	0.40
天冬氨酸	0.84	0.71	0.89	0.55	0.69	0.79	0.79	0.75
谷氨酸	1.84	1.55	2.15	1.18	1.35	1.89	1.75	1.67
甘氨酸	0.48	0.34	0.59	0.30	0.39	0.39	0.44	0.42

氨基酸	不同品种（系）火龙果氨基酸含量/（g/kg）							
	紫红龙	红肉2号	红肉3号	晶红龙	白肉2号	量天尺	粉红龙	平均
脯氨酸	0.79	0.48	0.61	0.40	0.61	0.85	0.52	0.61
丝氨酸	0.41	0.32	0.44	0.28	0.33	0.36	0.35	0.36
T	8.74	7.31	9.42	5.71	7.05	8.55	7.78	7.79
E	2.81	2.52	3.08	1.92	2.33	2.75	2.68	2.58
N	5.93	4.79	6.34	3.79	4.72	5.80	5.10	5.21
CE	1.02	0.86	0.91	0.69	0.84	0.99	0.73	0.86
E/N	0.47	0.53	0.49	0.51	0.49	0.47	0.53	0.50
E/T	0.32	0.34	0.33	0.34	0.33	0.32	0.34	0.33
CE/T	0.12	0.12	0.10	0.12	0.12	0.12	0.09	0.11

2）人体必需氨基酸含量及其组成

（1）人体必需氨基酸含量及其占氨基酸总量的比例

火龙果中人体必需氨基酸平均含量为 2.58 g/kg，变幅为 1.92~3.08 g/kg，各品种人体必需氨基酸含量的高低依次为红肉 3 号 > 紫红龙 > 量天尺 > 粉红龙 > 红肉 2 号 > 白肉 2 号 > 晶红龙。火龙果中人体必需氨基酸平均含量的高低依次是亮氨酸 > 缬氨酸 > 苯丙氨酸 > 异亮氨酸 > 苏氨酸 > 赖氨酸 > 蛋氨酸，缬氨酸与苯丙氨酸差异不大，人体必需氨基酸在氨基酸总量中所占的比例较高（平均值为 33%），火龙果营养价值较高。

（2）人体必需氨基酸与非必需氨基酸的比值

火龙果中人体必需氨基酸与非必需氨基酸的比值为 0.50，各品种间人体必需氨基酸与非必需氨基酸的比值为 0.47~0.53，差异不大。1973 年 FAO/WHO 提出的理想蛋白质的标准是：E/T 值为 0.40 左右，E/N 值为 0.60 以上。火龙果的 E/T 值为 0.33，E/N 值为 0.50，基本符合理想蛋白质的要求。

（3）人体必需氨基酸占氨基酸总量的比例

如表 3.19 所示，与氨基酸模式谱比较，火龙果所含的人体必需氨基酸占氨基酸总量的比例，符合氨基酸模式谱要求的氨基酸种类有缬氨酸、异亮氨酸、亮氨酸、苯丙氨酸 + 酪氨酸，基本符合的是苏氨酸，不符合的是蛋氨酸 + 胱氨酸和赖氨酸。晶红龙有 5 项指标符合氨基酸模式谱，其余品种有 4 项指标符合氨基酸模式谱，且要高于氨基酸模式谱。

表 3.19　不同品种（系）火龙果果实中人体必需氨基酸占氨基酸总量的比例与氨基酸模式谱比较　单位 %

品种（系）	苏氨酸	缬氨酸	蛋氨酸 + 胱氨酸	异亮氨酸	亮氨酸	苯丙氨酸 + 酪氨酸	赖氨酸
紫红龙	3.78	5.49	2.06	4.23	7.78	6.75	3.43

续表

品种（系）	苏氨酸	缬氨酸	蛋氨酸＋胱氨酸	异亮氨酸	亮氨酸	苯丙氨酸＋酪氨酸	赖氨酸
红肉 2 号	3.97	6.29	2.33	4.79	8.21	7.39	3.42
红肉 3 号	3.93	5.84	2.76	4.35	7.64	8.07	2.65
晶红龙	4.03	5.78	2.45	4.38	7.88	6.83	3.85
白肉 2 号	3.97	5.67	2.55	4.26	7.80	7.38	3.55
量天尺	3.63	5.96	1.75	4.44	7.72	6.90	3.16
粉红龙	3.98	6.43	2.06	4.76	8.10	7.33	3.21
平均	3.90	5.92	2.28	4.46	7.88	7.23	3.33
氨基酸模式谱	4.00	5.00	3.50	4.00	7.00	6.00	5.50

3）儿童必需氨基酸含量及其占氨基酸总量的比例

火龙果中儿童必需氨基酸平均含量为 0.86 g/kg，变幅为 0.69~1.02 g/kg，各品种间儿童必需氨基酸含量的高低依次是紫红龙＞量天尺＞红肉 3 号＞红肉 2 号＞白肉 2 号＞粉红龙＞晶红龙；火龙果中儿童必需氨基酸含量占氨基酸总量的比值平均为 0.11，变幅为 0.09~0.12。

4）味觉氨基酸含量

（1）鲜味类氨基酸含量

如表 3.20 所示，火龙果中鲜味类氨基酸平均含量为 2.42 g/kg，变幅为 1.73~3.04 g/kg，各品种间鲜味类氨基酸含量的高低依次是红肉 3 号＞紫红龙＞量天尺＞粉红龙＞红肉 2 号＞白肉 2 号＞晶红龙。

表 3.20　不同品种（系）火龙果果实中味觉氨基酸含量

品种（系）	鲜味类			甜味类					芳香族		
	天冬氨酸	谷氨酸	小计	丙氨酸	甘氨酸	脯氨酸	丝氨酸	小计	苯丙氨酸	络氨酸	小计
紫红龙	0.84	1.84	2.68	0.43	0.48	0.79	0.41	2.11	2.11	0.49	0.10
红肉 2 号	0.71	1.55	2.26	0.39	0.34	0.48	0.32	1.53	1.53	0.42	0.12
红肉 3 号	0.89	2.15	3.04	0.51	0.59	0.61	0.44	2.15	2.15	0.56	0.20
晶红龙	0.55	1.18	1.73	0.30	0.30	0.40	0.28	1.28	1.28	0.32	0.07
白肉 2 号	0.69	1.35	2.04	0.36	0.39	0.61	0.33	1.69	1.69	0.39	0.13
量天尺	0.79	1.89	2.68	0.41	0.39	0.85	0.36	2.01	2.01	0.49	0.10
粉红龙	0.79	1.75	2.54	0.41	0.44	0.52	0.35	1.72	1.72	0.48	0.09
平均	0.75	1.67	2.42	0.40	0.42	0.61	0.36	1.78	1.78	0.45	0.12

（2）甜味类氨基酸含量

如表 3.20 所示，火龙果中甜味类氨基酸平均含量为 1.78 g/kg，变幅为 1.28~2.15 g/kg，各品种间甜味类氨基酸含量的高低依次是红肉 3 号 > 紫红龙 > 量天尺 > 粉红龙 > 白肉 2 号 > 红肉 2 号 > 晶红龙。

（3）芳香族氨基酸含量

如表 3.20 所示，火龙果中芳香族氨基酸平均含量为 0.57 g/kg，变幅为 0.39~0.76 g/kg，各品种间芳香族氨基酸含量的高低依次是红肉 3 号 > 紫红龙 > 量天尺 > 粉红龙 > 红肉 2 号 > 白肉 2 号 > 晶红龙。

5）各种氨基酸的相对含量的变化

根据各种氨基酸的绝对含量，换算出各种氨基酸的相对含量（表 3.21），再由统计到的各种氨基酸的变异系数后得到表 3.22。可以看出，17 种氨基酸中，以酪氨酸、胱氨酸、脯氨酸、蛋氨酸、精氨酸、赖氨酸和甘氨酸 7 种氨基酸的变异系数较大，其他 10 种氨基酸的变异系数较小。

表 3.21　不同品种(系)火龙果果实中各种氨基酸的相对含量

氨基酸	相对含量/%						
	紫红龙	红肉 2 号	红肉 3 号	晶红龙	白肉 2 号	量天尺	粉红龙
异亮氨酸	4.23	4.79	4.35	4.38	4.26	4.44	4.76
亮氨酸	7.78	8.21	7.64	7.88	7.80	7.72	8.10
赖氨酸	3.43	3.42	2.65	3.85	3.55	3.16	3.21
蛋氨酸	1.83	2.05	2.34	2.10	2.27	1.52	1.80
胱氨酸	0.23	0.27	0.42	0.35	0.28	0.23	0.26
苯丙氨酸	5.61	5.75	5.94	5.60	5.53	5.73	6.17
酪氨酸	1.14	1.64	2.12	1.23	1.84	1.17	1.16
苏氨酸	3.78	3.97	3.93	4.03	3.97	3.63	3.98
缬氨酸	5.49	6.29	5.84	5.78	5.67	5.96	6.43
精氨酸	8.58	8.76	7.11	8.93	9.08	8.54	6.56
组氨酸	3.09	3.01	2.55	3.15	2.84	3.04	2.83
丙氨酸	4.92	5.34	5.41	5.25	5.11	4.80	5.27
天冬氨酸	9.61	9.71	9.45	9.63	9.79	9.24	10.15
谷氨酸	21.05	21.20	22.82	20.67	19.15	22.11	22.49
甘氨酸	5.49	4.65	6.26	5.25	5.53	4.56	5.66
脯氨酸	9.04	6.57	6.48	7.01	8.65	9.94	6.68
丝氨酸	4.69	4.38	4.67	4.90	4.68	4.21	4.50

表 3.22　不同品种(系)火龙果果实中各种氨基酸相对含量变化的变异系数　　　单位:%

氨基酸	变幅	平均数	标准差	变异系数
异亮氨酸	4.23~4.79	4.46	0.211	4.73
亮氨酸	7.64~8.21	7.88	0.192	2.43
赖氨酸	2.65~3.85	3.32	0.347	10.44
蛋氨酸	1.52~2.34	1.99	0.267	13.44
胱氨酸	0.23~0.42	0.29	0.064	22.12
苯丙氨酸	5.53~6.17	5.76	0.208	3.61
酪氨酸	1.14~2.12	1.47	0.367	24.92
苏氨酸	3.63~4.03	3.90	0.132	3.38
缬氨酸	5.49~6.43	5.92	0.310	5.23
精氨酸	6.56~9.08	8.22	0.907	11.03
组氨酸	2.55~3.15	2.93	0.191	6.51
丙氨酸	4.80~5.41	5.16	0.209	4.05
天冬氨酸	9.24~10.15	9.65	0.263	2.72
谷氨酸	19.15~22.82	21.36	1.162	5.44
甘氨酸	4.56~6.26	5.34	0.548	10.25
脯氨酸	6.48~9.94	7.77	1.307	16.83
丝氨酸	4.21~4.90	4.58	0.212	4.64

本节参考文献

[1]　TENORE G C, NOVELLINO E, BASILE A. Nutraceutical potential and antioxidant benefits of red pitaya (*Hylocereus polyrhizus*) extracts [J]. Journal of functional foods, 2012, 4(1): 129-136.

[2]　王晓波, 钟婵君, 刘冬英, 等. 火龙果皮总黄酮对油脂抗氧化作用的研究 [J]. 食品研究与开发, 2012, 33 (3): 19-23.

[3]　王秋玲, 莫建光, 谢一兴. 响应面法优化超临界 CO_2 萃取火龙果籽油工艺 [J]. 食品科学, 2012, 33 (10): 92-97.

[4]　潘艳丽, 芮汉明, 林朝朋. 火龙果种仁的营养成分分析 [J]. 营养学报, 2004, 26 (6): 497-498.

[5]　RUI H M, ZHANG L Y, LI Z W, et al. Extraction and haracteristics of seed kernel oil from white pitaya [J]. Journal of food engineering, 2009, 93 (4): 482-486.

[6]　KIM H J, CHOI H K, MOON J Y. Comparative antioxidant and antiproliferative activities of red and white pitayas and their correlation with flavonoid and polyphenol content [J].

Journal of food science. 2011, 76（1）: C38-C45.

[7]　WU L C, HSU H W, CHEN Y C, et al. Antioxidant and antiproliferative activities of red pitaya[J]. Food chemistry, 2006, 95（2）: 319-327.

[8]　罗小艳, 郭璇华. 火龙果的研究现状及发展前景 [J]. 食品与发酵工业, 2007, 33（9）: 142-145.

[9]　邓仁菊, 范建新, 蔡永强. 国内外火龙果研究进展及产业发展现状 [J]. 贵州农业科学, 2011, 39（6）: 188-192.

[10]　秦复霞. 火龙果多糖提取纯化及单糖组成检测 [J]. 南方农业, 2016, 10（15）: 152-153, 164.

[11]　熊建文, 许金蓉, 张佳艳, 等. 酶法辅助超声波提取火龙果多糖及其抗菌活性 [J]. 食品工业科技, 2015, 36（17）: 229-233, 238.

[12]　ADNAN L, OSMAN A, HAMID A A. Antioxidant activity of different extracts of red pitaya（*Hylocereus polyrhizus*）seed [J]. International journal of food properties, 2011, 14（6）: 1171-1181.

[13]　WICHIENCHOTA S, JATUPORNPIPAT M, RASTALL R A. Oligosaccharides of pitaya（dragon fruit）flesh and their prebiotic properties [J]. Food Chemistry, 2010, 120（3）: 850-857.

[14]　刘小玲, 许时婴, 王璋. 火龙果色素的基本性质及结构鉴定 [J]. 无锡轻工大学学报, 2003, 22（3）: 62-66, 75.

[15]　HERBACH K M, STINTZING F C, CARLE R. Thermal degradation of betacyanins in juices from purple pitaya [*Hylocereus polyrhizus*（Weber）Britton & Rose] monitored by high-performance liquid chromatography-tandem mass spectometric analyses [J]. European food research and technology, 2004（219）: 377-385.

[16]　欧行奇, 任秀娟, 周岩. 叶菜型甘薯茎尖的氨基酸含量及组成分析 [J]. 中国食品学报, 2007, 7（4）: 120-125.

[17]　欧行奇, 刘志坚, 张勇跃. 不同叶菜型甘薯品种的氨基酸含量及组成分析 [J]. 氨基酸和生物资源, 2008, 30（2）: 70-73.

[18]　钱爱萍, 林虬, 余亚白, 等. 闽产柑橘果肉中氨基酸组成及营养评价 [J]. 中国农学通报, 2008, 24（6）: 86-90.

[19]　天津轻工业学院, 无锡轻工业学院. 食品生物化学 [M]. 北京: 中国轻工业出版社, 2005.

第八节　猕猴桃

一、猕猴桃的概述

猕猴桃（*Actinidia chinensis* Planch），也称奇异果（奇异果是猕猴桃的一个人工选育品种，因使用广泛而成为了猕猴桃的代称）、狐狸桃、藤梨、猴仔梨、杨汤梨等。猕猴桃原产于中国南方，因为猕猴喜欢吃这种水果，所以被命名为猕猴桃。20 世纪早期被引入新西兰，传入新西兰后，得到了广泛栽培，人们用新西兰的国鸟——奇异鸟为猕猴桃命名，称为奇异果。2008 年 11 月 6 日，在新西兰举行的国际猕猴桃大会上，世界 19 个国家 200 多位专家一致认定：中国是猕猴桃的原产地，世界猕猴桃原产地在湖北宜昌市夷陵区雾渡河镇。猕猴桃植株具有一定的观赏价值，藤蔓缠绕盘曲，枝叶浓密，花美且芳香，适用于花架、庭廊、护栏、墙垣等的垂直绿化。猕猴桃的质地柔软，口感酸甜。味道被描述为草莓、香蕉、菠萝三者的混合。

猕猴桃为雌雄异株的大型落叶木质藤本植物。雄株多毛叶小，雄株花也较早出现于雌花；雌株少毛或无毛，花叶均大于雄株。花期为 5—6 月，果熟期为 8—10 月。

枝呈褐色，有柔毛，髓为白色，层片状。幼枝或厚或薄地被有灰白色星状茸毛或褐色长硬毛或铁锈色硬毛状刺毛，老时秃净或留有断损残毛；花枝短的为 4~5 cm，长的为 15~20 cm，直径为 4~6 mm；隔年枝完全秃净无毛，直径为 5~8 mm，皮孔长圆形，比较显著或不甚显著，髓为白色至淡褐色，片层状。

叶为纸质，无托叶，为倒阔卵形至倒卵形或阔卵形至近圆形，长 6~17 cm，宽 7~15 cm，顶端截平形并中间凹入或具突尖、急尖至短渐尖，基部为钝圆形、截平形至浅心形，边缘具脉出的直伸的睫状小齿，腹面为深绿色，无毛或中脉和侧脉上有少量软毛或散被短糙毛，背面为苍绿色，密被灰白色或淡褐色星状绒毛，侧脉为 5~8 对，常在中部以上分歧成叉状，横脉比较发达，易见，网状小脉不易见；叶柄长 3~6（~10）cm，被灰白色茸毛或黄褐色长硬毛或铁锈色硬毛状刺毛。

根系生长在坚硬土层内的分布较浅，生长在疏松的土壤内的分布较深。猕猴桃为肉质根，根皮率高达 30%~50%；根含水量高，一年生根的含水量为 84%，两年生根的含水量为 79%，猕猴桃主根不发达，侧根和须根发达。猕猴桃根系分布浅而广。活土层的厚度以及温度、水分、空气、养分是影响根系生长的主要因子。一般在 40~80 cm 深的土层中分布最多。成年树根群体的分布范围约为树冠的 3 倍。

根系猕猴桃骨干根较一般果树少，但根的导管发达，根压大，根系受伤之后，再生能力强。成年猕猴桃有 50% 以上的总根系长度位于 30~50 cm 深的表土层，90% 以上根系位于 1 m 范围内。幼年猕猴桃树的根系呈"碗形"分布，且根长度密度随深度和离树干的距离而减少。而成年树,根长度密度随深度而减小,但并不受离树干距离的远近影响。猕猴桃根系的年生长期比枝条生长期长,每年有 30% 以上的根系被更新。

花为聚伞花序 1~3 花,花序柄长 7~15 mm,花柄长 9~15 mm;苞片小,为卵形或钻形,长约 1 mm,均被灰白色丝状绒毛或黄褐色茸毛;花开时为乳白色,后变淡黄色,有香气,直径为 1.8~3.5 cm,单生或数朵生于叶腋。

萼片为 3~7 片,通常为 5 片,阔卵形至卵状长圆形,长 6~10 mm,两面密被压紧的黄褐色绒毛;花瓣为 5 片,有时少至 3~4 片或多至 6~7 片,为阔倒卵形,有短爪;雄蕊极多,花药为黄色,为长圆形,长 1.5~2 mm,基部叉开或不叉开,丁字着生;子房上位,球形,径约 5 mm,密被金黄色的压紧交织绒毛或不压紧不交织的刷毛状糙毛,花柱为狭条形;花柱为丝状,多数。

果实为卵形至长圆形,横截面半径约 3 cm,密被黄棕色有分枝的长柔毛。其大小和一个鸭蛋差不多(约 6 cm 高、圆周约 4.5~5.5 cm),一般是椭圆形的。深褐色并带毛的表皮一般不食用。其内则是呈亮绿色的果肉和多排黑色的种子。

二、猕猴桃的产地与品种

中国是猕猴桃的原生中心,世界猕猴桃原产地在湖北宜昌市夷陵区雾渡河镇。猕猴桃生于山坡林缘或灌丛中,有些园圃栽培。猕猴桃属共有 66 个种,其中 62 个种自然分布在中国,世界上生产栽培的主要是美味猕猴桃和中华猕猴桃两个种。美味猕猴桃枝干和果实外表皮覆有绒毛(如秦美、徐香、海沃德等),中华猕猴桃枝干和果实外表皮比较光滑(如红阳、黄金果等)。这两个种主要分布在华中地区的长江流域和秦岭及其以南、横断山脉以东的地区。

(一)猕猴桃的产地

猕猴桃广泛分布于河南、江苏、安徽、浙江、湖南、湖北、陕西、四川、甘肃、云南、贵州、福建、广东、广西等地。从中国猕猴桃种植面积及产量来看,以陕西为最,陕西眉县被誉为"猕猴桃之乡"。

到 20 世纪 70 年代初,猕猴桃栽培仍局限在新西兰,栽培面积也不大。此后,猕猴桃果实的独特风味得到消费者的承认和欢迎,因而猕猴桃在世界范围内得到迅速发展。除新西兰外,智利、意大利、法国、日本和中国都是猕猴桃生产大国。

(二)猕猴桃的品种

中国各地叫猕猴桃的植物有很多种,据植物学家调查,在全国分布的猕猴桃属的植物有 52 种以上,其中有不少种类都可以食用。现今水果市场上的猕猴桃主要是指中华猕猴桃,以及 1984 年由它的一个变种确定为新种的美味猕猴桃。它们的野生种类分布很广,北方的陕西、甘肃和河南,南方的广西、广东和福建,西南的贵州、云南、四川,以及长江中下游流域的各省都有,尤以夷陵区雾渡河最多。

原产于我国的猕猴桃中在生产上有较大栽培价值的主要品种及介绍如下。

1. 贵长猕猴桃

贵长猕猴桃生长于历史悠久、人文荟萃的贵州省修文县,位于黔中之境,这里因明代圣贤王阳明先生悟道而得以闻名天下,被世人誉为"王学圣地"。该地属中亚热带气候,气候温和,雨量充沛,冬无严寒,夏无酷暑,境内海拔高度为 1 200~1 400 m,优越的气候环境有利于贵长猕猴桃的种植和发展。

贵长猕猴桃是利用本地野生猕猴桃嫁接培育而成的,平均单果重 70~100 g,果体为长圆柱形,果肉呈翠绿色,具有果肉细嫩、肉质多浆、果汁丰富、清甜爽口、酸甜适中的独特品质。贵长猕猴桃在全国同类产品中以品质上乘被誉为"王中王"。在种植过程中从始至终未使用膨大剂,完全有机天然。

2. 粤引 2205

粤引 2205 又叫早鲜。枝梢先端为浅褐色,一年生枝为紫褐色,皮孔较疏。叶片近似心脏形。花多单生,花柱有 37 个左右。果实为圆柱形,平均单果重 87.3 g,最大果重 130 g,果肉为黄绿色,质细多汁,甜酸适中,风味和香气较浓,含可溶性固形物 12.4%~14.7%,总糖 6.09%~11.08%,维生素 C 93.7~147.5 mg/100 g。果心大小中等,平均单果种子数为 600~800 粒。8 月上中旬成熟。常温下贮藏期为 5~7 d。

粤引 2205 植株生长势中等,一年发枝 2~4 次,萌芽率为 40%~65%,成枝率为 82.5%~100%,结果枝率为 53%~77%,以中短果枝结果为主。栽植后 2~3 年挂果,四年生亩产达 600 kg 左右。对风、虫、高温、干旱抗性较强。

3. 武植 3 号

武植 3 号由中科院武汉植物所选育而成。萌芽期为 3 月上中旬,花期为 4 月中旬,成熟期为 8 月下旬。果柄较短,果实为椭圆形,果皮为暗绿色,被稀疏茸毛,平均单果重 85 g,最大单果重 150 g。果肉为淡绿色,果心为黄色,较小。肉质细、汁多,风味浓,品质上等。含可溶性固形物 15%、还原糖 7.32%,糖酸比为 8∶1,维生素 C 含量为 184.8 mg/100 g,常温贮藏 1 个星期开始变软。

武植 3 号植株生长势强,萌芽率为 53%,花枝率为 83%,以序花结果为主,序花数平均为 8 朵,有少量双子房连体花,三年生树株产 15~17 kg。比较抗病抗旱。

4. 翠玉猕猴桃

翠玉猕猴桃系湖南省园艺研究所与湖南省溆浦县龙庄湾乡章诗成共同选育出的新品种。2001 年 9 月,通过省级专家鉴定,果实品质特优,果形较大,风味浓郁可口,果实极耐储藏,丰产稳产,是一个综合性状优良的早中熟品种。该品种果突起,果皮为绿褐色,果面光滑无毛,平均单果重 85~95 g,最大单果重 129~242 g。果肉为绿色或翠绿色,肉质致密、细嫩、多汁,风味浓甜,可溶性固形物含量为 17.3%~19.5%。

翠玉猕猴桃维生素 C 含量为 143 mg/100 g,总酸度为 1.4%,总糖含量为 16%~22%,成熟期为 9 月中旬,三年生株产量均达 20 kg,最高株产 49 kg,盛产期亩产可达 2 500~4 000 kg。综合性状优于对照品种丰悦、早鲜、魁密、泌香、秦美、金魁、海沃德等。翠玉耐贮性强,与新西兰良种海沃德相似,远远超过其他各主栽品种,常温(25 ℃左右)下可贮藏 30 d 以上,好果达 89%,立冬前后采收可贮至翌年 2—4 月。

翠玉猕猴桃还有一个更突出的优点,就是果实无需完全软熟便可食用,风味浓甜,无涩味,这一特性还优于海沃德。

5. 红阳猕猴桃

红阳猕猴桃果实中大、整齐,一般单果重 60~110 g,最大果重 130 g。果实为短圆柱形,果皮呈绿褐色,无毛。果汁特多,酸甜适中,清香爽口。鲜食、加工俱佳,特别适合制作工艺菜肴。

红阳猕猴桃总糖高 13.45%,高出世界流行品种海沃特近 5%,而总酸只有 0.49%,可溶性固形物 16.5%,富含钙、铁、钾等多种矿物质及 17 种氨基酸,维生素 C 高达 135,8 月下旬陆续上市,采用温控法可贮至翌年 2 月。

红阳猕猴桃果心横截面呈放射状红色条纹,形似太阳,光芒四射,美艳夺目,看之饱眼福,食之饱口福,含有补血养颜功效的红色素。它是四川苍溪野生资源中选育出的珍稀品种,1997 年经四川省农作物新品种审定委员会审定命名,其后,在其基础上选育出了许多优系,如晚红、红美等红肉品种

6. 龙藏红猕猴桃

龙藏红猕猴桃是湖南省隆回县小沙江镇猕猴桃种植基地从野生资源中选育出的猕猴桃新品种,属中华猕猴桃中的红肉猕猴桃变种,是一个综合性状优良的特早熟红心品种,经多代鉴定及湖南省农科院的多点试种,其子代遗传性状稳定,抗逆性强,果实较大,风味浓甜可口,较耐贮藏,丰产稳产,鲜食加工两用价值高,在国内独具一格的特色品种。

龙藏红猕猴桃果实为圆柱形,平均单果重 70~80 g,最大单果重 125 g,果皮为褐绿色,果面光滑无毛。果实近中央部分中轴周围呈艳丽的红色,果实横切面呈放射状彩色图案,极为美观诱人。果肉细嫩,汁多,风味浓甜可口,可溶性固形物含量为 16.5%~23%,含酸量为 1.47%,固酸比为 11.2。香气浓郁,品质上等。果实贮藏性一般,常温(25 ℃)下贮藏 10~14 d 即开始软熟,在冷藏条件下可贮藏 3 个月左右。

龙藏红猕猴桃树势强健,新梢生长量大,其萌芽率为 36.3%~73.7%,成枝力强,结果枝率为 85% 左右,每果枝坐果 3~8 个,平均坐果 6 个,第三年平均株产 20~25 kg 左右,盛产期亩产可达 2 000~3 000 kg,丰产稳产性强。

龙藏红猕猴桃在高、低海拔地区均能正常生长与结果,生态适应性良好,且丰产、稳产,果实品质优良,抗高温干旱能力强,具有较强的抗病虫能力,但在低海拔地区栽培,果

肉红色变淡,海拔1 000 m以上的地区栽培最能体现其果实红心的特性。因此,龙藏红更适宜于在海拔较高(1 000~1 500 m)的地区种植,以充分表现其品种特色。

7. 和平1号

和平1号株系从引自湖南的美味猕猴桃嫁接苗砧木萌发而成,1990年选出,植株生长势中等,分枝较密,枝较纤细,叶中等大,较厚,浓绿色。一年生枝呈灰褐色,皮孔较小。萌芽期为3月中旬或下旬,花期为4月下旬到5月初,果实成熟期为10月上中旬,果实在枝条上可留到12月。落叶期为12月中旬,生育期为250 d左右。

和平1号丰产性一般,六年生株产量为24 kg,平均单果重80 g以上,果实为圆柱形,果皮为棕褐色,茸毛长而密。果肉绿色,有香味,含可溶性固形物14%~16%,总糖7.88%,维生素C含量为77.1 mg/100 g。常温下果实贮藏期为10~25 d,比中华猕猴桃长13~18 d。栽培时,需加强肥水管理,足有机肥、合理疏花疏果可提高单果重。雌雄以6:1比例栽植为宜。

8. 米良1号

米良1号猕猴桃即"粤引和平2号",该品种于1990年春引自湖南吉首大学。生长势旺,叶片大而厚,浓绿色。一年生枝呈灰褐色,皮孔大。萌发期为3月中旬或下旬,花期为4月下旬,有少量双子房和三子房连体花。果实成熟期为9月中下旬,果实为长圆柱形,果皮为棕褐色,平均单果重87 g,最大单果重135 g。

米良1号猕猴桃果肉为黄绿色,汁多,有香味,酸甜可口。含可溶性固形物15%,总糖7.35%,总酸1.25%,维生素C含量为77.1 mg/100 g。常温下果实可贮藏7~14 d。该品种丰产,有轻度的大小年,抗旱性较强。

9. 徐香(趣香三号)猕猴桃

徐香猕猴桃即"粤引和平3号",从海沃德实生苗中选出。1994年于徐州果园引进。果柄短而粗,果皮为黄绿色,被褐色硬刺毛,果实皮薄,容易剥离。一般平均单果重79 g,最大单果重137 g。

徐香猕猴桃果肉为绿色,果汁多,味道酸甜适口,有浓香,品质特优。可溶性固形物含量为14.3%~17.8%,鲜果肉中维生素C含量为99.4~123 mg/100 g。果实成熟期为9月上中旬。常温下果实可存放7~10 d。

10. 红心猕猴桃

红心猕猴桃果实为圆柱形兼倒卵形,果顶、果基凹,果皮薄,呈绿色,果毛柔软易脱。果肉为黄绿色,中轴为白色,子房为鲜红色,果实横切面呈放射状红、黄、绿相间太阳般图案。平均单果重69 g左右,最大果重110 g。

红心猕猴桃树的树冠紧凑,长势良好,植株健壮,枝条粗壮,枝较软。定植后的第二年有30%的植株试花结果,第三年全部结果,比海沃德提早2~3年,第四年进入盛果期,一般盛果期可维持30~40年,经济寿命长,结果枝占萌发枝的65%,每年结果枝可挂果1~4

个果,最多 5 个,坐果率为 90% 以上,生理落果现象不明显,单株产量达 20 kg 左右。

红心猕猴桃抗风能力较强,对褐斑病、叶斑病和溃疡的抗病力较强,但抗旱能力较其他品种弱。

11. 黄金果猕猴桃

黄金果原产地为新西兰,因成熟后果肉为黄色而得名。黄金果为二倍体,果实为长卵圆形,果喙端尖、具喙,果实中等大小,单果重 80~140 g,若使用生物促进剂,大果比例增加。软熟果肉为黄色至金黄色,味甜具芳香,肉质细嫩,风味浓郁,可溶性固形物含量为 15%~19%,干物质含量为 17%~20%,果实硬度为 1.2~1.4 kg/cm²。

黄金果猕猴桃果实贮藏性中等,(0±0.5)℃条件下冷藏可贮藏 12~16 周,在 20 ℃时,果实货架寿命约 3~10 d,果实食用硬度为 1.0~1.5 kg/cm²,风味明显有别于海沃德。最佳的贮藏温度应为(1.5±0.5)℃,以减少冷藏损伤及腐烂。

三、猕猴桃的主要营养与活性成分

(一)猕猴桃的营养成分

猕猴桃除含有猕猴桃碱、蛋白水解酶、单宁果胶和糖类等有机物,以及钙、钾、硒、锌、锗等微量元素和人体所需的 17 种氨基酸外,还含有丰富的维生素 C、葡萄酸、果糖、柠檬酸、苹果酸、脂肪。

成熟时的猕猴桃可食部分每 100 g 营养物质含量详见表 3.23。

表 3.23　猕猴桃中的营养物质

食品中文名	猕猴桃	食品英文名	Chinese gooseberry
食品分类	水果类及制品	可食部	83.00%
来源	食物成分表 2009	产地	中国
营养物质含量(100 g 可食部食品中的含量)			
能量/kJ	257	蛋白质/g	0.8
脂肪/g	0.6	不溶性膳食纤维/g	2.6
碳水化合物/g	14.5	维生素 A(视黄醇当量)/μg	22
钠/mg	10	维生素 E(α-生育酚当量)/mg	2.43
维生素 B$_2$(核黄素)/mg	0.02	维生素 B$_1$(硫胺素)/mg	0.05
烟酸(烟酰胺)/mg	0.3	维生素 C(抗坏血酸)/mg	62
钾/mg	144	磷/mg	26
钙/mg	27	镁/mg	12
锌/mg	0.57	铁/mg	1.2
硒/μg	0.3	锰/mg	0.73
铜/mg	1.87	—	—

（二）猕猴桃的营养价值

被誉为"水果之王"的猕猴桃酸甜可口，营养丰富，是老年人、儿童、体弱多病者的滋补果品。它含有丰富的维生素 C、维生素 A、维生素 E 以及钾、镁、纤维素，还含有其他水果比较少见的营养成分——叶酸、胡萝卜素、钙、黄体素、氨基酸、天然肌醇。猕猴桃的营养价值远超过其他水果，它的钙含量是葡萄柚的 2.6 倍、苹果的 17 倍、香蕉的 4 倍，维生素 C 的含量是柳橙的 2 倍。

世界上消费量最大的前 26 种水果中，猕猴桃所含的营养物质最为丰富全面。猕猴桃果实中的维生素 C 及微量元素含量最高。在前三位低钠高钾水果中，猕猴桃由于较香蕉及柑橘含有更多的钾而位居榜首。同时，猕猴桃中的维生素 E 及维生素 K 含量被定为优良，脂肪含量低且无胆固醇。据分析，猕猴桃果实的维生素含量每 100 g 鲜样中一般为 100~200 mg，高的达 400 mg，约为柑橘 5~10 倍；含糖类 8%~14%，酸类 1.4%~20%，还含酪氨酸等氨基酸 12 种。

与其他水果不同的是，猕猴桃含有丰富的营养成分，大多数水果富含一两种营养成分，但是猕猴桃富含叶酸、泛酸，还含有钙、铜、铁、磷、维生素 B_6、维生素 C 及其他矿物质元素和维生素。

一颗猕猴桃能提供一个人一日维生素 C 需求量的 2 倍多。猕猴桃还含有良好的可溶性膳食纤维，作为水果最引人注目的地方当属其所含的具有出众抗氧化性能的植物性化学物质 SOD，据美国农业部研究报告称，猕猴桃的综合抗氧化指数在水果中名列居前，仅次于刺梨、蓝莓等小众水果，远强于苹果、梨、西瓜、柑橘等日常水果。与蓝莓等同属第二代水果中颇具代表性的。与甜橙和柠檬相比，猕猴桃所含的维生素 C 成分是前两种水果的 2 倍，因此常被用来对抗坏血病。不仅如此，猕猴桃还能稳定情绪，降胆固醇，帮助消化，预防便秘，还有止渴利尿和保护心脏的作用。

四、猕猴桃中活性成分的提取、纯化与分析

（一）猕猴桃中 α-亚麻酸和亚油酸等油类成分的分析

1. 仪器、材料与试剂

超临界二氧化碳萃取仪，型号为 TC-SFE-35-300-221Z（沈阳天诚超临界萃取有限公司）；GC-2010 气相色谱仪（岛津），氢火焰离子化检测器（FID），HGA-2LB 空气发生器，KCH-500 Ⅱ型氢气发生器；依利特 P200 Ⅱ型液相色谱仪，Diamonsil C_{18}（2）柱。

新鲜猕猴桃籽，来自红阳猕猴桃，产自都江堰，由四川省自然资源科学研究院提供。

2. 试验方法

1）试样制备与保存

将猕猴桃籽干燥并粉碎后，过 20 目筛备用。

2)试样前处理

经石油醚萃取试验,测知其含油率为24.5%。

3)提取

采用超临界二氧化碳萃取法提取猕猴桃籽中的籽油,萃取所得植物油静置18 h,减压抽滤,得成品油。

4)仪器参考条件

萃取温度为40 ℃、萃取压力为28 MPa、萃取时间为240 min,分离釜压力为8 MPa,温度为30 ℃。

5)测定

α-亚麻酸和亚油酸的含量测定,检验依据《保健食品检验与评价技术规范》(2003 版)。

3. 测定结果

该工艺条件下猕猴桃籽产油率平均为22.59%,所得猕猴桃籽油中 α-亚麻酸为59.5%,亚油酸含量为13.7%。

(二)猕猴桃中丁酸甲酯等挥发性成分的分析

1. 仪器、试剂与材料

仪器:电子天平,PL202-L(梅特勒-托利多上海有限公司);JYZ-V5 榨汁机(九阳股份有限公司);RF15 手持折光仪(Extech 上海默威生物科技有限公司);手动 SPME 进样器(美国 Supelco 公司);50/30 μm DVB/CAR/PDMS 固相微萃取头(美国 Supelco 公司);7890B-5977B 气相色谱-质谱联用仪(美国 Supelco 公司);DB-WAX 毛细管柱,30 m×0.25 mm,0.25 μm(Agilent)。

试剂:正构烷烃($C_7 \sim C_{40}$)、1,2-二氯苯、丁酸甲酯、丁酸乙酯、丁酸丁酯、己酸甲酯、己酸乙酯、苯甲酸甲酯、苯甲酸乙酯、己醛、3-己烯醛、反式-2-己烯醛、辛醛、反式-2-癸烯醛、癸醛、反式-2-壬烯醛、反式-2-己烯-1-醇、己醇、3-己烯-1-醇、1-辛烯-3-醇、4-萜烯醇、柠檬烯、二甲基硫化物和1-戊烯-3-酮,购于 Sigma-Aldrich 上海有限公司。氯化钠,分析纯,上海试四赫维化工有限公司。

材料:猕猴桃品种分别为美味猕猴桃(*Actinidia deliciosa*)——翠香(CX)、徐香(XX)和秦美(QM)以及中华猕猴桃(*Actinidia chinensi*)——华优(HY)。当它们达到商业采摘期时(可溶性固形物为7~8 °Bx),于陕西周至相同种植园采摘,采摘结束后即刻运回实验室,用于后续分析。

2. 试验方法

1)试样制备与保存

选取无任何物理损伤且大小均一的整果于室温下放置至理想可食阶段即可溶性固

形物分别达到 CX 为 15~17 °Bx、XX 为 15~17 °Bx、QM 为 14~16 °Bx、HY 为 13~15 °Bx。然后,将猕猴桃整果清洗并去皮,在低速条件下榨汁,得到猕猴桃果泥,用于后续分析。

2)样品的提取

称取 8 g 猕猴桃果泥置于 20 mL 顶空瓶中,同时加入 1.6 g 氯化钠和 1 μL 溶于甲醇的内标物 1,2- 二氯苯(1.306 μg/μL),立即用聚四氟乙烯/硅橡胶隔垫密封。随后,将顶空瓶置于磁力搅拌器中,于 40 ℃下平衡 20 min,再用 50/30 μm DVB/CAR/PDMS 的萃取头吸附萃取 30 min。萃取结束后,立即于 GC 进样口进行热解析(250 ℃,5 min)。

3)仪器参考条件

(1)GC 条件

前期预实验发现 DB-WAX(30 m × 0.25 mm, 0.25 μm)色谱柱更适用于猕猴桃中的挥发性成分分析。整个过程采用无分流模式,纯度 >99.999% 的氦气作为载气,流速为 1.5 mL/min。升温程序:起始温度为 40 ℃,于 5 min 后,以 5 ℃/min 的速率升至 120 ℃并保持 10 min,再以相同的速率升至 220 ℃并保持 5 min。

(2)MS 条件

扫描范围为 30~450(m/z),EI 电离模式,电子能 70 eV,离子源温度为 230 ℃。

4)测定

(1)定性分析

将化合物的质谱与标准谱库 NIST14 比对; C_7~C_{40} 正构烷烃以与样品相同升温程序分析,根据正构烷烃结果计算化合物的 Kováts 保留指数,且与文献值进行比较;Kováts 保留指数计算见式(3-17)。在相同 GC-MS 程序下,与标准品的保留时间进行比对。

$$KI(x) = 100 \times n + \frac{(RT(x) - RT(n))}{RT(n+1) - RT(n)} \times 100 \qquad (3\text{-}17)$$

式中　$KI(x)$——物质 x 的 Kováts 保留指数;

　　　$RT(x)$——物质 x 的保留时间;

　　　$RT(n)$,$RT(n+1)$——n 个烷烃碳原子和 n+1 个烷烃碳原子的保留时间。

(2)定量分析

参照文献的方法,采用标准曲线法进行定量。选取 1,2- 二氯苯为内标物,用甲醇稀释 1 000 倍,于 4 ℃冰箱中保存备用。采用甲醇作为溶剂,将目标化合物与内标物的浓度比配制成 5 个不同梯度,进行 GC-MS 分析。以目标化合物与内标物的浓度比为横坐标,以目标化合物与内标物的峰面积比为纵坐标,建立标准曲线,计算香气物质的含量。

5)标准曲线

四种猕猴桃中重要香气成分定量标准曲线及含量见表 3.24。

表 3.24　四种猕猴桃中重要香气成分定量标准曲线及含量　　　　　单位:μg/mL

物质	标准曲线	R^2	CX	XX	QM	HY
丁酸甲酯	$y=0.006\ 2x+0.007\ 6$	0.996 4	477.89 ± 18.695[b]	489.03 ± 10.270[bc]	504.93 ± 0.008[c]	—[a]
丁酸乙酯	$y=0.005\ 5x-0.013\ 8$	0.997 4	737.07 ± 20.579[c]	90.54 ± 3.753[a]	786.56 ± 0.030[d]	581.58 ± 19.760[b]
己酸甲酯	$y=0.005\ 9x-0.000\ 3$	0.997 7	38.37 ± 4.183[b]	—[a]	41.20 ± 0.011[b]	2.92 ± 0.058[a]
己酸乙酯	$y=0.010\ 9x-0.040\ 2$	0.982 9	21.95 ± 1.923[c]	5.27 ± 0.002[a]	10.18 ± 0.036[b]	43.99 ± 1.868
丁酸丁酯	$y=0.003\ 9x-0.001\ 42$	0.988 4	—[a]	—[a]	—[a]	419.52 ± 3.950[b]
苯甲酸甲酯	$y=0.034\ 8x-0.214\ 4$	0.991 5	76.23 ± 5.862[c]	1.02 ± 0.016[a]	10.60 ± 0.024[b]	—[a]
苯甲酸乙酯	$y=0.003\ 2x-0.022\ 4$	0.990 2	26.19 ± 0.674[c]	—[a]	12.78 ± 0.032[b]	—[a]
己醛	$y=0.002\ 1x+0.196\ 8$	0.984 2	913.04 ± 14.135[d]	15.40 ± 0.008[a]	101.49 ± 0.017[c]	34.14 ± 0.649[b]
3-己烯醛	$y=0.015x+0.087\ 2$	0.994 3	35.72 ± 1.424[c]	1.31 ± 0.021[a]	8.66 ± 0.015[b]	0.84 ± 0.016[a]
反式-2-己烯醛	$y=0.004\ 1x-0.012$	0.992 4	1360.70 ± 16.697[d]	86.72 ± 0.214[a]	745.75 ± 0.007[c]	252.45 ± 7.170[b]
辛醛	$y=0.076\ 7x-0.107\ 3$	0.990 9	4.49 ± 0.143[c]	—[a]	2.22 ± 0.012[b]	—[a]
葵醛	$y=0.240\ 1x-0.261\ 4$	0.984 3	1.85 ± 0.006[d]	0.35 ± 0.007[a]	1.23 ± 0.015[c]	0.73 ± 0.017[b]
反式-2-壬醛	$y=0.040\ 2x-0.097\ 4$	0.993 2	3.55 ± 0.013 6[c]	1.25 ± 0.006[a]	0.98 ± 0.003[a]	1.63 ± 0.012[b]
顺,反-2,6-壬二烯醛	$y=0.021\ 6x-0.023\ 3$	0.990 6	0.72 ± 0.008[b]	0.53 ± 0.002[a]	1.49 ± 0.014[c]	0.42 ± 0.011[a]
反式-2-葵醛	$y=0.015\ 6x-0.000\ 2$	0.995 5	0.81 ± 0.012[c]	—[a]	0.44 ± 0.017[b]	—[a]
己醇	$y=0.005\ 6x-0.057\ 2$	0.992 5	212.83 ± 3.191[d]	89.38 ± 1.801[b]	33.52 ± 0.023[a]	107.11 ± 3.003[c]
3-己烯醇	$y=0.004\ 6x-0.024\ 2$	0.994 8	22.48 ± 0.503[c]	76.39 ± 0.570[d]	—[a]	16.94 ± 0.323[b]
反式-2-己烯醇	$y=0.005\ 4x-0.047\ 4$	0.990 8	209.81 ± 7.491[d]	13.71 ± 0.285[a]	50.58 ± 0.006[c]	30.89 ± 0.726[b]
1-辛烯-3-醇	$y=0.074\ 8x-0.008\ 8$	0.992 8	1.46 ± 0.262[b]	1.05 ± 0.004[a]	1.25 ± 0.250[ab]	1.08 ± 0.080[a]
4-萜品醇	$y=0.069\ 9x-0.077\ 3$	0.999 6	1.71 ± 0.034[c]	—[a]	—[a]	—[a]
D-柠檬烯	$y=0.004\ 6x+0.060\ 6$	0.991 3	—[a]	45.08 ± 1.367[c]	—[a]	32.26 ± 0.325[b]
二甲基硫醚	$y=0.023\ 1x-0.002\ 5$	0.978 4	—[a]	0.54 ± 0.001[b]	—[a]	—[a]
1-戊烯-3-酮	$y=0.003\ 7x-0.004\ 9$	0.994 6	23.63 ± 0.591[c]	1.72 ± 0.046[b]	1.02 ± 0.103[a]	0.98 ± 0.007[a]

注:字母表示显著性分析,标有同一字母的表示不显著。

3. 测定结果

四种猕猴桃之间挥发性成分种类及含量差异较大,共分离鉴定出 56 种挥发性成分,包括 19 种酯、16 种醛、13 种醇和 8 个其他种类。其中,评价人员通过嗅闻共感知到 23 种物质,四个样本 CX、XX、QM 和 HY 分别感知到 20、17、18 和 16 种香气化合物,采用标准谱库 NIST14、Kováts 保留指数及标准品对它们进行定性。

酯类对猕猴桃香气轮廓的形成具有重要作用。由表 3.25 可以看出,此类物质主要呈现浓郁的果香和甜香;此外,苯甲酸甲酯和苯甲酸乙酯还具有花香气息。DF 值通常可以反映物质在样品中的香气强度。具体来讲,丁酸乙酯在四个样本中皆呈现强烈的果香味($DF=8$),与本研究结果一致,此物质曾多次被认为是猕猴桃中的重要香气成分,推测此物质对猕猴桃香气轮廓的形成起着不可或缺的作用。同样,己酸乙酯在所有样本中皆被检出,但 CX 与 QM 中具有相同的 DF 值,在 HY 中 DF 值最高(DF=8)。丁酸丁酯呈现较高的 DF 值(DF=6),但它只存在于 HY 中。苯甲酸乙酯以相同的 DF 值(DF=4)同时存在于 CX 和 QM 中。综上分析,不同品种猕猴桃中重要酯类香气组分的种类及香气强度具有差异性;由于酯类是果香味以及甜香的重要贡献者,因此推测它们之间的差异性是造成不同品种猕猴桃果香味以及甜香不同的重要原因。

表 3.25　四种猕猴桃中鉴定的香气活性成分

香气化合物	KICT/KILT	香气描述	定性方式	DF			
				CX	XX	QM	HY
丁酸甲酯	935/945	果香,甜香	MS/KI/St	7	8	8	—
丁酸乙酯	1 000/1 001	果香,甜香	MS/KI/St	8	8	8	8
己酸甲酯	1 170/1 176	果香	MS/KI/St	7	—	7	4
己酸乙酯	1 200/1 199	果香	MS/KI/St	6	7	6	8
丁酸丁酯	1 205/1 208	果香,甜香	MS/KI/St	—	—	—	6
苯甲酸甲酯	1 600/1 602	花香,果香	MS/KI/St	5	4	5	—
苯甲酸乙酯	1 630/1 640	花香,果香	MS/KI/St	4	—	4	—
己醛	1 030/1 040	青草味	MS/KI/St	8	8	7	8
3-己烯醛	1 041/1 046	青草味	MS/KI/St	6	6	8	8
反式-2-己烯醛	1 200/1 200	青草味	MS/KI/St	8	8	8	8
辛醛	1 253/1 255	橘子香	MS/KI/St	4	—	5	—
葵醛	1 342/ND	果香	MS/ St	8	8	7	6
反式-2-壬醛	1 500/1 509	绿草味	MS/KI/St	6	5	6	4
顺,反-2,6-壬二烯醛	1 551/1 551	黄瓜味	MS/KI/St	6	4	7	5
反式-2-葵醛	1 600/1 597	橘子香	MS/KI/St	4	—	4	—
己醇	1 300/1 316	青草味	MS/KI/St	8	8	8	8
3-己烯醇	1 341/1 342	青草味	MS/KI/St	4	4	—	2
反式-2-己烯醇	1 351/1 368	青草味	MS/KI/St	8	5	4	5
1-辛烯-3-醇	1 400/1 402	蘑菇味	MS/KI/St	6	4	4	6
4-萜品醇	1 550/1 552	绿草味,脂味	MS/KI/St	4	—	—	—
柠檬烯	1 016/ND	甜香,柠檬味	MS/ St	—	4	—	5
二甲基硫醚	1 028/1 037	刺激性气味	MS/KI/St	—	6	—	—
1-戊烯-3-酮	1 065/1 056	刺激性气味	MS/KI/St	6	5	4	5

注:"MS"为质谱定性;"KICT"为计算的 Kováts 保留指数;"KILT"为文献中的保留指数;"St"为标品定性;"ND"表示未查阅到文献资料;"—"表示未检出

不同猕猴桃香气成分 OAV 值如表 3.26 所示。醛类是猕猴桃中的一类关键香气物质,根据它们的香气特征,大致可以分为青草及绿草香气、橘子清香香气以及黄瓜香气和果香香气。其中,具有青草及绿草香气特征的物质包括己醛、3-己烯醛、反式-2-己烯醛和反式-2-壬醛。除反式-2-壬醛,这些物质皆为 C_6 不饱和醛,根据文献,它们主要是亚油酸和亚麻酸通过脂肪氧合酶途径生成的。曾也有研究报道 C_6 醛是猕猴桃中的关键风味物质,它具有明显的青草气息。特别指出的是,这些 C_6 不饱和醛在四个样本中都有检出且呈现强烈的青草味,尤其是反式-2-己烯醛在四个样本中皆具有最高的 DF 值($DF=8$)。此外,呈现橘子清香气味的物质包括辛醛和反式-2-葵醛,它们只存在于 CX 和 QM 样本中,并且反式-2-葵醛的 DF 值比较低。顺,反-2,6-壬二烯醛呈现典型的黄瓜气味,此物质已在多种水果(如柿子、西瓜汁和甜瓜)中被检出,它存在于所有样本中,可能也是构成猕猴桃香气的重要物质基础。葵醛是唯一呈现果香气味的醛类,存在于所有样本中。

表 3.26　不同猕猴桃香气成分 OAV 值

组分	阈值 /(μg/kg)	OAV			
		CX	XX	QM	HY
丁酸甲酯	10	47.78	48.90	50.49	—
丁酸乙酯	1	737.07	90.54	786.56	581.58
己酸甲酯	10	3.83	—	4.12	<1
己酸乙酯	5	4.39	1.05	2.03	8.79
丁酸丁酯	100	—	—	—	4.19
苯甲酸甲酯	73	1.04	<1	<1	—
苯甲酸乙酯	60	<1		<1	—
己醛	9	101.44	1.71	11.27	3.79
3-己烯醛	0.25	142.88	5.24	34.64	3.36
反式-2-己烯醛	82	16.59	1.05	9.09	3.07
辛醛	0.7	6.41	—	3.17	—
葵醛	0.1	18.50	3.50	12.30	7.30
反式-2-壬醛	0.4	8.87	3.12	2.45	4.07
顺,反-2,6-壬二烯醛	0.02	36.00	26.50	74.50	21.00
反式-2-葵醛	17	<1	—	<1	—
己醇	9	23.64	9.93	3.72	11.90
3-己烯醇	70	<1	1.09	—	<1
反式-2-己烯醇	100	2.09	<1	<1	<1
1-辛烯-3-醇	1	1.46	1.05	1.25	1.08
4-萜品醇	340	<1	—	—	—
D-柠檬烯	10	—	4.50	—	3.23
二甲基硫醚	0.33		1.63		

续表

组分	OT/(μg/kg)	OAV			
		CX	XX	QM	HY
1-戊烯-3-酮	0.94	25.13	1.82	1.08	1.04

本节参考文献

[1]　刘昊澄. 不同品种荔枝特征香气组分鉴定及热加工对荔枝汁香气成分的影响研究 [D]. 南昌：江西农业大学, 2019.

[2]　ZHANG C Y，ZHANG Q，ZHONG C H，et al. Volatile fingerprints and biomarkers of three representative kiwifruit cultivars obtained by headspace solid-phase microextraction gas chromatography mass spectrometry and chemometrics[J]. Food chemistry, 2019（271）：211-215.

[3]　COZZOLINO R，GIULIO B D，PETRICCIONE M，et al. Comparative analysis of volatile metabolites，quality and sensory attributes of *Actinidia chinensis* fruit[J]. Food chemistry, 2020（316）：126 340.

[4]　任晓宇, 锁然, 裴晓静, 等. 红枣白兰地中特征风味物质的感官组学 [J]. 食品科学, 2019, 40（4）：199-205.

[5]　邸太菊, 李学杰, 李健, 等. 猕猴桃货架期品质及关键风味物质分析 [J]. 食品科学技术学报, 2020, 38（3）：51-59.

[6]　WANG M Y，MACRAE E，WOHLERS M，et al. Changes in volatile production and sensory quality of kiwifruit during fruit maturation in *Actinidia deliciosa* "Hayward" and *A. chinensis* "Hort16A" [J]. Postharvest biology and technology, 2011, 59（1）：16-24.

[7]　ZHANG B，YIN X R，LI X，et al. Lipoxygenase gene expression in ripening kiwifruit in relation to ethylene and aroma production[J]. Journal of agricultural and food chemistry, 2009, 57（7）：2875-2881.

[8]　赵玉, 詹萍, 王鹏, 等. 猕猴桃中关键香气组分分析 [J]. 食品科学, 2021, 42（16）：118-124.

[9]　陈义挺, 赖瑞联, 冯新, 等. 不同贮藏条件下猕猴桃香气成分的变化规律研究 [J]. 热带作物学报, 2020, 41（6）：1251-1256.

[10]　HUAN C H，ZHANG J，JIA Y，et al. Effect of 1-methylcyclopropene treatment on quality，volatile production and ethanol metabolism in kiwifruit during storage at room temperature[J]. Scientia Horticulturae, 2020（265）：109266.

[11]　GARCIA C V，STEVENSON R J，ATKINSON R G，et al. Changes in the bound aroma

profiles of "Hayward" and "Hort16 A" kiwifruit (*Actinidia* spp.) during ripening and GC-olfactometryanalysis[J]. Food chemistry, 2013, 137(1-4): 45-54.

第九节　杨桃

一、杨桃的概述

杨桃(*Averrhoa carambola* L.),酢浆草科阳桃属植物,又名阳桃、三廉子、五敛子、五棱子、洋桃等,为南方热带名果之一。杨桃为常绿灌木或乔木,高达 8~12 m,幼枝为深棕色,被柔毛,皮孔小。奇数羽状复叶,互生,叶柄及总轴被柔毛;小叶为卵形或椭圆形,5~11 枚。总状花序腋生,圆锥状,花瓣 5,白色或淡紫色钟形,萼片 5,紫红色;雄蕊 10,5 枚退化;子房 5 裂,5 室,每室有胚珠多个,花柱 5。肉质浆果为卵形或椭圆形,表面光滑,长 5~8 cm,3~5 棱,色绿至淡黄,多汁,味甜酸,花期春末至秋,每年可结果 2~4 次,从 8 月开始,一直延续到第 2 年初。杨桃果实是人们喜爱的水果,一般分为甜、酸两类。甜杨桃供鲜食,制成果汁鲜饮或冰果露,还用于配菜、酿酒。酸杨桃果味酸,多加工成干果或做菜用,也可制蜜饯、果脯或果膏。因杨桃果横截面呈星形,也被称为"星梨"。酸杨桃植株高大,树势壮旺,果实较大,深黄色,果棱薄,肉质粗,味酸,种子大,供加工蜜饯、饮料或调味做菜用,但果实充分成熟后酸味减退,也可鲜食。酸杨桃可用作甜杨桃的砧木。甜杨桃植株较矮,为常绿小乔木,树势稍弱,花为淡紫红色,果实较小,果棱厚,果身丰满,果色为淡黄色至黄红色,纤维少,甜酸适度,风味佳,清脆可口,多用作鲜食,又可供加工成各种产品。按果形的大小,甜杨桃又可分为普通甜杨桃和大果甜杨桃。我国早期栽培的多为普通甜杨桃,果小,如广东的花地杨桃,单果重约 100 g。近年来,我国内地从台湾省等地区以及马来西亚、泰国、新加坡等国家引进的杨桃品种,大多数表现为丰产、稳产,单果重达 200 g 以上,统称为大果甜杨桃。

二、杨桃的产地与品种

(一)杨桃的产地

杨桃原产于东南亚热带、亚热带地区,其分布仅限于南北纬 30° 之间,主要分布在中国、印度、马来西亚、印度尼西亚、菲律宾、越南、泰国、缅甸、柬埔寨、巴西以及美国的夏威夷和佛罗里达。在我国,野生杨桃在云南西双版纳海拔为 600~1 400 m 的热带雨林、热带季雨林、南亚热带季风常绿阔叶林中均有分布,但多以零星分布为主。杨桃在我国已有 2 000 多年的栽培历史,最早从马来西亚及越南传入我国,目前广泛分布于广东、广西、福建、海南、台湾、云南等地。广东是我国杨桃栽培较多的省份,主要有三大产地,即珠江三角洲地区,潮汕平原,粤西茂名、雷州半岛等地。广西杨桃主产于北纬23°以南的地区,尤以平南、玉林、浦北、南宁市郊居多。福建杨桃生产于漳州、云霄、诏安等地。海南琼山原有多种酸杨桃或小果甜杨桃,20世纪90年代初期引进马来西亚优良杨桃品种(系)获得成功后,开始大力推广,目前海南琼山已成为中国杨桃的重要产区之一。在台湾,杨桃是大宗水果之一,年产量为4.1~4.8万t,其种植集中于中南部地区,以彰化、屏东、高雄、台南、台中、苗栗为主产区。

杨桃性喜高温潮湿,怕霜害和干旱,久旱和干热风易引起落花落果;喜半荫而忌强烈日照(特别在开花期和幼果期)。温度低于15℃时幼苗停止生长;10℃以下受寒害,影响花芽分化、果实发育、产量和品质;15℃以上枝梢开始生长;开花期需27℃以上温度。根系浅生,吸收根分布在10~20 cm土层,主根可达1 m以上,因此喜湿,但积水会引起烂根。故应选择气候环境适宜,土壤肥沃、pH值为5.5~6.5、土层深厚的壤土或沙壤土,而且较静风、排灌方便、交通便利的平地或平缓坡地(坡度<15°)建园。水源不足、砂砾地、土壤过于瘠薄或保水保肥力很差的砂土一般不宜建园。

(二)杨桃的品种

1. 七根松杨桃

七根松杨桃由广东省罗定市龙镇上宁乡七根松华侨100多年前自新加坡引入,该品种树势较强,发枝力强,枝条柔、下垂。小叶7~9片,卵形,深绿色,每年开花5~6次,花序多抽生于当年生枝的叶腋。果实于8—12月成熟,果肉为橙黄色,肉厚,汁多味甜,果心小,种子少。平均单果重120 g,含可溶性固形物10%、有机酸0.1%,品质上等,可食率达96%。

2. 东莞甜杨桃

东莞甜杨桃为广东省东莞市大朗镇洋乌管理区洋陂村1983年自马来西亚引入杨桃的实生后代。该品种树势中等,发枝力强,枝条下垂,小叶7~9片,卵形,淡绿色。每年开花4~5次,花序多生于当年生枝的叶腋。果较大,平均单果重176 g,果厚,肉色为橙黄色,汁多味甜,化渣、果心小,品质好。可溶性固形物含量为10%,其中含糖量为9.6%,有机酸含量为0.2%,适应性强,丰产稳定。

3. 马来西亚B2杨桃

此品种原产于马来西亚,1989年由海南省农科院引进。其叶片呈倒卵形,叶尖急尖,叶基较宽,歪斜明显;叶长6.1 cm,宽3.6 cm。单果重150~200 g,果形指数为1.69,翅棱指数为1.62。幼果为粉红色,成熟果为黄色,果形卵圆,肉脆,化渣,清甜无酸味;每果含种子5~7粒。该品种丰产、坐果率高,可作为其他品种的授粉树,也可进行商业栽培。

4. 马来西亚B8杨桃

此品种于1967年从马来西亚引进我国台湾。引进初期因台湾冬季较冷凉,该品种小叶较不耐寒有黄化提早落叶的现象,故未大面积栽培。但是由于该品种果色桔红,糖度高、肉质细、纤维少、风味佳,颇受消费者喜爱使得市场需求量日益增长。近年来市场价格居高不下,故栽培面积迅速扩大,果农纷纷改种此品种,大有超过其他品种的趋势。受其品种特性的影响,果实耐低温性较弱,在运输过程中易受损发病,果实的转黄速度快,因此挂树期较短,采收作业时间较紧迫。在我国台湾,该品种目前栽培面积约占总面积的20%,以云林县刺桐及苗栗县卓兰较为集中。

5. 台农 1 号杨桃

台农 1 号又名 6301,由台湾凤山热带园艺试验分所利用二林种(蜜丝种)与歪尾种混植自然杂交得到,专供鲜食,为二林种实生后代选育而得。该品种枝条柔软,枝条呈橙红色,带有白色斑点突起,叶片比二林种大,果呈长纺锤形,果蒂突起,果尖钝,果皮、肉色金黄,光滑美观,敛厚饱满;果大肉细、纤维少,品质优良,风味清香,平均单果重 338 g,糖度为 8.6 °Bx,有机酸含量为 0.27%,十分丰产。但其皮薄,不耐贮藏。南亚热带作物研究所已引入试种。

6. 蜜丝甜杨桃

蜜丝甜杨桃主产于我国台湾,由台湾实生品种选育而得。1992 年由华南农业大学陈大成引入试种,在广州适应性好。其果型端正,果大,较纯,果实饱满,尖端微凹入,平均果长 8.0 cm,平均单果重 168 g。果肉为白黄色,肉质细嫩,纤维少,汁多,味甜,糖度为 6.9 °Bx,有机酸含量为 0.15%,风味较佳。

7. 香蜜杨桃

香蜜杨桃又名马来西亚 B10 杨桃,原产于马来西亚,当地称沙登仔肥杨桃、新街甜杨桃。我国引进后在海南有较大面积栽培,为海南杨桃的主要栽培品种,被命名为"香蜜杨桃"。该品种的特征是叶互生,无托叶,复叶长 10~18.5 cm,小叶 7~13 片,多为 9~11 片,近对生,全缘、叶梢及叶轴不被柔毛,小叶多为椭圆形,长 5.3~10.6 cm,宽 2~5 cm,以复叶顶部小叶为最大,先端急尖,基部偏斜,下面无毛。花序复总状,花较小、紫红色;花瓣 5 片,柱头 1 枚,雌蕊 5 枚。浆果椭圆形,有 5 轮,果顶纯圆;未熟时果为青绿色,充分成熟时为蜡黄色;皮薄、有蜡质光泽,果形美观;果实平均纵径为 12.2 cm,横径为 8 cm,果棱较厚,单果重 150~300 g;果肉淡黄色、汁多清甜、化渣、纤维少、果心小、种子少或无,含可溶性固形物 7%~10%,可食率达 88%~96%,品质优,而且耐贮运。

8. 水晶蜜杨桃

水晶蜜杨桃又名马来西亚 B17 杨桃、红杨桃,原产于马来西亚,是马来西亚较为普遍种植的栽培品种,目前我国广东湛江栽培较多。植株生势中庸、植株中等高,湛江引入的七年生树平均树高 3.67 m。其复叶长 25 cm 左右,小叶 7~13 片,多为 11 片;叶阔卵形,长 4.2~9.8 cm,宽 2.1~5.2 cm,浓绿色。与香蜜杨桃相比,果实偏大,单果重 200~400 g,果肩中央凹,果顶浅 5 裂,果皮较粗,少蜡质光泽,未熟果皮有明显的水晶状果点,果实成熟时为金黄色,质地较香蜜杨桃硬,肉脆化渣、汁多、香甜可口,有蜜香气,可溶性固形物含量为 11.05%~13.0%,高者可达 16%,品质极优,但偏生采摘时果略有涩味。该品种自花授粉率低,生产上需配授粉树才能丰产。

9. 新加坡甜杨桃

果形大,纺锤形,果棱厚饱满。果实成熟时,果皮果肉均为金黄色,色泽鲜艳,果型美观。果棱边缘绿色,果皮有腊质,果实籽少,维生素含量高,酸甜可口,有香蜜味,品质极佳。

10. 二林种

二林种又名蜜丝软枝,软枝种由于在台湾彰化县二林镇选育出故习称为二林种,为一实生变异种,是目前台湾种植面积最大的品种群,约占 36%。该品种群生势较旺,果实成熟时果皮呈白黄色微有皱纹,果蒂微凸,果尖微尖,为纺锤形,肉质较细,糖度为 7.8 °Bx,有机酸含量为 0.21%,风味中等。主产于台湾省苗栗、台中县。南亚热带作物研究所引入种植。

11. 青厚敛种

青厚敛种又称青鼻厚敛种,经青鼻种的实生变异选育而得。果实成熟时,果皮为金黄色,敛边带绿色,果皮微皱,光滑鲜艳。纺锤形,比秤锤种较小,糖度为 7.0 °Bx,有机酸含量为 0.16%,果肉干物质含量为 12%。鲜食品质在 2—3 月间较佳,其他月份风味则平淡。

12. 秤锤种

该品种群植株生长强健,果实未成熟时为白黄色,成熟后为淡黄色,敛边缘微带绿色,尤其果蒂部特别明显。果蒂微突,果尖尖形,果皮有时微带皱纹,纺锤形。糖度为 6.8 °Bx,有机酸含量为 0.18%,果肉干物质含量为 12%。品质未达成熟时带微酸及涩味,较蜜丝种、二林种略差,但其外观较佳,为肉色。在台湾栽培渐增,约占栽培面积的 34%。目前主要分布在台湾省台南县楠西、玉井及屏东县高树、里港,彰化县也有栽培。

13. 虎尾种(六瓣杨桃)

虎尾种选自福建省云霄县下河村的栽培群体,属红肉品系。果实多为 6 瓣,沟浅瓣肥,味浓甜,纤维含量高,单果重 200 g 以上,肥水条件充足的可达 350~400 g,最大可达 650 g。该品种适应性强,耐旱、耐瘠、耐贮运。

14. 猎德甜杨桃

猎德甜杨桃是广东省广州地区的主栽品种。果实 8—10 月成熟,单果重 67 g 左右,果肉厚、淡黄绿色,清甜多汁,果心小,种子少,可食率为 96%。含可溶性固形物 18%、总糖 8.65%、总酸 0.18%,每 100 mL 果汁含维生素 C 29 mg。

三、杨桃的主要营养与活性成分

杨桃是营养成分较全面的水果,含有丰富的柠檬酸、苹果酸、草酸、果糖和多种维生素,是人体生命活动的重要物质,常食之,可补充机体营养,增强机体的抗病能力。据《本草纲目》记载,杨桃具有去风热、生津止渴、解酒毒、上血、生肌等多种功效。杨桃中含有较丰富的糖类、有机酸及维生素 C,有生津利尿、解毒的作用。杨桃中富含的挥发油、胡萝卜素、糖类、有机酸、维生素 B、维生素 C 等成分,对口腔溃疡、咽喉炎症、风火牙痛等均有治疗作用。

杨桃鲜果含水量超过 90%,富含维生素 C,还有维生素 A、维生素 B_1、维生素 B_2、维生素 B_5、维生素 B_6、α-胡萝卜烯、β-胡萝卜烯、叶黄素、玉米黄素,脂肪酸含量低,且以不饱和脂肪酸为主,含有丰富的矿物质,其中镁、磷、钾的含量较高,特别是钾的含量最高。杨桃可作为镁、磷、钾的辅助补充食物,常食可补充人体硒的需求量。酸、甜杨桃中的碳水化合物、粗蛋白、粗脂肪、氨基酸含量相近,但前者的草酸含量高于后者。从杨桃果中分离鉴定的化学成分主要为酚类和萜类,其他类型很少。酚类成分有花青素-3-葡萄糖苷、花青素-3,5-二葡萄糖苷、(－)-表儿茶素、含酚羟基的生物碱 caramboxin。萜类成分主要为倍半萜类的脱落酸、顺式脱落酸、顺式脱落酸葡萄糖酯、脱落醇、脱落醇葡萄糖苷、顺式脱落醇葡萄糖苷。大柱烷类的(6S, 9R)-vomifoliol、(6S, 9R)- roseoside、3, 6-二羟基-α-紫罗兰醇-9-O-葡萄糖苷等为香气成分或其前体。

不同品种杨桃品质不一,大果"甜杨桃 1 号"可溶性固形物含量为 11.50%,酸含量为 0.20%~0.35%,肉质细,纤维少,风味清甜,较耐贮藏。大果"甜杨桃 2 号"含可溶性固形物 10.60%、总糖 8.30%、总酸 0.24%,肉质细嫩爽脆,纤维少,味清甜,品质优。"甜杨桃 3 号"含可溶性固形物 12.60%、总糖 8.90%、酸 0.18%,肉质细嫩爽脆,纤维少,味清甜。"香蜜杨桃"肉质细嫩,可食率为 88.53%,富含铁和胡萝卜素。

杨桃性凉味甘酸,可以生津止渴、下气和中、祛风热、利小便、解酒毒。在维持神经和肌肉的兴奋性,保护人体心血管、预防心脏病,参与细胞内糖和蛋白质的代谢,调节体液平衡以及利尿等方面具有积极作用。杨桃属酸性食物,味带酸便会不利小便排出,味带甜则有清热、利尿及去湿作用。杨桃的药用价值还表现为:根具有涩精、止血、止痛功效,可用于治头风痛、关节痛、心区痛、遗精、流鼻血,根的粉末可作为解毒剂,提取物能降低糖尿病小鼠的血糖,增强 HK、PK 的活性,提高肝脏的抗氧化能力;枝叶具有散热毒、利小便的功效,用于治血热瘙痒、发热头痛、疥癣、水痘;花具有清热功效,用于治往来寒热;果与叶煎成汁可以止吐;果实不仅可制醒酒药,还可治疗肝病等;果汁可治热病;水土不服与疟疾者,食用杨桃脯渍白蜜有效。邓平荟等采用"猫爪草杨桃煎剂"内服,配合西药对症治疗急性附睾,取得满意疗效。罗世杏等用杨桃木叶捣汁治疗尿布疹,效果显著。但肾脏病患者,或者原来有过肾脏疾病史的人,最好不要食用杨桃,也应避免在空腹及脱水的情况下进食杨桃。

杨桃可食部分每 100 g 营养物质含量详见表 3.27。

表 3.27　杨桃中的营养物质

食品中文名	杨桃	食品英文名	Carambola
食品分类	水果类及制品	可食部	88.00%
来源	食物成分表 2009	产地	中国
营养物质含量（100 g 可食部食品中的含量）			
能量/kJ	131	蛋白质/g	0.6
脂肪/g	0.2	不溶性膳食纤维/g	1.2
碳水化合物/g	7.4	维生素 A（视黄醇当量）/μg	3
钠/mg	1	维生素 B_1（硫胺素）/mg	0.02
维生素 B_2（核黄素）/mg	0.03	维生素 C（抗坏血酸）/mg	7.0
烟酸（烟酰胺）/mg	0.70	磷/mg	18
钾/mg	128	镁/mg	10
钙/mg	4	铁/mg	0.4
锌/mg	0.39	锰/mg	0.36
硒/μg	0.8	铜/mg	0.04

四、杨桃中活性成分的提取、纯化与分析

（一）杨桃中酚类物质的提取、纯化

在杨桃总多酚提取中,蒋边等采用超声提取法提取杨桃多酚,以总多酚提取得率为评价指标,选取超声时间、乙醇浓度、液料比、超声温度四个因素进行研究。研究结果表明,在单因素条件下杨桃总多酚的提取率均呈现先增加后降低的趋势,根据响应面分析法得到影响杨桃总多酚提取得率的主次因素顺序为:超声时间 > 液料比 > 乙醇浓度 > 超声温度。同时最适宜的超声提取工艺条件:超声时间为 31 min,乙醇浓度为 59%,液料比为 53：1(mL/g),超声温度为 60 ℃。在此条件下杨桃总多酚提取得率为 28.5 mg/g。

李群梅等采用有机溶剂浸提法,对浸提时间、乙醇浓度、料液比、浸提温度进行探究。研究结果表明,影响杨桃多酚提取的主次因素顺序为:提取温度 > 料液比 > 乙醇浓度 > 提取时间。最佳提取工艺条件:提取溶剂为 60% 乙醇,料液比为 1：2、提取温度为 55 ℃,提取时间为 60 min。此时,杨桃多酚的提取量大于 3.9 mg/g。同时发现,当浸提溶剂为甲醇,其体积分数为 60% 时,杨桃果实中多酚的提取含量最高且与乙醇的最大提取量相差不大。

吕群金等采用微波法提取杨桃渣中的多酚,通过单因素和正交试验研究了溶剂浓度、微波功率、提取时间、物料颗粒、料液比、提取次数等因素对杨桃多酚提取率的影响。研究结果表明微波提取杨桃渣多酚的因素的影响顺序为:溶剂浓度 > 料液比 > 提取时间 > 功率。微波法从杨桃渣中提取多酚的最佳工艺条件:乙醇浓度为 50%,物料颗粒为 30 目,料液比为 1∶70,微波功率为 700 W,提取时间为 60 s。在此条件下从杨桃渣中提取的多酚浓度可达 18.725 mg/g。同时,在相同的提取条件下,粒径分别为 30 目、80 目和 120 目时,30 目所得到的多酚浓度最高,随着物料粒径减少,提取率明显下降,粉碎至 80 目以上的杨桃渣多酚浓度下降得很快,可能是物料过细,与溶剂直接接触面积大,局部升温过快,造成部分多酚分解损失。另外,晏全等采用无水甲醇浸提杨桃叶中的黄酮,探讨了提取温度、提取时间、溶剂用量对总黄酮提取率的影响。对比乙醇浸提法,采用无水甲醇与乙醇两种提取溶剂时,黄酮提取率都随温度的升高而增加,它们的适宜提取温度均在 70 ℃左右。采用水浴回流法提取时,这三个因素中影响总黄酮提取率大小的主次顺序为:提取温度 > 提取时间 > 溶剂用量。综合考虑经济、时间、能耗等因素,提取黄酮的最佳工艺条件:提取温度为 70 ℃,甲醇用量为 40 mL,即料液比为 1∶80,提取时间为 3 h。此条件下总黄酮提取效率最佳。

对比超声提取法、有机溶剂萃取法、微波提取法这三种方法,会发现它们都能对杨桃中的多酚进行有效提取,其中有机溶剂萃取法效率最低,超声法与微波法效率较高,相较之下,微波法提取所需的时间远低于超声法。

在分离纯化方面,杨鹏昌等将提取的杨桃多酚采用树脂法进行分离纯化,选取 AB-8、S-8、X-5、聚酰胺四种树脂,探讨其对杨桃多酚的吸附和解吸条件。结果表明,各种树脂对杨桃多酚的吸附能力顺序为 AB-8>S-8> 聚酰胺 >X-5;解吸效果为 AB-8>X-5> 聚酰胺 >S-8。因此,生产上宜选用 AB-8 树脂作为杨桃多酚的吸附剂,以有效去除杨桃多酚中的果胶、糖类等物质。同时,AB-8 树脂对杨桃多酚的动态吸附量随上柱样液浓度的降低、上柱流速的增加而减少,适宜的上柱流速为 2 BV/h。按照 2 BV/h 流速对杨桃多酚进行洗脱,在乙醇体积分数为 54% 时出现洗脱高峰,分离纯化后的杨桃多酚纯度能提高 18 倍。

(二)杨桃中香豆酸等酚类成分的分析

1. 仪器、材料与试剂

仪器:BIOFUGE Stratos Sorvall 高速冷冻离心机,ULT2586-4-V 超低温冰箱(美国 Thermo Fisher Scientific 公司);Vortex-Genie 2 多用途涡旋混合器(美国 Scientific Industries 公司);Infinite M200 pro 酶标仪(瑞士 Tecan 公司),LC-20AT 高效液相色谱仪(日本岛津公司);Ultimate 3000 超高压液相色谱仪(美国 Thermo Fisher Scientific 公司);TSQ Endura 三重四级杆质谱仪(美国 Thermo Fisher Scientific 公司);THZ-82 A 水浴恒温振荡器(常州荣华仪器制造有限公司)。

材料：三个品种的新鲜杨桃：广州红杨桃（GZ）产自广东省东莞市大朗镇，地处东经 113.52°，北纬 22.65°；香蜜杨桃（XM）产自福建省云霄县下河村，地处东经 117.33°，北纬 23.95°；台湾蜜丝杨桃（TW）产自台湾省彰化县二林镇，地处东经 120.50°，北纬 24.06°。选取成熟度相同的果实，于 -20 ℃储存备用。

试剂：福林酚试剂购于美国 Sigma 公司；没食子酸、儿茶素、水溶性维生素 E（Trolox）、对香豆酸、异槲皮苷、原花青素 B_2、表儿茶素、原儿茶酸、阿魏酸购于上海源叶生物科技有限公司；色谱级乙腈购于美国 Fisher 公司；其他试剂均为分析纯。

2. 试验方法

1）样品的制备

准确称取 10.0 g 杨桃样品，加入甲醇 30 mL，高速匀浆 3 min 后置于 50 mL 离心管内，用 37 ℃恒温水浴摇床，以 120 r/min 振摇提取 2 h，然后于 4 ℃下离心（10 000 r/min）10 min，取上清液，残渣按上述过程重复提取两次，合并上清液，于 45 ℃下减压旋蒸浓缩，浓缩液用去离子水定容至 30 mL，得到杨桃酚类提取液，分装后置于 -80 ℃备用。

2）杨桃中酚类物质含量测定

色谱柱为：Shimadzu（C_{18}，S-5 μm，12 nm，250 mm × 4.6 mm），流动相 A 为 0.2%（体积比）的乙酸水溶液，流动相 B 为乙腈。流速为 1.0 mL/min，进样体积为 10 μL。梯度洗脱程序如下：0—30 min，10%~20% B；30—35 min，20% B；35—45 min，20%~45% B；45—60 min，45%~70% B；60—68 min，70%~75% B。检测波长为 280 nm。通过与标准品比对保留时间对酚类物质进行指认。通过高效液相色谱建立标准曲线对提取物中的 6 个单体酚进行含量测定。单体酚的含量以 mg/100 g FW 表示。每个样品平行操作 3 次。

3）杨桃中酚类物质的定性分析

采用 UPLC-ESI-QQQ 液质联用仪结合标准品对杨桃提取物中的部分酚类物质进行定性分析。液相条件：超高压液相（Ultimate 3000，美国 Thermo Fisher Scientific 公司）；色谱柱为 Hypersil GOLD（100 mm × 2.1 mm，1.9 μm）；柱温为 35 ℃；流速为 0.3 mL/min；进样量为 5 μL；检测波长为 280 nm；DAD 扫描波长范围为 190~600 nm。流动相：A 为 0.1% 乙酸水溶液，B 为甲醇。流动相梯度：0—10 min，10%~20% B；10—15 min，20%~45% B；15—20 min，45%~70% B；20—23 min，70%~75% B。质谱条件：三重四级杆质谱仪（TSQ Endura，美国 Thermo Fisher Scientific 公司）；电喷雾离子源（ESI），负离子（NI）模式；喷雾电压为 2 500 V；扫描区间为 0~600（m/z）；雾化压力为 30 psi；干燥气体流速为 9.0 L/min；雾化器温度为 300 ℃；锥孔电压为 135 V；使用兼顾选择性和灵敏度的选择反应监测模式（SRM）对杨桃提取物中的色谱峰进行定性分析。

3. 试验结果

供试品种总酚含量范围为 234.41~293.30 mg GAE/100 g FW，其中 XM 的含量显著高于其他品种（$P<0.05$），TW 次之，GZ 的含量最低（（234.41 ± 7.88）mg GAE/100 g FW）。

如表 3.28 所示,杨桃甲醇提取物中指认出 6 种酚类物质,分别为原儿茶酸、原花青素 B₂、表儿茶素、对香豆酸、阿魏酸和异槲皮苷。杨桃甲醇提取物及指认酚类物质的 LC-MS 图谱如图 3.22 所示。除原儿茶酸外,原花青素 B₂、表儿茶素、对香豆酸、阿魏酸、异槲皮苷在所有供试品种中均能检测到(表 3.29)。

表 3.28 单体酚类物质的优化离子碎片

化合物	保留时间 /min	特征离子 m/z		碰撞能量/V	
		1	2	1	2
原儿茶酸	2.59	153.06 → 109.11	153.06 → 91.18	12.99	23.90
原花青素 B₂	5.90	577.15 → 407.04	577.15 → 425.06	20.87	12.98
表儿茶素	7.88	289.15 → 245.04	289.15 → 203.04	13.49	17.74
对香豆酸	9.66	163.06 → 119.11	163.06 → 93.15	12.33	29.47
阿魏酸	12.13	193.06 → 134.11	193.06 → 178.00	14.75	11.47
异槲皮苷	15.23	463.15 → 300.00	463.15 → 301.01	25.27	19.96

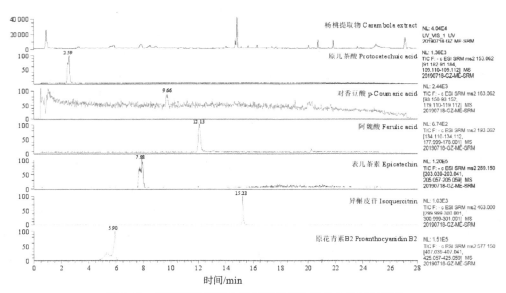

图 3.22 杨桃甲醇提取物及指认酚类物质的 LC-MS 图谱

表 3.29　杨桃果实中单体酚的含量

名称	含量/（mg/100 g FW）		
	广州红杨桃 GZ	香蜜杨桃 XM	台湾蜜丝杨桃 TW
原儿茶酸	1.25 ± 0.30^b	ND	1.49 ± 0.00^b
对香豆酸	0.98 ± 0.02^a	1.23 ± 0.05^b	0.89 ± 0.02^a
阿魏酸	1.28 ± 0.02^{ab}	1.40 ± 0.03^b	1.20 ± 0.01^a
原花青素 B_2	14.93 ± 0.51^a	18.86 ± 0.90^b	13.41 ± 0.81^a
表儿茶素	9.23 ± 0.10^b	11.55 ± 1.55^c	5.97 ± 0.33^a
异槲皮苷	2.16 ± 0.06^b	1.02 ± 0.03^a	1.74 ± 0.10^b

注：同一行不同字母表示差异显著（$P<0.05$）；"ND"表示未检测到。

（三）杨桃中黄酮类成分的分析

1. 仪器、试剂和材料

仪器：超声波清洗器，722 s 分光光度计。

试剂：芦丁（生化试剂）；95% 乙醇、亚硝酸钠、硝酸铝氢氧化钠、硫酸亚铁、过氧化氢、水杨酸均为分析纯。

材料：杨桃叶（60 ℃烘干粉碎）。

2. 试验方法

1）提取工艺

杨桃叶→烘干→粉碎→准确称取一定质量→加乙醇→超声波作用→抽滤→定容至 100 mL。

2）总黄酮含量的测定方法

建立标准曲线回归方程，取上述定容的样品提取液 1.0 mL，置于 10 mL 比色管中，分别加入 5% $NaNO_2$ 溶液 0.3 mL，摇匀，放置 6 min，加入 10% $Al(NO_3)_3$ 溶液 0.3 mL，摇匀，放置 6 min，加入 4% NaOH 溶液 2 mL，用 30% 乙醇稀释至刻度，摇匀放置 10 min，用 722 s 分光光度计在 510 nm 处测吸光度，以试剂空白为参比测其吸光度 A。将吸光度代入回归方程可得待测液中黄酮的浓度，再根据所取杨桃叶质量 m 可得：

$$总黄酮提取率 = [(C \times 10 \times 100)/(1\,000 \times m)] \times 100 \qquad (3-18)$$

式中　$C \times 10$——1.0 mL 提取液中的黄酮含量，mg；

　　　100——提取液的体积，mL；

　　　（$C \times 10 \times 100$）——提取液中的黄酮含量，mg；

　　　$1\,000 \times m$——称取的杨桃叶质量，mg。

3）杨桃叶中黄酮的提取

（1）超声波协同提取杨桃叶中的黄酮单因素试验

准确称取 1.0 g 杨桃叶粉末,分别在不同乙醇体积分数（10%、30%、50%、70%、90%）、溶剂用量（20 mL、40 mL、60 mL、80 mL）、提取温度（30 ℃、50 ℃、70 ℃、90 ℃）、超声波提取时间（10 min、20 min、30 min、40 min）条件下进行单因素试验。

（2）超声提取工艺优化

通过单因素试验的结果,以黄酮提取率为考察指标,依据 Box-Behnken 设计原理,选择提取温度、溶剂用量、超声波提取时间、乙醇浓度进行四因素三水平响应面试验,确定最优工艺参数。试验因素与水平设计如表 3.30 所示。

表 3.30　试验因素与水平设计

水平	A-提取温度/℃	B-溶剂用量/倍	C-提取时间/min	D-乙醇浓度/%
1	55	30	15	60
2	70	40	25	70
3	85	50	35	80

3. 结果与讨论

单因素试验结果如图 3.23 至图 3.26 所示,黄酮的提取率随温度的升高、溶剂用量的增加、超声波作用时间的增加而增大,并且当温度超过 70 ℃、当溶剂用量与杨桃叶质量比大于 40、超声波作用时间大于 20 min 时,黄酮的提取率的增幅较小。由于在高温条件下黄酮有效成分易被破坏,同时考虑经济性,故选择温度在 70 ℃左右,溶剂用量为杨桃叶质量的 40 倍左右,超声提取时间在 20~25 min 为宜。黄酮提取率随乙醇浓度的变化而变化,其在乙醇浓度为 75% 时提取率达到最高值,因此采用乙醇浓度为 70%~75% 对杨桃叶中黄酮的提取比较经济。四个因素中影响黄酮提取率大小的主次顺序为:乙醇浓度 > 提取时间 > 溶剂用量 > 提取温度。四个因素的最佳组合是:提取温度为 85 ℃,溶剂用量为 40 倍杨桃叶质量,超声波提取 25 min,乙醇浓度为 60%。在最佳参数组合条件下黄酮的提取率为 4.679%。

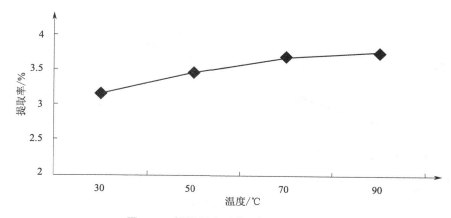

图 3.23　提取温度对黄酮提取率的影响

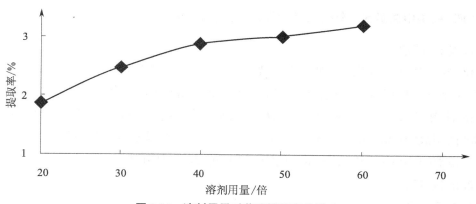

图 3.24　溶剂用量对黄酮提取率的影响

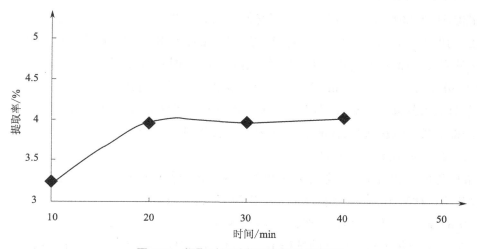

图 3.25　提取时间对黄酮提取率的影响

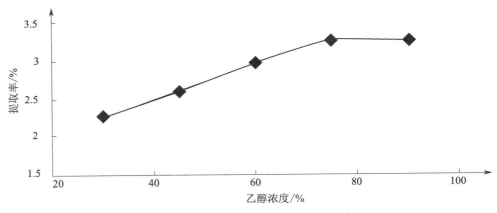

图 3.26　乙醇浓度对黄酮提取率的影响

（四）杨桃中微量元素铁、钙、磷的提取、纯化与分析

1. 仪器、试剂

仪器：WFX-1 F2B 型原子吸收分光光度计（北京瑞普光电器件厂）；UV-754 紫外分光光度计（上海分析仪器厂）；铁钙磷空心阴极灯（北京瑞普光电器件厂）。

试剂：钼酸铵，对苯二酚，亚硫酸钠，10% 硝酸锶溶液，磷标准储备液（100 μg/mL），磷标准使用液（10 μg/mL），铁标准贮备液（1 000 μg/mL），铁标准工作液（100 μg/mL），钙标准贮备液（1 000 μg/mL），钙标准工作液（100 μg/mL），所用水为二重蒸馏水。

2. 试验方法

1）样品制备

（1）测定磷的样品处理

准确称取 4.017 6 g 和 4.171 5 g，将它们分别放入两个 50 mL 锥形瓶中，各加入硝酸 10 mL，用保鲜膜封口，室温下放置过夜，将 2 份样品置于电热炉上加热，瓶口上放一小漏斗，这时溶液为棕红色，并有大量棕红色气体产生，此时将锥形瓶取下稍冷却，向瓶中逐渐加入 30% 的双氧水 1~2 mL，加热，如此反复 2~3 次至瓶内分解液清澈透明为止，加热使多余双氧水分解。冷却后，小心将 2 份分解液分别转移至 100 mL 容量瓶中，用蒸馏水多次洗锥形瓶，洗液并倒入容量瓶中，定容，混匀，备用。

（2）测定钙、铁的样品处理

准确称取 29.778 3 g 杨桃，于可调电炉上缓慢加热使试样灰化，开始时用小火慢慢加热，以防止试样溅出，待有大量烟冒出后提高温度，使试样完全炭化直至不冒烟为止。将炭化好的试样分为 2 份，分别做铁测定和钙测定，然后将试样放入高温炉中于 600~650 ℃下灰化 5 h，灰化好的试样是灰白色，将灰白色的试样各用 1+1 的盐酸 2.5 mL 溶解，完全转移到 50 mL 的容量瓶中，定容摇匀。各取上述溶液 20 mL，放入两个 50 mL 容量瓶中，加 1+1 的盐酸 2 mL，定容，备用。

2）仪器工作条件

仪器工作条件如表3.31所示。

表3.31　AAS仪器最佳操作条件

元素	波长/nm	灯电流/mA	狭缝/nm	燃烧器高度/nm	乙炔流量/（L/min）	空气流量/（L/min）
Ca	422.7	7.5	1.3	12.5	2.5	9.5
Fe	248.3	15.0	0.2	7.5	2.5	9.5

3）磷的测定

准确吸取1 mL待测液于50 mL容量瓶中，加钼酸铵溶液4 mL、亚硫酸钠溶液2 mL、对苯二酚溶液2 mL，摇匀定容，以蒸馏水为空白，测定样品的吸光度，根据测得的吸光度在标准曲线上求出样品中磷的浓度，即可求出磷的含量，同时做标准加入回收试验。

4）钙、铁的测定

打开原子吸收分光光度计电源，输入等电流，使空心阴极灯预热10分钟，输入仪器的最佳工作条件，输入500 V的PMT电压，微调元素波长，使吸收显示最小值，打开空气压缩机和乙炔阀门，点火，调节空气与乙炔的流量，得所需的火焰，以蒸馏水为空白，测得样品的吸光度，根据测得的吸光度在标准曲线上求得样品中待测元素的浓度，即可求出含量。同时做标准加入回收试验。

3. 试验结果

1）磷的吸收光谱

取7个经1+1 HNO_3洗净过的50 mL容量瓶，用自来水和双蒸馏水洗净后，分别加入磷标准溶液（10 μg/mL）0.00、1.00、2.00、4.00、6.00、8.00、10.0 mL，分别加入4.00 mL钼酸铵溶液，静置几分钟后，分别加入2 mL亚硫酸钠溶液、2 mL对苯二酚溶液用水定容，摇匀。上述分别含磷0、0.20、0.40、0.80、1.20、1.60、2.00 μg/mL的溶液放置5~10 min后，以加0.0 mL标准溶液为参比，以4号溶液作为待测溶液，在540~610 nm，每隔10 nm测定一次待测溶液的吸光度，以波长为横坐标，以吸光度为纵坐标，绘制吸收曲线，从而选择测定磷的最大吸收波长。结果表明在波长为572 nm处磷有最大吸光度。

2）校准曲线

配制钙和铁的标准系列工作溶液，在表3.32所示的条件下测其吸光度；在波长为572 nm处，用1 cm比色皿测定磷标准系列工作液吸光度，绘制校准曲线，得钙、铁、磷校准曲线回归方程。

表 3.32　线性范围、相关系数、回归方程

元素	线性范围 /（μg/mL）	相关系数	回归方程
Ca	0~16.0	0.994 7	$y=0.004\ 3x+0.003\ 6$
Fe	0~20.0	0.998 5	$y=0.019\ 2x+0.009\ 0$
P	0~2.0	0.995 2	$y=0.019\ 7x+0.004\ 5$

经测定杨桃样液中钙的含量为 3.720 9 μg/mL；铁的含量为 2.994 8 μg/mL；磷的含量为 16.497 5 μg/mL。由文献可知杨桃中磷的含量为 39.7 mg/100 g；钙的含量为 1.476 mg/100 g；铁的含量为 0.672 mg/100 g。

3）回收率测定

由于杨桃中含有的磷对钙的测定存在干扰和可能存在的钴对铁的测定存在干扰，因此在钙的测定中加入硝酸锶作为掩蔽剂，在铁测定中加入 EDTA 作为掩蔽剂。准确吸取 0.5 mL 处理后的样品，加入不同含量的钙、铁、磷于 50 mL 容量瓶中，定容。按前面的测定条件进行测量。钙、铁、磷的回收率为 96.3%~102.4%。

（五）杨桃多糖的提取、纯化

宋照风采用酸性热水浸提法提取杨桃多糖，对料液比、提取时间、提取温度、提取次数这四个因素进行了研究。以杨桃多糖提取率为指标，通过对料液比、温度、提取时间、提取次数这四个因素进行单因素试验，发现分别在料液比为 1：5、温度为 80 ℃、提取时间为 3 h、提取次数为 3 次时，杨桃多糖的提取率最高。在单因素试验基础上，采用正交试验得到了杨桃多糖最佳的提取工艺：料液比为 1：4（体积比），浸提时间为 4 h，提取温度为 80 ℃，提取次数为 4 次。各因素影响杨桃多糖提取率的次序是：温度 > 料液比 > 浸提时间 > 提取次数。考虑到提取的成本和效率，作者将实际最佳提取工艺调整为料液体积比为 1：4，浸提时间为 3 h，提取温度为 80 ℃，提取次数为 3 次。在该条件下，杨桃多糖提取率为 49.7%。所得杨桃粗多糖依次采取沉淀多糖、脱色、除蛋白、透析、二次沉淀、洗涤、烘干等工艺纯化为杨桃多糖。乙醇与丙酮都可作为杨桃多糖的沉淀剂，宋照风通过对比研究发现，对比无水乙醇、95% 乙醇与丙酮这三种沉淀剂，它们所得杨桃多糖均为黄褐色固体，其中无水乙醇所得沉淀量最多，所以，无水乙醇在这三种沉淀剂中更适合作为杨桃多糖的沉淀剂。

在脱色阶段，常采用活性炭法与过氧化氢法。由活性炭脱色的杨桃多糖呈灰白色、粉末状；用过氧化氢脱色的杨桃多糖呈乳白色，是颗粒较小的粉末。就产品外观来说，过氧化氢的脱色效果比较好，但损耗较多，得率低，其原因可能是过氧化氢具有强氧化性，易破坏杨桃多糖的结构使得杨桃多糖得率低。而活性炭法条件温和，不会影响到杨桃多糖的得率，故采用活性炭法脱色较好。同时经过半透膜透析后，沉淀干燥后得到灰白色杨

桃多糖粉末。

　　杨桃粗多糖中含有游离蛋白,会影响多糖的分离提纯。宋照风在脱蛋白阶段探究了 Savage 法即氯仿和正丁醇对杨桃多糖的影响。当氯仿与正丁醇的比例为 4∶1 和 5∶1 时,脱蛋白的效果一样,其中 5∶1 时消耗的氯仿较多,且氯仿是有毒试剂,故氯仿、正丁醇的比例为 4∶1 为最佳比例。最终测定得到杨桃多糖的含量是 41.23 %,比纯化之前的多糖含量低。作者推测主要原因是纯化过程中有一定的杨桃多糖损失,造成多糖含量偏低,未纯化之前粗多糖中的杂质也影响杨桃多糖含量的测定,并且因试验设备的限制,对于杨桃多糖的干燥,只能进行简单的真空干燥,干燥得不够彻底,可能对提取率也有一定的影响。

　　朱银玲等采用水煮乙醇沉淀法粗提杨桃多糖,用复合酶法去蛋白,凝胶过滤柱进行层析,即在中性 pH 条件下,加入胰蛋白酶及 Sevage 试剂去除蛋白,去蛋白的杨桃粗多糖溶于蒸馏水,经 Sephadex G-100 柱层析,洗脱、沉淀、干燥后得到纯化后的杨桃多糖。杨桃多糖呈灰白色粉末状,不含淀粉,溶于水,不溶于乙醇、甲苯、氯仿、丙酮等有机溶剂,经测定,杨桃多糖粗品的提取率为 5.74%,去蛋白后的提取率为 4.56%。与宋照风采用的酸性热水浸提法相比,该法杨桃多糖的提取率偏低,提取效率不高。

　　朱银玲等应用紫外光谱仪、红外扫描光谱仪对纯化后的多糖进行纯度和结构初步鉴定及分子量测定。初步鉴定和分析的结果表明,杨桃多糖的平均分子量为 4.373×10^4,含有 β-D-甘露吡喃糖、α-D-半乳吡喃糖、α-D-甘露吡喃糖三种成分。

本节参考文献

[1]　刘佳贺,郭文场,李悦. 杨桃的植物学特征与品种简介 [J]. 特种经济动植物, 2016, 19（12）: 45-47.

[2]　戴聪杰,李萍. 酸、甜杨桃的营养成分分析 [J]. 中国食物与营养,2010（9）: 69-72.

[3]　LIM T K. Edible medicinal and non-medicinal plants [M]. Netherlands: Springer,2012.

[4]　陈杰忠. 果树栽培学各论·南方本 [M]. 北京:中国农业出版社,2003.

[5]　陈进,陈贵清,王文瑞,等. 西双版纳野生杨桃果实性状研究初报 [J]. 亚热带植物通讯,1993（1）: 53-54.

[6]　吴越,李赓. 台湾杨桃的栽培现状及其产业发展方向 [J]. 台湾农业探索, 2004（4）: 28-30.

[7]　马锞,谢佩吾,罗诗,等. 杨桃种质资源及栽培技术研究进展 [J]. 中国南方果树,2017, 46（1）: 156-160.

[8]　韦金菊,何凡,朱朝华. 杨桃主要栽培品种与丰产管理 [J]. 广西热带农业, 2007（2）: 13-15.

[9]　钱爱萍. 杨桃的氨基酸组成及其营养价值评价 [J]. 中国食物与营养, 2012, 18（4）:

75-78.

[10] 贾栩超,杨丹,谢海辉.甜杨桃鲜果的化学成分研究 [J].热带亚热带植物学报,2017,25（3）：309-314.

[11] 郑洪,张伟强,陈洁,等.杨桃营养与保鲜加工现状与进展 [J].东南园艺,2017,5（4）：42-45.

[12] 邓平荟.猫爪草杨桃煎剂为主治疗急性附睾炎 76 例 [J].中国性科学,2008,17（2）：31,40.

[13] 罗世杏.杨桃木叶治疗婴儿尿布疹 43 例临床观察 [J].右江民族医学院学报,2006（4）：641.

[14] 林萍.我国杨桃主要品种介绍 [J].世界热带农业信息,2004（7）：23-25.

[15] 蒋边,潘进权,李恒,等.响应面优化超声提取杨桃多酚的工艺研究 [J].食品工业科技,2016,37（7）：248-251,299.

[16] 李群梅,杨昌鹏,李健,等.杨桃多酚的提取工艺研究 [J].安徽农业科学,2010,38（12）：6524-6526.

[17] 吕群金,衣杰荣,丁勇.微波法提取杨桃渣中多酚的工艺研究 [J].安徽农业科学,2009,37（15）：7187-7189.

[18] 杨昌鹏,李群梅,郭静婕,等.杨桃多酚分离纯化工艺研究 [J].农产品加工（学刊）,2014（19）：31-34.

[19] 罗牡康,贾栩超,张瑞芬,等.杨桃的酚类成分含量及其生物可及性与抗氧化活性 [J].中国农业科学,2020,53（7）：1459-1472.

[20] 周燕芳.超声波协同提取杨桃叶中黄酮的工艺研究 [J].现代食品科技,2006（3）：160-162.

[21] 晏全,刘卫兵,朱秋燕.甜杨桃中总黄酮提取最佳工艺的研究 [J].现代食品科技,2007（12）：47-50.

[22] 郝桂霞.杨桃中微量元素的测定 [J].江西化工,2008（2）：107-109.

[23] 宋照风.杨桃多糖提取工艺及其应用研究 [J].食品研究与开发,2017,38（4）：59-64.

第十节　神秘果

一、神秘果的概述

神秘果（*Synsepalum dulcificum*）别名梦幻果、奇迹果、西非山榄、蜜拉圣果,为山榄科神秘果属,原产地在西非、加纳、刚果一带,是典型热带常绿灌木,在印度尼西亚的丛林中也有发现。它的果实酸甜可口,吃后再吃其他的酸性食物,如酸杨桃、柠檬等,可转酸味为甜味,故有"神秘果"之称。神秘果为常绿灌木或乔木。成年树高 2~4 m。树型多呈圆形或云片形,分枝多,新生梢集中于顶端,短而密集,形成紧密的树冠。茎枝光滑,灰褐色,枝上有不规则的网线状灰白色条斑;叶革质,广披针形或倒卵披针形,长 6.5~12 cm、宽 3~5 cm,叶面青绿,具光泽,多簇生于枝条末端,叶柄短, 0.5 cm 左右。初生叶浅为绿色,老叶为深绿色或墨绿色,叶背为草绿色。叶脉羽状, 8 对左右,叶缘微有波浪。花有淡淡椰奶香味,两性,花冠狭管状 0.3~0.5 cm,单生或簇生于半年至一年生的叶腋间或枝条上部,花萼 5,直径为 0.65~0.75 cm,基部合成筒状,上部分成 5 浅裂,花瓣 5;雄蕊 10,其中退化雄蕊 5,雌蕊柱头 2 裂,突出于花冠顶部,长 6~8 mm,直径为 2~3 mm,子房上位。浆果为椭圆形,长 2.1~2.4 cm,直径为 0.9~1.2 cm,形似橄榄,未成熟果实为青绿色,略有酸味。成熟后,果皮鲜红,形似蜜枣,果肉薄软,乳白色,汁多,味微甜,重约 1 g 左右。种子 1 枚,被果皮、果肉所包覆,约占果实的 1/2,扁椭圆形,有浅沟,长 1.1~1.5 cm,直径为 6~7 mm,褐色,种脐在另一侧,阔大,白色,粗糙,几乎与种子等长。无胚乳,子叶长椭圆形。每年有 3 次盛花期,在 2—3 月、5—6 月、7—8 月开花,4—5 月、7—8 月、9—11 月果实成熟,若其他月份温度适合可零星开花成熟。

神秘果可鲜食,可制成酸性食品的助食剂,可制成糖尿病病人需要的甜味变味剂,可作为食品和药剂的增甜剂、食用色素,可配制成便于咀嚼式食品、食欲抑制药、保健食物等。其果肉中含有特殊糖蛋白,能使舌头上的味蕾感受器发生变化,改变人的味觉,食用神秘果后几小时内再吃酸的食物,味觉显著变甜。

二、神秘果的产地

神秘果原产热带西非,喜微酸性或中性土壤,在排水良好的砂质壤土生长最佳,我国热带、南亚热带低海拔地区为其适栽地区。其植株喜高温、高湿的气候环境,有一定的耐寒耐旱能力,冬季 3~5 ℃的低温会对幼枝和叶片产生冷害,但不致死,8~10 ℃可安全越冬。20 世纪 60 年代后,神秘果被引入到我国海南、广东、广西、福建、四川、贵州等地栽培。

三、神秘果的主要营养与活性成分

神秘果的经济部位主要为果实,果实分为果皮、果肉和种子,其中种子体积较大,占干重的 60% 以上,故神秘果果实的可直接食用部分较少。具有改变味觉的活性神秘果素仅存在于果肉中。除了神秘果素,神秘果果实中还含其他多种活性成分,如酚类、黄酮类、脂肪酸、维生素等。

神秘果果肉中含有丰富的糖蛋白、维生素 C、柠檬酸、琥珀酸和草酸等。林美玲等制得的神秘果果肉与人参混合物可以调控 1 型、2 型糖尿病,并且具有显著提高胰岛素释放的作用。卢圣楼等研究了微波辅助提取神秘果果肉中五环三萜和齐墩果酸的工艺条件,测得五环三萜和齐墩果酸的含量分别为 0.9 mg/g 和 0.03 mg/g。黄巨波等制备的神秘果与杨桃、木瓜和南瓜的复合果粉能够显著提高小鼠的抗疲劳能力,增强细胞免疫作用。李彦等报道了神秘果提取物能够降低糖尿病大鼠的血糖值,有效改善糖耐量水平,并且可以调节血脂含量。Cheng 等从神秘果果肉中分离得到(R*)-4-hydroxy-2-oxetanone。梁廷霞等采用聚对苯二酚修饰电极法测定了神秘果中维生素 C 的含量,并考察以壳聚糖作为涂膜保鲜剂对神秘果保鲜效果的影响。Wong 等的研究结果表明,神秘果可以增加低糖甜点的芳香口感,并且能够有效地限制能量的摄入。

　　神秘果种子含有丰富的天然固醇及钾、钙、钠、镁等多种微量矿物质元素,具有缓解心绞痛、喉咙痛以及治疗痔疮等药理活性。Guney 等首次分析了神秘果种子脂类化合物的种类和组成,结果显示,脂类化合物约占神秘果种子干重的 10.15%,利用硅酸柱色谱法分离出中性脂(90.8%)、糖脂(7.3%)和磷脂(3.16%)三种成分,其中中性脂中包含甘油三酯(75%)、甘油二酯(16%),甘油单酯(1.9%)、自由脂肪酸(2.9%)以及不皂化脂(1.6%);糖脂中包括单半乳糖甘油二酯(32.5%)、二半乳糖甘油二酯(20%)、脑苷脂(39%)和未知物(8.5%);磷脂中含有脑磷脂(32%)、卵磷脂(68%)、磷脂酰肌醇(4%)以及痕量的溶血卵磷脂。采用气相色谱法分析了上述三种主要成分的脂肪酸组成,发现神秘果种子中含有大量的棕榈酸、油酸和亚油酸,其成分组成与橄榄油类似。进一步研究发现,不皂化脂中碳氢化合物是由一系列 C_{17}~C_{32} 的链烷组成, C_{29} 和 C_{31} 的含量相对较多。此外,甾醇的主要成分是 $\triangle^{7}$-菠菜甾醇,三萜烯醇的主要成分是 α-香树素和 β-香树素。卢圣楼等优化了微波辅助提取神秘果种子中齐墩果酸的工艺条件,并采用 HPLC 法测定了其含量。齐赛男等比较了不同萃取方法对神秘果种子挥发油提取率的影响,并分析了其化学成分组成。结果显示,神秘果种子挥发油中的主要成分为棕榈酸、油酸、3α-烷基-12-齐墩果烯乙酸酯和 14-甲基十五烷酸甲酯等。黄巨波等报道了从神秘果种子中分离出的蛋白质能够显著降低糖尿病小鼠空腹血糖值,促进胰岛素分泌。

　　Buckmire 等通过纸层析法和光谱分析法分离和鉴定出神秘果果皮的花青素苷(红色色素)和黄酮醇(黄色色素)。研究发现每 100 g 鲜果可分离出花青素苷 14.3 mg(鲜重)和黄酮醇 7.2 mg(鲜重),含水率约为 78%。其中主要的花青素苷是矢车菊素半乳糖苷、矢车菊素-3-单葡萄糖苷、矢车菊素-3-单阿拉伯糖苷、飞燕草素-3-单半乳糖苷以及飞燕草素-3-单阿拉伯糖苷,它们的摩尔比为 188∶62∶9∶5∶2。主要的黄酮醇是槲皮素-3-单半乳糖苷、山柰酚-3-单葡萄糖苷、杨梅素-3-单半乳糖苷以及痕量的槲皮素、山柰酚和杨梅素。

　　神秘果叶可以改善胃酸过多、消化不良、胃口不佳等症状,对高血压、糖尿病以及动脉硬化等具有明显的疗效,并且能够增强肝胆功能、提高免疫力,生嚼叶子亦可快速解酒。叶中的氨基酸种类丰富,8 种必需氨基酸含量占总氨基酸量的 41.50%。矿物质的常量和微量元素的分析结果表明,含量最高的元素分别是钾和铁。Chen 等首次从神秘果叶中分离得到 8 种化合物，分别为 β-谷甾醇、豆甾醇、脱镁叶绿素 a、脱镁叶绿素 b、羽扇豆醇、羽扇豆烯酮、乙酸羽扇醇酯和 α-生育醌。

Wang 等首次从神秘果茎的甲醇提取物中分离得到 13 种化合物，分别为 dihydro-feruloyl-5-methoxytyramine（1）、4-acetonyl-3，5-dimethoxy-p-quinol（2）、（+）-epi-syringaresinol（3）、（+）-syringaresinol（4）、N-cis-feruloyltyramine（5）、N-trans-feruloyltyramine（6）、trans-p-coumaricacid（7）、cis-p-coumaricacid（8）、N-cis-caffeoyltyramine（9）、对羟基苯甲酸、香草酸、藜芦酸和丁香酸，其中化合物（1）为新的氨基化合物，化合物（3）和（4）具有明显抑制黑色素瘤活性和抗氧化的能力，化合物（2）、（3）、（5）、（7）和（8）具有抑制蘑菇络氨酸酶的活性。Cheng 等从神秘果茎中分离得到甘油、2，5-二甲氧基苯酚（10）、3，4，5-三甲氧基苯甲酸、烟酸、β-谷甾醇和豆甾醇，其中化合物（10）为新天然产物。Chen 等首次从神秘果根中分离出 9 种化合物，分别为丁香酸、对羟基苯甲酸、香草酸、异香草酸、N-cis-feruloyltyramine（5）、N-trans-feruloyltyramine（6）、N-cis-feruloyl-3-methoxytyramine（11）、N-trans-feruloyl-3-methoxytyramine（12）和对羟基苯甲酸甲酯。

四、神秘果中活性成分的提取、纯化与分析

（一）神秘果中神秘果素的提取、纯化

Kurihara 等最早发现神秘果中具有改变味觉的一种糖蛋白——神秘果素，由于神秘果素的特殊性质，其常用的提取方法有透析法、离心分离法、溶剂沉淀法和色谱法等。由透析法与离心分离法提取神秘果素得率低，难以得到大量的神秘果素。利用神秘果素不溶于水和部分有机溶剂的特性，可用溶剂沉淀法进行分离，其中有机溶剂可选择乙醚、氯仿、乙酸乙酯、无水乙醇、丙酮和 n-己烷等。Inglett 等用这种方法从 20 g 冻干果肉中提取到 5 g 浓缩物。该方法试验条件要求低，但需用多种有机溶剂反复萃取，过程非常烦琐，浓缩率也不高。色谱法比透析法、离心分离法具有更好的分离效果，而且获得的神秘果素含量相对较高，易于自动化与操作。Girous 将果肉与聚乙烯吡咯烷酮（PVP）一起粉碎后置于碳酸钠缓冲液（pH=10.5）中搅拌后抽滤，在滤出液中加入 PVP 和 ε-氨基己酸后搅拌，30 min 后，用醋酸滴加至 pH 值为 6.0 ± 0.5，过滤得粗提物，将其与经 0.1 mol/L 磷酸钠缓冲液（pH=6.0）预处理的 CM-30 树脂混合，并用树脂填充色谱柱的上端（其下端为未吸附滤液的 CM-30 树脂），分别用 pH 值为 6.5 和 7.7 的磷酸钠缓冲液洗脱并收集尖峰处的馏分。用 NaOH（0.1 mol/L）和 Na$_2$CO$_3$（2%）的混合液调节 pH 值至 10.5，再经 QAE-Sephadex A-50 树脂填充的色谱柱分离（以 NaCl 和 Na$_2$CO$_3$ 缓冲液的混合溶液梯度洗脱），用透析和超滤法以磷酸钠缓冲液替换馏分的溶剂，再经 CM-30 色谱柱分离，收集出峰时的馏分（即神秘果素液），活性成分占粗提物的 1/5，每 mg 蛋白质的活性提高了 3 倍。用该方法可从每 kg 果肉中提取 200~250 mg 神秘果素。也有人将几种方法联用，来提高提取

物中神秘果素的纯度和含量。Theerasilp 等成功地联用多种方法从 20 g 冻干果肉中得到 36 mg 神秘果素,回收率为 75%,提取出的神秘果素为无色,HPLC 分析为单一的峰,说明提取的神秘果素纯度较高。

Duhita 等创立的固定化金属离子亲和色谱(immobilized metal ionaffinity chromatography,IMAC)法采用镍柱,能够提取纯度达到 95% 的神秘果素,且高效快速。He 等也利用 IMAC 法提取了神秘果素,并对提取条件进行优化,在 pH=7 Tris-HCl 缓冲溶液作为提取剂、300 mmol/L 咪唑作为洗脱剂以及镍-次氮基三乙酸作为层析介质的条件下,神秘果素提取率和纯度达到最佳,分别为 80.3 % 和 97.5 %。黄巨波等在去除神秘果种子粉的油脂后,用磷酸盐缓冲溶液提取神秘果种子中的蛋白质,结果发现温度为 50 ℃、pH=8.5、固液比为 1∶20(g/mL)以及时间为 120 min 的提取条件下具有最佳提取率,达 80.3%。

神秘果素是一种特异的碱性糖蛋白,能够改变人的味觉,使得酸味食物变甜。早在 20 世纪 60 年代就有许多学者通过透析法、离心分离法、溶剂沉淀法和色谱法等分离、提纯得到神秘果素。然而,溶剂沉淀法分离出的神秘果素中氨基酸种类略少于色谱层析法。其实,神秘果素本身并不具有甜味,遇到酸性物质后能产生显著的甜味,但并不使酸度相同的物质产生相等的甜味。这可能是因为神秘果素的氨基酸组成、酸碱性与一种甜味蛋白质具有相似性。Brouwer 等研究表明,0.1 mg 神秘果素就具有变味功能,且时间能持续 1~2 h。Giroux 研究所得的神秘果素则只需 0.02 mg 就能引发甜味。因此,变味程度与浓缩物中神秘果素的含量息息相关。

Inglett 等从 14 颗神秘果中得到了 0.31 g 含有活性成分的物质。用有机溶剂沉淀,能够浓缩活性成分,提高提取物中神秘果素的含量,但这种方法需要用多种有机溶剂反复萃取,过程非常烦琐。可以使用的有机溶剂有乙醚、氯仿、乙酸乙酯、无水乙醇、丙酮等。Inglett 等从 20 g 冻干果肉中提取到 5 g 浓缩物。色谱法相对于前几种方法,具有更好的分离效果,而且得到的神秘果素的含量也相对较高,且易于操作。Kurihara 和 Beidler 首次利用离子交换色谱分离得到神秘果素,并证明它是一种碱性糖蛋白。他们用该方法得到了 100 mg/kg 的神秘果素。

(二)神秘果中儿茶素等总多酚的分析方法

1. 仪器、试剂与材料

仪器:超声波清洗仪,XO-5200DTS 型(南京先欧仪器制造有限公司);双光束紫外可见分光光度计,i8 型(济南海能仪器股份有限公司);实验室纯水机,Unique-R10(UV+UF)型(厦门锐思捷科学仪器有限公司);电子天平,TP-214 型(丹佛仪器北京有限公司);数显恒温水浴锅,HH-1 型(江苏智博瑞仪器制造有限公司)。

试剂:没食子酸标准品,分析纯(上海金穗生物科技有限公司);福林酚试剂,分析纯(美国 Sigma 公司);无水碳酸钠、丙酮、石油醚,分析纯(国药集团化学试剂有限公司)。

材料:神秘果种子,采摘于海南省保亭县。

2. 试验方法

1)提取

(1)神秘果种子中儿茶素等总多酚提取工艺

神秘果种子→粉碎过筛(60目)→石油醚脱脂→双水相体系一次超声浸提→静置分层→上层为浸提液→经 X-5 大孔吸附树脂纯化→冷冻干燥→神秘果种子多酚粉末。

(2)神秘果种子的脱脂预处理

将充分干燥的神秘果种子粉碎,过 60 目筛,加入 3 倍体积的石油醚超声脱脂 3 次,每次 50 min,抽滤后挥干石油醚。脱脂后的种子粉末于 40 ℃烘干至恒重,置于干燥器中备用。

(3)提取溶剂的选择

精确称取 4 份 1.0 g 神秘果种子粉末于带塞锥形瓶中,在超声波功率为 200 W、超声时间为 100 min、超声波槽内温度为 60 ℃、料液比为 1:20(g/mL)的条件下,分别加入 50%甲醇、50%乙醇、50%丙酮、超纯水进行提取,提取 1 次,提取液离心 15 min。取上清液 30 μL 按照标准曲线操作,测定 765 nm 处的吸光值,计算总多酚含量以及提取率,研究发现提取率依次为丙酮(11.56%)、乙醇(10.40%)、甲醇(9.81%)、超纯水(5.35%)。故本试验以丙酮为溶剂提取神秘果种子多酚。同时,丙酮浓度对提取率也会有所影响,且不同浓度的丙酮与硫酸铵形成最佳双水相体系时硫酸铵的用量也不同。因此将同时考虑丙酮浓度和硫酸铵用量对多酚提取率的影响。

(4)丙酮-硫酸铵双水相体系

在带塞锥形瓶中加入浓度分别为 40%、50%、60%、70%、80%、90%的丙酮溶液,并控制硫酸铵用量为 0.10、0.12、0.14、0.16、0.18、0.20、0.22、0.24、0.28 g 使之形成双水相体系。

(5)神秘果种子儿茶素等总多酚的提取及提取率测定

精确称取 1.0 g 预处理好的神秘果种子样品,置于 100 mL 带塞锥形瓶中,按不同的料液比加入不同浓度的丙酮和硫酸铵形成双水相体系,浸泡 30 min,按不同的超声时间和提取温度提取 1 次,超声波功率为 200 W,趁热抽滤,滤液于分液漏斗中静置分层,取上层丙酮相 30 μL,在 765 nm 波长下测定吸光值,根据回归方程计算提取液中多酚的含量,并按式(3-19)计算神秘果种子总多酚提取率。

$$R = \frac{m_1}{m_2} \times 100 \qquad (3-19)$$

式中　R——神秘果种子多酚的提取率(以没食子酸计),%;

　　　m_1——提取的多酚的质量,g;

　　　m_2——神秘果种子的质量,g。

（6）单因素试验设计

Ⅰ.丙酮浓度和硫酸铵的比例对多酚提取率的影响

固定料液比为 1：20（g/mL），超声波时间为 40 min，超声波槽内温度为 50 ℃。考察不同浓度（40%、50%、60%、70%、80%、90%）的丙酮溶液和不同质量（0.10、0.12、0.14、0.16、0.18、0.20、0.22、0.24、0.28 g）的硫酸铵形成双水相体系时的比例对多酚提取率的影响。

Ⅱ.超声波温度对多酚提取率的影响

固定丙酮浓度为 50%、硫酸铵用量为 0.22 g，料液比为 1：20（g/mL），超声时间为 40 min。考察不同温度（30、40、50、60、70、80 ℃）对多酚提取率的影响。

Ⅲ.超声波时间对多酚提取率的影响

固定丙酮浓度为 50%、硫酸铵用量为 0.22 g，超声波温度为 60 ℃，料液比为 1：20（g/mL）。考察不同超声波时间（40、60、80、100、120、140 min）对多酚提取率的影响。

Ⅳ.料液比对多酚提取率的影响

固定丙酮浓度为 50%、硫酸铵用量为 0.22 g，超声波温度为 60 ℃，超声波时间为 100 min，考察不同料液比（1：10、1：20、1：30、1：40、1：50、1：60（g/mL））对多酚的提取率的影响。

（7）响应曲面法试验设计

以单因素试验的结果为基础，采用统计分析软件 Design-Expert 8.0，根据 Box-Behnken 中心组合设计原理设立响应面试验，以丙酮浓度、超声温度、超声时间三个因素为试验因子，以神秘果种子多酚提取率为评价指标，建立三因素三水平的响应面分析法，进行二次多项回归方程拟合及其优化分析。试验因素与水平设计见表 3.33。

表 3.33   试验因素与水平设计

水平	X_1 丙酮浓度/%	X_2 丙酮浓度/%	X_3 超声时间/min
−1	40	50	80
0	50	60	100
1	60	70	120

（8）结论

双水相萃取技术是目前一种较为先进的分离技术，通过丙酮-硫酸铵双水相体系与超声波复合提取神秘果种子多酚。不同因素对多酚提取率的影响如图 3.27 至图 3.30 所示。通过响应面法优化神秘果种子多酚最佳提取工艺：丙酮浓度 50% 与 0.22 g 硫酸铵形成双水相体系，提取温度为 60 ℃，超声时间为 100 min。在此条件下，总多酚提取率为 11.56%。

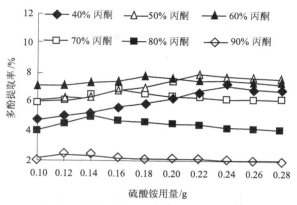

图 3.27 丙酮浓度和硫酸铵用量对多酚提取率的影响

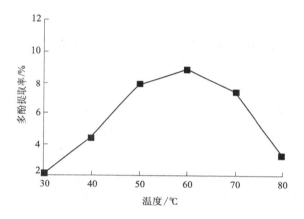

图 3.28 超声温度对多酚提取率的影响

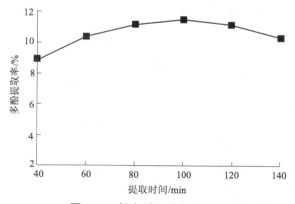

图 3.29 超声时间对多酚提取率的影响

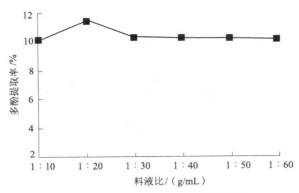

图3.30　料液比对多酚提取率的影响

2）纯化方法

（1）仪器、试剂与材料

仪器：超声波清洗仪，XO-5200DTS型（南京先欧仪器制造有限公司）；双光束紫外可见分光光度计，i8型（济南海能仪器股份有限公司）；实验室纯水机，Unique-R10（UV+UF）型（厦门锐思捷科学仪器有限公司）；电子天平，TP-214型（丹佛仪器北京有限公司）；数显恒温水浴锅，HH-1型（江苏智博瑞仪器制造有限公司）；回旋振荡器，THZ-82 A型（金坛市荣华仪器制造有限公司）；蠕动泵，BT-100CA型（重庆市杰蠕动泵有限公司）。

试剂：大孔吸附树脂，AB-8、D101、HPD-500、S-8、DM130、X-5型（理化性能指标见表3.34）（天津南开大学化工厂）；无水碳酸钠、丙酮、石油醚、无水乙醇，分析纯（国药集团化学试剂有限公司）；没食子酸标准品，分析纯（上海金穗生物科技有限公司）；福林酚试剂，分析纯（美国Sigma公司）。

材料：神秘果种子，采摘于海南省保亭县。

表3.34　6种大孔树脂的理化性能指标

树脂型号	外观	极性	比表面积/（m²/g）	粒径范围/mm	平均孔径/nm
AB-8	乳白色半透明球状颗粒	弱极性	480~520	0.315-1.250	12-16
D101	乳白色不透明球状颗粒	非极性	500~550	0.300~1.250	10~12
HPD-500	白色不透明球状颗粒	极性	500~550	0.300~1.250	55~75
S-8	黄色不透明球状颗粒	极性	100-120	0.300~1.250	28-30
DM130	乳白色不透明球状颗粒	中极性	500~550	0.300-1.250	9~10
X-5	乳白色不透明球状颗粒	弱极性	500~600	0.300~1250	29~30

（2）大孔树脂预处理流程

分别取6种大孔树脂（AB-8、D101、HPD-500、S-8、DM130、X-5）→95%乙醇浸泡24 h（充分溶胀）→过滤→反复用去离子水洗（流出液无白色浑浊，无乙醇味，中性）→5%

盐酸浸泡 12 h →去离子水洗（中性）→ 5% 氢氧化钠浸泡 12 h → 去离子水淋洗（中性）→用蒸馏水保鲜（密封备用）。

（3）多酚的提取

神秘果种子→粉碎过筛（60 目）→石油醚脱脂（3 倍体积石油醚，脱脂 3 次）→粉末烘干至恒重→双水相体系一次超声浸提（硫酸铵 0.22 g，60 ℃，1∶10（g/mL），100 min，200 W）→静置分层→上层为浸提液。

（4）种子多酚标准曲线的建立

同（3）操作。

（5）吸附树脂的初步选择

Ⅰ. 各树脂吸附量、吸附率的动态趋势

准确称取 6 种预处理后经滤纸吸干的树脂各 2 g，分别置于 150 mL 锥形瓶中，依次加入 1.2 mg/mL 多酚样品液 50 mL，密封后水浴摇床振荡（25 ℃、120 r/min、24 h），分别在开始吸附后的 0.5、1.0、2.0、3.0、4.0、6.0、8.0、10.0、12.0 h 时，依次取上清液，测剩余多酚浓度，按式（3-20）、式（3-21）计算吸附量、吸附率。绘制静态吸附曲线。

$$A = \frac{(C_o - C_e) \times V_o}{m} \qquad (3\text{-}20)$$

$$B = \frac{(C_o - C_e)}{C_o} \times 100 \qquad (3\text{-}21)$$

式中　A——树脂饱和时的吸附量，mg/g；

　　　B——树脂的吸附率，%；

　　　C_o——多酚提取液的初始浓度，mg/mL；

　　　C_e——吸附平衡后多酚的浓度，mg/mL；

　　　V_o——多酚提取液的体积，mL；

　　　m——吸附树脂的质量，mg。

Ⅱ. 各树脂解吸量、解吸率的动态趋势

将 6 种充分吸附的树脂过滤后置于 150 mL 锥形瓶中，加入同体积 70% 的乙醇，密封后摇床振荡（25 ℃、120 r/min、8 h），分别在洗脱后的 1、2、3、4、6、8 h 时，取适量洗脱液测多酚浓度，按式（3-22）、式（3-23）计算解吸量、解吸率。绘制静态解吸曲线。

$$Z = \frac{C_d V_d}{m} \qquad (3\text{-}22)$$

$$Y = \frac{(C_d - V_d)}{(C_o - C_e) \times V_o} \times 100 \qquad (3\text{-}23)$$

式中　Z——树脂的解吸量，mg/g；

　　　Y——树脂的解吸率，%；

　　　C_d——洗脱液中多酚的浓度，mg/mL；

V_d——洗脱液的体积，mL；

m——吸附树脂的质量，mg；

C_o——多酚提取液的初始浓度，mg/mL；

C_e——吸附平衡后多酚的浓度，mg/mL；

V_o——多酚提取液的体积，mL。

（6）静态吸附与解吸附

Ⅰ.吸附效果影响

准确称取 6 份预处理后经滤纸吸干的树脂各 2 g，分别置于 150 mL 锥形瓶中，加入多酚样品液各 50 mL，密封后分别在 30 ℃ 水浴摇床振荡（120 r/min、24 h）充分吸附，分别在不同多酚浓度（0.4、0.6、0.8、1.0、1.2、1.4、1.6 mg/mL）和 pH 值（2.8、4.8、5.8、6.8、8.8）条件下，取适量上清液测剩余多酚含量，计算树脂吸附多酚的含量。

Ⅱ.乙醇浓度对解吸效果的影响

准确称取 6 份预处理后经滤纸吸干的树脂各 2 g，分别置于 150 mL 锥形瓶中，依次加入 1.2 mg/mL 多酚样品液 50 mL，密封后水浴摇床振荡（30 ℃、120 r/min、24 h），充分吸附后，测定平衡液中多酚浓度，计算吸附量。将树脂过滤后，依次用 30%、40%、50%、60%、70%、80%、90%、100% 的乙醇溶液 50 mL 洗脱，密封后水浴摇床振荡（30 ℃、120 r/min、24 h），测定解吸液中多酚含量。比较不同浓度乙醇对解吸附效果的影响。

（7）动态吸附与解吸附

Ⅰ.样品液浓度的优选

称取预处理后的树脂，装入 20 mm × 300 mm 层析柱 15 cm 处，一段时间树脂平衡后，配制浓度为 0.8、1.0、1.2、1.4、1.6、1.8 mg/mL 的样品液，在 30 ℃、pH=5.8（用 1% HCl 和 1% NaOH 调节）的条件下，分别以 1.0 mL/min 的速度对样品液进行动态吸附。收集流出液，测定平衡液中多酚含量，计算吸附量。

Ⅱ.吸附液体积的确定

选取最佳样品液浓度以 1.0 mL/min 的流速上样，收集流出液，每流出 20 mL 样品液测其多酚含量。绘制流出液体积与多酚含量关系的曲线。

Ⅲ.解吸液体积的确定

使上述树脂达到吸附平衡后，用适量蒸馏水淋洗，用 70% 乙醇以 1.0 mL/min 的流速解吸，收集流出液，每流出 5 mL 解吸液测其多酚含量。绘制流出液体积与多酚含量关系的曲线。

Ⅳ.吸附流速的优选

选取如上最佳浓度的样品液，调节 pH=5.8，控制蠕动泵分别以 0.5、1.0、1.5、2.0、2.5 mL/min 的流速吸附，分瓶收集流出液测其体积和多酚浓度，计算吸附多酚含量。

Ⅴ.解吸流速的优选

选取浓度为 1.0 mg/mL、pH=5.8 的样品液,以最佳吸附流速上样,直到吸附达到平衡后,取 70% 乙醇分别以 0.5、1.0、1.5、2.0、2.5 mL/min 的流速对其洗脱,分瓶收集流出液,测其吸光度。绘制不同洗脱流速下的解吸曲线。

（8）结论

大孔树脂的吸附能力与极性、比表面积、孔径等因素有关。由表 3.35,以吸附量与解吸率为指标,分析静态吸附的动态趋势中的结果,可知 X-5 为最佳树脂。

6 种树脂静态吸附和解吸附的动态趋势如图 3.31 和图 3.32 所示。在静态吸附与解吸附研究中发现,其为单分子层吸附,较适用于低浓度吸附,同时 pH= 5.8,70% 乙醇浓度最佳。在动态吸附与解吸附研究中发现,样品液浓度为 1.2 mg/mL、上样 100 mL、解吸液 50 mL,吸附流速选 1 mL/min 最佳,解吸流速选 1.5 mL/min 为佳,经优化方案纯化后,神秘果种子多酚提取液中总多酚含量由原来的 0.92 mg/g 提高到 1.93 mg/g,提高了 2 倍。

表 3.35　6 种树脂静态吸附与解吸试验结果

树脂型号	平衡浓度/（mg/mL）	吸附量/（mg/g）	吸附率/%	解吸量/（mg/g）	解吸率/%
AB-8	0.363 8	15.19	63.62	12.45	78.34
D101	0.232 4	19.19	76.76	13..55	70.61
HPD-500	0.298 9	17.53	70.11	14.07	80.27
S-8	0.164 6	21.73	83.54	9.07	41.75
DM130	0.245 6	18.86	75.44	14.26	75.63
X-5	0.182 7	20.43	81.73	17.14	83.91

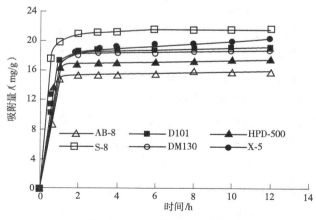

图 3.31　6 种树脂静态吸附的动态趋势

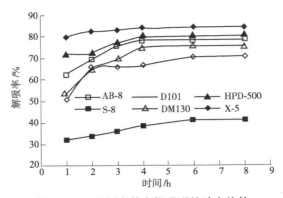

图 3.32　6 种树脂静态解吸附的动态趋势

(三)神秘果中齐墩果酸和五环三萜提取

1. 仪器、试剂与材料

仪器：HHS 型电热恒温水浴锅(上海亚荣生化仪器厂)；RE52-99 型旋转蒸发器(上海亚荣生化仪器厂)；721 可见分光光度计(上海光学仪器五厂)；高效液相色谱仪(日本岛津公司)；WR-C 微波样品处理系统(上海新仪微波化学科学有限公司)。

试剂：齐墩果酸对照品(四川维克奇生物科技有限公司)；熊果酸标准样品(四川维克奇生物科技有限公司)；95% 乙醇、正丁醇、高氯酸,冰醋酸、香草醛等,均为分析纯；甲醇,色谱纯；水,超纯化水。

材料：神秘果采集于海南省尖峰岭国家森林保护区,经海南师范大学生命科学学院钟琼芯高级实验师鉴定。

2. 试验方法

1)神秘果中齐墩果酸的提取

精确称取神秘果粉 6.0 g 置于 600 W 微波提取罐内,以 40 mL 95% 的乙醇溶液为提取剂,盖上压力盖、密封,放入微波样品处理系统中提取 2 min,取出冷却后离心分离。保留上层清液,下层残留物在同样条件下提取两次,均留取上层清液。再用 20 mL 95% 的乙醇溶液洗涤残留物,合并洗涤液和提取液,减压浓缩。所得的浸膏先后用水和氯仿洗涤,合并洗涤液,去水层。有机层再用水洗涤 6 次,去水层,蒸馏氯仿,用甲醇将所得溶液转移至 10 mL 容量瓶中并定容至刻度。经 0.45 μm 滤膜过滤,即得齐墩果酸溶液。

2)神秘果中五环三萜的提取

精确称取神秘果粉 6.0 g 置于 600 W 微波提取罐内,以 40 mL 95% 的乙醇溶液为提取剂,盖上压力盖、密封,放入微波样品处理系统中提取 5 min,冷却后离心分离。提取液中加入适量活性炭加热煮沸,趁热过滤,浓缩,蒸馏水稀释后,再用正丁醇萃取,合并萃取液,浓缩回收正丁醇,所得浸膏用乙醇定容,即得样品液。

3）色谱条件的建立

（1）流动相配比的选择

对于反相液相色谱,当流动相中有机溶剂的比例增加时,极性减小,流动相的洗脱能力增强;当流动相中有机溶剂比例减少时,极性增大,流动相的洗脱能力减弱。以下是流动相不同配比洗脱齐墩果酸标准品的色谱数据。

①甲醇：水 =90：10 时,齐墩果酸的保留时间 t=5.941 s;②甲醇：水：冰醋酸 =85：15：0.1 时,齐墩果酸的保留时间 t=8.678 s。流动相的洗脱情况随水的比例增加,色谱峰展宽的现象明显改善。齐墩果酸保留时间合适,可以减少甲醇水合峰的干扰,有利于样品的分析分离,因此本试验确定流动相配比为甲醇：水：冰醋酸 =85：15：0.1。

（2）检测波长的确定

用紫外分光光度计在 194~250 nm 范围内,对齐墩果酸标准品进行扫描,结果显示齐墩果酸的吸收波长为 195~225 nm。甲醇的最大吸收波长为 205 nm,容易引起干扰,影响洗脱效果。为了提高灵敏度,降低干扰因素,选择检测波长为 215 nm。经过讨论,建立如下色谱条件：色谱柱,ODS Hyper 2 SIL C$_{18}$(4.0 mm × 200 mm, 5 μm);流动相,甲醇：水：冰醋酸 =85：15：0.1;检测波长,215 nm;流速,1.0 mL/min;柱温,25 ℃;进样量,20 μL。

4）齐墩果酸标准曲线的绘制

精确称取减压干燥至恒重的齐墩果酸标准品 5.00 mg,加 5 mL 甲醇溶解并稀释至刻度,摇匀,制成含齐墩果酸 1.0 mg/mL 的标准品溶液。精密吸取标准品溶液 0.1 mL、0.2 mL、0.3 mL、0.4 mL、0.5 mL 置于 10 mL 容量瓶中,加甲醇稀释至刻度,摇匀,分别得浓度为 0.01 mg/mL、0.02 mg/mL、0.03 mg/mL、0.04 mg/mL、0.05 mg/mL 的标准品溶液,按色谱条件进样 20 μL 分析。以峰面积为横坐标,标准品浓度为纵坐标,绘制齐墩果酸的标准工作曲线,如图 3.33 所示,得回归直线方程为 y=5.867 2 × 10^{-8}x-2.908 07 × 10^{-4},相关系数 R^2=0.995 72。表明齐墩果酸在浓度为 0.01~0.050 mg/mL 范围内与峰面积具有良好的线性关系。

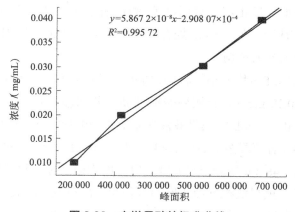

图 3.33　齐墩果酸的标准曲线

5）专属性试验

分别吸取空白溶液（不含齐墩果酸的甲醇溶液）、标准品对照溶液、供试样品溶液、按色谱条件进样 20 μL。结果表明，供试样品溶液在标准品对照 HPLC 色谱图的相应位置上有相同的保留时间，空白溶液在标准品对照 HPLC 色谱图的相应位置无干扰峰，证明本方法可行。

6）精密度试验

微波制样，进样 5 次，每次进样 20 μL，记录峰面积。结果 RSD=2.23%，表明仪器精密度较好。

7）重复性试验

取同批次样品 5 份，微波制样，进样，测定，结果如表 3.36 所示，RSD=1.34%，表明本法重复性良好。

表 3.36　重复性试验结果

测量次数	峰面积	齐墩果酸含量/（mg/g）
1	307 899	0.029 6
2	319 658	0.030 8
3	313 036	0.030 1
4	312 606	0.030 1
5	313 435	0.030 2
RSD/%	1.34	—

8）比色法测定五环三萜的含量

（1）测定方法原理

采用冰醋酸-香草醛及高氯酸显色比色法，其原理机制是三萜本身在可见光区无吸收，羟基脱水而使其双键数目增加，又经双键位移后，与香草醛结构中的醛基发生缩合反应，最后在酸作用下形成碳正离子盐而显色，测定缩合物的量，从而获得总三萜的含量。以熊果酸（标准样）为标准，在 548 nm 处有吸收峰且符合定量分析的比尔定律。

（2）熊果酸标准曲线的绘制

将 5 mg 熊果酸标准品移入小烧杯中，加 95% 乙醇溶解，于 25 mL 容量瓶中加 95% 乙醇定容，摇匀，得 0.20 mg/mL 的熊果酸标准品。分别移取 0.0 mL、0.5 mL、1.0 mL、1.5 mL、2.0 mL、2.5 mL、3.0 mL 的熊果酸标准品于 8 个试管中，85 ℃水浴挥干乙醇。各加 0.5 mL 5% 的冰醋酸-香草醛溶液，摇匀，再各加入 1.0 mL 高氯酸，摇匀，60 ℃水浴加热 15 min，取出冷却，在 548 nm 处测定吸光度。以浓度为横坐标，吸光度为纵坐标绘制标准曲线，如图 3.34 所示。熊果酸标准曲线回归方程为：$A=2.92C+1.272$。其中，C 为五环三萜浓度（mg/mL），A 为吸光度值，相关系数 $R^2=0.990\ 04$。线性关系良好。

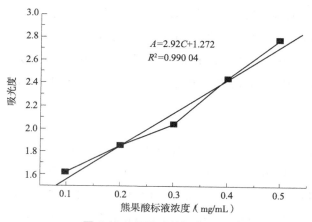

图 3.34　熊果酸的标准曲线

（3）五环三萜含量测定

准确移取 1.0 mL 的标准品于试管中，85 ℃水浴蒸干乙醇，加入 0.5 mL 5% 的冰醋酸-香草醛溶液，再加入 1.0 mL 高氯酸，85 ℃水浴 15 min，取出冷却，加 5.0 mL 冰醋酸摇匀，在 548 nm 处测定吸光度为 2.85。根据标准曲线换算，可计算出五环三萜含量为 0.9 mg/g。

3. 结论

微波提取神秘果中齐墩果酸和五环三萜，建立的色谱条件：ODS C_{18} 色谱柱，柱温为 25 ℃，流速为 1 mL/min，流动相为甲醇：水：乙酸 =85：5：0.1，检测波长为 215 nm。测得齐墩果酸的含量为 0.03 mg/g，五环三萜的含量为 0.9 mg/g。

（四）神秘果中金丝桃苷等槲皮素类化合物的分析

1. 仪器、试剂与材料

仪器：FW100 粉碎机（天津泰斯特仪器有限公司）；RE-52AA 旋转蒸发仪（上海亚荣化学仪器厂）；e2695 高效液相色谱仪（美国 Waters 公司）；Alpha 1-4 LD 冷冻干燥机（德国 Christ 公司）；CR22 N 冷冻离心机（日本日立公司）；DRX-400 核磁共振波谱仪（德国 Bruker 公司）；LCQDECA 电喷雾质谱仪（美国 Finigan 公司）。

试剂：甲醇（色谱级）（德国 Merck 公司）；氧嗪酸钾、戊巴比妥钠（湖北鑫源顺医药化工有限公司）；其他试剂购于广州化学试剂厂。

材料：神秘果新鲜树叶，于 2015 年 9 月 1 日采摘于海南海口当地农场，清洗干净后，晒干。

2. 试验方法

1）样品制备

取神秘果干叶，粉碎后过 40 目筛，按料液比 1：20（g/mL）加入 80% 乙醇溶液，热回流提取 2 h，冷却至室温，2 000 g 离心 10 min，得上清液，叶渣按上述工艺条件重复提取 2

次,合并上清液,55 ℃减压浓缩,冷冻干燥得到神秘果树叶乙醇提取物(miracle fruit leaf ethanol extract,MFLEE)。另取神秘果树叶粉,按料液比 1∶20 加入去离子水,热回流提取 2 h,冷却至室温,2 000 g 离心 10 min,得上清液,叶渣按上述工艺条件重复提取 2 次,合并上清液,55 ℃减压浓缩,冷冻干燥得到神秘果树叶水提取物(miracle fruit leaf water extract,MFLWE)。

2)含量测定

采用高效液相色谱法测定槲皮素类化合物含量。分析条件如下。色谱柱为 XBridge C_{18} 色谱柱(150 mm × 4.6 mm,5 μm);流动相为 0.1% 甲酸水溶液(A)和乙腈(B)。梯度洗脱程序:0—5 min,95% A;5—10 min,90%~95% A;10—20 min,80%~90% A;20—40 min,50%~80% A;40—45 min,50% A;45—70 min,20%~50% A;70—75 min,0~20% A;75—90 min,0~95% A;90—95 min,95% A。流速为 1.0 mL/min,柱温为 25 ℃,检测波长为 254 nm。以分离得到的槲皮素类化合物为标准品,绘制标准曲线。

3)分离纯化与结构鉴定

将神秘果树叶乙醇提取物分散于 2 L 去离子水中,依次加入 10 L 石油醚、乙酸乙酯进行分级萃取,加压浓缩至干,分别得到石油醚相(petroleum ether layer,LPEL)、乙酸乙酯相(ethyl acetate layer,LEAL)以及水相(water layer,LWL)。取活性最强的 LEAL,使用硅胶柱层析(80 mm × 1 000 mm,200~300 目),梯度洗脱方式为氯仿/甲醇(1∶0~0∶1,体积比),进行梯度洗脱,得到 11 个组分(F1~F11)。取 F7,使用 Sephadex LH-20 柱层析(16 mm × 700 mm),采用纯甲醇洗脱,得到化合物 1(500 mg);取 F9,使用 ODS-BP 柱层析(40 mm × 400 mm),梯度洗脱方式为水/甲醇(9∶1~0∶1,体积比),进行梯度洗脱,得到化合物 2(100 mg);取 F11,使用 Sephadex LH-20 柱层析(16 mm × 700 mm),采用纯甲醇洗脱,得到化合物 3(100 mg)。采用 Brucker DRX-600 核磁共振仪测定化合物的 ^{1}H 和 ^{13}C NMR 谱。采用 LCQDECA 电喷雾质谱仪正离子模式测定化合物的分子质量。

3. 结论

1)槲皮素类化合物含量测定

分析神秘果树叶乙醇提取物的高效液相色谱图,槲皮素-3-*O*-α-L-鼠李糖苷是其主要化学成分。3 种槲皮素类化合物在各组分中的含量见表 3.37。3 种槲皮素类化合物在神秘果树叶乙醇提取物中的含量满足槲皮素-3-*O*-α-L-鼠李糖苷(1.74 g/100 g)> 金丝桃苷(0.77 g/100 g)> 槲皮素(0.17 g/100 g)。在各组分中,槲皮素-3-*O*-α-L-鼠李糖苷含量从高到低依次是:F9>F10>LEAL>MFLEE>F11>LPEL=LWL=F3=F4=F5=F6=F7=F8;金丝桃苷的含量从高到低依次是:F10=F11>LEAL>MFLEE>F5=F7>F8>F9;槲皮素的含量从高到低依次是:F7 >F8 >LEAL >F9 =F10 >F6 >F11>MFLEE=LPEL>LWL。

表 3.37 槲皮素类化合物含量

样品	槲皮素-3-O-α-L-鼠李糖苷/（g/100 g）	金丝桃苷/（g/100 g）	槲皮素/（g/100 g）
MFLEE	1.74 ± 0.04[d]	0.77 ± 0.06[c]	0.17 ± 0.02[fg]
LPEL	0.35 ± 0.02[f]	ND	0.14 ± 0.03[fg]
LEAL	6.73 ± 0.05[c]	2.34 ± 0.02[b]	0.66 ± 0.01[c]
LWL	0.25 ± 0.04[f]	ND	0.13 ± 0.03[g]
F1	ND	ND	ND
F2	ND	ND	ND
F3	0.24 ± 0.10[f]	ND	ND
F4	0.27 ± 0.03[f]	ND	ND
F5	0.20 ± 0.06[f]	0.13 ± 0.01[d]	0.13 ± 0.02[g]
F6	0.21 ± 0.01[f]	ND	0.28 ± 0.03[e]
F7	0.32 ± 0.05[f]	0.17 ± 0.02[d]	3.66 ± 0.01[a]
F8	0.31 ± 0.03[f]	0.09 ± 0.01[de]	1.34 ± 0.02[b]
F9	16.2 ± 0.07[a]	0.01 ± 0.01[e]	0.37 ± 0.03[d]
F10	7.81 ± 0.01[b]	4.95 ± 0.06[a]	0.37 ± 0.01[d]
F11	0.97 ± 0.11[e]	4.94 ± 0.07[a]	0.19 ± 0.04[f]

注：同列中不同字母代表具有显著性差异（$P<0.05$）。

2）活性物质结构鉴定结果

经高效液相色谱法检测，F8 组分化学成分与 F7 类似；F10 组分化学成分与 F9 类似，因此仅对 F7、F9 以及 F11 这 3 个组分进一步分离纯化。从 F7、F9 以及 F11 组分中分离鉴定得到 3 个槲皮素类化合物（结构如图 3.35 所示）。这 3 个化合物为从神秘果树叶中分离得到。化合物 1 为黄色无定型粉末，根据 ESI-MS 以及 NMR 数据，化合物 1 的分子式推测为 $C_{15}H_{10}O_7$，将其质谱、核磁数据与文献对比，将其鉴定为槲皮素。

化合物 2 为黄色无定型粉末，根据 ESI-MS 以及 NMR 数据，化合物 2 的分子式推测为 $C_{21}H_{20}O_{11}$，将其质谱、核磁数据与文献对比，将其鉴定为槲皮素-3-O-α-L-鼠李糖苷。

化合物 3 为黄色无定型粉末，根据 ESI-MS 以及 NMR 数据，化合物 3 的分子式推测为 $C_{21}H_{20}O_{12}$，将其质谱、核磁数据与文献对比，将其鉴定为金丝桃苷。

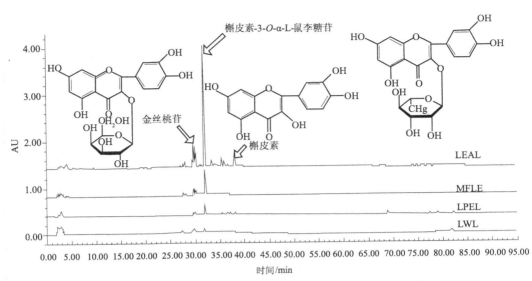

图 3.35　MFLEE、LPEL、LEAL 与 LWL 的高效液相色谱图及槲皮素类化合物结构

本节参考文献

[1] 张知杭,王会全,欧高政. 神秘果栽培技术 [J]. 福建农业科技,2014(2): 61-63.

[2] 谭乐和. 神秘果开发利用前景及发展对策 [J]. 中国果业信息,2005(8):10-12.

[3] 郑良永,钟宁,魏志远,等. 奇特的观赏果树——神秘果及其栽培技术 [J]. 广东农业科学,2006(7):38-39.

[4] 付菲,郭天鹅,李瑜,等. 神秘果成分生物活性及加工应用研究进展 [J]. 农产品加工,2019(11): 83-85, 88.

[5] 林美玲,郑瑞棠. 蜜拉圣果果实萃取物的医疗用途:200610073039.1[P]. 2007-10-17.

[6] 黄巨波,刘红,祁海兰,等. 神秘果混合果粉营养成分及其抗疲劳和免疫作用 [J]. 中国实验方剂学杂志,2012,18(14): 195-198.

[7] 李彦,路晓庆,刘艳薇,等. 神秘果提取物对链脲佐菌素诱导的糖尿病大鼠血糖及脂代谢的影响 [J]. 中药药理与临床,2011,27(4): 64-67.

[8] 梁廷霞. 神秘果稳定化措施的探讨 [D]. 重庆:重庆大学,2007.

[9] WONG J M, KERN M. Miracle fruit improves sweetness of a low-calorie dessert without promoting subsequent energy compensation[J]. Appetite,2011,56(1): 163-166.

[10] GUNEY S, NAWAR W W. Seed lipids of the miracle fruit(*Synsepalum dulcificum*)[J]. Journal of food biochemistry,1977,1(2): 173-184.

[11] 卢圣楼,刘红,江虹,等. 微波辅助提取-HPLC 测定神秘果种子中齐墩果酸的研究 [J]. 湖北农业科学,2012,51(4):816-819,830.

[12] 齐赛男,贾桂云,雷鹏,等. 神秘果种子挥发油化学成分的气相色谱-质谱分析 [J]. 海

南师范大学学报（自然科学版），2012，25（1）：73-76.

[13] 黄巨波，刘红，卢圣楼，等. 神秘果种子蛋白质的提取与降糖效用研究 [J]. 天然产物研究与开发，2012，24（10）：1441-1443，1347.

[14] BUCKMIRE R E，FRANCIS F J. Anthocyanins and flavonols of miracle fruit，*Synse palum dulcificum*，Schum[J]. Journal of food science，1976，41（6）：1363-1365.

[15] BUCKMIRE R E，FRANCIS F J. Pigments of miracle fruit，*Synsepalum dulcificum*，Schum，as potential food colorants[J]. Journal of food science，1978，43（3）：908-911.

[16] 刘红，赵丹微，杨定国，等. 神秘果果皮的抗氧化性 [J]. 安徽农业科学，2010，38（14）：7522-7524.

[17] INGLETT G E，CHEN D J. Contents of phenolics and flavonoids and antioxidant activities in skin，pulp，and seeds of miracle fruit[J]. Journal of food science，2011，76（3）：C479-482.

[18] 陈萍，杨通顺，王欢. 神秘果基因组 DNA 提取方法比较研究 [J]. 广东农业科学，2008（3）：26-28.

[19] CHEN C Y，WANG Y D，WANG H M. Chemical constituents from the leaves of *Synsepalum dulcificum*[J]. Chemistry of natural compounds，2010，46（3）：495.

[20] WANG H M，CHOU Y T，HONG Z L. Bioconstituents from stems of *Synsepalum dulcificum* Daniell（Sapotaceae）inhibit human melanoma proliferation，reduce mushroom tyrosinase activity and have antioxidant properties[J]. Journal of the Taiwan Institute of Chemical Engineers，2011，42（2）：204-211.

[21] CHENG M J，HONG Z L，CHEN C Y. Secondary metabolites from the stems of *Synsepalum dulcificum*[J]. Chemistry of natural compounds，2012，48（1）：108-109.

[22] CHEN C Y，WANG Y D，WANG H M. Chemical constituents from the roots of *Synsepalum dulcificum*[J]. Chemistry of natural compounds，2010，46（3）：448-449.

[23] 潘丽瓶，余丝莉，李海航. 变味蛋白神秘果素研究进展 [J]. 科技导报，2009，27（3）：99-101.

[24] CHEN C C，LIU I M，CHENG J T. Improvement of insulin resistance by miracle fruit（*Synsepalum dulcificum*）in fructose-rich chow-fed rats[J]. Phytotherapy research，2006，20（11）：987-992.

[25] GIROUS E L，HENKIN R I. Purification and some properties of miraculin，a glycoprotein from *Synsepalum dulificum* which provokes sweetness and blocks sourness[J]. Journal of agricultural and food chemistry，1974，22（4）：595-601.

[26] THEERASILP S，KURIHARA Y. Complete purification and characterization of the taste-modifying protein，miraculin，from miracle fruit[J]. Journal of biological chemistry，

1988,263（23）：11536-11539.

[27] KURIHARA K，BEIDLER L M. Mechanism of the action of taste-modflying protein [J]. Nature,1969（222）：1176-1179.

[28] INGLETT G E,DOWLING B,ALBRECHT J J. Taste modifiers,taste-modifying properties of miracle fruit（ *Synsepalum dulcificum*)[J]. Journal of agricultural and food chemistry,1965,13（3）：284-287.

[29] GIROUS E L，HENKIN R I. Purification and some properties of miraculin, a glycoprotein from *Synsopalum dulificum* which provokes sweetness and blocks sourness[J]. Journal of agricultural and food chemistry ,1974,22（4）：595-601.

[30] BARTOSHUK L M，GENTILE R L，MOSKOWITZ H R，et al. Sweet taste induced by miracle fruit（ *Synsepalum dulcificum*)[J]. Physiology and behavior, 1974, 12（3）：449-456.

[31] BROUWER J N，WEL H V D，FRANCKE A，et al. Miraculin, the sweetness-inducing protein from miracle fruit[J]. Nature, 1968（220）：373-374.

[32] 马艺丹,刘红,廖小伟,等. 神秘果种子多酚超声双水相复合提取工艺及其抗氧化活性 [J]. 食品与机械,2015,31（6）：173-178.

[33] 马艺丹,刘红,马思聪,等. 神秘果种子多酚大孔树脂纯化工艺研究 [J]. 食品与机械,2016,32（2）：139-144.

[34] 卢圣楼,刘红,曹佳佳,等. 神秘果中齐墩果酸和五环三萜含量的测定 [J]. 食品工业,2012,33（3）：130-133.

[35] 林恋竹,刘雪梅,赵谋明. 神秘果树叶提取物降尿酸作用及其有效成分鉴定 [J]. 中国食品学报,2018,18（1）：270-277.

第十一节 巴西莓

一、巴西莓的概述

巴西莓（ *Euterpe badiocarpa* ）又称阿萨伊、不老果、生命果,果树属棕榈科热带大乔木,树身长、苗条,树高 15~30 m,树干直径为 10~15 cm,叶呈羽状,长达 3 m,开棕色与紫色花,叶鞘带有红色,果实同蓝莓的大小相仿,直径为 1~2 cm,一粒粒排列于每一叶鞘,浆果里有一颗直径 7~10 mm 的果核。成熟果实的外果皮是深紫色或绿色,果皮薄而多汁,厚度约为 1 mm。未成熟的巴西莓果为绿色,当其成熟时,果子呈黑紫色,薄薄的可食用果肉包含着一颗硕大果核。高 20~25 m 的巴西莓树可收获直径 1.5 cm 深紫色的巴西莓果 700~900 个,巴西莓的果实以种子为主,可食用的果肉只占 5%。常见于沼泽地和沙滩上。

在巴西亚马孙河流域,巴西莓浆果(acai berry)被当地居民视为食物采摘,棕榈树也被公认是最重要的植物种类。巴西莓浆果成了他们的饮食主要组成部分,据科学分析,当地人成长摄取营养成分中高达 42% 来源于巴西莓浆果。

二、巴西莓的产地

巴西莓主要生长于南美洲,我国台湾、香港和广东有少量种植。果实摘下来 24 h 内就要干燥磨粉否则就会迅速腐烂。口感比蓝莓要酸一点,梅子的果味更浓郁,有浓浓的梅子香味。巴西莓通常被视为超级食物,是目前已知的世界上知名度最高的抗氧化活性物质,如表 3.38 所示。巴西莓与地中海的橄榄、沙漠中的椰枣、南美洲的可可、阿拉斯加的鳕鱼、中国的茶叶等被列为世界上最健康的 150 种食材。巴西莓传统的吃法是把它做成酱或者果汁食用,或者把它与木薯粉混合作为主食食用,也可以制成果汁、酒类、色素等加工商品。

表 3.38　不同作物抗氧化能力排名

排名	作物	抗氧化能力(μmol TE/g)
1	巴西莓	102 700
2	黑枸杞	66 737
3	蔓越莓	9 090
4	黑加仑	6 100
5	黑莓	5 905
6	蓝莓	4 669
7	石榴	4 479
8	枸杞	3 290
9	带皮红富士	2 589
10	桃子	1 922

数据来源:美国 USDA 数据库。

巴西莓类似于葡萄和蓝莓的杂交品种,体型小,核果呈红紫色,由一群种子组成,而其中只有大约 15% 可食用。

三、巴西莓的主要营养与活性成分

(一)巴西莓的营养成分

制成果汁的巴西莓每 100 g 营养物质含量详见表 3.39。

表 3.39　巴西莓中的营养物质

食品中文名	巴西莓（金宝汤公司，V8 V. FUSION 果汁）	食品英文名	Acai berry（CAMPBELL Soup Company, V8 V. FUSION Juices）
食品分类	饮料类	可食部	100.00%
来源	美国营养素实验室	产地	美国
营养物质含量（100 g 可食部食品中的含量）			
能量/kJ	188	蛋白质/g	0
脂肪/g	0	饱和脂肪酸/g	0
多不饱和脂肪酸/g	0	单不饱和脂肪酸/g	0
碳水化合物/g	11	胆固醇/mg	0
钠/mg	28	糖/g	10.6
钾/mg	98	膳食纤维/g	0
钙/mg	1	维生素 E（α-生育酚当量）/mg	1.83
铁/mg	0.8	维生素 C（抗坏血酸）/mg	40.7

（二）巴西莓的营养价值

巴西莓含有人体必需的氨基酸、膳食纤维、维生素 A、维生素 B、维生素 E 和微量元素（磷、铁、钙和锌等）等多种人体必需的营养成分。而且，这些营养物质容易被人体吸收，是免疫系统促进剂，它含糖量低，是不错的纤维素来源。巴西莓同时也是多种营养素的极好来源，如不饱和脂肪酸、维生素 E、植物甾醇，是可以提供几乎所有必需氨基酸的、完美的复合物。可帮助伤口愈合，清血，改善贫血、腹泻、发烧、出血、黄疸、肝脏疾病、寄生虫和溃疡。巴西莓富含花青素、棕榈酸、膳食纤维等，有抗氧化、抗炎、免疫调节、抗辐射损伤、降脂、降糖、解酒保肝、抗癌、延缓衰老等多方面的作用。

巴西莓的果皮呈深紫色，比蓝莓的颜色更深，花青素含量更高。大量研究结果表明，巴西莓的果实主要含有花青素（ACNs）、原花青素（PACs）及其他黄酮类化合物。经分析，花青素-3-葡萄糖苷和花青素-3-芸香糖苷是主要的花青素成分。巴西莓中的花青素总含量为 3.191 9 mg/g（DW），花青素苷的总含量为 12.89 mg/g（DW）。巴西莓含有丰富的 Omega 脂肪酸，对大脑、神经系统和心脏都有保护作用。所含的 Omega 3 脂肪酸为人体必需的脂肪酸，对健康十分重要，但人体却无法自行有效制造。巴西莓中的 Omega 3 脂肪酸能促进细胞膜之间的流动性，促进营养吸收和废物的排除，通过保持皮肤细胞的水润和强韧让皮肤变得年轻、光滑和紧实。巴西莓的果实还含有多种多酚类化合物。含香草酸 94 mg/kg，丁香酸 62 mg/kg，对羟基苯甲酸 52 mg/kg，儿茶酸 36 mg/kg，阿魏酸 5.9 mg/kg，（＋）-儿茶酸 4.8 mg/kg。巴西莓富含纤维素，食用巴西莓在使人不感到饥饿的同时提供了身体需要的营养物质，净化消化系统中的脂肪等残留物，使身体不会储存过多有害的脂肪。

巴西莓的果实还含有甾醇、氨基酸、多糖、矿物质等。多不饱和脂肪酸、单不饱和脂肪酸及饱和脂肪酸分别占总脂肪酸量的 11.1%、60.2% 及 28.7%，其中，油酸占脂肪酸总量的 60%，棕榈酸占 22%，亚油酸占 12%，硬脂酸及其他脂肪酸占脂肪酸总量的 0.6%。这些营养物质的活性主要体现在以下几点。

1. 抗氧化作用

国外研究认为，巴西莓为一种天然抗氧化剂的新资源，其成熟果实富含的花青素确有抗氧化作用，但有研究数据表明花青素对巴西莓总体抗氧化能力的贡献大约只有 10%，认为巴西莓中存在具有抗氧化能力的未被识别的成分。贺成等采用总氧自由基清除能力（TOSC）的方法对巴西莓油的抗氧化活性进行评价，该法最大的优越性是其所测定的抗氧化能力包含了任何可与氧自由基结合的物质所发挥的作用，因而 TOSC 反映的是机体所具有的总抗氧化能力，这是单项抗氧化剂指标所无法比拟的，结果显示供试品的 TOSC 与其浓度呈正相关，样品浓度和抗氧化能力具有较好的剂量-效应关系，以抗氧化剂还原性谷胱甘肽做对照，当质量浓度为 0.1 g/L 时，巴西莓油的 TOSC 值相当于还原型谷胱甘肽的 20%；当质量浓度大于 6 g/L 时，巴西莓的 TOSC 值相当于还原型谷胱甘肽的 80% 以上，表明在较高浓度时巴西莓油具有显著的抗氧化能力。

2. 解酒保肝作用

屈胜胜等用二锅头白酒灌胃连续 8 周，建立 Wistar 大鼠慢性酒精性肝损伤模型，观察到巴西莓可以降低血清甘油三酯（TG）、胆固醇（CHO）、白细胞介素-8（IL-8）含量（$P<0.01$），上调肝脏核因子相关因子-2（Nrf-2）mRNA 表达（$P<0.05$）；病理切片可见模型组的肝细胞肿胀，可见大小不等的脂肪空泡，局部处可见点状坏死和炎性细胞浸润，阳性药及巴西莓各剂量对大鼠肝脏病理改变有不同程度的改善作用。结果表明，巴西莓对慢性酒精性肝损伤具有一定的保护作用，其机制可能与抑制 IL-8，下调 NF-KB，上调 Nrf-2 mRNA 表达有关。屈胜胜等还报道，巴西莓可以降低血清谷丙转氨酶（ALT）、谷草转氨酶（AST）含量（$P<0.05$），升高肝脏谷胱甘肽（GSH）、超氧化物歧化酶（SOD）水平（$P<0.05$），降低肝脏丙二醛（MDA）、TG 含量（$P<0.05$），降低血清肿瘤坏死因子-α（TNF-α）、IL-6 含量（$P<0.05$），认为巴西莓对酒精性肝损伤保护作用的机制可能与抑制 TNF-α、IL-6 等炎性因子有关。王林元等则报道，对于慢性酒精性肝损伤模型，巴西莓可以降低血清转化生长因子-β1（TGF-β1）含量（$P<0.01$），降低肝脏 TGF-β mRNA 表达（$P<0.05$），降低肝脏分化抗原簇-68（CD68）mRNA（$P<0.01$）及蛋白表达（$P<0.01$），认为巴西莓对酒精性肝损伤保护作用机制可能与抑制 TGF-β1、CD68 表达有关。王林元等对急性酒精性肝损伤试验的研究结果表明，巴西莓可以延长醉酒潜伏期（$P<0.05$），缩短醉酒动物睡眠时间，且可降低血清 ALT、AST 水平（$P<0.01$），升高肝脏 GSH（$P<0.05$）、SOD 水平，降低肝脏 MDA、TG 含量（$P<0.05$），认为巴西莓具有解酒防醉作用，且对酒精性肝

损伤具有一定的保护作用。

3. 抗炎作用

国外报道巴西莓具有一定的抗炎活性,如体外巴西莓冻干粉可选择性抑制环氧合酶1(COX1)、环氧合酶2(COX2)活性;巴西莓可以抑制由内毒素(LPS)诱导的炎症反应;在葡萄糖诱导的人脐静脉内皮细胞(HUVEC)细胞模型中,巴西莓可以下调 IL-6、IL-8 等炎性因子表达水平。国内前述多项报道巴西莓对酒精性肝损伤保护作用机制的试验研究中,降低血清 TNF-α、IL-6、IL-8 含量,下调肝脏 NF-KB 水平,上调 Nrf-2 mRNA 表达等,以及病理检查所见肝脏炎性细胞浸润减轻,也都提示其抗炎作用。

4. 抗辐射作用

王艳玲等观察小鼠在用钴 ^{60}γ 线 8Gy 致死剂量照后 40 d 存活率,并在照后 10 d 对小鼠外周血白细胞计数、CD4$^+$ 和 CD8$^+$ 淋巴细胞类型、活性氧、骨髓造血细胞凋亡率等进行分析,研究结果显示,巴西莓对小鼠抗辐射有预防作用,其细胞学表现为保持造血增殖能力、降低造血细胞凋亡,并维持 Th/Tc 免疫平衡;认为保持造血和免疫能力是提高抵抗辐射损伤、提高存活率的基础。试验结果表明服用巴西莓果粉对人体辐射损伤有预防作用。

四、巴西莓中活性成分的提取、纯化与分析

(一)巴西莓中 β-谷甾醇及总甾醇的分析

1. 仪器、材料与试剂

仪器:Agilent 1100 高效液相色谱仪,二极管阵列检测器,Alltech 2000 蒸发光散射检测器;Agilent 6890 N 气相色谱仪,7694E Headspace Sampler 顶空进样器,氢火焰离子化检测器;顶空进样瓶,安捷伦公司,10 mL;SHZ-88 台式水浴恒温振荡器,江苏太仓实验设备厂。

材料:巴西莓,产于巴西帕拉州;巴西莓果浆,购自生产商巴西百利公司;巴西莓冻干粉,由美国蒙纳维公司提供。

试剂:甲醇,色谱纯,Fisher Scientific;乙腈,色谱纯,Fisher Scientific;异丙醇,色谱纯,Fisher Scientific;4-甲硫基-2-氧丁酸钠,KMBA,Sigma;2,2′-偶氮二异丁基脒二盐酸盐,ABAP,Sigma;还原型谷胱甘肽,GSH,Sigma;乙烯标准气体,纯度 > 99.9%,北京氧利来公司;磷酸二氢钾、磷酸氢二钾、氢氧化钠、无水乙醇、三氯甲烷、浓硫酸,均为分析纯,国药试剂公司;β-谷甾醇(纯度 >98%)、豆甾醇(纯度 >95%),购自上海诗丹德生物技术有限公司。

2. 试验方法

1）样品制备

（1）巴西莓果浆的制备

巴西莓果实经过挑选、清洗、软化后，加水旋转搅拌磨碎，去除果核，过 0.5 mm 筛网后制成果浆，包装，冷冻储存。

（2）巴西莓冻干粉的制备

巴西莓果浆再经冷冻干燥，制成冻干粉。

（3）巴西莓油（petroleum ether extract，PEE）的制备

称取巴西莓冻干粉，加石油醚索氏提取，旋转蒸发回收溶剂至无石油醚味。得深绿色油状液体，冷藏。平行制备 3 批，平均收率为 45.5%。

（4）对照品溶液的制备

分别取对照品适量，精密称定，加流动相溶解并稀释制成每 1 mL 含 β-谷甾醇、豆甾醇均约为 0.25 mg 的混合对照品溶液。

（5）供试品溶液的制备

精密称定巴西莓油 1 g，置于 100 mL 具塞锥形瓶中，加入 1% 硫酸乙醇溶液 30 mL，摇匀，85 ℃水浴回流 3 h。放冷至室温，加入 2 mol/L 氢氧化钠乙醇溶液 30 mL，摇匀，85 ℃水浴回流 2 h。放冷至室温，加入饱和氯化钠水溶液 30 mL，摇匀，转移至分液漏斗中，石油醚萃取 3 次，每次 40 mL。合并石油醚层，水洗至中性。石油醚层减压回收溶剂至干，加流动相溶解并定容至 5 mL 量瓶中。经 0.45 μm 微孔滤膜过滤，取续滤液即得。

2）色谱参考条件

Purosper STAR LP C$_{18}$ 色谱柱（4.6 mm × 250 mm，5 μm）。流动相为乙腈（A）-异丙醇（B）。梯度洗脱：0—25 min，30% B；25—26 min，30%~90% B；26—40 min，90% B。流速为 1 mL/min；柱温为室温；蒸发光散射检测器漂移管温度为 70 ℃；雾化器流速为 2.0 L/min；进样量为 10 μL。

在上述色谱条件下，各成分峰之间分离度良好，理论板数按 β-谷甾醇计算应不低于 5 000。空白溶剂无干扰。

3）标准曲线

分别精密吸取对照品溶液 3、4、5、6、8、10、15、20、25 μL 注入液相色谱仪，以 ln（进样量）为横坐标，ln（峰面积）为纵坐标，绘制标准曲线。回归方程为 $y = 1.639x + 0.7027$（R =0.9992）。结果表明 β-谷甾醇在 0.766~6.38 μg 线性关系良好。

4）重复性

精密吸取同一供试品溶液 10 μL，连续进样 6 次，记录色谱峰的峰面积，β-谷甾醇、总甾醇峰面积的 RSD 分别为 2.8%、2.9%，表明仪器精密度良好。

取同一批（批次 1）巴西莓油样品 6 份，按供试品方法制备，分别依法测定。β-谷甾

醇、总甾醇含量的 RSD 分别为 2.8%、2.9%，表明本方法重复性良好。

5）检测限、定量限

分别精密吸取对照品溶液一定体积进样分析，确定 β-谷甾醇检测限为 0.26 μg（S/N = 3），定量限为 0.51 μg（S/N = 10）。

6）加样回收试验

精密称取已知含量的样品（批次 1）约 0.5 g，共 6 份，分别加入同一浓度的对照品溶液（0.97 g/L）1 mL，按供试品溶液制备方法制备，依法测定，加样回收率符合要求，见表 3.40。

表 3.40　β-谷甾醇加样回收率试验

测定成分	取样量/g	样品中含量/mg	加入量/mg	测得量/μg	回收率/%	平均回收率/%	RSD/%
β-谷甾醇	0.498 7	0.913	0.97	1.821	93.56	95.70	2.8
	0.491 2	0.899	0.97	1.852	98.26		
	0.489 8	0.896	0.97	1.805	93.68		
	0.500 2	0.915	0.97	1.858	97.18		
	0.475 6	0.870	0.97	1.770	92.75		
	0.502 1	0.919	0.97	1.876	98.68		
总甾醇	0.498 7	0.967	0.97	1.935	99.74	101.6	2.0
	0.491 2	0.953	0.97	1.960	103.82		
	0.489 8	0.950	0.97	1.921	100.08		
	0.500 2	0.970	0.97	1.968	102.85		
	0.475 6	0.923	0.97	1.889	99.62		
	0.502 1	0.974	0.97	1.978	103.50		

3. 测定结果

取 3 批巴西莓冻干粉制备巴西莓油，按供试品方法制备，分别依法测定。巴西莓油中 β-谷甾醇的质量分数为 1.85 mg/g（0.185%），总甾醇质量分数为 1.93 mg/g（0.193%）。巴西莓冻干粉中 β-谷甾醇平均质量分数为 0.83 mg/g（0.083%），总甾醇质量分数（以 β-谷甾醇计）为 0.88 mg/g（0.088%）。

（二）巴西莓中矢车菊素 3-O-葡萄糖苷的分析

1. 仪器、材料与试剂

仪器：Agilent 1100 型高效液相色谱仪（美国安捷伦公司）；G1311 A 四元梯度泵、G1322 A 在线脱气机、G1316 A 柱温箱、G1315D DAD 检测器、手动进样器和化学工作站（杭州赛析科技有限公司）；UV-2450 型紫外分光光度计（日本岛津公司）；Model 9860 A/D 型超声波清洗机（天津科贝尔光电技术有限公司）；BT1250D 电子天平（Sartorious 公司）。

材料:矢车菊素-3-O-葡萄糖苷(盐酸盐),分子式 $C_{21}H_{21}ClO_{11}$,分子量为 484.84,批号为 7084-24-4,质量分数 ≥98%,上海诗丹德生物技术有限公司;巴西莓冻干粉,批号为 20170228、20170307、20170315,蒙维(上海)贸易有限公司。

试剂:乙腈,色谱纯,Fisher 公司;超纯水,实验室自制;磷酸,分析纯,北京化工厂;盐酸,分析纯,北京化工厂。

2.试验方法

1)供试品溶液制备方法的考察

(1)两种构型对脱脂巴西莓冻干粉中矢车菊素-3-O-葡萄糖苷提取的影响

巴西莓冻干粉含有 50% 以上的脂肪油,取巴西莓冻干粉约 0.6 g,精密称定,用滤纸包裹,各加入石油醚 50 mL,超声脱脂 0.5 h,取出,挥去石油醚,分别精密加入 80% 乙醇、70% 乙醇、50% 乙醇、水、1% 盐酸水溶液各 10 mL,称重,超声提取 1 h,冷却至室温,补足减失的重量,作为供试品溶液。矢车菊素-3-O-葡萄糖苷对照品分别用与供试品相同的溶剂溶解,使呈相同构型,浓度约为 0.01 mg/mL。按照色谱条件测定,考察两种构型对脱脂巴西莓提取矢车菊素-3-O-葡萄糖苷的影响。

(2)两种构型对未脱脂巴西莓冻干粉中矢车菊素-3-O-葡萄糖苷提取的影响

取巴西莓冻干粉约 0.6 g,分别精密加入 80% 乙醇、70% 乙醇、50% 乙醇、水、1% 盐酸水溶液各 10 mL,称重,超声提取 1 h,冷却至室温,补足减失的重量,作为供试品溶液。矢车菊素-3-O-葡萄糖苷对照品分别用与供试品相同的溶剂溶解,使呈相同构型,浓度约为 0.01 mg/mL。按照色谱条件测定,考察两种构型对未脱脂巴西莓提取矢车菊素-3-O-葡萄糖苷的影响。

(3)两种构型对紫外检测器响应因子和标准曲线的影响

精密称取矢车菊素-3-O-葡萄糖苷,加水 1 mL 溶解,再分别以水和 1% 盐酸水溶液为溶剂稀释,使其分别呈中性醌式碱和烊阳离子构型;制成每 1 mL 含矢车菊素-3-O-葡萄糖苷为 0.002 419、0.004 838、0.009 676、0.019 35、0.038 71、0.077 41 mg/mL 的对照品溶液,按照色谱条件测定两种构型矢车菊素-3-O-葡萄糖苷不同浓度的峰面积、响应因子(仪器对单位浓度样品的响应值)和标准曲线,考察两种构型对紫外检测器的响应因子和标准曲线的影响。

(4)两种构型对含量测定结果的影响

Ⅰ.采用中性醌式碱构型测定

取巴西莓冻干粉约 0.6 g,精密称定,用滤纸包裹,各加入石油醚 50 mL,超声 0.5 h,取出,挥去石油醚,再精密加入水 10 mL,称重,超声提取 1 h,冷却至室温,补足减失的重量,过滤,取续滤液作为矢车菊素-3-O-葡萄糖苷中性醌式碱构型的供试品溶液。另取矢车菊素-3-O-葡萄糖苷对照品,加水溶解,浓度约为 0.01 mg/mL,作为对照品溶液。

Ⅱ.采用烊阳离子构型测定

取巴西莓冻干粉约 0.6 g,精密称定,置于锥形瓶中,精密加入 1% 盐酸水溶液 10 mL,称重,超声提取 1 h,冷却至室温,补足减失的重量,过滤,取续滤液作为矢车菊素-3-*O*-葡萄糖苷烊阳离子构型的供试品溶液。另取矢车菊素-3-*O*-葡萄糖苷对照品,加 1% 盐酸水溶液溶解,浓度约为 0.01 mg/mL,作为对照品溶液。

2)色谱参考条件

色谱柱为 DIKMA C$_{18}$ 柱(4.6 mm × 150 mm,5 μm);流动相为乙腈 -0.5% 磷酸溶液(体积比为 12∶88);流速为 1 mL/min;分别于最大吸收波长 270、520 nm 处测定。

以色谱图中矢车菊素-3-*O*-葡萄糖苷色谱峰分离和基线噪音为指标,考察两种构型对矢车菊素-3-*O*-葡萄糖苷测定波长和色谱峰分离度的影响。

3)标准曲线

精密称取对照品 2.61 mg,加 1% 盐酸水溶液制成矢车菊素-3-*O*-葡萄糖苷含量分别为 0.002 419、0.004 838、0.009 676、0.019 35、0.038 71、0.077 41 mg/mL 的供试品溶液。上机,用液相色谱仪测定峰面积,以峰面积为纵坐标,以浓度为横坐标,绘制标准曲线。

4)回收率

如表 3.41 所示,9 份同一批次巴西莓冻干粉(含量为 0.123 3 mg/g)的平均回收率为 98.31%,RSD 为 1.44%。结果表明,该方法回收率良好。

表 3.41　回收率试验结果

序号	称样量/g	样品中含量/mg	加入量/mg	测得量/μg	回收率/%	平均回收率/%	RSD/%
1	0.355	0	0.024 19	0.067 51	98.11		
2	0.301	0	0.024 19	0.061 05	98.95		
3	0.308	0	0.024 19	0.062 13	99.83		
4	0.310	0	0.036 29	0.073 43	97.00		
5	0.316	0	0.036 29	0.075 04	99.41	98.31	1.44
6	0.304	0	0.036 29	0.072 08	95.34		
7	0.324	0	0.048 39	0.088 11	99.53		
8	0.316	0	0.048 39	0.086 47	98.18		
9	0.309	0	0.048 39	0.085 75	98.46		

5)重复性

6 份同一批次巴西莓冻干粉中矢车菊素-3-*O*-葡萄糖苷含量为 0.123 3 mg/g,RSD 为 1.82%,结果表明该方法重复性良好。

3. 测定结果

取 3 批次巴西莓冻干粉中矢车菊素-3-*O*-葡萄糖苷含量测定结果。3 批次巴西莓冻干粉中矢车菊素-3-O-葡萄糖苷含量为 0.115 8~0.166 3 mg/g。

（三）巴西莓中油类成分的分析

1. 仪器、材料与试剂

仪器：HA220-50-07 型超临界 CO_2 萃取设备（南通市华安超临界有限公司）；Agilent 7890-5977B GC/MS 型气相色谱-质谱联用仪（美国 Agilent 公司）；BT-125D 型电子天平（北京塞多利斯仪器系统有限公司）；HH-6 型数显恒温水浴锅（国华电器有限公司）。

材料：巴西莓冻干粉（蒙维（上海）贸易有限公司）。

试剂：14% 三氟化硼-甲醇络合物，分析纯；石油醚（沸点为 60~90 ℃），分析纯；正庚烷，分析纯；甲醇，分析纯；氢氧化钠，分析纯；无水硫酸钠，分析纯；氯化钠，分析纯；二氧化碳纯度 ≥99.0%。

2. 试验方法

1）提取

将巴西莓冻干粉混合均匀，称量 100 g 置于分离釜中，设定分离釜压力为 8 MPa，在萃取压力为 25 MPa、萃取温度为 40 ℃的条件下，萃取 90 min，得到巴西莓油。

2）油脂得率

按式（3-24）计算巴西莓油脂得率：

$$油脂得率 = \frac{巴西莓出油量}{巴西莓冻干粉投料量} \times 100 \qquad （3-24）$$

巴西莓油脂得率为 54.871%。

3）色谱-质谱条件

气相色谱条件如下。HP-88（100 m × 0.25 mm，0.2 μm）型弹性石英毛细管色谱柱；进样口温度为 240 ℃。升温程序：从 100 ℃开始，保持 2 min，以 5 ℃/min 升至 180 ℃，保持 5 min，再以 2 ℃/min 升至 240 ℃，保持 10 min。载气为高纯度 He，流速为 1.0 mL/min；分流进样，分流比为 20∶1；进样量为 1 μL；汽化室温度为 250 ℃。

质谱条件如下。电子轰击（EI）离子源，电子能量为 70 eV；离子源温度为 230 ℃；四级杆温度为 150 ℃，传输线温度为 240 ℃；溶剂延时为 9.5 min；全扫描，扫描范围为 45~450（m/z）。

采用 Mass Hunter 的"未知物分析"软件对该数据进行定性分析。同时采用 37 种混合脂肪酸甲酯标准品对组分进行验证。按峰面积归一法进行定量分析，将每一个化合物色谱峰面积所占的相对分数作为各组成化合物的质量分数。

4）测定

采用 GC-MS 技术对巴西莓油进行检测，得到巴西莓油的总离子流图，所得质谱图经计算机质谱数据库 NIST14 检索，确定了样品中谱库匹配得分大于 70 的 34 个化合物。其结果见表 3.42。

表 3.42   巴西莓油气质联用分析结果

序号	保留时间/min	英文名称	中文名称	分子式	相对含量/%
1	9.907	toluene	甲苯	C_7H_8	0.033
2	10.497	hexanal dimethyl acetal	己醛二甲基乙缩醛	$C_8H_{18}O_2$	0.042
3	10.511	ethylbenzene	乙苯	C_8H_{10}	0.047
4	11.088	2-methyl-4,6-octadiyn-3-ene	2-甲基-4,6-辛二炔-3-酮	$C_9H_{10}O$	0.008
5	11.088	1,3-dimethyl-benzene	间二甲苯	C_8H_{10}	0.008
6	11.970	sulfurous acid, dimethyl ester	亚硫酸二甲酯	$C_2H_6O_3S$	0.011
7	14.195	2-ethyl-1-hexanol	2-乙基-1-己醇	$C_8H_{18}O$	0.010
8	16.186	decanoic acid, methyl ester	癸酸甲酯	$C_{11}H_{22}O_2$	0.017
9	19.485	dodecanoic acid, methyl ester	月桂酸甲酯	$C_{13}H_{26}O_2$	0.154
10	23.126	methyl tetradecanoate	肉豆蔻酸甲酯	$C_{15}H_{30}O_2$	0.404
11	23.878	methyl myristoleate	肉豆蔻烯酸甲酯	$C_{15}H_{28}O_2$	0.063
12	25.163	pentadecanoic acid, methyl ester	十五烷酸甲酯	$C_{16}H_{32}O_2$	0.093
13	27.755	palmitic acid	棕榈酸甲酯	$C_{17}H_{34}O_2$	19.028
14	28.952	9-hexadecenoic acid, methyl ester	棕榈油酸甲酯	$C_{17}H_{32}O_2$	6.702
15	29.689	heptadecanoic acid, methyl ester	十七酸甲酯	$C_{18}H_{36}O_2$	0.250
16	31.062	(Z)-10-heptadecenoic acid, methyl ester	顺-10-碳烯酸甲酯	$C_{18}H_{34}O_2$	0.440
17	32.783	methyl stearate	硬脂酸甲酯	$C_{19}H_{38}O_2$	6.123
18	34.194	2-butyn-1-al diethyl acetal	2-丁炔乙缩醛	$C_8H_{14}O_2$	3.312
19	34.294	9-octadecenoic acid, methyl ester	油酸甲酯	$C_{19}H_{36}O_2$	44.607
20	34.441	(E)-13-octadecenoic acid, methyl ester	反式-13-十八碳烯酸甲酯	$C_{19}H_{36}O_2$	0.064
21	35.390	1-methyl-4-(1-methylethenyl)-cyclo-hexane	1-甲基-4-(1-甲基乙烯基)环己烷	$C_{10}H_{18}$	0.051
22	35.391	iridomyrmecin	阿根廷蚁素	$C_{10}H_{16}O_2$	0.052
23	36.035	9,12-octadecadienoic acid, methyl ester	亚油酸甲酯	$C_{19}H_{34}O_2$	14.328
24	37.302	eicosanoic acid, methyl ester	花生酸甲酯	$C_{21}H_{42}O_2$	0.443
25	38.259	9,12,15-octadecatrienoic acid, methyl ester,	亚麻酸甲酯	$C_{19}H_{32}O_2$	2.067
26	38.704	(Z)-11-eicosenoic acid, methyl ester	顺-11-二十烯酸甲酯	$C_{21}H_{40}O_2$	0.241
27	38.705	(Z)-13-eicosenoic acid, methyl ester	顺-13-碳烯酸甲酯	$C_{21}H_{40}O_2$	0.252
28	38.933	(9Z,15Z)-octadecadienoi acid, methyl ester	9顺,15顺-十八烷二烯酸甲酯	$C_{19}H_{34}O_2$	0.035

续表

序号	保留时间 /min	英文名称	中文名称	分子式	相对含量 /%
29	39.363	(E)-1-methyl-4-(1-methyletheny)-cyclohexane	反-1-甲基-4-(1-甲基乙烯基)-环己烷	$C_{10}H_{18}$	0.015
30	42.383	docosanoic acid, methyl ester	山嵛酸甲酯	$C_{23}H_{46}O_2$	0.126
31	44.915	tricosanoic acid, methyl ester	二十三烷酸甲酯	$C_{24}H_{48}O_2$	0.067
32	47.385	(9Z,11E, 13E)-octadecatrien acid methyl ester	9 顺,11 反,13反-十八碳三烯酸甲酯	$C_{19}H_{32}O_2$	0.768
33	47.403	tetracosanoic acid, methyl ester	木蜡酸甲酯	$C_{25}H_{50}O_2$	0.107
34	60.243	phthalic acid, di-(6-methyl-2-heptyl) este	邻苯二甲酸二-6-甲基-2-庚基酯	$C_{24}H_{38}O_4$	0.024

巴西莓油中成分主要为烷烃类、不饱和脂肪酸、饱和脂肪酸,另外还含有少量的酮、醇等。

3. 测定结果

传统提取油脂类成分的方法,如索氏提取、有机溶剂萃取等,时间较长、产品纯度不高,易残留有害溶剂。超临界 CO_2 流体萃取技术是以超临界 CO_2 流体为萃取剂,在临界温度与压力条件下,从流体或固体物料中获取分离组分的方法。该技术提取率高、产品纯度好、流程简单,适合不稳定、易氧化的挥发性成分和脂溶性成分的提取分离,为有效成分的提取提供了更好的方法。近年来,超临界 CO_2 流体萃取技术发展迅速,已广泛应用于植物药的提取。巴西莓富含花青素、原花青素等不稳定成分,在光线、热、氧气等存在情况下易发生变化。因此,选用超临界 CO_2 流体萃取法提取巴西莓油,不仅可以防止油类成分受到破坏,同时可以最大限度地确保对其他成分的分析利用。

脂肪酸分为饱和脂肪酸(saturated fatty acid, SFA)、单不饱和脂肪酸(monounsaturated fatty acid, MUFA)和多不饱和脂肪酸(polyunsaturated fatty acid, PUFA)。营养学和生物临床医学研究认为,脂肪酸在维持人体健康方面起着重要的作用,饮食中长链脂肪酸的组成及含量与各种疾病(如肿瘤、冠心病、心脑血管病和老年痴呆症等)的发病率呈正相关性。因此,脂肪酸的组成和含量也就成为衡量其营养价值的最重要指标。从膳食中脂肪酸的平衡角度来说,中国营养学会建议,食用油脂中饱和脂肪酸、单不饱和脂肪酸、多不饱和脂肪酸的比例以 1:1:1 为宜,日本的推荐标准是 3:4:3。对于多不饱和脂肪酸中 ω-6 和 ω-3 脂肪酸的比例,营养学家提出,小于 4: 1 的理想比值是有益于保障人体健康的脂肪酸平衡模式。ω-3 脂肪酸具有防止动脉硬化、降低血压、活化大脑细胞、防止老年痴呆病等优点,当 ω-6 脂肪酸相对于 ω-3 脂肪酸过多时,会合成人体的炎症因子。试验结果如表 3.43 所示,巴西莓中的主要成分为油酸、棕榈酸、亚油酸、棕榈油酸、硬脂酸、亚麻酸,相对百分含量分别为 44.607%、19.028%、14.328%、6.702%、6.123%、2.067%,占总含量的 92.855%。其中棕榈酸、硬脂酸为饱和脂肪酸,棕榈油酸、油酸为单不饱和脂肪酸,亚麻酸为 ω-3 多不饱和脂肪酸,亚油酸为 ω-6 多不饱和脂肪酸。其饱和脂肪酸、单不饱和脂肪酸及多不饱和脂肪酸的构成比例为 0.49∶1∶0.31。ω-6 与 ω-3 多不饱和脂肪酸的构成比例为 6.93∶1,基本符合膳食平衡标准。

表 3.43   巴西莓油中脂肪酸的分类

种类	名称	含量/%	总计/%
饱和脂肪酸	棕榈酸	19.028	25.151
	硬脂酸	6.123	
单不饱和脂肪酸	棕榈油酸	6.702	51.309
	油酸	44.607	
多不饱和脂肪酸	亚麻酸	2.067	16.395
	亚油酸	14.328	

橄榄油由于营养成分丰富、保健功能突出而被公认为绿色保健食用油,具有预防心脑血管疾病、糖尿病、防癌、抗衰老等功能,在西方有"植物油皇后""液体黄金"之美称。油茶籽油是我国特有的一种高级食用油,享有"油中珍品"的美称。它富含单不饱和脂肪酸,其脂肪酸组成与橄榄油相似,有"东方橄榄油"之称。根据文献统计,橄榄油与油茶籽油的主要成分见表 3.44。与这两种油相比,巴西莓油中饱和脂肪酸、单不饱和脂肪酸、多不饱和脂肪酸的比例更加均衡,其亚麻酸含量较橄榄油及油茶籽油高,更加有利于人体健康。

表 3.44   橄榄油、油茶籽油及巴西莓油的组成对比

种类	橄榄油/%	油茶籽油/%	巴西莓油/%
棕榈酸	6.1~15	7.5~20	19.028
棕榈油酸	—	0.3~3.5	6.282
硬酯酸	1.4~3.8	0.5~5.0	6.123
油酸	74~87	55.0~83.0	43.419
亚油酸	7~14	3.5~21.0	14.328
亚麻酸	0.6	0.3~0.9	2.067

本节参考文献

[1]   马晓燕,吴茂玉,朱风涛,等. 超临界 CO_2 萃取功能性油脂的研究进展 [J]. 食品工业科技,2013,34(19):358-363.

[2]　张红英,姚元虎,颜雪明. 超临界流体萃取分离技术及其应用 [J]. 首都师范大学学报
　　　（自然科学版）,2016,37（6）: 50-53.

[3]　YAMAGUCHI K K D L, PEREIRA L F R, LAMARÃO C V, et al. Amazon acaí: chem-
　　　istry and biological activities: a review[J]. Food chemistry,2015（179）: 137-151.

[4]　CROWE F L, ALLEN N E, APPLEBY P N, et al. Fatty acid composition of plasma
　　　phospholipids and risk of prostate cancer in a case-control analysis nested within the Eu-
　　　ropean prospectiveinvestigation into cancer and nutrition[J]. The American journal of
　　　clinical nutrition,2008,88（5）: 1353-1363.

[5]　李丽,吴雪辉,陈春兰. 调和油的配比对人类健康的影响 [J]. 中国油脂，2008，33
　　　（12）:7-12.

[6]　曾亚丽. 食用油的营养分析与合理选用 [J]. 农产品加工（创新版）,2010（7）: 68-70.

[7]　杨迎春,王强,杨洁. 马齿苋籽油脂肪酸组成的 GC-MS 分析 [J]. 食品工业科技,
　　　2014,35（14）: 147-150,156.

[8]　段叶辉,李凤娜,李丽立,等. n-6/n-3 多不饱和脂肪酸比例对机体生理功能的调节 [J].
　　　天然产物研究与开发,2014, 26（4）: 626-631,479.

[9]　柏云爱,宋大海,张富强,等. 油茶籽油与橄榄油营养价值的比较 [J]. 中国油脂，2008
　　　（3）: 39-41.

[10]　汤富彬,沈丹玉,刘毅华,等. 油茶籽油和橄榄油中主要化学成分分析 [J]. 中国粮油学
　　　报,2013,28（7）: 108-113.

[11]　瞿研,贺成,张建军,等. 超临界 CO$_2$ 萃取阿萨伊油的工艺优化及 GC-MS 分析 [J]. 食
　　　品工业科技,2018,39（9）: 257-261,266.

[12]　罗蔓莉,李学英,王大忠,等. 油脂提取技术研究现状 [J]. 现代农业科技，2013（23）:
　　　297-299.

第十二节　草莓

一、草莓的概述

草莓是蔷薇科（*Rosaceae*）草莓属（*Fragaria*）多年生常绿草本植物草莓的果实,别名
有洋莓、凤阳草莓、地莓、蚕莓、蛇莓、大草莓、红莓、士多啤梨、鸡冠果等。中医认为,草莓
味甘、酸,性凉,有润肺生津、健脾和胃、补血益气、凉血解毒的功效,是滋补老人、孩子和其
他体虚者的佳品,被誉为"春季第一果"。草莓在世界卫生组织公布的最佳水果榜上名列
第二。

草莓高 10~40 cm;茎低于叶或近相等,密被开,展黄色柔毛;叶三出,小叶具短柄,质地较厚,呈倒卵形或菱形,长 3~7 cm,宽 2~6 cm,顶端圆钝,基部为阔楔形,侧生小叶基部偏斜,边缘具缺刻状锯齿,锯齿急尖,上面为深绿色,几乎无毛,下面为淡白绿色,疏生毛,沿脉较密;叶柄长 2~10 cm,密被开,展黄色柔毛;聚伞花序,有花 5~15 朵,花序下面具一短柄的小叶;花两性,直径为 1.5~2 cm;萼片为卵形,比副萼片稍长,副萼片为椭圆披针形,全缘,稀深 2 裂,果时扩大;花瓣为白色,近圆形或倒卵椭圆形,基部具不显的爪;雄蕊有20 枚,不等长,蕊极多;聚合果大,直径达 3 cm,为鲜红色,宿存萼片直立,紧贴于果实;瘦果为尖卵形,光滑;花期为 4—5 月,果期为 6—7 月。草莓原产于南美,中国各地及欧洲等地广为栽培,宜生长于肥沃、疏松中性或微酸性的土壤中。

二、草莓的品种

草莓栽培的品种很多,全世界共有 20 000 多个,但大面积栽培的优良品种只有几十个,中国自己培育的和从国外引进的新品种有 200~300 个。草莓的染色体基数 $x=7$,自然界中草莓属植物倍性丰富,存在 $2x$、$4x$、$5x$、$6x$、$8x$ 等丰富的倍性种类。野生草莓资源广泛分布于欧洲、亚洲和美洲,早在 14 世纪,人们就开始栽培利用野生草莓。现代的栽培种火果凤梨草莓(*F. xananassa*)是高度杂合的 $8x$ 种类,起源于美洲种弗州草莓(*F. virginiana Duch*)和智利草莓(*E. chiloensis* Duch.)两个 $8x$ 种类的偶然杂交,于 1750 年诞生于法国,距今有 270 多年历史。经过育种学家的不断选育,目前几乎世界各国都有草莓栽培。

三、草莓的主要营养与活性成分

草莓的浆果不仅色泽红艳,柔嫩多汁,甜酸适口,芳香味浓,而且营养十分丰富。草莓营养丰富,含有多种有效成分,营养比例比较合理。据测定,每 100 g 草莓果肉中含蛋白质 1 g、脂肪 0.2 g、碳水化合物 7.1 g、胡萝卜素 30 μg、维生素 B_1 0.02 mg、维生素 B_2 0.03 mg、尼克酸 0.3 mg、维生素 C 47 mg、维生素 E 0.71 mg、钙 18 mg、磷 27 mg、钾 131 mg、镁12 mg、铁 1.8 mg、锌 0.14 mg、硒 0.7 mg、铜 0.04 mg、锰 0.49 mg,含有除谷氨酸以外的 17种氨基酸。草莓的苹果酸、柠檬酸的含量比苹果、梨、葡萄高 3~4 倍。除了基本的营养成分外,草莓果还含有黄酮类和酚酸类等生物活性物质。草莓是人体必需的纤维素、铁、钾、维生素 C 和黄酮类等的重要来源。因此在欧洲有"水果皇后"的美誉,德国把草莓誉为"神奇之果"。已有的研究表明草莓中的有效成分,可抑制癌肿的生长;其所含的抗氧化剂花青素具有防止和修复细胞受损的作用,不仅有助于降低患心脏病的危险,还有助于提高好胆固醇(高密度脂蛋白胆固醇)水平,同时还可以减少与心脏病有关的体内炎症。

草莓入药亦堪称上品,中医认为,草莓性味甘、凉,入脾、胃、肺经,有润肺生津、健脾和胃、利尿消肿、解热祛暑之功,适用于肺热咳嗽、食欲不振、小便短少、暑热烦渴等。

草莓可食部分每 100 g 营养物质含量见表 3.45。

表 3.45 草莓中的营养物质

食品中文名	草莓 [洋莓,凤阳草莓]	食品英文名	Strawberry [the blackberry, fengyang strawberry]
食品分类	水果类及制品	可食部	97.00%
来源	食物成分表 2009	产地	中国
营养物质含量(100 g 可食部食品中的含量)			
能量/kJ	134	蛋白质/g	1
脂肪/g	0.2	不溶性膳食纤维/g	1.1
碳水化合物 /g	7.1	维生素 A(视黄醇当量)/μg	5
钠/mg	4	维生素 E(α-生育酚当量)/mg	0.71
维生素 B_2(核黄素)/mg	0.03	维生素 B_1(硫胺素)/mg	0.02
烟酸(烟酰胺)/mg	0.3	维生素 C(抗坏血酸)/mg	47
钾/mg	131	磷/mg	27
钙/mg	18	镁/mg	12
锌/mg	0.14	锰/mg	0.49
硒/μg	0.7	铜/mg	0.04
铁/mg	1.8	—	—

四、草莓中活性成分的提取、纯化与分析

(一)草莓中蛋白质的提取、纯化与分析

1. 氯仿提取法

1)提取

取 0.2 g 研磨好的粉末转移至 2 mL 离心管中,加入 800 μL 4 ℃预冷的提取液(含 0.1 mol/L 蔗糖、0.1 mol/L 氯化钾、0.5 mol/L Tris、2% 巯基乙醇和 50 mmol/L EDTA 的水溶液,盐酸调至 pH=8.0),涡旋混匀;再加入 800 μL 4 ℃预冷的 Tris 饱和酚(pH=8.0),抽提,得到细胞沉淀和溶液层。溶液层又分为 3 层,从上至下依次为酚层、中间层和水层。吸取最上层的酚层约 600 μL 至新的 2 mL 离心管中,加入 600 μL 提取液进行抽提,再取最上层酚层约 400 μL 至 10 mL 离心管中。吸取中间层和水层至另一新的 2 mL 离心管中,加入 800 μL 氯仿进行抽提。此时溶液最上层为水层,中间层含部分蛋白,最下层为氯仿。吸取最上层水层丢弃,将中间层和最下层氯仿层转移到上述的 10 mL 离心管与酚层合

并,此时离心管内溶液总体积约为 1.2 mL。在 10 mL 离心管中加入 6 mL -20 ℃预冷的 0.1 mol/L 醋酸铵甲醇, -20 ℃沉淀过夜, 5 000 r/min 离心 30 min 弃上清液。沉淀经 -20 ℃预冷的甲醇清洗 3 次,于 -70~-20 ℃冻干至恒重成蛋白粉。

蛋白粉加入 400 μL 裂解液(8 mol/L 尿素、0.1 mol/L Tris-HCl、1 mmol/L PMSF(苯甲基磺酰氟), pH=8.0),涡旋 30 s,置于 0 ℃冰水浴中,以 1 000 kJ 能量,超声 3 s、间歇 5 s 的模式超声 2 min 至蛋白粉完全溶解。溶解液在 4 ℃条件下以 14 000 r/min 离心 20 min,取上清液即得蛋白溶液。

2)蛋白酶解

蛋白溶液采用 Bradford 试剂盒(碧云天,上海)定量,取 200 μg 蛋白还原烷基化后转移至 Amicon-Ultra-15 超滤管(Merck Millipore,美国),按说明书除杂,加入含 4 μg 胰酶(Promega,美国)的 100 mmol/L NH_4HCO_3(pH=8.0)缓冲液, 37 ℃反应 12~16 h。酶解完成后于 4 ℃、12 000 r/min 离心 15 min,用 200 mmol/L NH_4HCO_3(pH=8.0)清洗 2 次,即得肽段溶液。肽段溶液中加入 5% 三氟乙酸(Thermo Fisher Scientific,美国)至终浓度为 0.1%~1. 0%,以 Pierce™ C_{18} Tips(Thermo Fisher Scientific,美国)除盐后冻干,复溶于 200 μL 0.1% 甲酸水溶液。

3)DIA 质谱分析

酶解后所有样本取 10 μL 肽段混合,混合样本中加入 1 μL 10×iRT 标准肽段溶液(Biogno-sys,瑞士),按经前期优化后的二维液质联用方法建立肽段谱图数据库。每个样本再各取 10 μL 分别进行反向色谱串联 DIA 质谱分析。反向色谱分离梯度: 0—3 min, 4%~7% Buffer B; 3—103 min, 7%~18% Buffer B; 103—113 min, 18%~35% Buffer B; 113—117 min, 35%~75% Buffer B; 117—120 min, 75% Buffer B(Buffer A 为 0.1% 甲酸水溶液; Buffer B 为 0.1% 甲酸乙腈溶液)。质谱设置参数:扫描时间为 120 min,离子模式为正离子,一级质谱分辨率为 70 000 at m/z 200,最大注入时间为 50 ms,扫描范围为 350~1300 m/z;二级扫描分辨率为 17 500 at m/z 200;碰撞能量为 27%,分设 30 个隔离窗口,为 350~381、381~398、398~415、415~432、432~444、444~456、456~468、468~480、480~492、492~504、504~ 16、516~528、528~540、540~552、552~564、564~576、576~592、592~608、608~624、624~640、640~656、656~672、672~688、688~712、712~736、736~766、766~806、806~856、856~926、926~1 300(m/z)。

4)数据分析

蛋白提取率通过 Excel 统计,并利用 GraphPad Prism(v. 8.0.1)进行两两比较单因素方差分析。质谱原始数据通过 Spectronaut Pulsar X(Biognosys,瑞士)进行蛋白鉴定,通过保留时间和质量窗口的校正决定理想的提取窗口,与谱图库进行匹配,蛋白质定性标准:母离子阈值为 1.0% FDR,蛋白阈值为 1.0% FDR。采用 jvenn 包进行韦恩图分析蛋白交集情况,并利用 Deeploc(v.1.0)进行非共有蛋白的亚细胞定位,利用在线工具(http: // www.bioinform atics.orgsms2protein_gravy.html)评估非共有蛋白的总平均亲水性。

2.TCA-丙酮沉淀法

1)提取

分别称取约 0.6 g 样品于液氮中研磨成粉,转至 10 mL 离心管中,加入 7 mL -20 ℃ 预冷的质量浓度为 100 g/L TCA/丙酮(含 0.07% DTT),于 -20 ℃ 沉淀 1.5 h 后于 4 ℃、12 000 r/min 离心 30 min,弃上清液;将沉淀重悬浮于 -20 ℃ 预冷丙酮溶液(含 0.07% DTT),于 -20 ℃ 条件下过夜,以 4 ℃、12 000 r/min 离心 30 min,弃上清液,重复此步骤直至上清液无色。将盛有沉淀的离心管用封口膜封口,扎孔,置于 4 ℃ 冰箱干燥成蛋白质干粉。每 1 mg 蛋白质干粉加入 10 μL 的蛋白质裂解缓冲液于 4 ℃ 条件下裂解 3.5 h 后于 4 ℃、12 000 r/min 离心 30 min,取上清液,重复该步骤 1~2 次至裂解缓冲液中无杂质。

2)蛋白质质量浓度测定

总蛋白质量浓度测定采用 Bradford 法:以牛血清蛋白(BSA)为标准蛋白,测定其在 595 nm 波长下的吸光度 A_{595},以不同质量浓度的 BSA 为横坐标,测得的吸光度 A_{595} 为纵坐标,绘制标准曲线($R^2 \geqslant 0.99$),计算样品中蛋白质的含量。

3. 苯酚提取法

取 2 mg 样品,研钵研磨,将样品与提取缓冲液(50 mmol/L Tris-HCl、2 mmol/L EDTA、100 mmol/L KC1 和 700 mmol/L 蔗糖)均匀混合;加入等体积的 Tris 饱和酚,充分振荡 3 min,以 12 000 r/min 离心 10 min,吸取酚相;再次加入等体积的提取缓冲液,重复一次以上步骤;将上述液体汇总,加入 4 倍体积的 0.1 mol/L 溶于甲醇的乙酸铵,静置沉淀 4 h 以上;以 12 000 r/min 离心 10 min,取沉淀,用 0.1mol/L 溶于甲醇的乙酸铵洗 2~3 次;用丙酮洗 1 次,抽干,即得蛋白干粉。在样品中加入 8 mol/L 尿素、30 mmol/L HEPES、2 mmol/L Na_3VO_4、2 mmol/L NaF 和 2 mmol/L β-甘油磷酸以振荡溶解样品,以 15 000 r/min 于 4 ℃ 离心 30 min 收取上清溶,即得蛋白溶液。在上述蛋白溶液中加入 DTT 至终浓度为 10 mmol/L。在 56 ℃ 下水浴 1 h。取出后,迅速加入 IAM 至终浓度为 55 mmol/L,于暗室中静置 1 h。将样品放入 3K 超滤管中,以 10 000 r/min 于 4 ℃ 下离心 20 min,弃废液。在超滤管中加入 200 μL 洗液(50% TEAB,0.1% SDS),以 10 000 r/min 于 4 ℃ 离心 20 min,弃废液。重复上述操作 3 次。将样品取出放入 1.5 mL 离心管中。以 Bradford 法对蛋白进行定量。绘制定量标准曲线。用紫外分光光度计测定样品浓度。

4. 蛋白质分离技术——双向凝胶电泳

双向凝胶电泳是蛋白质分离最基本的方法,是蛋白质组研究的核心技术。目前普遍采用的是固相 pH 梯度凝胶电泳技术,其原理是利用蛋白质的等电点(pI)及相对分子质量的差异来分离蛋白质,这是目前唯一能将数千种蛋白质在一块胶上同时分离与展示的技术。该方法具有上样量大、分辨率高、重复性好以及 pH 梯度稳定等特点,同时也存在灵敏度与自动化程度低,对分子量过大、分子量过小、极酸、极碱以及难溶蛋白质的分离较困难等问题。具体操作可参考如下。

取 1.5 mg 蛋白质样品加入裂解液至总体积为 350 μL,沿 IPG 胶条槽缓慢均匀加入,将 17 cm pH=4~7 的 IPG 预制胶条胶面朝下覆盖在样品上,在胶面上覆盖少许矿物油,盖上盖子。将胶条槽放在 IPGphor 等电聚焦电泳仪中,对好两极盖上盖子,按表 3.46 所示设定程序,于 19 ℃ 恒温进行等电聚焦。

表 3.46　等电聚焦电泳参数的设置

步骤	最大电流/mA	电压/V	时间/h	方法	功能
水化	0	50	13	—	水化
1	50	250	1	慢速	除盐
2	50	500	1	慢速	除盐
3	50	1 000	1	线性	升压
4	50	2 000	1	线性	升压
5	50	10 000	4	线性	升压
6	50	10 000	见表注	快速	聚焦
7	—	500	99	快速	保持

注:10 000 V 快速聚焦使运行电压与时间的乘积达 65 000 V·h。

等电聚焦结束后,立即进行胶条的平衡。将 IPG 胶条放于 10 mL 平衡缓冲液 1 中,在水平摇床上振荡 15 min,取出 IPG 胶条冲洗,放入 10 mL 平衡缓冲液 2 中,于水平摇床上振荡 15 min。平衡结束后,将浸洗后的胶条转入浓度为 12% 的十二烷基硫酸钠-聚丙烯酰胺凝胶(SDS-PAGE)板中进行第二向垂直电泳。电泳结束后,采用 G-250 胶体考染法染 8 h,使用超纯水脱色至背景清晰。上述电泳分析重复 3 次。

5.iTRAQ 技术

同位素标记相对和绝对定量(iTRAQ)技术是目前差异蛋白质定量分析方法中,通量最高、系统误差最小、功能最强大的分析方法之一,能够同时比较 2~8 组样品的蛋白质表达差异。与基于双向电泳定量的分析相比,iTRAQ 技术具有以下优势:灵敏度高,检测限低;分离能力强,分析范围广;高通量;结果可靠;自动化程度高;分析速度快,分离效果好。具体过程可参考如下。

1）蛋白质的酶解

按照定量结果，每个样品准确取出 100 μg 蛋白；按蛋白：酶 =20：1 的比例加入胰蛋白酶，于 37 ℃下酶解 4 h；按上述比例再加入胰蛋白酶，于 37 ℃下继续酶解 8 h。

2）SDS-PAGE 检测

配置 12% 的 SDS 聚丙烯酰胺凝胶，每个样品分别与上样缓冲液混合，于 95 ℃下加热 5 min。样品上样量分别为 30 μg，Marker 上样量为 10 μg；于 120 V 下恒压电泳 120 min。电泳结束后，考马斯亮蓝 R-250 染色 2 h，染色过程要不断振荡，再用脱色液反复脱色 3~5 次，每次 30 min，直至条带清晰。

3）多肽的 iTRAQ 标记

胰蛋白酶消化后，用真空离心泵抽干肽段；用 0.5 mol/L TEAB 复溶肽段，按照手册进行 iTRAQ 标记；每一组肽段被不同的 iTRAQ 标签标记，室温培养 2 h。

4）强阳离子交换柱（SCX）分离

将标记后的混合肽段用 4 mL Buffer A（25 mmol/L NaH$_2$PO$_4$，25% ACN，pH=2.7）复溶。进柱后以 1 mL/min 的速率进行梯度洗脱：先在 5% Buffer B（25 mmol/L NaH$_2$PO$_4$，1mol/L KCl，25% ACN，pH=2.7）中洗脱 7 min，在 20 min 内使 Buffer B 的浓度缓慢地直线上升至 60%，最后在 2 min 内使 Buffer B 的比例上升至 100% 并保持 1 min，然后恢复到 5%，平衡 10 min。经过筛选得到 20 个组分。每个组分分别用 Strata X 除盐柱除盐，然后冷冻抽干。

5）基于 Triple TOF 5600 的液相串联质谱分析

将抽干的每个组分分别用 Buffer A（5% ACN，0.1% FA）复溶至约 0.5 μg/μL 的浓度，20 000 r/min 离心 10 min，除去不溶物质。每个组分上样 5 μL（约 2.5 μg），通过岛津公司 LC-20AD 型号的纳升液相色谱仪进行分离。

（二）草莓中酚类物质的提取、分离

1. 有溶剂萃取法

1）多酚提取方法

将新鲜草莓洗净、沥干水分、破碎打浆，与一定浓度的乙醇溶液混合均匀，恒温提取一定时间，4 500 r/min 离心 25 min，再重复提取沉淀 2 次，合并 3 次上清液，得到多酚提取液。将提取液放入旋转蒸发仪浓缩，用 HPD 400 大孔树脂纯化，使用 50% 乙醇溶液洗脱 3 次，合并洗脱液，放入旋转蒸发仪浓缩，真空冷冻干燥至恒质量得草莓多酚粉。

2）总酚的测定

采用福林酚比色法测定，以没食子酸为标样制作标准曲线，分别加入 5 mL 蒸馏水、1 mL 福林酚试剂和 3 mL 7.5% Na$_2$CO$_3$ 溶液，于 45 ℃下水浴加热 90 min 后，在波长为 760 nm 处测吸光度，得到没食子酸质量浓度与吸光度的回归方程：$y = 0.011\ 27x + 0.001\ 97$（$R^2=$

0.999 8），根据标准曲线计算草莓多酚含量，再按照如式（3-24）计算多酚提取得率。

$$多酚提取得率（按没食子酸计）=CV/m \times 100 \qquad （3-24）$$

式中　C——比色杯中多酚质量浓度，mg/mL；

　　　　V——多酚体积，mL；

　　　　m——草莓总质量，g。

2. 超声波提取法

此方法利用超声波操作时会产生振动及空化效应，可加速多酚融入提取溶剂中，进而可以使得率升高、提取时间减少，也可以在一定程度上避免温度过高对所需物质的溶出有影响，可以满足大部分物质提取的需要，试验数据表明超声波提取多酚是目前对植物类多酚进行提取较为高效的提取方法。超声波提取法可利用超声波所特有的空化效应破坏植物细胞壁，使植物中的具有生物活性的物质在低温下实现释放及溶解，此方法也具有常规提取法不可比拟的优势。

3. 酶法提取

此方法包括单一法和复合法，作为近几年来的高效绿色提取技术，其实质是通过酶解反应来加强传质过程。单一法是指在操作过程中仅用一种酶来提高得率的一种手段。复合法多指将纤维素酶、果胶酶及中性蛋白酶按一定比例进行调配，从而使植物细胞的细胞壁加速破裂的方法。酶解法更加温和，且较易去除原材料中的杂质，也使预期的提取物质的得率增高。

4. 超声-酶解提取法

称取适量样品，按照超声-酶解提取的最佳工艺参数，减压浓缩除去乙醇，得到草莓多酚粗提液。草莓多酚含量的测定采用 Folin-Ciocalteu 法，取草莓多酚粗提液 1 mL，依次加入蒸馏水 5 mL、Folin-Ciocalteu 显色剂 1 mL、7.5% 碳酸钠溶液 3 mL，混匀，于 45 ℃水浴 1.5 h，在 760 nm 处测定吸光度。以没食子酸为标品，计算草莓多酚含量。

5. 微波辅助提取法

此方法是用微波能增加得率的一种新兴工艺手段。在操作过程中，微波的辐射作用能够使细胞内的极性物质进行一定程度的吸收，伴随着细胞内的水进行汽化，胞内外的压力差使多酚更容易被释放。此种方法作为一项新的萃取技术具有提高产率、降低反应时间、减少溶剂的使用量、防止有效成分的破坏和损失等优点。

6. 沉淀分离法

沉淀分离法是最为常见的一种多酚纯化方法，该方法最重要的就是选取适合的无机盐试剂。常应用于该操作的沉降剂有 4 类——生物碱类、无机盐类、高分子聚合物类以及蛋白质类，考虑到价格低廉且使用方便的特点，无机盐类为最常用的沉降剂类型。

7. 膜分离法

膜分离法是现阶段新兴的一种可用于分离纯化的绿色节能技术,该方法以膜两侧压力差为动力,以特殊选择性的透过膜为条件,以使原料和被提取物分开为原理,从而达到分离及纯化的目的。此技术包括传统的微滤、超滤、反渗透及新兴的膜电解、膜萃取等各种工艺。此技术多在常温下操作,因此可以有效保留原物料体系中的生物活性物质及营养成分,操作过程简单且对环境无污染,但膜的成本过高且所得溶液的浓度不高使该技术没有在实验室中被广泛应用。

8. 超临界流体萃取法

超临界流体进行萃取的原理:以超临界条件下的气体为萃取剂,从而对所需组分进行分离纯化。该方法具有高黏度、高传质效率,无溶剂残留且对环境无污染,但是其成本过高,不能被广泛应用。

9. 大孔树脂分离法

树脂通过范德华引力,根据吸附力及分子量的大小,用某些溶剂洗脱,达成不同物质的纯化目的。大孔树脂因其吸附快、易于再生、不会产生二次污染且有利于实现大规模生产等优点而被广泛应用于实践生产中,但对一些极性较强的物质较难进行分离。

1)树脂的预处理

在使用大孔树脂前先对其进行预处理:先用乙醇浸泡 24 h,然后用超纯水洗至无醇味,再分别使用 5% HCl 和 2% NaOH 浸泡 4 h,最后用去离子水冲洗至中性,备用。

2)大孔树脂静态吸附与解吸

Ⅰ. 静态吸附试验

准确称取树脂 1.00 g 于 100 mL 锥形瓶中,每瓶添加 30 mL 草莓多酚乙醇提取液,避光密封,在 25 ℃下以 100 r/min 振荡,每隔 1 h 取上清液测定多酚含量,按照式(3-25)计算吸附率。

$$吸附率 = \frac{C_0 - C_1}{C_0} \times 100 \qquad (3-25)$$

式中　C_0——吸附试验前上清液中多酚的质量浓度,mg/mL;

　　　C_1——吸附试验结束时上清液中多酚的质量浓度,mg/mL。

Ⅱ. 静态解吸试验

将静态吸附试验中充分吸附多酚的树脂取出,洗净滤干,置于干净摇瓶中,添加 30 mL 60% 乙醇溶液进行低速振荡,每隔 1 h 测定上清液中多的酚含量,按式(3-26)计算解吸率。

$$解析率 = \frac{C_2}{C_0 - C_1} \times 100 \qquad (3-26)$$

式中　C_0——吸附试验前上清液中多酚的浓度,mg/mL;

C_1——吸附试验结束时上清中多酚的质量浓度，mg/mL；

C_2——解吸液中多酚的质量浓度，mg/mL。

Ⅲ. 吸附等温线的测定

称取经预处理的大孔树脂，分别加入不同质量浓度的草莓多酚提取液，进行静态吸附；取上清液测定多酚含量，计算吸附量并绘制 Langmuir 等温吸附曲线。

3）大孔树脂对草莓多酚的纯化效果检测

采用 Folin-Ciocalteu 法测定草莓多酚原液和纯化后的草莓多酚乙醇洗脱液中的总酚含量。同时使用总抗氧化能力（total antioxidative capacity，T-AOC）测定试剂盒对纯化前、后草莓多酚液体的总抗氧化能力进行测定，以检验大孔树脂的纯化效果。

（三）草莓中糖类物质的分析

已报道的总糖/多糖含量测定方法有蒽酮-硫酸法、苯酚-硫酸法，以下为这两种方法在测定草莓中糖类物质的应用。

1. 蒽酮-硫酸法

称取 0.2~0.4 g 烘干样品放入研钵中，加入少量 80% 乙醇磨碎成浆，将磨碎的样品转移至 10 mL 离心管中，置于 80 ℃水浴中浸取 30 min（不时搅拌）；取出冷却，离心 5 min，收集上清液；在其残渣中加入 2 mL 80% 乙醇重复提取 2 次（各 10 min），冷却离心，合并上清液。用蒸馏水定容至 100 mL，得可溶性糖待测液，每个样设 3 次重复。

蔗糖测定的反应体系为 1 mL 糖待测液、0.2 mL 2 mol/L 的 NaOH、0.8 mL 蒸馏水、5 mL 蒽酮硫酸溶液（0.4 g 蒽酮溶于 84 mL 98% 浓硫酸 +16 mL 水中），葡萄糖和果糖的反应体系为 1 mL 糖待测液、1 mL 蒸馏水、5 mL 蒽酮-硫酸溶液（0.4 g 蒽酮溶于 84 mL 98% 浓硫酸 +16 mL 水中）。蔗糖和葡萄糖分别置于沸水浴中煮沸 3.5 min，果糖在 50 ℃反应 3 min，冷却后用紫外分光光度计于 620 nm 波长下进行比色测定样品 OD 值，试验取样为 3 次重复，取平均值。根据蔗糖、葡萄糖和果糖标准曲线和公式计算各糖的含量。

2. 苯酚-硫酸法

草莓匀浆后，准确称取 1.000 g（精确到 0.001 g）于 25 mL 具塞试管内，加入 10 mL 的乙腈-水（体积比为 1∶9）溶液，涡旋混匀，超声提取 30 min，离心，取上清液，制得供试溶液。

取适量葡萄糖于 105 ℃烘箱内烘至恒重，精确称取 0.100 g 于 100 mL 容量瓶，用蒸馏水溶解至定容刻度，即得浓度为 1.000 mg/mL 的葡萄糖标准溶液。

精确量取 0.00 mL、1.00 mL、2.00 mL、4.00 mL、8.00 mL、10.00 mL 葡萄糖标准溶液，分别置于 100 mL 容量瓶中，加水定容至刻度，摇匀。精确量取上述各溶液 2 mL，加入 1 mL 5% 苯酚试液，再加入 5 mL 浓 H_2SO_4，静置 5 min，于 40 ℃水浴上加热 30 min，取出，

冷却至室温,于 490 nm 处测吸光度值。以吸光度值 A 为纵坐标,浓度 C(mg/mL)为横坐标,绘制标准曲线。

3. 超声波提取草莓多糖

1)提取工艺

草莓清洗→烘干(50~70 ℃)→粉碎→加一定量蒸馏水→超声提取→过滤→浓缩→加乙醇得粗多糖→重新溶解→加 Savage 试剂脱蛋白、加高岭土脱色→萃取→过滤→定容→测定多糖含量。

2)测定过程

将草莓洗净切碎,放在 101 A-1 型电热鼓风干燥箱(上海实验仪器厂有限公司)于 60 ℃ 左右条件烘烤,粉碎,过 40 目筛,于试剂瓶中密封备用。

准确称取 10.00 g 草莓粉于索氏提取器中用石油醚(80 ℃)回流脱脂两次,每次 1 h、60 mL。用无水乙醇回流提取两次,每次 1 h、60 mL。除去单糖和低聚糖,将其烘干,进行称重。将其平均分成 10 份,记录每份样品的重量。按照此步骤处理样品 50.00 g。

葡萄糖标准曲线制作：分别吸取葡萄糖标准液(0.1 mg/mL)0.2、0.4、0.6、0.8、1.0 mL,加水稀释至 1 mL,向各管中加入 5% 苯酚试剂 1 mL,混匀。沿管壁加入浓硫酸 5 mL,静置 5 min,振摇,定容至 25 mL 比色管中,振摇,置于沸水浴中加热 15 min,立即转入冷水浴中冷却至室温。以蒸馏水为空白,在 490 nm 波长处测定吸光度。

(四)草莓中乳酸等有机酸的分析

1. 滴定法

采用 NaOH 滴定法测定草莓果实中的可滴定酸含量,具体方法如下：准确称取 0.5 g 样品,在研钵中研磨至匀浆,加 30 mL 蒸馏水,加适量活性炭,置于 80 ℃水浴中提取 30 min,过滤滤渣再用适量蒸馏水提取 2 次,合并滤液并定容至 50 mL。准确吸取滤液 10 mL 放入三角瓶中,加入酚酞 2 滴,用 0.01 mol/L 的 NaOH 滴定至出现粉色且在 0.5 min 内不褪色为终点,记下 NaOH 用量,重复 3 次,取平均值。

2. 高效液相色谱法

1)乳酸、乙酸、柠檬酸的测定

(1)色谱条件

采用 C_{18} 柱(4.6 mm × 250 mm, 5 μm)分离 ,以 0.01 mol/L 磷酸二氢钾溶液(pH=2.28,磷酸二氢钾：甲醇 =98：2)作为流动相等度洗脱,流速为 1 mL/min,使用 210 nm 波长进行紫外检测,使用外标法定量。

(2)流动相的配制

准确称取 $KH_2PO_4$1.36 g,用超纯水溶解,定容至 1 000 mL,用磷酸调 pH 值为 2.28。

用无油真空泵经 0.45 μm 的一次性水系过滤膜过滤,过滤后用超声波清洗机除气泡备用。

2)苹果酸的测定

准确称取 0.5 g 草莓样品于液氮条件下研磨成粉末,使用超纯水定容到 5 mL,放至超声波中低温超声 20 min,用 4 ℃、10 000 r/min 离心 8 min,吸取上清液 2 mL 至 5 mL 离心管中,于 4 ℃、10 000 r/min 条件下离心 10 min,取上清液,用 0.22 μm MCE 膜过滤。检测条件为乙腈-$(NH_4)_2HPO_4$ 缓冲系统,流动相 A 为色谱级乙腈,流动相 B 为 0.5% 磷酸氢二铵缓冲液,用磷酸调节 pH 值为 2.6,柱温为 25 ℃,流速为 1.0 mL/min,洗脱方式为 1%A 相、99%B 相等度洗脱,检测波长为 210 nm,进样体积为 20 μL。

(五)草莓中花青素苷的提取、纯化与分析

1. 提取、分离纯化

草莓挑选去蒂,于 80% 甲醇提取液(pH=1.0)中榨汁,然后静置 2 h,提取液于 5 000 r/min 转速下离心,上清液为花青素苷提取液,将制备的花青素苷提取液旋转蒸发浓缩,经 AB-8 大孔树脂,先用 0.1% 盐酸洗去糖、蛋白质等水溶性杂质,再用 70% 酸化乙醇(0.1% 盐酸)洗脱,收集洗脱液,浓缩。进一步将浓缩液用乙酸乙酯萃取,花青素苷溶于水相中,部分其他黄酮类物质溶于乙酸乙酯相,反复萃取,合并水相,浓缩,将纯化好的花青素苷提取液密封,于 4 ℃下低温保存。

2. 测定方法

1)pH 示差法

使用 pH 示差法测定总花青素苷的含量。取 0.025 mol/L pH=1.0 的氯化钾缓冲液和 0.4 mol/L pH=4.5 的醋酸钠缓冲液各 3 mL,分别加入待测样品 0.5 mL,混匀,平衡 1 h,用蒸馏水作为空白对照,用紫外可见光分光光度计分别测定在 510 nm 和 700 nm(校正浑浊度)下的吸光度,并按式(3-27)计算稀释样品的吸光度 A。

$$A=(A_{510}-A_{700})_{pH=1.0}-(A_{510}-A_{700})_{pH=4.5} \qquad (3-27)$$

然后按式(3-28)计算原始样品中的花青素苷色素质量浓度。

$$花青素苷 =AMD_f \times 1\,000/\varepsilon L \qquad (3-28)$$

式中　M——摩尔质量,天竺葵素-3-葡萄糖苷,433 g/mol;

　　　ε——摩尔吸光系数,天竺葵素-3-葡萄糖苷,22 400;

　　　L——比色杯的宽度;

　　　D_f——稀释倍数。

2)HPLC 检测

使用 HPLC 检测花青素苷的含量。采用 Hypersil-ODS C_{18} 柱(250 mm × 4.6 mm, 5 μm），流动相 A 为水（1% 甲酸），流动相 B 为甲醇，进样量为 20 μL，流速为 0.6 mL/min。洗脱条件为 0~10 min，10%~25% B；10~15 min，25%~30% B；15~50 min，30%~50% B；50~60 min，50%~60% B；60~68 min，60%~10% B；68~70 min，10% B。扫描波长为 200~800 nm，检测波长为 510 nm。

（六）草莓中花青素的提取与分析

1. 提取

称取冷冻的草莓果实，用液氮研磨后，加入离心管中（上海生工），准确地加入配好的花青素提取液 20 mL（一定要盖严盖子），在 40 ℃下水浴 4 h，冷却至室温后，于 15 000 r/min、4 ℃条件下离心 20 min 以除去细胞碎片等杂质，用移液枪小心地吸取适量的上清液于新的离心管中，加入配好的缓冲液，稀释相应的倍数。

2.pH 示差法测定

取制备的样品（上清液）1 mL，加入 pH=4.5 的 0.4 mol/L 的醋酸纳（NaAc）缓冲液或 pH=1.0 的 0.025 m 氯化钾（KCl）缓冲液 4 mL，充分混合均匀后，于室温下静置 20 min，转入光路长 1 cm 的比色皿中，用 UV-2102 C 型紫外可见光分光光度计，分别以 496 nm 和 700 nm 为吸收波长测定其吸光度，用双蒸水（ddH$_2$O）调零，每个发育时期均重复 3 次。

花青素的浓度计算如下：

$$花青素的浓度 = AMD_f \times 1\ 000/\Sigma \tag{3-29}$$

式中　A——吸光度，$(A_{496}-A_{700})_{pH=1.0}-(A_{496}-A_{700})_{pH=4.5}$；

　　　M——摩尔质量，433.2 g/mol；

　　　D_f——稀释倍数；

　　　Σ——吸光系数，15 600。

草莓主要以天竺葵素-3-葡萄糖苷（pelargonidin-3-glucoside）的摩尔吸收系数计算。最终以 1 g 试样含有花青素的含量（mg）来表示。

本节参考文献

[1]　罗学兵，贺良明. 草莓的营养价值与保健功能 [J]. 中国食物与营养，2011，17（4）：74-76.

[2]　雷家军，代汉萍，谭昌华，等. 中国草莓属（*Fragaria*）植物的分类研究 [J]. 园艺学报，2006，33（1）：1-5.

[3]　雷家军. 草莓属植物的分类与地理分布 [C]// 中国园艺学会. 第四届全国果树种质资源研究与开发利用学术研讨会论文汇编，2010.

[4] 裘劼人,柴伟国,童建新,等. 质谱蛋白质组学研究中草莓雌蕊蛋白提取方法优化 [J]. 浙江农业学报,2020,32(12):2186-2191.

[5] 宁传丽,蔡斌华,王涛,等. 五倍体草莓及其十倍体的叶片差异表达蛋白分析 [J]. 西北植物学报,2016,36(9):1794-1800.

[6] 吕晓苏,李宇轩,苗英,等. 草莓果实不同发育时期的蛋白磷酸化水平 [J]. 中国农业科学,2016,49(10):1946-1959.

[7] 宁传丽. 草莓五倍体及其染色体加倍后的差异蛋白质组学研究 [D]. 南京:南京农业大学,2016.

[8] 李芬芳. 草莓酚类物质的提取、纯化及生物活性研究 [D]. 晋中:山西农业大学,2017.

[9] 李芬芳,马艳弘,赵密珍,等. 响应面优化提取草莓多酚及其抗氧化活性研究 [J]. 江苏农业科学,2018,46(1):141-145.

[10] 马艳弘,李芬芳,孙纪阳,等. 大孔吸附树脂纯化草莓多酚及体外抗氧化活性研究 [J]. 江西农业学报,2019,31(5): 84-90.

[11] 苏艳. 草莓果实糖代谢规律及其对生长素信号的响应 [D]. 北京:北京林业大学,2009.

[12] 蔡红梅,田子玉. 苯酚-硫酸法测定草莓中总糖含量 [J]. 吉林农业 ,2019(4): 46.

[13] 李粉玲,蔡汉权,林曼莎. 超声波提取草莓多糖的工艺研究 [J]. 江西化工, 2013(3): 66-71.

[14] 高媛,张丙秀,高庆玉,等. 草莓果实维生素 C 提取的影响因素研究 [J]. 河南农业科学,2013,42(4):161-163,167.

[15] 鲁晓燕,罗强勇,冯建荣,等. 不同草莓品种果实中维生素 C 含量变化的研究 [J]. 北方园艺,2005(1): 56-57.

[16] 刘峥颢,苏耀辉,李佩珊,等. 多波长快速测定成安草莓中有机酸和维生素 [J]. 食品科技,2013,38(5): 293-296.

[17] 张源,张新红,兰伟,等. 发酵前后草莓果实与草莓果酒中三种有机酸的定量分析 [J]. 阜阳师范学院学报(自然科学版),2017,34(1): 51-55.

[18] 赵静,周多妮,朱宏路,等. FaMYB73 调控草莓果实苹果酸合成的研究 [J]. 西北植物学报,2020,40(10): 1638-1645.

[19] 刘雨佳,彭丽桃,叶俊丽,等. "法兰地"草莓果实中花色素苷的组成及稳定性 [J]. 华中农业大学学报,2016,35(1): 24-30.

第十三节 桃金娘

一、桃金娘的概述

桃金娘（*Rhodomyrtus tomentosa*），又称山稔子、岗稔、当梨，桃金娘科桃金娘属，常绿矮小木本植物，多为野生状态。桃金娘果富含多糖、蛋白质、单宁、黄酮类、氨基酸、有机酸以及花青素等多种化学成分，我国应用桃金娘历史悠久，在《本草纲目》《本草纲目拾遗》等本草专著中对桃金娘的药用价值已有详细记载。桃金娘性味甘涩平，以根、叶和果入药，具有养血、止血、涩肠、固精之功效，在古代早就被用于治疗痰嗽、暖腹脏、益肌肉，其具有良好的保健和药用功能。在我国民间素有将桃金娘果实泡酒饮用的习惯，是一种目前尚未进行规模开发利用的药膳同源的新资源，具有一定的学术研究价值和良好的开发利用前景。

二、桃金娘的主要营养与活性成分

桃金娘果实含有较为全面的营养成分，含粗脂肪 7.97%、粗蛋白 6.21%、粗纤维34.97%、木质素 31.76%、总糖 18.53%、还原糖 15.52%、维生素 C 28.8%、维生素 H 10.19 mg/100 g、胡萝卜素 0.388 mg/100 g；更有丰富的氨基酸，其中天冬氨酸含量高达124.7 mg/L，含缬氨酸 71.7 mg/L、色氨酸 44.2 mg/L、丙氨酸 43.9 mg/L、谷氨酸 42.7 mg/L；而多种人体所需的矿物质中，桃金娘所含的钙、镁更高达 56.10 μg/g，果实的构成糖中大量为中性单糖，尤其在鲜果中含有更高的果胶多糖。

三、桃金娘中活性成分的提取、纯化与分析

（一）桃金娘中多糖的分析方法

1. 仪器与材料

仪器：紫外分光光度仪，UV-1601PC，SHIMADZU（日本岛津）；GLCGC-17 A，SHI-MADZU（日本岛津）；冷冻升华干燥机（Model 77500）（LABCONCO 美国）；电脑恒温层析柜，CXG-1（上海精密科学仪器公司）；超高速冷冻离心机，KUBOTA6800，SHIMADZU（日本岛津）；循环水式多用真空泵，SHB-Ⅲ（郑州长城科工贸公司）；Z 型层析柱，（上海精密科学仪器公司）。

材料：新鲜桃金娘果实，于 −25 ℃冷冻保存；桃金娘果实经自然风干后的干果。

2. 桃金娘果中粗多糖的提取工艺流程

桃金娘果实粉末→水浴浸提→抽滤→多糖粗滤液→Sevage 试剂（氯仿：正丁醇＝1：4）除蛋白→离心→滤液→稀释→测吸光度→计算多糖得率。

3. 桃金娘果中粗多糖的提取方法

称取 5 g 桃金娘干果粉碎样置于 250 mL 圆底烧瓶中，以最优提取条件热水回流浸提，抽滤分离残渣后醇沉，经无水乙醇、丙酮、无水乙醚洗涤，干燥得粗多糖。

4. 桃金娘果中粗多糖最优提取条件

根据正交试验最佳组合条件对正交试验进行验证试验，平行测 3 次。结果显示，保持其他条件不变，在最优提取条件组合下，多糖得率分别为 2.38%、2.43%、2.40%，平均数为 2.40%。因此，水浸提取桃金娘果实多糖的最优方案为：温度为 80 ℃、提取时间为 6 h、料液比 1：30（g/mL）。

5. 桃金娘果中粗多糖分离

1）离子交换层析

桃金娘多糖中含有较高含量的半乳糖醛酸，使多糖带有阴离子，所以本试验采用阴离子交换纤维素柱，填充剂为 DEAE-Cellulose（HCO_3^- 型）；采用 H_2O_2 和不同浓度的 NH_4HCO_3 溶液进行梯度洗脱，原因是 NH_4HCO_3 加热容易分解并挥发，从而减少多糖溶液中杂质离子的残留浓度。

用经过 HCO_3^- 处理后的填充剂 DEAE-Cellulose 装好层析柱，再平衡层析柱。称取样品，加水充分溶解后上柱。首先用蒸馏水进行洗脱，恒定流速为 10 min 收集 2 mL。首先用蒸馏水进行洗脱，然后依次用 0.1、0.2、0.3、0.4 和 0.5 mol/L 的 NH_4HCO_3 溶液进行洗脱。跟踪测定总糖、半乳糖醛酸以及蛋白质含量。将洗脱后的各组分分别收集，真空浓缩透析，真空冷冻干燥，得到初次分离后的样品纯化多糖 I（CP I）和纯化多糖 II（CP II）。当多糖大部分被洗脱出来以后，再用高浓度的洗脱液（1.0 mol/L 的 NH_4HCO_3 溶液）将剩余的多糖充分洗脱出来，层析柱用蒸馏水以最大流速充分连续洗脱，使其再生。

2）Sephadex G-100 凝胶层析

准确称取 0.205 0 g 粗多糖，加入 0.9% 氯化钠溶液 10 mL 溶解，加入 Sevage 溶液 10 mL（三氯甲烷：正丁醇 =5：1），剧烈振摇 30 min，静置，离心 10 min，弃去沉淀与有机相，重复 1 次。以 Sephadex G-100 为介质填装层析柱，将经过 Sevage 法脱蛋白处理后的桃金娘果粗多糖 5 mL 加样到层析柱中进行洗脱，恒定流速为每 10 min 收集 2 mL，洗脱液为质量分数为 0.9% 的氯化钠溶液，以 2 条明显的色带收集洗脱液，分别收集 CP I 多糖和 CP II 多糖两色带溶液。采用硫酸-苯酚法分别测定脱蛋白后桃金娘果粗多糖、CP I

多糖、CPⅡ多糖含量。使用考马斯亮蓝染色法测定粗多糖中蛋白质的含量。

6. 结论

在水、0.1、0.2、0.3 和 0.4 mol/L 处，新鲜冻藏果实热水提取的多糖经过层析柱后，总糖趋势出现了 5 个峰。结果表明，它可能含有 5 种多糖成分，但是各组分的峰面积高低不同，即含量不同。从总糖的趋势来看，阿拉伯糖组分和半乳糖组分的峰面积较大，即含量较多。各个组分中所含有的蛋白质都比较少。

将两个主要峰所对应的组分分别进行收集后，通过真空浓缩，透析，然后真空冷冻干燥，得到两个主要组分。按照前述的方法分别测定它们的总糖、蛋白质和半乳糖醛酸含量以及构成单糖等基本参数。

测定脱蛋白处理后多糖占粗多糖的质量分数、经 Sephadex G-100 层析分离后收集的 CPⅠ多糖和 CPⅡ多糖在脱蛋白多糖中的质量分数。如表 3.47 所示，经分离纯化收集到的两色带多糖只占脱蛋白多糖的 74.63%，其中 CPⅡ多糖的含量比 CPⅠ多糖的含量高 11.15%。

表 3.47　粗多糖的分离纯化结果

指标	粗多糖			脱蛋白多糖		
	脱蛋白多糖	蛋白质	其他	CPⅠ多糖	CPⅡ多糖	其他
质量分数/%	77.34	16.11	6.55	31.74	42.89	25.37

HO 由来的各多糖组分的化学性质、化学组成和构成糖比例见表 3.48 和表 3.49。

表 3.48　HO 由来的各多糖组分的化学性质

指标	HO-A	HO-B
得率/%	64.98	19.60
平均分子量	27 000	59,000
总糖含量/%	92.67	50.56
半乳糖醛酸含量/%	3.18	5.39
蛋白质含量/%	4.62	3.81

表 3.49　HO 由来的各多糖组分的化学组成和构成糖比例　　　　单位:%

构成单糖	HO-A	HO-B
鼠李糖	—	—
阿拉伯糖	67.93	38.26

构成单糖	HO-A	HO-B
木糖	—	—
甘露糖	—	—
葡萄糖	—	45.70
半乳糖	37.07	16.04

(二)桃金娘果实中单宁的分析方法

1. 仪器、材料与试剂

仪器：电子天平（Sartorius）；真空干燥箱（上海一恒科学仪器有限公司）；2XZ-2 型旋片真空泵（浙江黄岩求精真空泵厂）；电热恒温水浴锅（上海一恒科学仪器有限公司）；离心机（湖南湘仪实验室仪器开发有限公司）；UV-2450 紫外可见分光光度计（日本岛津公司）；等等。

材料：桃金娘果实用水去杂洗净，风干晾晒 2 d 后放进真空干燥箱中于 60 ℃、0.05 MPa 的条件下进行减压干燥后于万能高速粉碎机粉碎均匀，60 目过筛，装于密封袋中，在装有变色硅胶的干燥器中保存备用。

试剂：没食子酸标准对照品来源于中国食品药品检定研究所（简称药检所）（含量为90.8%）；钨酸钠、钼酸钠、磷酸、盐酸、溴水、硫酸铝、碳酸钠、无水乙醇等均为分析纯试剂，实验室用水均为实验室去离子水。

2. 试验方法

1）试剂溶液配制

（1）乙醇溶液

25% 乙醇、50% 乙醇、75% 乙醇。

（2）显色剂钨酸钠-钼酸钠混合溶液（Folin-Denis）配制

取 50.0 g 钨酸钠、12.5 g 钼酸钠到烧杯中，溶解在 300 mL 去离子水中，用移液管加入 25 mL 磷酸，再用量筒量取 50 mL 盐酸加入溶液中，混合均匀后接上回流管回流 2 h 后，称取 75.0 g 硫酸铝继续加入溶液，再加入几滴溴水后继续加热 15 min，待溶液降为室温后定容到 500 mL 容量瓶中，用中速定性滤纸过滤于棕色瓶中保存。测定时使用 50% 浓度溶液显色。

（3）稳定剂碳酸钠溶液的配制

称取 75.0 g 无水碳酸钠到烧杯中，加入 900 mL 去离子水，用玻璃棒搅匀溶解，静置，待溶液降为室温后定容为 1 000 mL。

（4）没食子酸对照品溶液的配制

准确称取 0.110 6 g 没食子酸标准对照品（购自药检所，证书确定含量为 90.8%）到 100 mL 容量瓶中，加入去离子水定容到刻度。此没食子酸溶液浓度为 1 004 mg/L。

（5）没食子酸对照品使用溶液

使用时现配现制，吸取没食子酸对照品溶液 5.00 mL 稀释到 100 mL 容量瓶中，混匀待用，此溶液 1 mL 相当于 50.2 μg 没食子酸。

2）桃金娘果实中单宁含量测定方法的建立

（1）最大波长的选择

取配制好的对照品使用溶液 1.0 mL 于比色管中，加入 2.0 mL 显色剂 Folin-Denis 溶液和 2.0 mL 稳定剂碳酸钠溶液，用去离子水定容为 10 mL，盖上盖子，摇晃混匀，静待显色剂反应，60 min 后再选用 1 cm 石英比色皿，参比试剂空白，在 400~900 nm 光区中进行扫描，确定最大吸收波长为 758 nm。

（2）显色剂钨酸钠-钼酸钠混合溶液（Folin-Denis）用量的选择

分别取配制好的对照品使用溶液 1.0 mL 于 6 个比色管中，再分别加入 0.50、1.00、1.50、2.00、2.50 和 3.00 mL 显色剂 Folin-Denis 溶液和 3.0 mL 稳定剂碳酸钠溶液，用去离子水定容为 10 mL，盖上盖子，摇晃混匀，静待显色剂反应，60 min 后再选用 1 cm 石英比色皿，参比试剂空白，在 758 nm 波长中测定其吸光度。从得到的吸光度值结果中判断后选择 2.0 mL 为后续试验中显色剂 Folin-Denis 溶液的用量。

（3）稳定剂碳酸钠溶液用量的选择

分别取配制好的对照品使用溶液 1.0 mL 于 6 个比色管中，分别加入 2.0 mL 显色剂 Folin-Denis 溶液和 0.50、1.00、2.00、3.00、4.00 和 5.00 mL 稳定剂碳酸钠溶液，用去离子水定容为 10 mL，盖上盖子，摇晃混匀，静待显色剂反应，60 min 后再用 1 cm 石英比色皿，参比试剂空白，在 758 nm 测定其吸光度。从得到的吸光度结果中判断后选择 2.0 mL 为后续试验中稳定剂碳酸钠溶液的用量。

（4）显色剂与没食子酸的反应时间的选择

取配制好的对照品使用溶液 1.0 mL 于 10 mL 比色管中，加入 2.0 mL 显色剂 Folin-Denis 溶液和 2.0 mL 稳定剂碳酸钠溶液，用去离子水定容至 10 mL，盖上盖子，摇晃混匀，反应显色后，立即选用 1 cm 石英比色皿，参比试剂空白，在 758 nm 波长中每隔 5 min 测定其吸光度。从得到的吸光度结果中判断后选择 60 min 为后续试验中显色剂与没食子酸的反应时间。

（5）没食子酸对照品标准曲线的绘制

分别吸取配制好的对照品使用溶液 0.10、0.25、0.50、0.75、1.00、1.50、2.00、3.00 和 4.00 mL 于 10 个比色管中，再分别加入 2.0 mL 显色剂 Folin-Denis 溶液和 2.0 mL 稳定剂碳酸钠溶液，用去离子水定容为 10 mL，盖上盖子，摇晃混匀，静待显色剂反应，60 min 后再用 1 cm 石英比色皿，参比试剂空白，在 758 nm 波长中测定其吸光度。

3）桃金娘果实中单宁含量的测定

称取 0.5 g 制备好的桃金娘果实于回流瓶中，加入 50% 乙醇-水溶液 50 mL，接上回流装置，水浴回流 90 min，取出放置，待溶液降为室温后定容到 50 mL 容量瓶中。吸取 10.0 mL 样品提取液于离心管中，以 4 000 r/min 转速离心 5 min。

吸取上清液于 1.0 mL 比色管中，分别加入 2.0 mL 显色剂 Folin-Denis 溶液和 2.0 mL 稳定剂碳酸钠溶液，用去离子水定容至 10 mL，盖上盖子，摇晃混匀，静待显色剂反应，1 h 后再用 1 cm 石英比色皿，参比试剂空白，在 758 nm 波长中测定其吸光度，根据按照绘制得到的回归曲线方程算出试样溶液的单宁浓度（以没食子酸计）。

单宁含量的计算如下：

$$单宁含量 = \frac{kCV}{WV_1} \tag{3-30}$$

式中　　C——试样测定液中没食子酸的含量；

　　　　k——稀释倍数；

　　　　V——定容体积；

　　　　W——取样量；

　　　　V_1——测定体积。

4）桃金娘果实中单宁测试方法的评价

（1）精密性、重复性、稳定性

根据试验要求，考察测定方法的精密性、重复性、稳定性。

（2）试验回收率

称取 0.5 g 试样于回流瓶中，共 6 个，每 3 个为一组，一共两组，每组保留 1 个不加标，另外 2 个各进行加标回收试验，于样品中分别加入样品含量的 50%、100% 的没食子酸对照品，进行操作。

（3）不同地区桃金娘果实中的单宁含量

分别取采自 6 个不同地方的桃金娘果实，制备好试样，测定单宁含量。

3. 结论

1）桃金娘果实中单宁测试方法各因素的确定

（1）最大波长的确立

将标准溶液在紫外可见光区扫描,结果如图 3.36 所示,溶液在 758.5 nm 处有最大吸收,最大吸收值为 0.603,因此本试验选择 758 nm 为最大吸收波长。

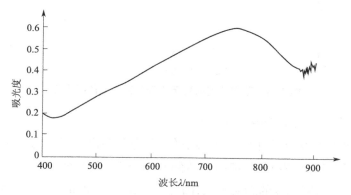

图 3.36　没食子酸标准溶液的吸收曲线

（2）确定 Folin-Denis 显色剂（钨酸钠-钼酸钠混合溶液）用量

试验结果如图 3.37 所示,由比较得知,显色剂用量在 2.0 mL 时,吸光度最大,为 0.711,本试验确定 2.0 mL 为显色剂 Folin-Denis 溶液用量。

（3）确定稳定剂碳酸钠溶液的用量

试验结果如图 3.38 所示,由比较得知,碳酸钠溶液用量在 2.0 mL 时,吸光度最大,为 0.654,本试验确定 2.0 mL 为稳定剂碳酸钠溶液用量。

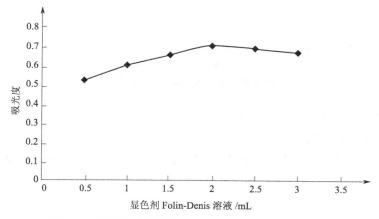

图 3.37　不同浓度的显色剂 Folin-Denis 溶液的吸光度

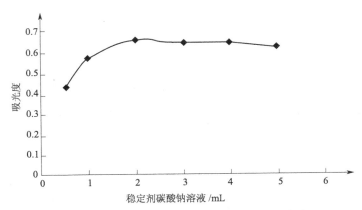

图 3.38　不同浓度的稳定剂碳酸钠溶液的吸光度

（4）确定显色剂与没食子酸的反应时间

试验结果如图 3.39 所示,由比较得知,随着显色剂与没食子酸的反应时间的延长,吸光度逐渐变大,不过可以看到,反应时间达到 60 min 后,吸光度的变化量很小,基本可以认为此后显色时间对吸光度的影响不大,因此本试验确定 60 min 为显色剂与没食子酸反应的时间。

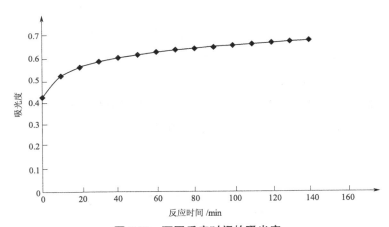

图 3.39　不同反应时间的吸光度

2）桃金娘果实中单宁测定方法的建立

（1）标准曲线的绘制

试验结果如图 3.40 所示,标准曲线的线性回归方程为:$y=0.009\,9x+0.074\,6$,$R^2=0.998\,5$。

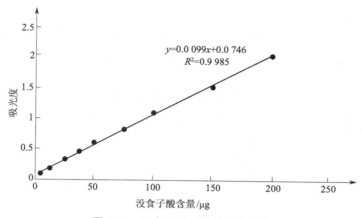

$$y=0.0\,099x+0.0\,746$$
$$R^2=0.9\,985$$

图 3.40 没食子酸对照品标准曲线

（2）精密性试验考察

计算得到的含量数值见表 3.50，在不同日、人员、仪器条件下对桃金娘果实进行试验，测定结果显示 RSD=1.6%，表示精密性良好。

表 3.50 测定方法的精密性

试验序号	含量/%	平均含量/%	相对标准偏差 RSD/%
日期 1	2.06		
日期 2	2.01		
人员 1	1.99	2.02	1.6
人员 2	2.06		
仪器 1	2.03		
仪器 2	1.99		

（3）重复性试验考察

计算得到的含量数值如表 3.51 所示，样品中单宁的平均含量为 1.96%，RSD=3.1%，表明重复性良好。

表 3.51 测定方法的重复性

试验序号	含量/%	平均含量/%	相对标准偏差 RSD/%
1	1.96		
2	1.97		
3	2.07	1.96	3.1
4	1.96		
5	1.91		
6	1.89		

（4）稳定性试验考察

计算得到在不同反应时间点的单宁含量，结果如表 3.52 所示，在 60 min 后测定的单宁含量基本稳定，平均含量为 1.90%，RSD=0.13%，表示具有较好的稳定性。

表 3.52　测定方法的稳定性

反应稳定时间/min	含量/%	平均含量/%	相对标准偏差 RSD/%
60	1.90		
65	1.90		
70	1.90		
75	1.90	1.90	0.13
80	1.90		
85	1.90		
90	1.91		

（5）回收率试验考察

计算得到的具体试验结果如表 3.53 所示，两组试验不同浓度的平均加标回收率分别为 90.4%、89.7%，满足一般检测方法对回收率的要求。

表 3.53　加标回收试验结果

试验序号	称样量/g	加标量/mg	测得量/mg	加标回收率/%	平均回收率/%
1	0.525 2	0	10.85	—	
2	0.583 5	5	15.36	90.1	90.4
3	0.532 5	5	14.52	90.7	
4	0.501 1	0	11.41	—	
5	0.513 5	10	19.47	89.8	89.7
6	0.514 4	10	19.45	89.6	

（6）不同地区桃金娘单宁含量测定结果

按照式（3-30）计算得到不同地区桃金娘单宁含量的结果，可知不同产地中单宁含量由高到低依次为：广东梅州、江西赣州、广东肇庆、广东湛江、广西梧州、广东韶关。由于各地的气候、土壤、水质等环境条件的差别，品种存在差异性，从而导致各地单宁含量出现区别。尽管产地不同，桃金娘果实同样都含有丰富的单宁，含量皆在 2% 左右，具有一定的开发利用前景。

本节参考文献

[1] 王鸿博. 常用药用植物手册 [M]. 广州：广东经济出版社, 1997.

[2] 李标. 桃金娘的开发利用探讨 [J]. 热带林业, 2009, 37（4）: 26-27.

[3] 汤锦文. 桃金娘的综合开发利用 [J]. 林业科技开发, 1991（4）: 28-29, 27.

[4] 张奇志, 廖均元, 林丹琼. 桃金娘天然保健饮料开发研究 [J]. 饮料工业, 2008, 11（2）: 32-34.

[5] 孙慧琳, 毛安伟, 刘珍珍, 等. 桃金娘果多糖的抗氧化性研究 [J]. 新中医, 2012, 44（4）: 127-129.

[6] 隋亚君. 桃金娘多糖的分离纯化及其化学结构研究 [D]. 南宁：广西大学, 2006.

[7] 徐阳纯, 许泽群, 王志强, 等. 分光光度法测定桃金娘果单宁的含量 [J]. 中国食品添加剂, 2020, 31（12）: 25-30.

[8] 艾庆辉, 苗又青, 麦康森. 单宁的抗营养作用与去除方法的研究进展 [J]. 中国海洋大学学报（自然科学版）, 2011, 41（21）: 33-40.

[9] 昝志惠, 高艳梅, 孙墨珑. 核桃楸单宁提取及其抗氧化性 [J]. 植物研究, 2015, 35（3）: 431-435.

[10] 毛献萍, 韦学丰, 黄志强. 微波辅助提取桃金娘果实总黄酮的研究 [J]. 中国酿造, 2010（6）: 69-71.